從零開始！縫製最實穿的
一週 LOOK

超圖解！
量身、版型修正到縫製，手作衣完美技巧小課堂

好想自己做衣服3

喜歡做衣服的你，絕對必備的縫紉家教書！
量身➡紙型➡布料配置➡裁剪➡縫製➡熨燙➡配件
細心指導，製衣過程中的各種狀況都有解。

STEP .8. 縫製小課堂

那麼，開始動手縫製衣服吧！

使用說明

• 裁布圖資訊：1.作品有哪些紙型在紙型頁內。 2.除了紙型外，還有哪些用布也需要裁剪。 3.每個紙型的裁剪數量。 4.裁剪時需外加的縫份，若無標示者，請留意裁布圖側邊的提示。 5.摺疊排布的方式。 6.用布的幅寬。

• 實穿情境圖頁面。作品紙型所在頁面。紙型尺寸。

• 作品編號。

• 作品的學習重點。

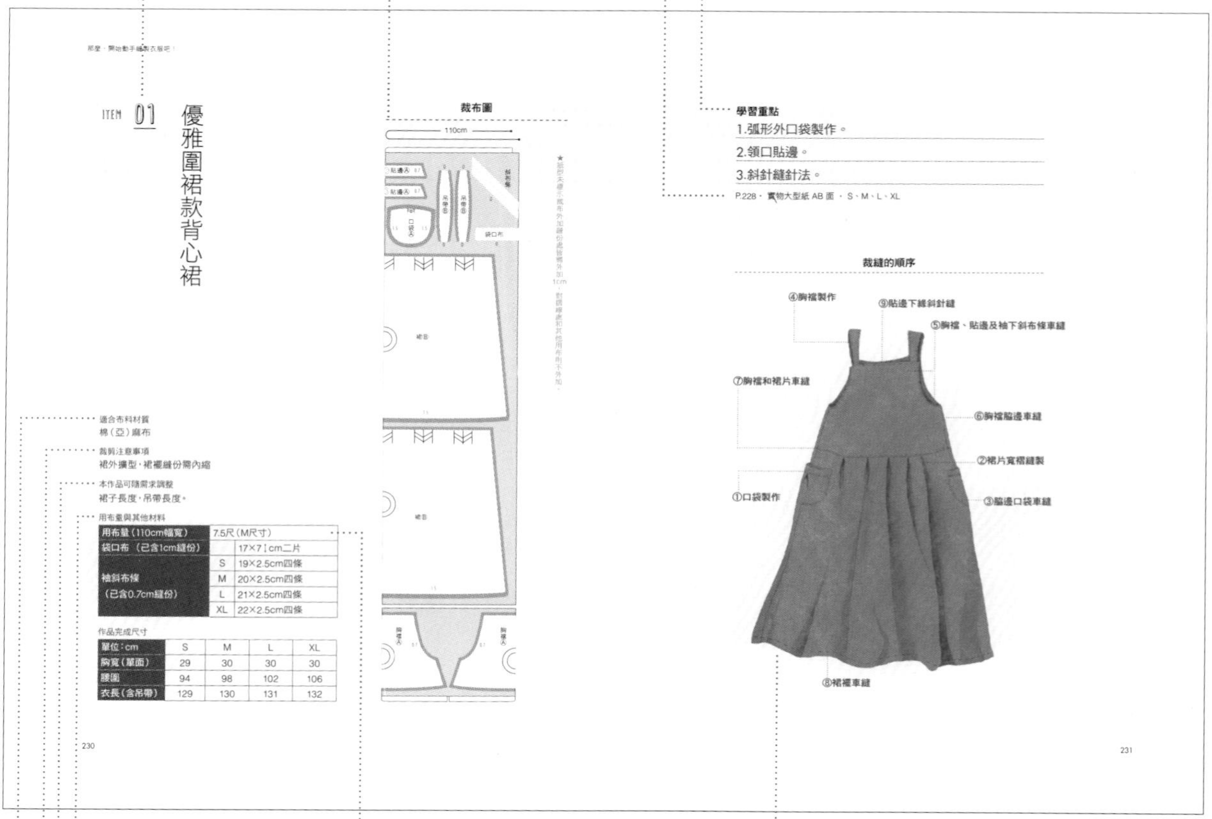

那麼，開始動手縫製衣服吧！

ITEM 01 優雅圍裙款背心裙

適合布料材質
棉（亞）麻布

裁剪注意事項
裙外擴型，裙襬縫份需內縮

本作品可隨需求調整
裙子長度，吊帶長度。

用布量與其他材料

用布量（110cm幅寬）	7.5尺（M尺寸）	
袋口布（已含1cm縫份）		17×7↕cm二片
袖斜布條（已含0.7cm縫份）	S	19×2.5cm四條
	M	20×2.5cm四條
	L	21×2.5cm四條
	XL	22×2.5cm四條

作品完成尺寸

單位：cm	S	M	L	XL
胸寬（單面）	29	30	30	30
腰圍	94	98	102	106
衣長（含吊帶）	129	130	131	132

230

裁布圖

110cm

學習重點

1.弧形外口袋製作。

2.領口貼邊。

3.斜針縫針法。

P.228，實物大型紙 AB 面，S、M、L、XL

裁縫的順序

231

• 作品用布量的尺數。

• 除紙型外，還需要裁剪的用布名稱、數量及尺寸。

• 製作時可參考縫製流程。

• 作品可以隨喜好調整的部分。

• 提醒作品裁剪時特別需要留意的地方。

• 適合的布料建議，可展現款式特色。

PREFACE

手作進入我的生活逾30年，
如果用一句話來形容手作為我的生活帶來了甚麼？
我的回答是：「手作是製造幸福的！」
可以為家妝點佈置，為家人縫製生活用品，
並在特別節日將心意放進手作品給家人和朋友。

做自己喜歡的事，同時也能傳達喜歡的事給別人是最幸福的。
透過書的出版，我想和更多人分享這份幸福感。
在這個不容易的年代，每個人都要具備讓自己身心平靜的能力，
不畏外在的環境，我期待你也是一位幸福的製造者。

這本書和主編貝羚討論許久，
希望將完整的手作服概念分享給大家，所以就從最基礎開始說起，
從量身、選布料、紙型選擇與微修改、布料配置，
裁剪、車縫衣服的技巧、縫紉機和拷克機的介紹等等，
每個階段都息息相關，這些都不需要很專業的洋裁知識，
卻是手作服最基本的架構。

為了實踐手作日常服，我第一次在書中擔任穿搭拍照，
每日穿著自己做的衣服，自在舒適享受工作，
這是我喜歡的日常生活。

一本書能完整有系統的呈現，要衷心感謝共同完成這本書的人，
主編貝羚、美編意雯、攝影師正毅，
協助拍攝過程的夥伴佳鑫、晴姍、淳方、圭妙、佑而，
還有芷懿在工作之餘負責書中的插畫。

最後祈願，
我親愛的母親，我親愛的家人，
布田的學生，我認識和不認識的人，
在疫情險峻的時刻，平安健康。

吳玉真
2021.10.4

STEP .1. 量身

學會簡單的量身方法，就能了解自己的身圍，進而選擇更適合的紙型，使完成後的作品就像量身訂做的訂製服。

做衣服應該知道的量身名詞

量身時，記得將這些資訊記錄下來，日後跟著書本做衣服時，就有一份自己的尺寸可以參考。書本中的紙型都會含所謂的「鬆份」，例如寬鬆舒服上衣的脇邊鬆份至少是10cm左右。

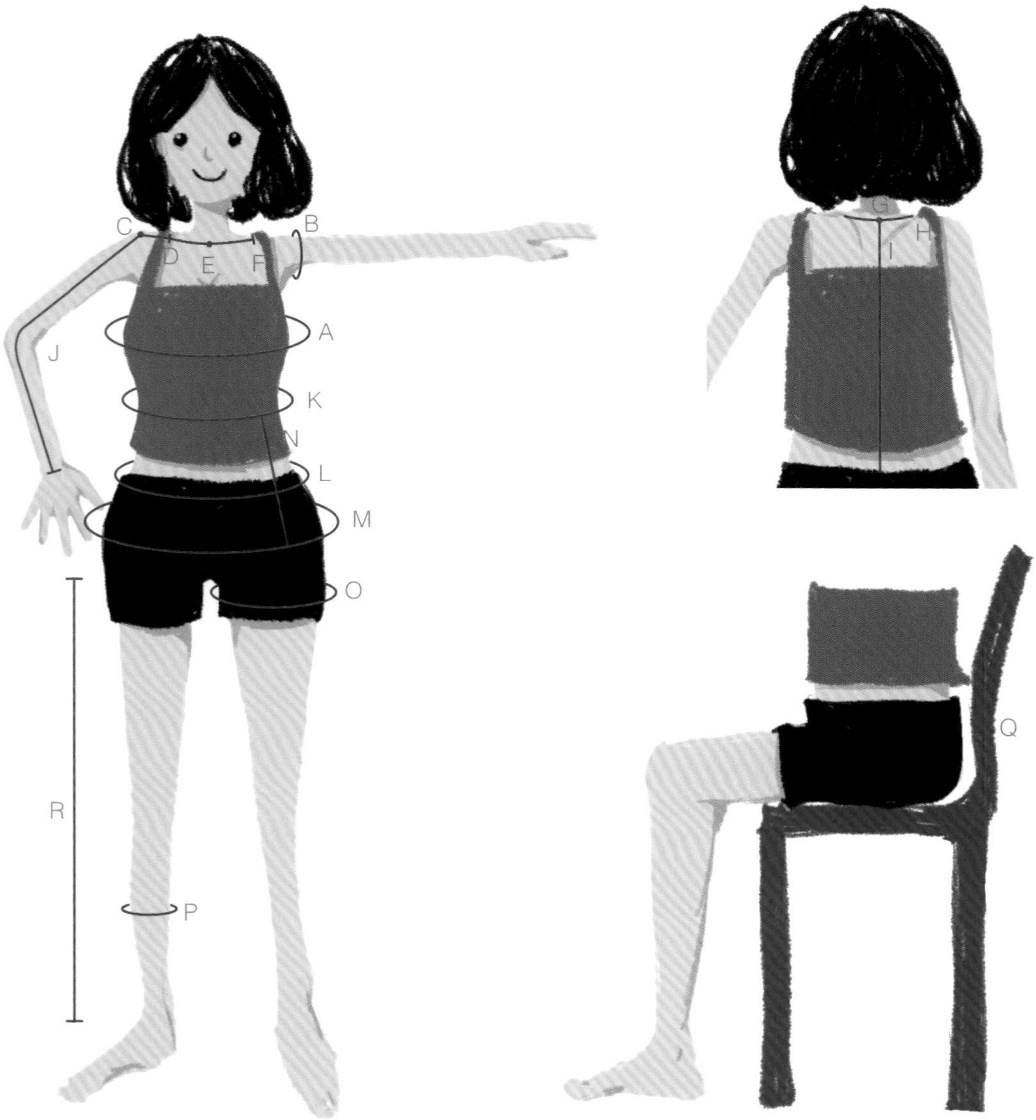

A 胸圍：　　胸部最高點一圈。

B 袖襱：　　通過肩點到腋下，手臂一圈。

C 肩點：　　肩的最高處。

D 肩線：　　肩端點至頸根部點的連線。

E 前領中心點：鎖骨正中央下凹處。

F 前領：　　頸根部至前領中心點至另一側頸根部的連線。

G 後領中心點：頭低下去頸椎凸起處。

H 後領：　　頸根部至後領中心點至另一側頸根部的連線。

I 衣長：　　後領中心點到衣服想要的下襬長度。

J 袖長：　　測量時手臂微彎，從肩點量至想要的袖長位置。

K 腰圍：　　腰部最纖細處一圈。

L 腹圍：　　腹部最隆起處一圈。

M 臀圍：　　臀部最寬處一圈。

N 腰長：　　靠近脇邊位置腰圍至臀圍的垂直距離。

O 大腿圍：　大腿最粗處一圈。

P 小腿圍：　小腿肚最粗處一圈。

Q 股上長：　坐在平坦的木椅子上，腰部到椅面的長度。

R 股下長：　從大腿的根部至想要的褲長位置。

POINT

★ 以上測量時，挺胸，自然呼吸，捲尺放鬆。

★ 書中紙型前領口中心位置，大部分比「E」再往下約2~3cm，視衣款風格。

★ 書中紙型後領口中心位置，大部分比「G」再往下約5~7cm，視衣款風格。

量身工具

捲尺

小巧可伸縮收納。尺面上的單位有的一面是吋，另一面是公分，有的則是兩面單位皆一樣；長度常見有150cm、200cm兩種。

建議選購兩面為不同單位的，雖然日常習慣使用「公分」，但像拉鍊或有些成衣尺寸的標示是以「吋」為單位，這時就能方便測量，並可留意尺面數字印刷清楚、不易磨損；長度則建議選200cm，應用廣度更大。

衣服尺寸參考表

每一本手作服書都會附上尺寸參考說明表，這是給讀者選擇尺寸的重要指引。學會量身後，就可以依據書中提供的身材尺寸參考表，選擇自己需要的尺寸。以下是這本書給大家在製作書中作品時的尺寸參考表：

單位／cm	S	M	L	XL
胸圍	79~82	83~86	87~90	91~94
腰圍	65~71	72~76	77~79	80~83
臀圍	86~89	90~93	94~97	98~102

量身後，記錄自己的尺寸吧！

	單位／cm
肩寬	
胸圍	
腰圍	
臀圍	
身長	
裙長	
腰圍鬆緊帶	

STEP .2. 紙型

縫製衣服最開始且最重要的就是「紙型」，洋裁製圖需要專業知識，因此大部分人都仰賴書中的紙型；不過每個人的身形不同，如何選擇或調整合適的紙型，並且正確描繪，將是縫製完美衣服的第一個課題。

認識紙型上的符號

在紙型製圖上常能看到一些通用符號，讓人更容易了解縫製上要注意的點，以下是書中常使用到的記號。

直布紋
箭頭方向需和布料的縱向（布邊）平行。

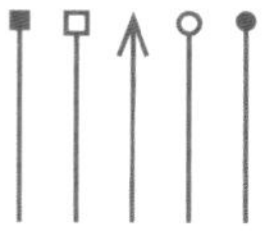

合印記號點
不同紙型在車縫時，需要縫合的位置點。

中心線
左右對稱的紙型可標示出中心線以1/2紙型呈現，裁剪時需將布做對摺，即可一次裁剪出完整的形狀。

斜布紋
表示紙型要和布的45度呈平行。

同紙型連接邊

釦眼
標示開釦眼的位置。

打褶
把布從斜線的高處往低處摺。

抽細褶
標示拉細褶的範圍。

紙型的各部位名稱

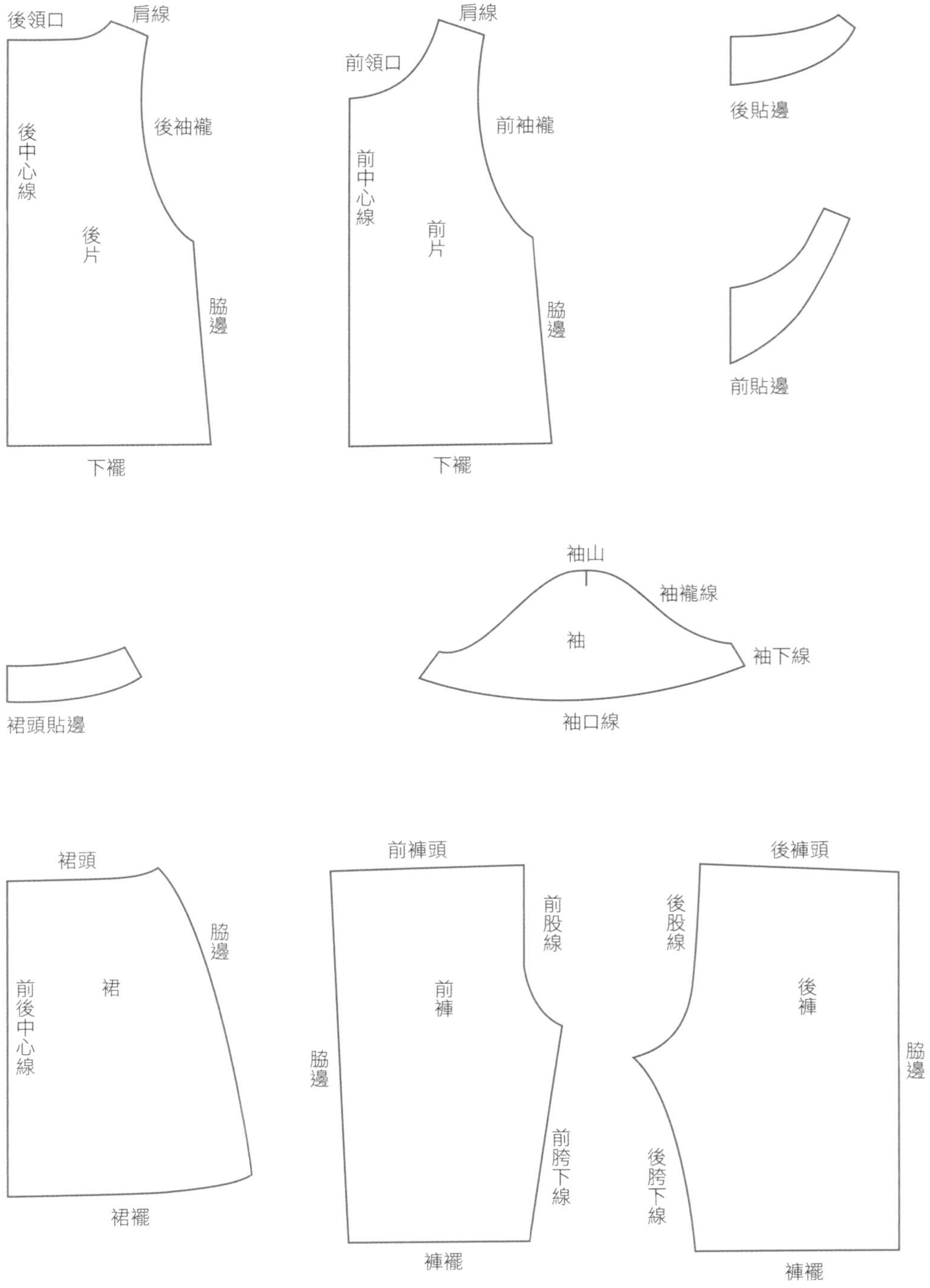
後領口
肩線
後袖櫳
後中心線
後片
脇邊
下襬
肩線
前領口
前袖櫳
前中心線
前片
脇邊
下襬
後貼邊
前貼邊
袖山
袖櫳線
袖
袖下線
袖口線
裙頭貼邊
裙頭
脇邊
前後中心線
裙
裙襬
前褲頭
前股線
前褲
脇邊
前胯下線
褲襬
後褲頭
後股線
後褲
脇邊
後胯下線
褲襬

如何選擇適用的紙型尺寸？

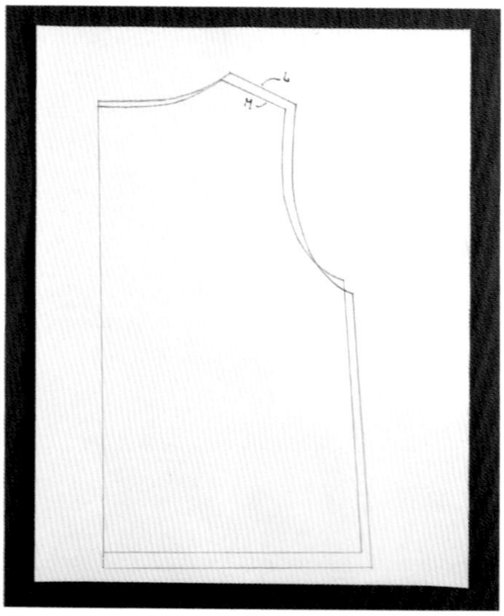

衣服尺碼是有等級分別的，無法用影印的方式直接等比例放大或縮小。

a 衣服和紙型比對

這是最簡單直接的方法，選一件常穿的衣服和紙型比對重要的領口及胸圍等，即可確認適合自己的尺寸。

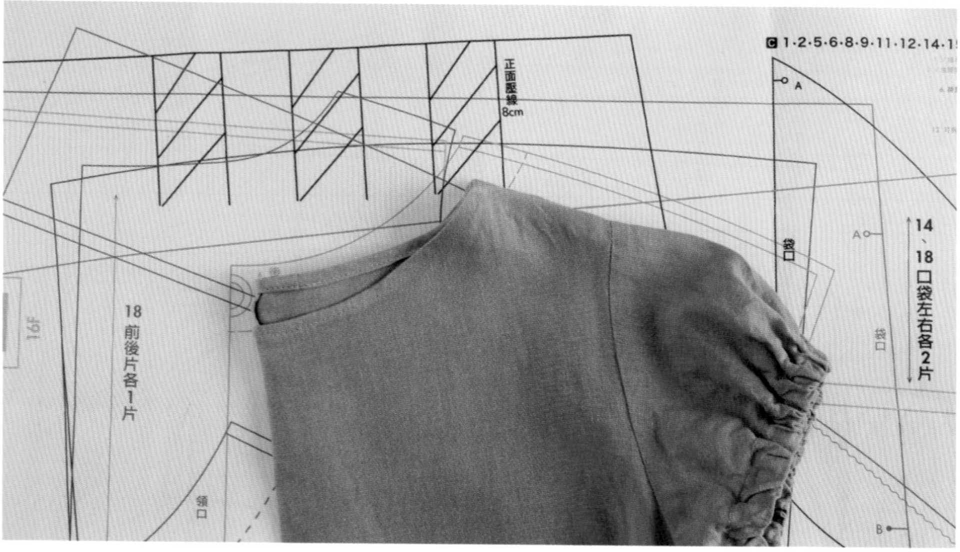

b 量身

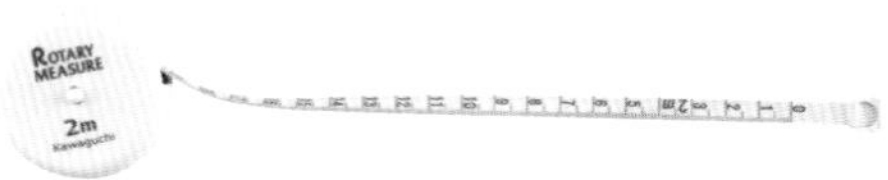

- 利用捲尺可以簡單丈量自己的胸圍、手圍、腰圍、臀圍等，再和書本建議的衣服尺寸參考表或紙型比對。
- 有些書中有「作品完成尺寸」和「衣服尺寸參考表」（如P14）兩種參考表，前者含有鬆份，會因作品設計的款式風格不同，將兩者比較，即可知道鬆份的尺寸；如果不想鬆份那麼多，也可選擇小一號的尺寸來製作，不過這算是比較有難度了，但這樣更可以享受手作的成就感。

量曲線工具

書中複雜線條往往讓人卻步，但只要掌握重要原則及使用正確的描繪工具，就能輕鬆快速地描繪出紙型。

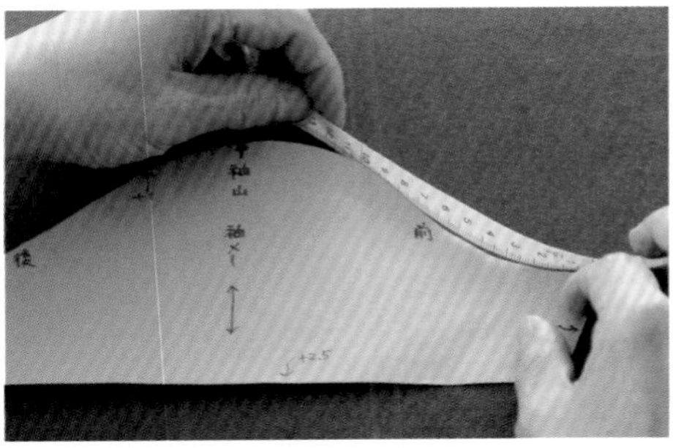

捲尺可依著袖子紙型起伏曲線，量出袖襱的尺寸，適合長距離起伏大的測量。

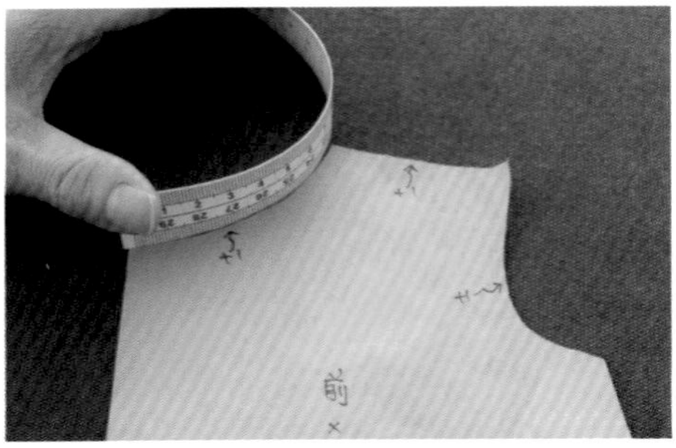

軟尺可依著領口曲線量出領口的尺寸，適合短距離的測量。

製作紙型的便利工具

白報紙：　輕薄透光，可以清楚看見紙型線條，方便進行描繪工作。

鉛筆：　使用鉛筆描繪紙型，錯誤時可以擦拭。建議筆尖削尖，才能精準描繪，或使用自動鉛筆，省去削筆的工作。

螢光筆：　在整張複雜的線條中，先用螢光筆勾勒出要製作的紙型，增加描繪紙型之準確性與速度。

布鎮：　鐵製有重量，描繪紙型時，多個使用可固定白報紙和紙型，避免滑動。

剪紙剪刀：　裁剪紙型用，購買時，選擇不黏膠的款式。

點線器：　紙型線條比較複雜時，可以用點線器直接將線條拓印在白報紙上。

隱形膠帶：　黏貼紙張用，透明，可以在膠帶上書寫。

縫份曲尺：　描繪紙型曲線部分，尺上有每0.5cm刻度單位，畫縫份時能很方便地抓出尺寸。

直尺：　描繪紙型直線部分。

D彎尺曲尺：　描繪紙型曲線部分。

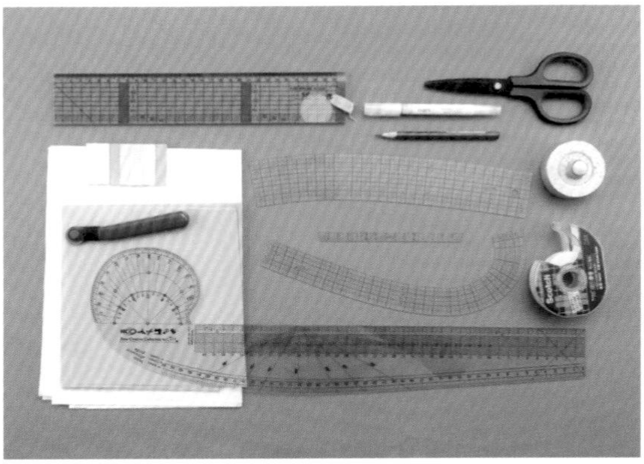

描繪紙型

密密麻麻的線條是描繪紙型的一大障礙，有幾個小技巧能讓紙型的繪製更順利。

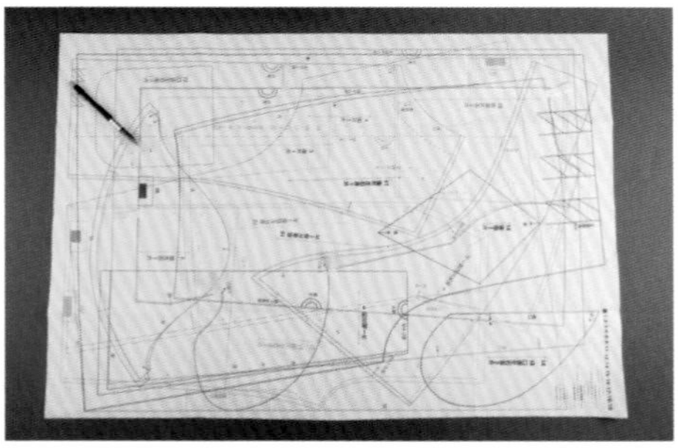

在選定紙型之端點或轉折點，先用便利貼標示，再用螢光筆描出線條，這樣就能很清楚地分辨不同的紙型線條。

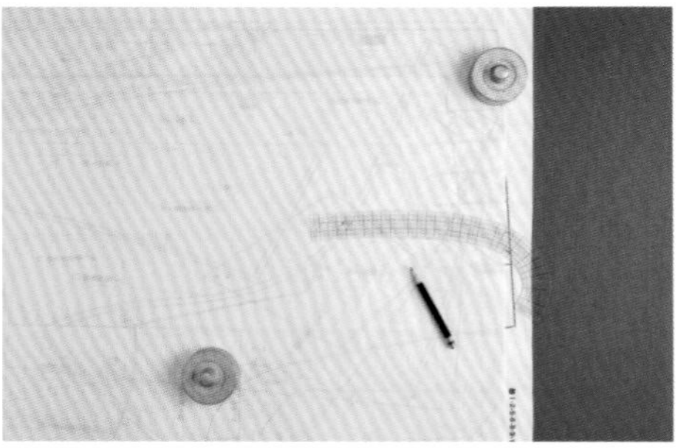

在想要描繪的紙型鋪上白報紙，使用布鎮避免滑動。

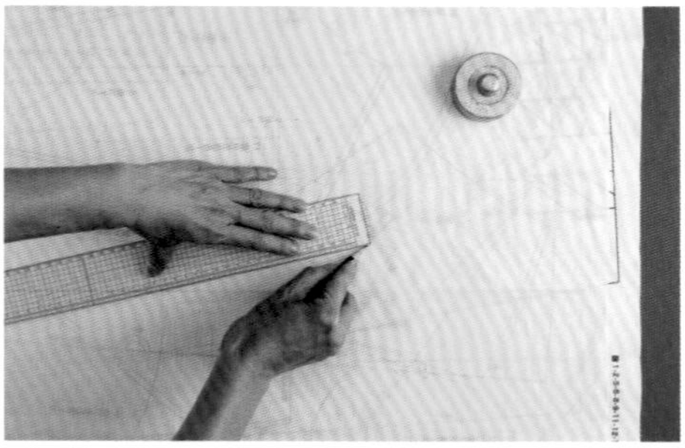

畫直線時筆尖不要離開紙面，僅移動直尺。

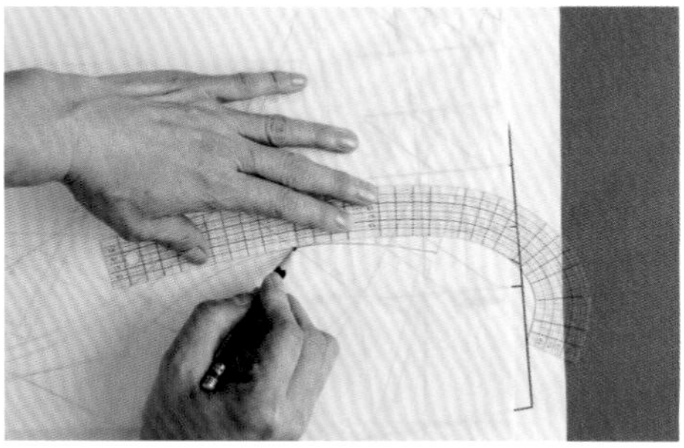

畫曲線時，曲尺依著線條慢慢移動畫出曲線。如果沒有曲尺，使用直尺也可以，只是直尺移動的頻率較多。

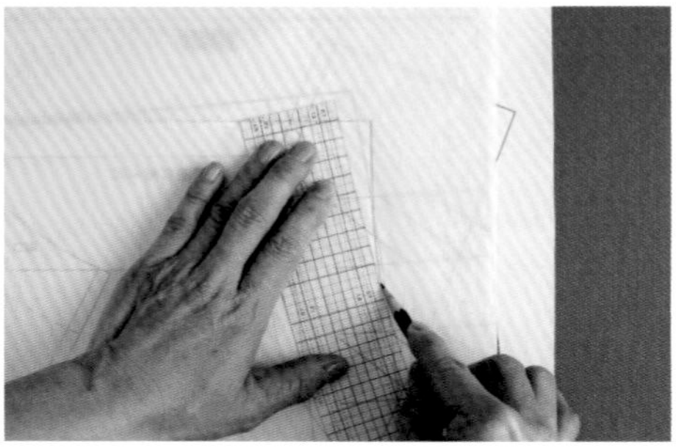

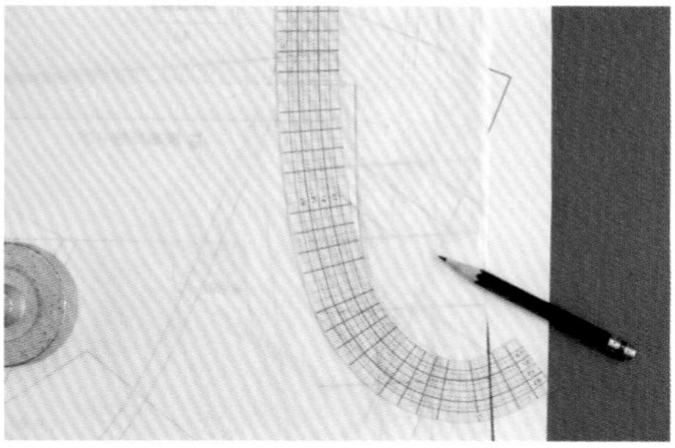

同一條曲線條，可以使用不同彎度的曲尺分段來完成。

POINT

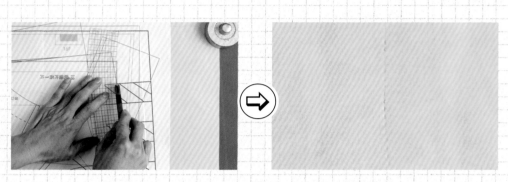

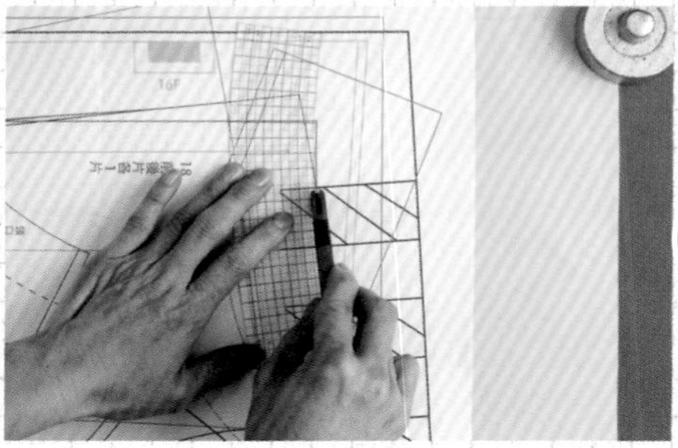

針對較複雜或密集線條的紙型可以利用點線器。白報紙放在紙型的下方，使用點線器滑過線條，線條軌跡即可拓至白報紙，再將軌跡用鉛筆畫出。

白報紙不易保存，所以大致剪下描繪完成的紙型後（記得紙型的記號點也需一併描繪），用透明膠帶黏貼至牛皮紙上，再剪下紙型。

檢查紙型縫合線條長度是否吻合？

要完成紙型裁剪的工作，最後有一個步驟不可忽略，就是「查核縫合線條的長度是否吻合」，這個查核工作應該在「未含縫份的紙型」時就需要進行。

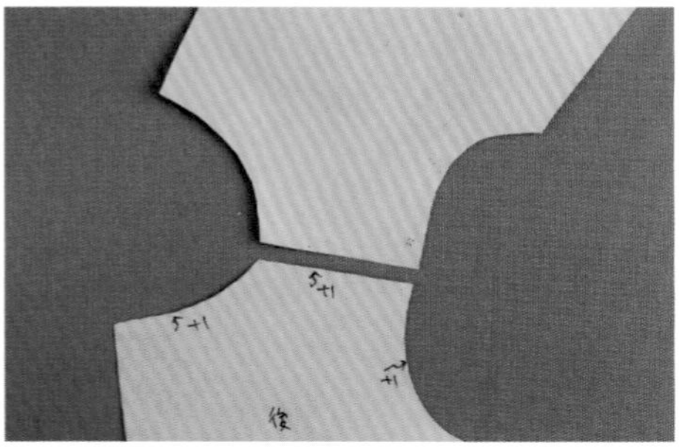

檢查前後片的肩線是否一致。

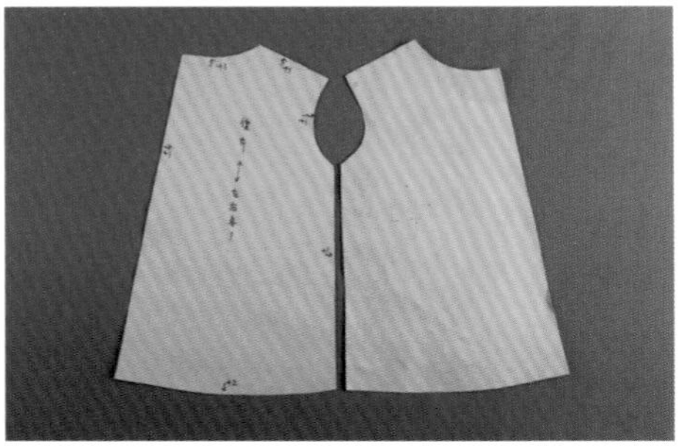

上衣的前後脇邊線是否吻合（除非是前短後長的衣款）。

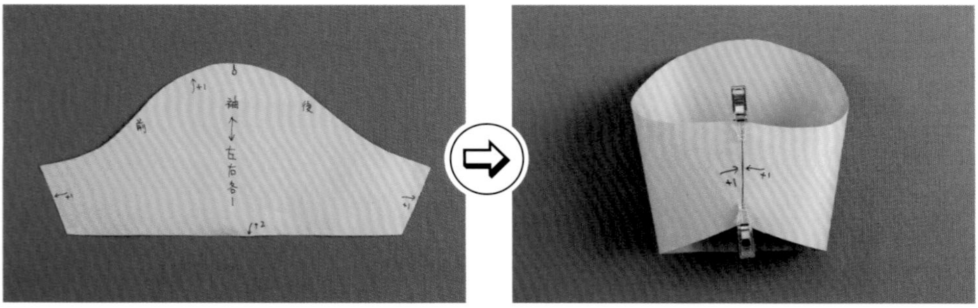

將袖口捲成筒狀，檢查左右袖下線長是否吻合。

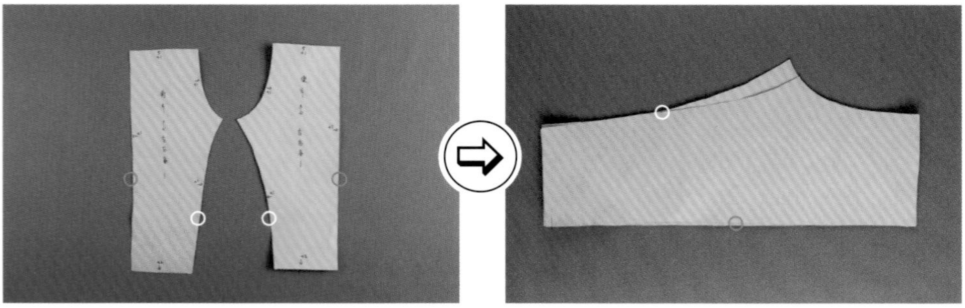

檢查褲前後胯下線以及脇邊線是否吻合。

POINT

針對長線條或曲線大（衣領，領圍，袖襱）的線條，可在線條的中段處增加車縫合印點，以防縫合時的誤差。

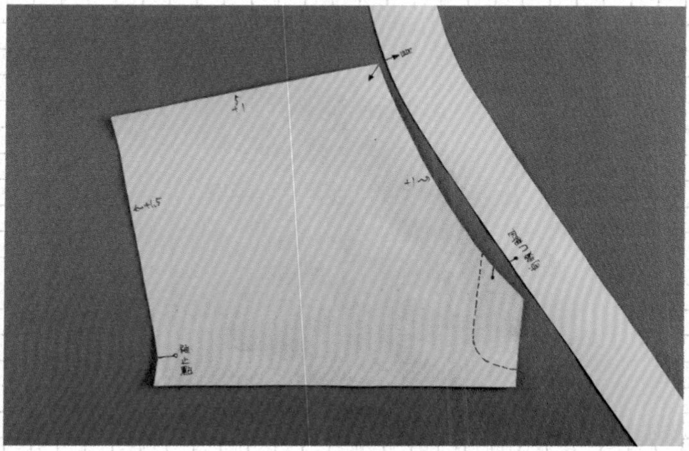

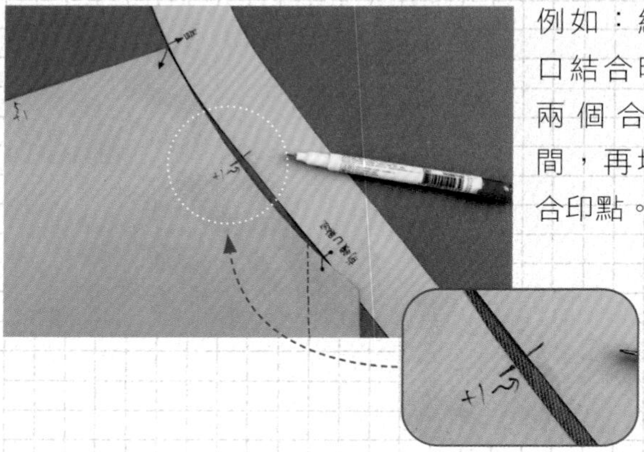

例如：綁帶和領口結合時，可在兩個合印點之間，再增加一個合印點。

一 製作含縫份的紙型

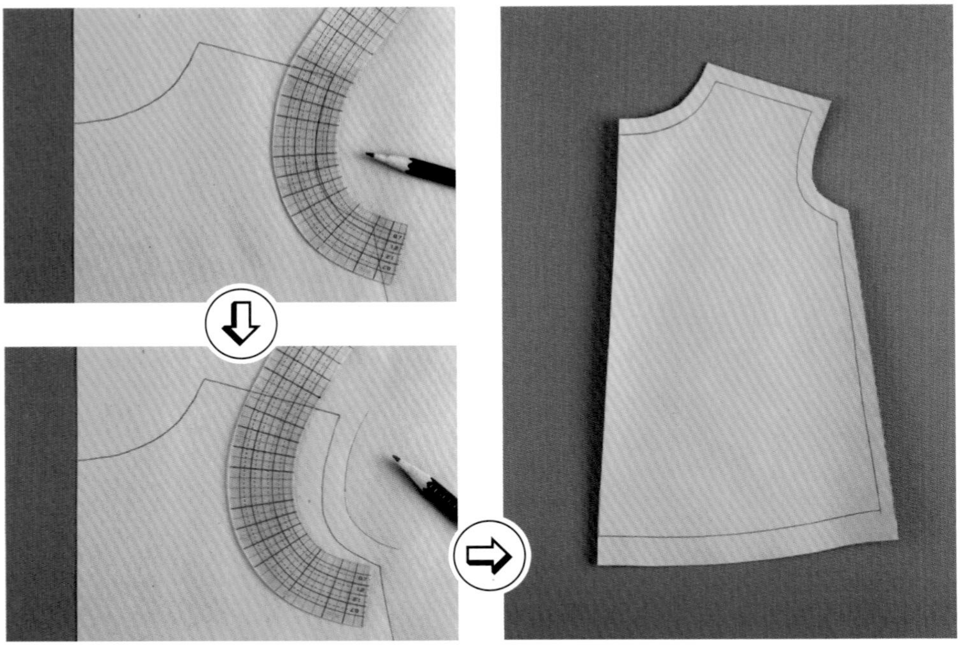

如果要製作一份含縫份的紙型，就利用縫份曲尺，畫出含縫份的紙型。

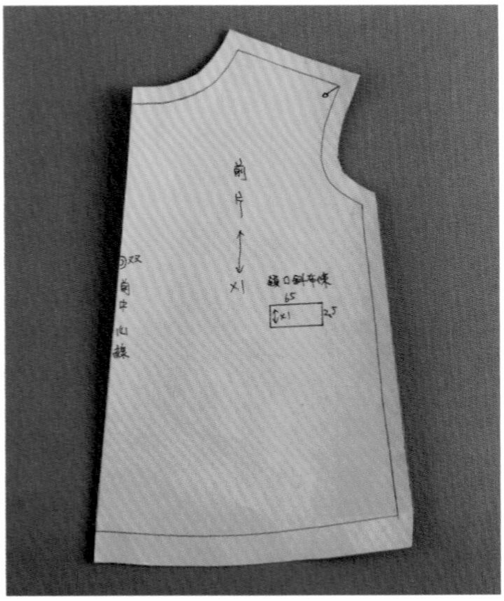

再將紙型基本資訊：名稱、布紋、裁剪數量、中心線記號和其他縫製資訊都寫在紙型上。

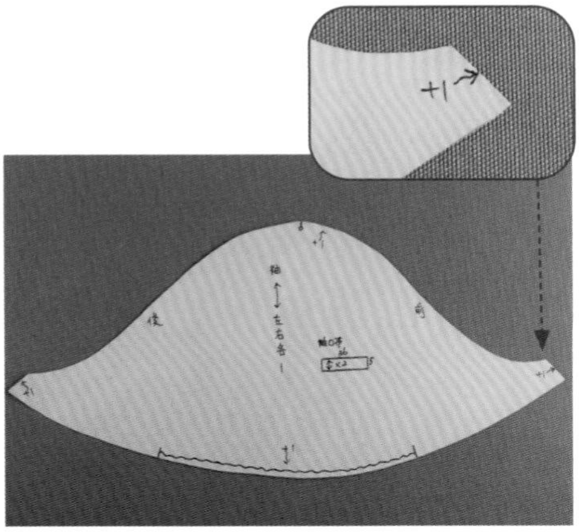

未含縫份的袖子紙型，除了在紙型寫上名稱、布紋、數量，標註袖山記號，拉皺範圍等資訊外，還要標示每個部位的裁剪外加縫份數字。

紙型是否含縫份的優缺點

未含縫份的紙型代表作品完成的大小，優點是，如欲修改尺寸，可以很快速地做出修正。例如：未含縫份的褲子紙型，修改褲長時，直接增減紙型即可得到想要的尺寸。

a 含縫份紙型

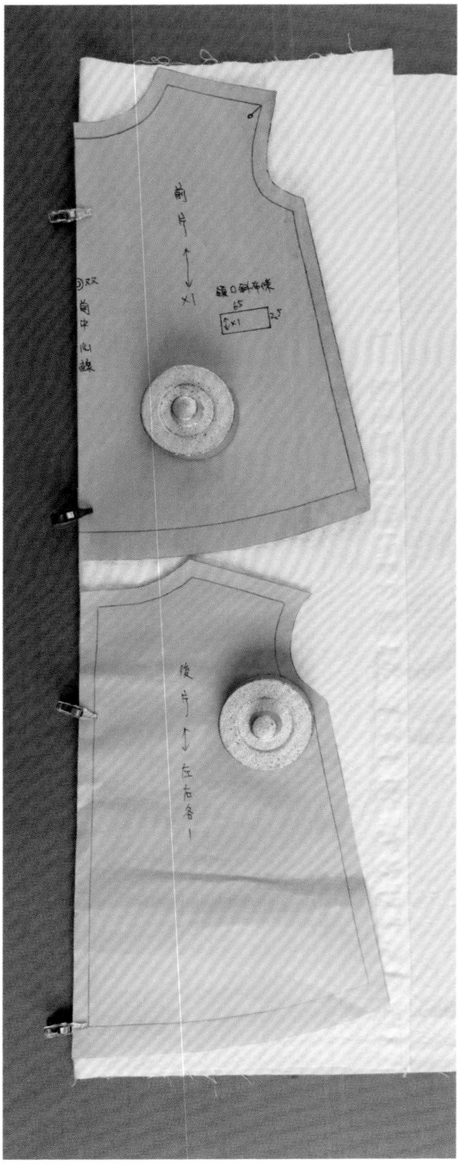

含縫份的紙型，布料配置、排列、裁剪皆省時有效率。

b 未含縫份紙型

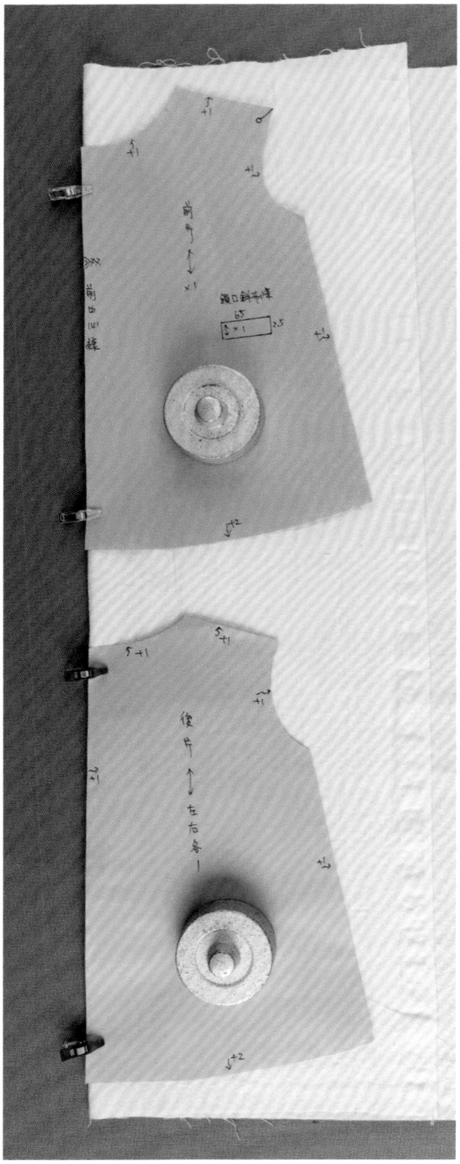

未含縫份的紙型，布料配置排列需預留縫份空間。

特殊款式的縫份畫法

大部分的線條外加縫份時，利用方格尺或者曲尺平行外加即可，但若遇到一些特別需要注意的狀況，該如何畫呢？

a 前開式領圍

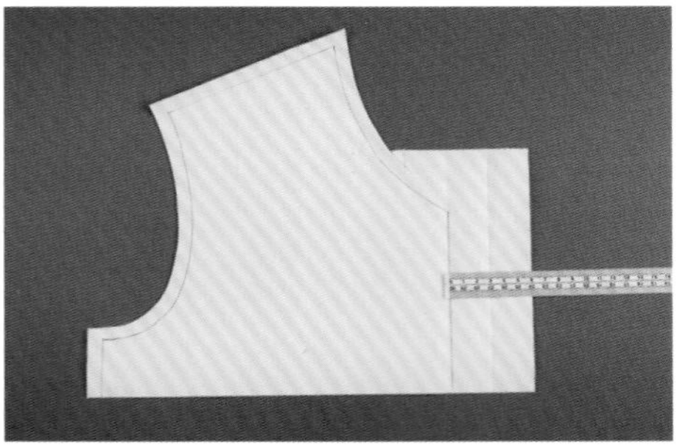

①領圍靠近前中間開襟處，紙張除了開襟的縫份外，也需往上預留，例如：開襟的縫份需外加6cm（3cm兩褶）。

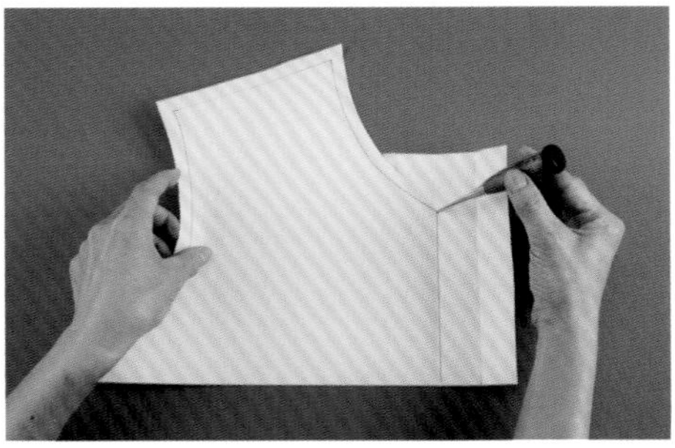

②用錐子在前襟的最上方戳個洞。

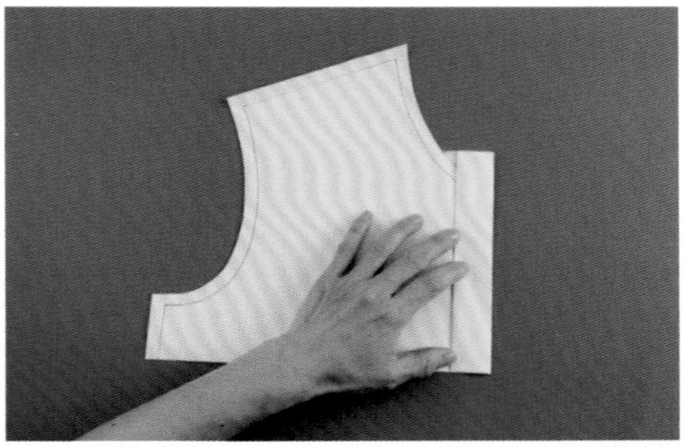

③預留的6cm往內摺3cm兩次。

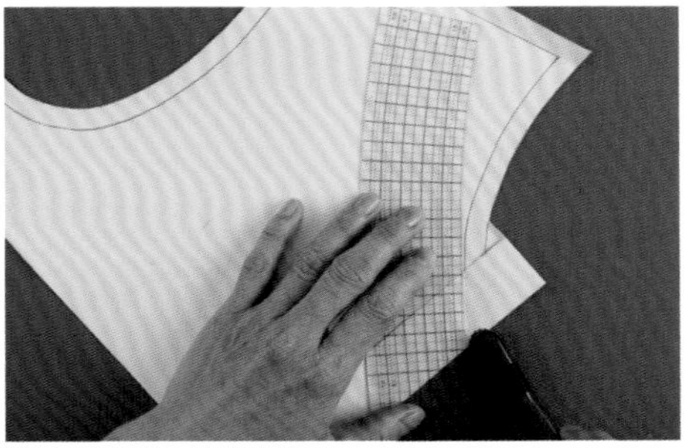

④依著小洞用點線器及曲尺做出記號軌跡。

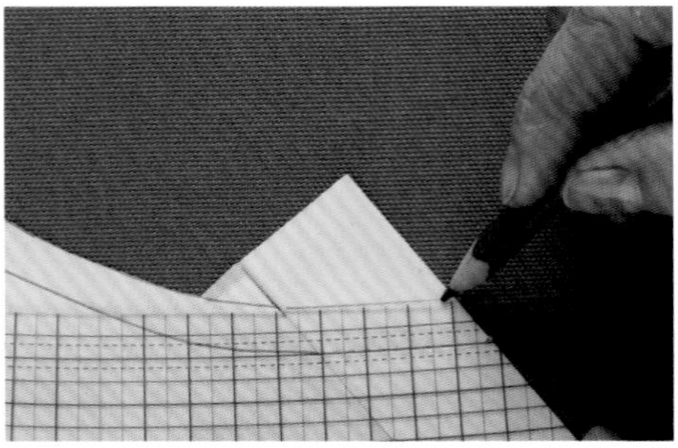

⑤曲尺再依著軌跡畫出縫份線條。

⑥剪刀依著線條剪。

⑦展開紙張，完成畫出前開式領圍的縫份。

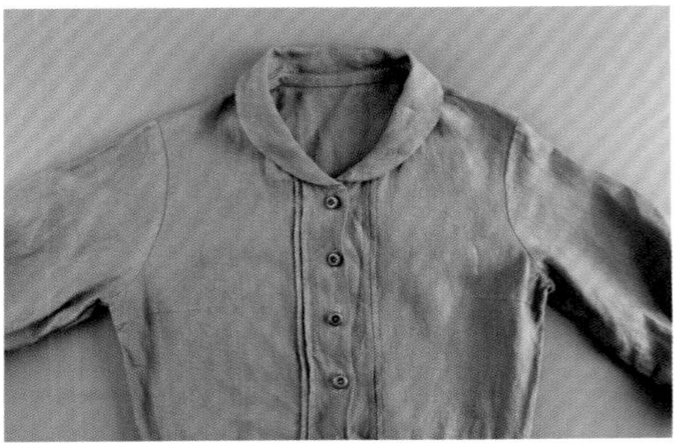

⑧像這樣子的前開式領圍衣款很常見，畫出這類衣款的縫份是必須要學會的。

b 外擴袖型

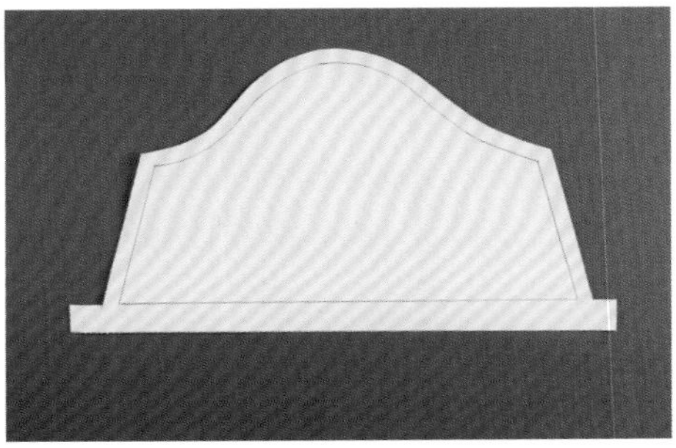

①袖口縫份的兩側先預留一些長度。

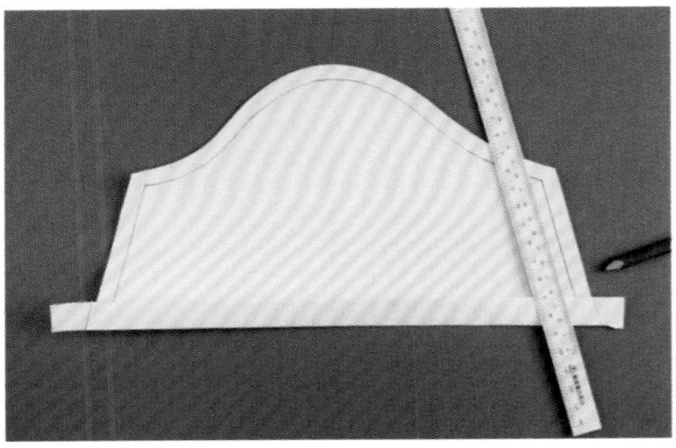

②將縫份往上折，利用直尺順著脇邊縫份線條畫出。

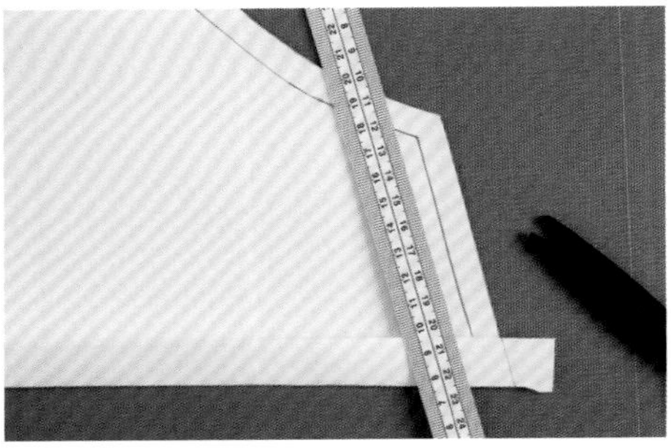

③沿著畫線裁剪。

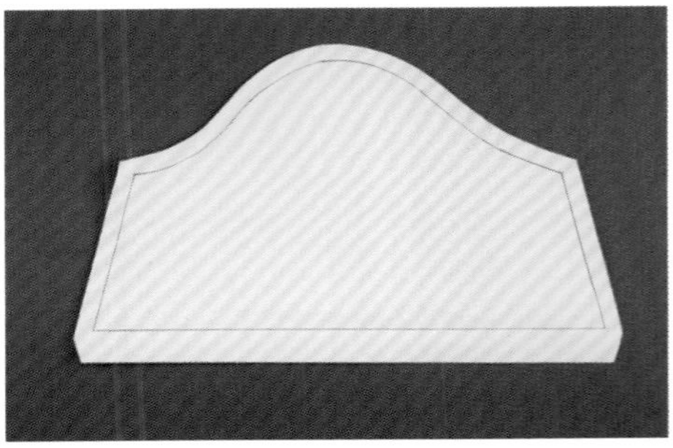

④外擴袖型袖口縫份是呈內縮的。

c 內縮袖型

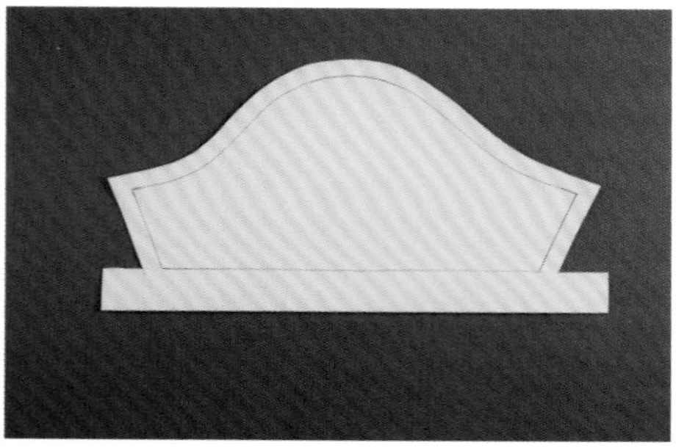

①袖口縫份的兩側先預留一些長度。

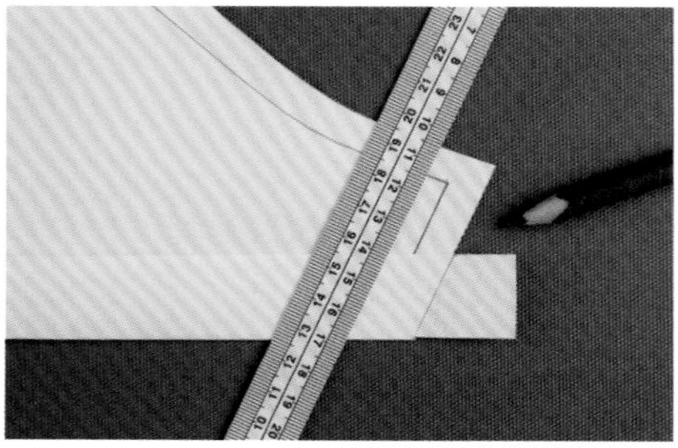

②將縫份往上折，利用直尺順著脇邊縫份線條畫出。

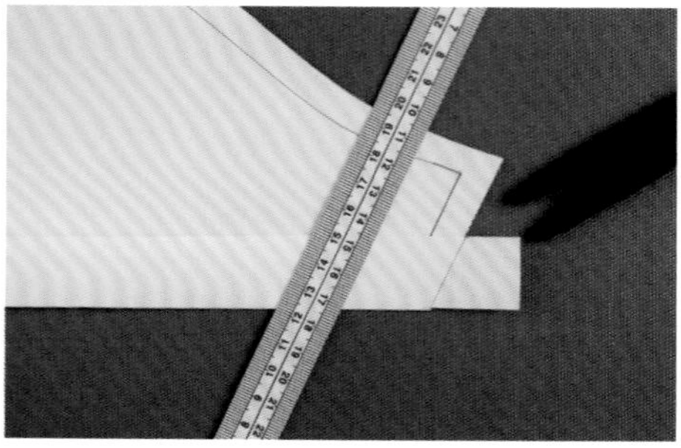

③沿著畫線裁剪。

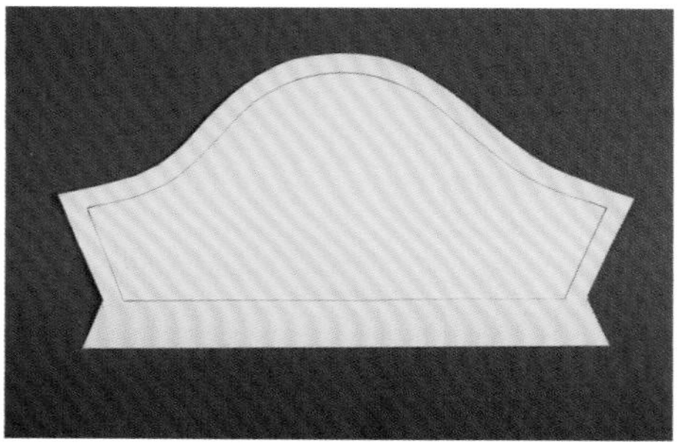

④內縮袖型袖口縫份是呈外擴的。

POINT

以上介紹是袖口二摺邊的縫份畫法，如果是三摺邊的縫份該如何畫呢?

①外加縫份以三摺邊的尺寸摺出。

②剪刀順著脇邊縫份直線剪。

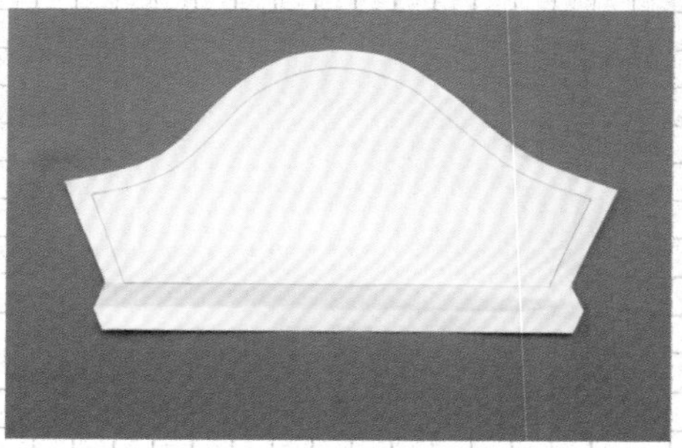

③袖口縫份呈外擴再內縮。

d A字裙襬

同「b外擴袖型」一樣的方法，A字裙襬的縫份應該是內縮的。

①裙襬脇邊的縫份先預留一些。

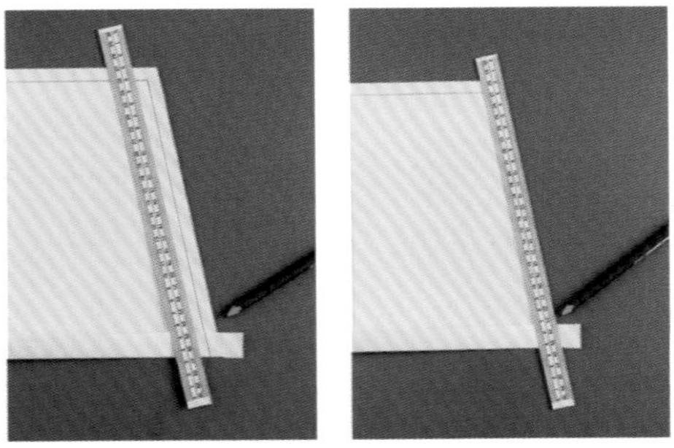

②縫份往上摺，利用直尺順著脇邊縫份。

③畫出線條。

④再沿著畫線裁剪，所以A字裙裙襬縫份是呈內縮的。

STEP .3.

紙型修正

不是每個人身型的每個部位都符合相同的S、M、L尺寸，又或是偏瘦的人喜愛領口較低、想改短褲長、增加袖寬……，除了想符合自身尺寸也希望加入個人喜好，只要學習如何微修改書中的紙型，就更能滿足自己的需求。加入微洋裁基礎，嘗試繪製出專屬的版型，即使失敗了也是很開心，這就是自己做衣服的魅力與樂趣。

A局部修改

＊紙型的修正大致可分兩個學習方向：局部修改、整體改變長度與寬度；前者較簡單，建議可先從這個方法開始嘗試。

＊修改紙型需要的基本工具是曲尺和直尺。

上衣

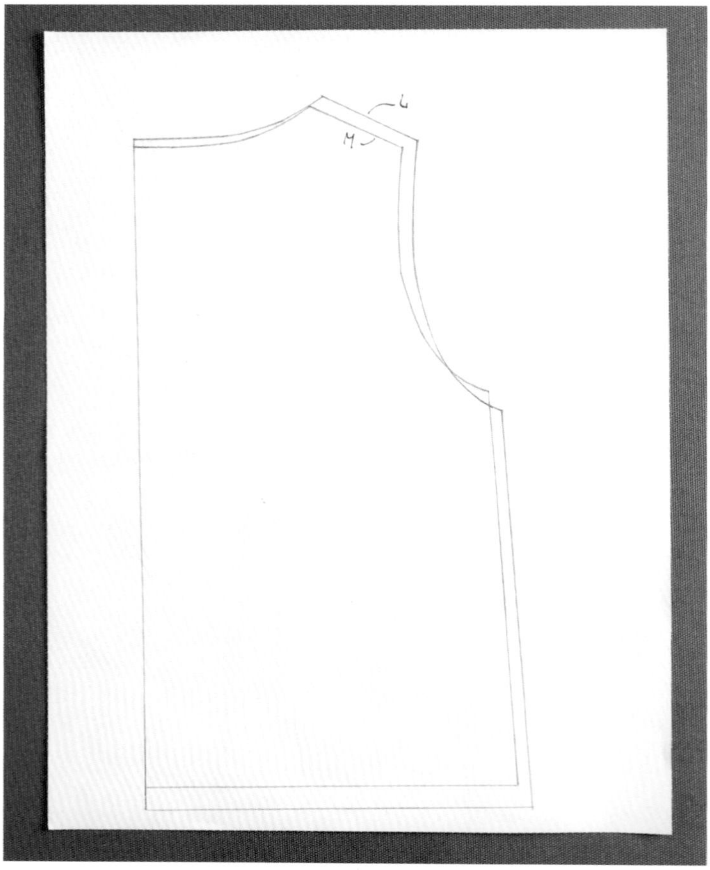

比方這是一件想做的上衣M、L版型。

修改情境1

領口和肩寬符合L尺寸，但胸圍部分希望落在M尺寸。

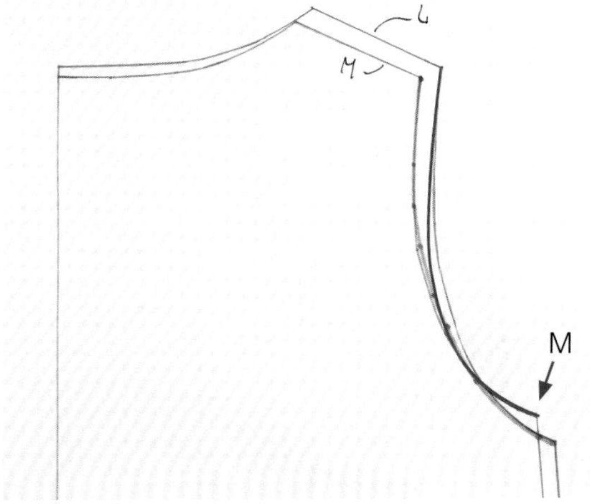

曲尺順著L尺寸的袖襱，慢慢地往內縮和M尺寸的腋下點接合，畫出修正的紅色線條。

修改情境2

領口和肩寬皆符合M尺寸，但胸圍部分想要寬鬆點，偏L尺寸。

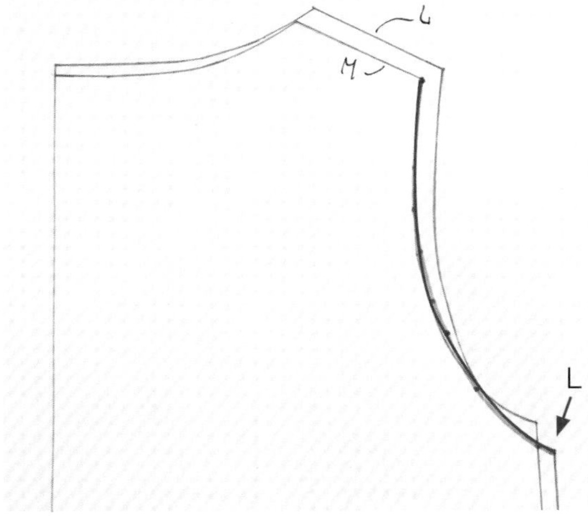

利用曲尺順著M的袖襱，慢慢地往L的腋下點接合，畫出修正的紅色線條。

裙子

修改情境

腰圍偏小想用S尺寸，但臀圍是M尺寸。

比方這是A字裙S、M、L尺寸的紙型。

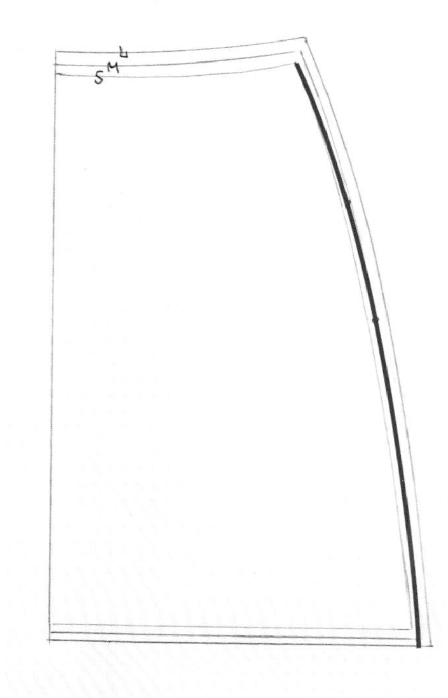

曲尺從S的脇邊點向下、慢慢往外偏至M；如果長度想要L，則脇邊長度畫至L。

肩線

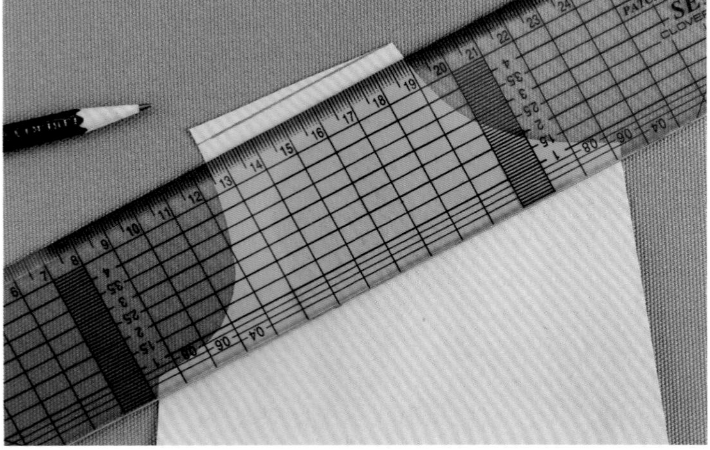

另外針對肩膀屬於垂肩型者，可以將肩線角度往下修約0.7cm。

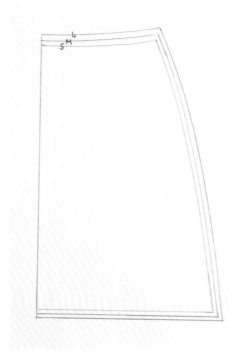

B 整體改變長度與寬度

使用工具：剪紙用剪刀、鉛筆、隱形膠帶（可以書寫）、直尺、直角尺及曲尺。

改變紙型長度比較簡單，先從長度的改變開始吧！

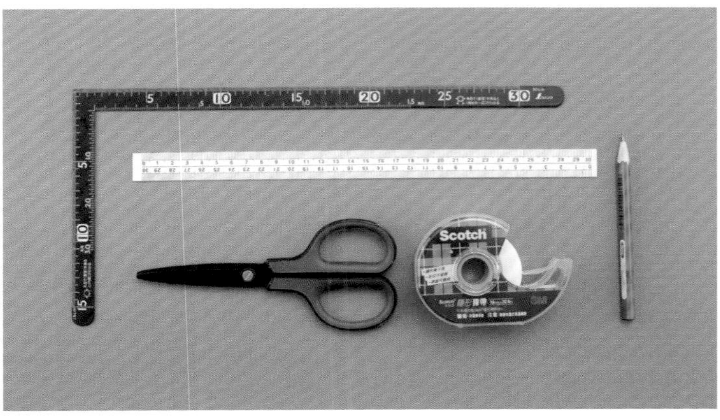

紙型修正

上衣。

加長 | 改短 | 加寬 | 改窄

直接加長

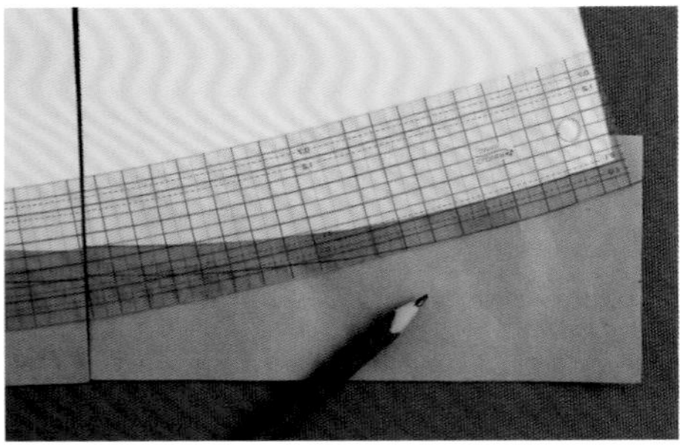

①上衣前後片同時在下襬黏貼一片紙張，利用曲尺或直尺平行下襬，直接畫出想要加長的長度。

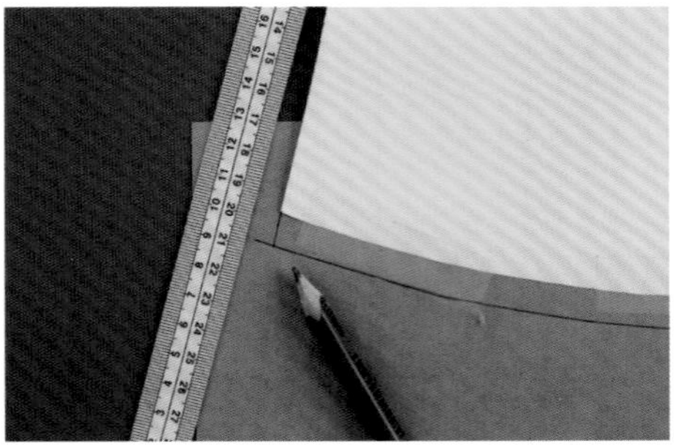

②再使用直尺順著原本的脇邊線畫出加長的脇邊線。

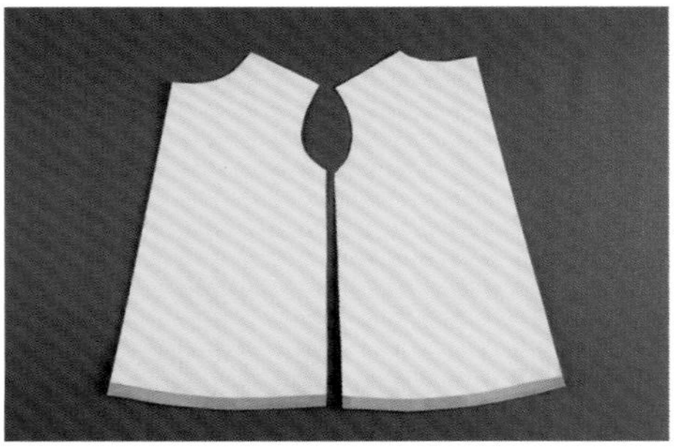

③依畫線剪，完成上衣從下襬直接加長，確認前後片的脇邊長度吻合。

從中間加長

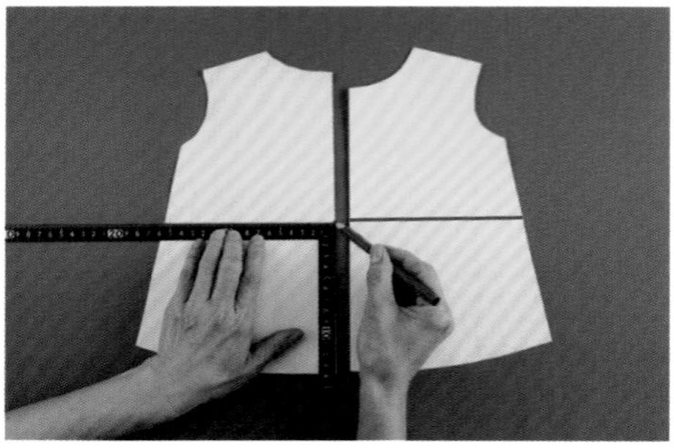

①在不影響袖圍的情況下，用直角尺從衣身的中間畫出裁剪線。

②剪刀依裁剪線剪開。

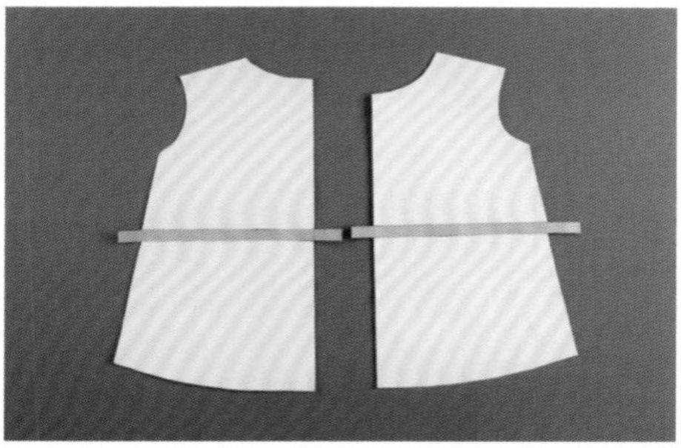

③再黏貼加長的紙條，寬度需大於衣身的寬度。

POINT

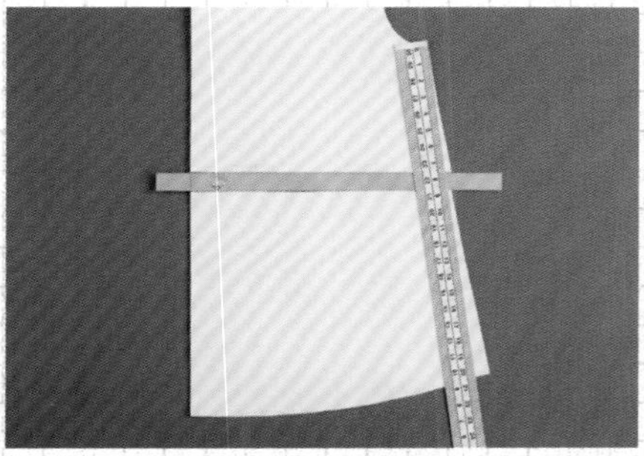

從上衣的中間加長，對於傘狀的衣款會影響原來的脇邊線。如果想要順便修改讓角度內縮，決定要內縮的尺寸後，則如圖中，用直尺從腋下點和衣角內縮尺寸，畫出脇邊線，然後剪刀依著畫線裁剪。

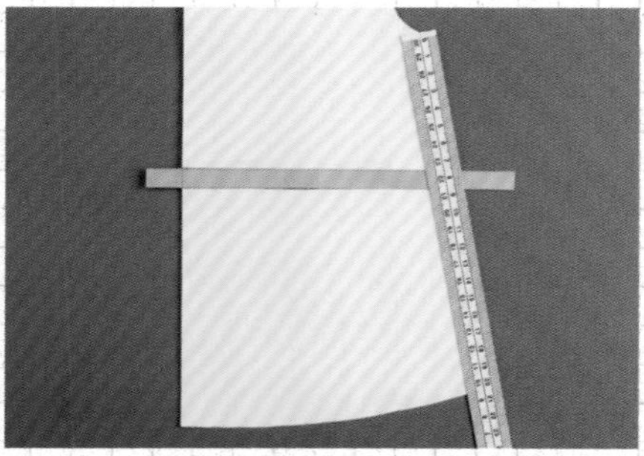

或者想要讓衣款傘狀的角度更大，直尺對著腋下點，將尺往外側移至決定的外擴尺寸，但這樣脇邊就需要黏貼紙條。

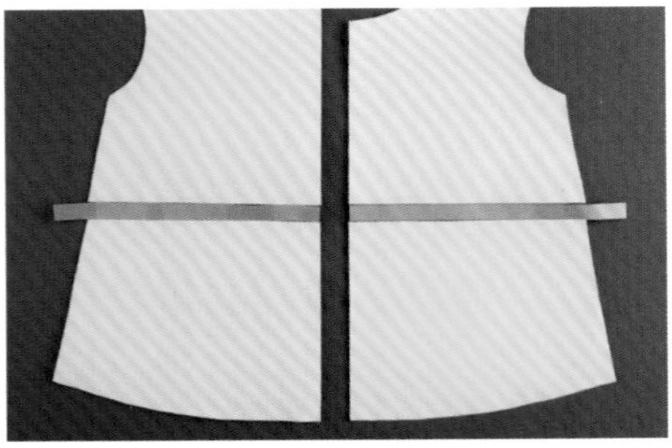

④先順著前後中心線，將多出的紙條剪去。

⑤前後片脇邊黏貼紙條。

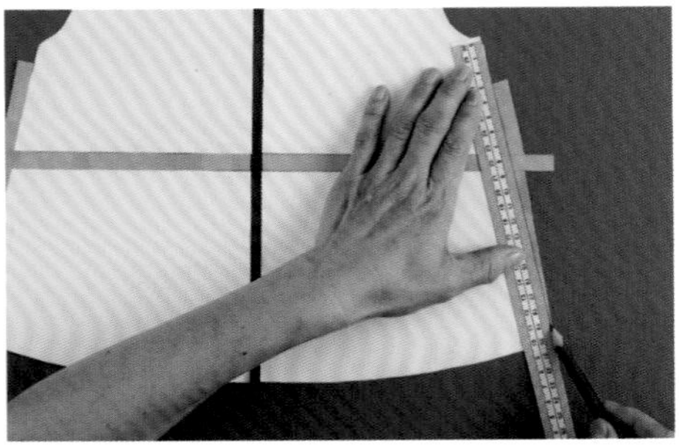

⑥直尺從腋下點和衣角外擴尺寸，畫出脇邊線。

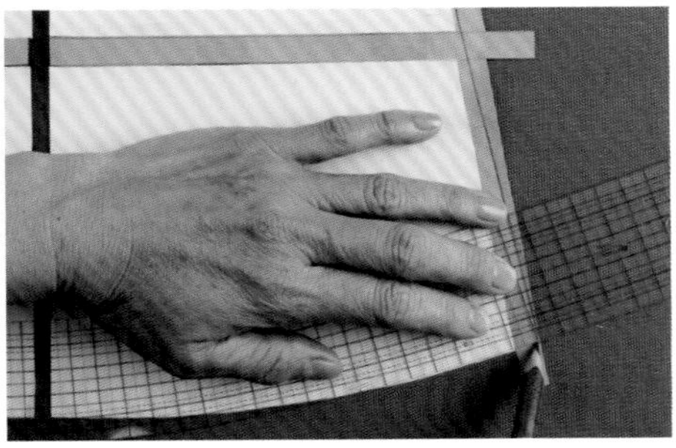

⑦曲尺順下襬線。

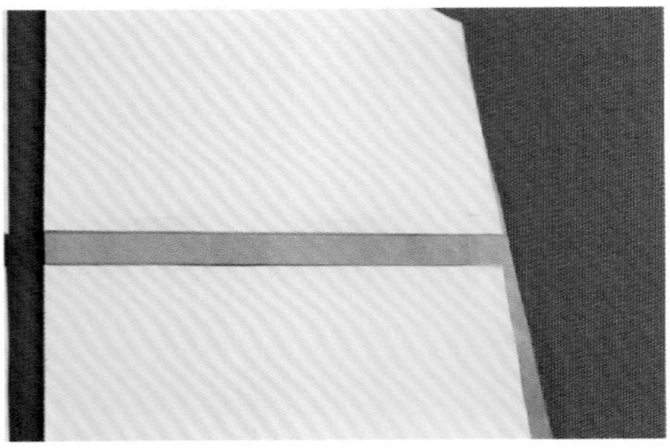

⑧依畫線剪。

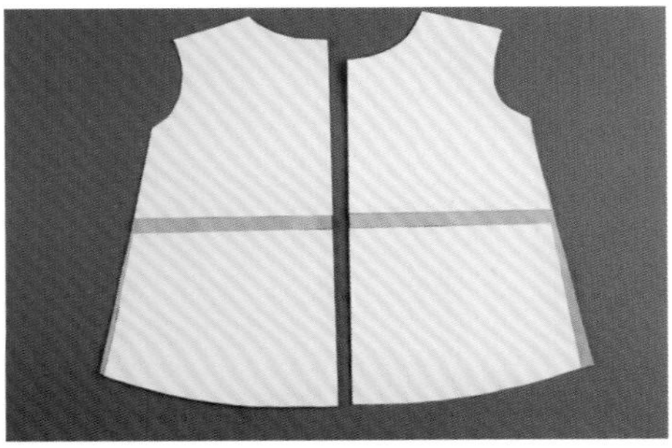

⑨上衣後片也是相同方法。

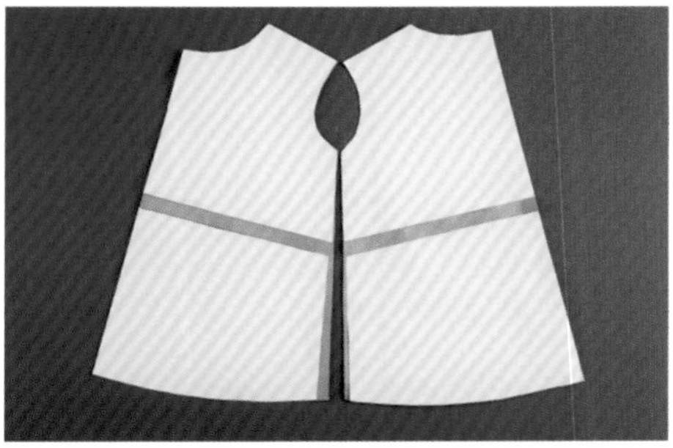

⑩完成上衣從中間加長，最後確認上衣前後片的脇邊長度吻合，即完成修改工作。

進階改法

如果要加長的尺寸較大，建議將加長尺寸分散在不同的地方，這個方法的優點是修改後版型和原來衣服的風格不會差太多。

例如：衣身要「加長5公分」，也可以分散在「下襬3公分」及「衣身中間2公分」來進行分散式的修改，動手試試看，會很有成就感。

直接改短

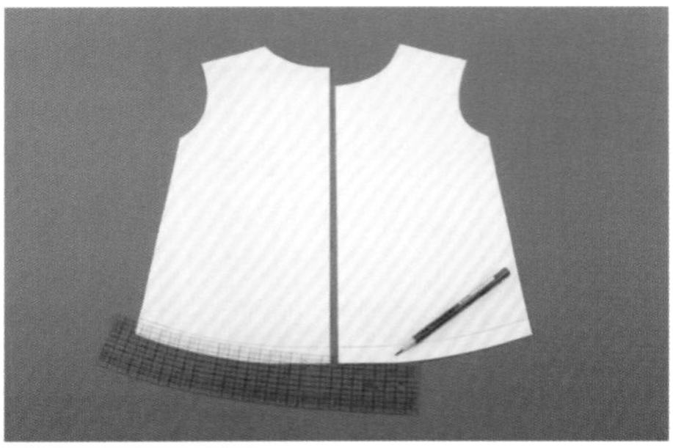

①利用曲尺或直尺平行下襬，畫出想要改短的長度。

②剪刀依畫線剪。

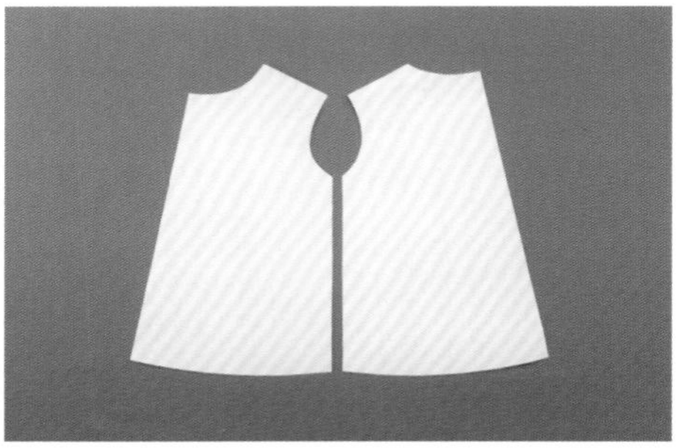

③確認前後片的脇邊長度吻合。

從中間改短

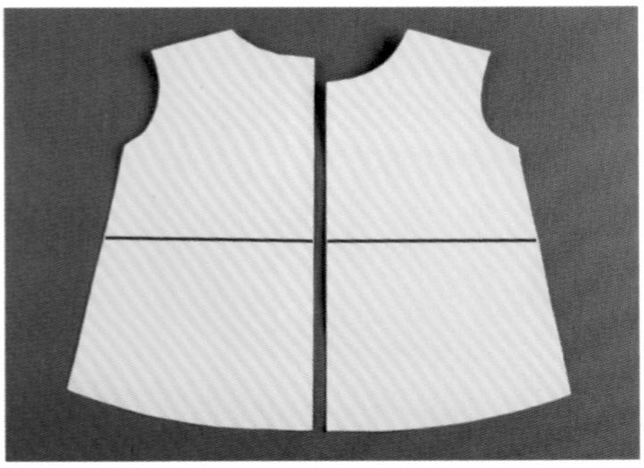

①使用直角尺，從前片衣身的中間畫一條水平參考線，後片對齊前片也畫出水平參考線。

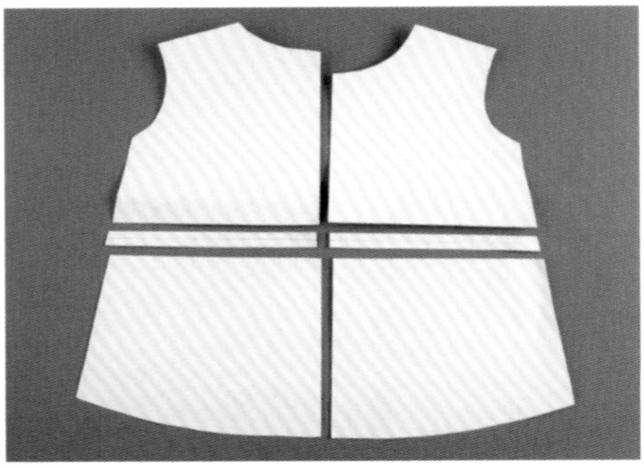

②以改短3cm為例，參考線的上下1.5cm，各畫一條裁剪線，依裁剪線剪開。

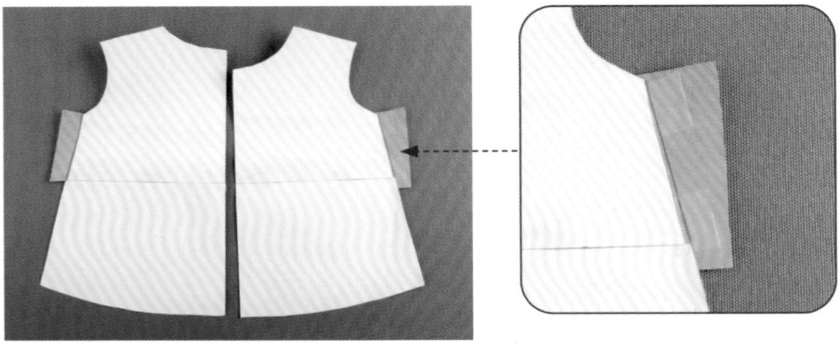

③抽離3cm的紙條，衣身的中心線對齊黏貼，脇邊也黏貼紙張。

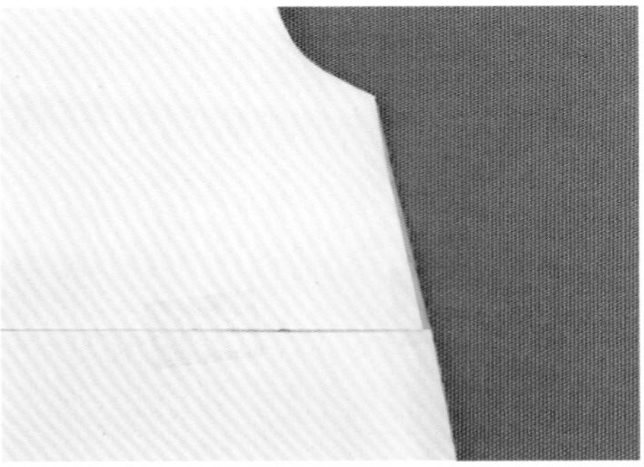

④直尺從腋下點順著至衣襬畫線，依畫線剪，完成上衣從中間改短。

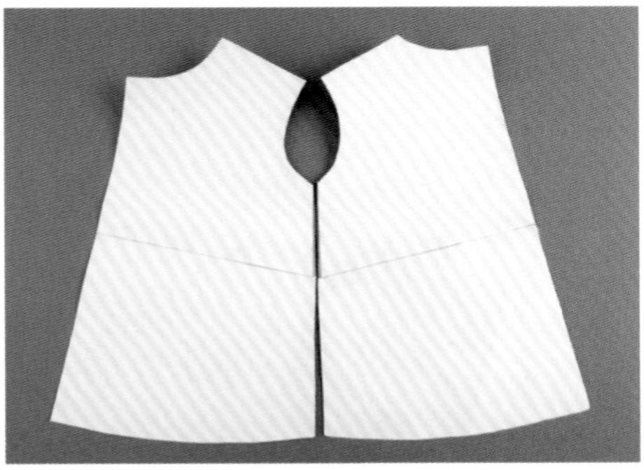

⑤確認上衣前後片的脇邊長度吻合。

從中心線加寬

*針對原版型寬度的微幅修改，修改尺寸建議在2公分以內。

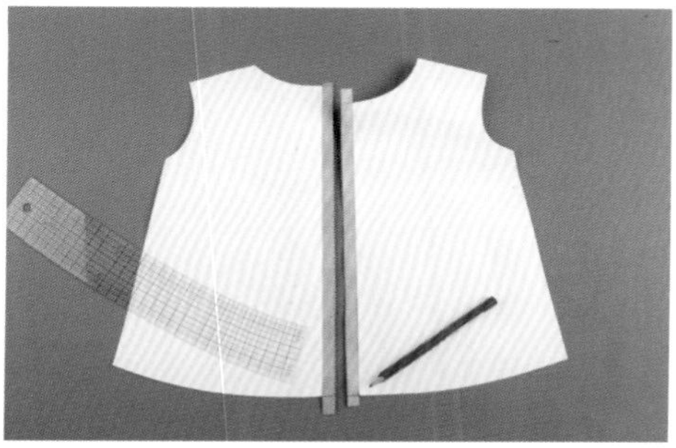

領口會隨著加大，領口斜布條或領口貼邊則需要修改，如果想要領口也加大，可以用這個方法。

①前後片中心線黏貼加寬的紙條，紙條長度需超過紙型的中心線長度，下襬用曲尺順畫出，前後領口也是。

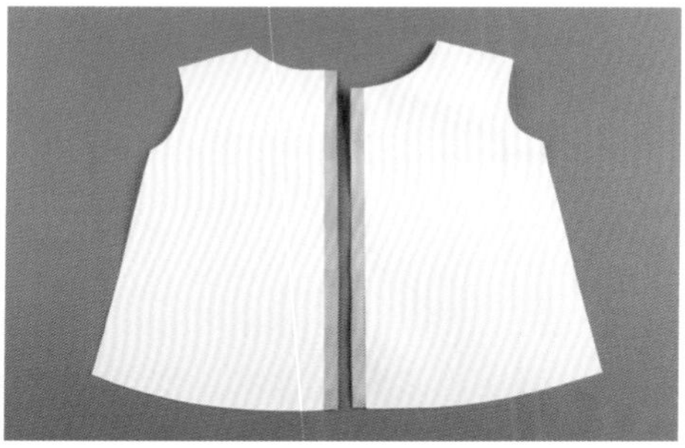

②依畫線剪，完成上衣從中心線加寬。

從脇邊改窄

紙型袖襱太大，可以用這個方法。

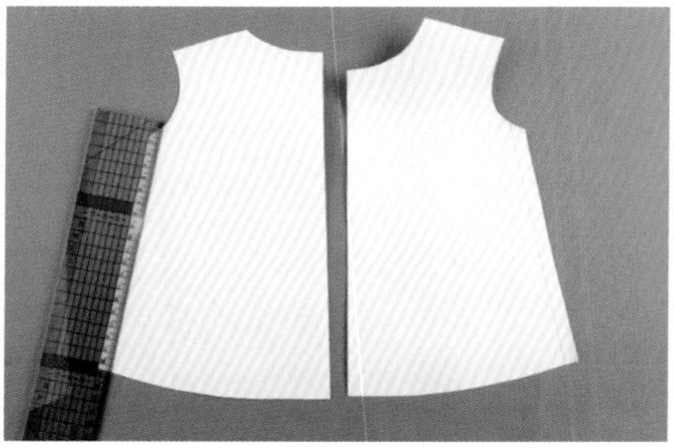

①使用直尺在脇邊平行往內縮1cm畫裁剪線。

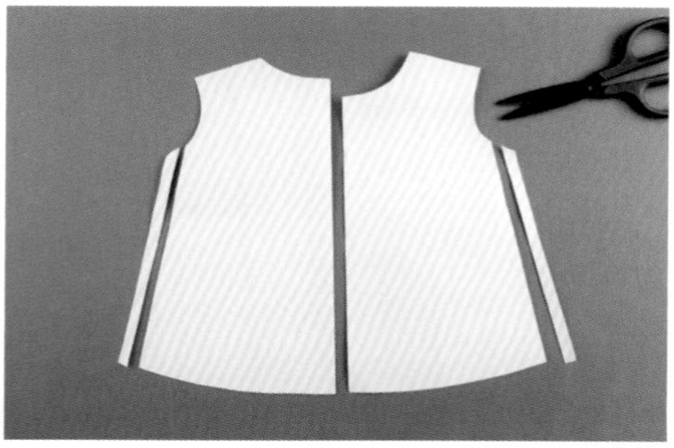

②依畫線剪，完成上衣從脇邊改窄。

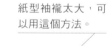

從脇邊加寬

如果想要袖襱也加長，可用這個方法。

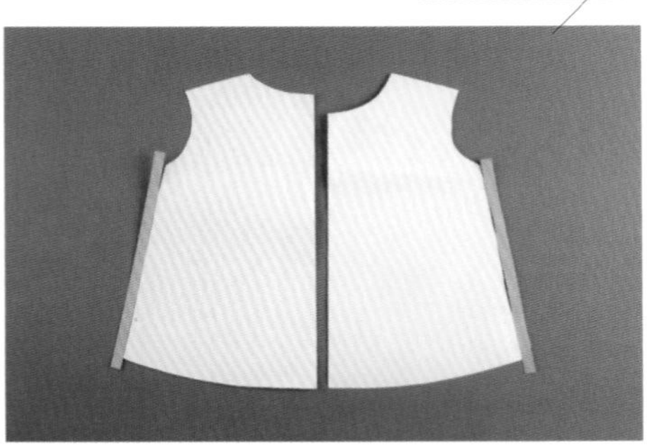

①上衣前後片脇邊黏貼加寬的紙條，紙條長度需超過紙型的脇邊線。

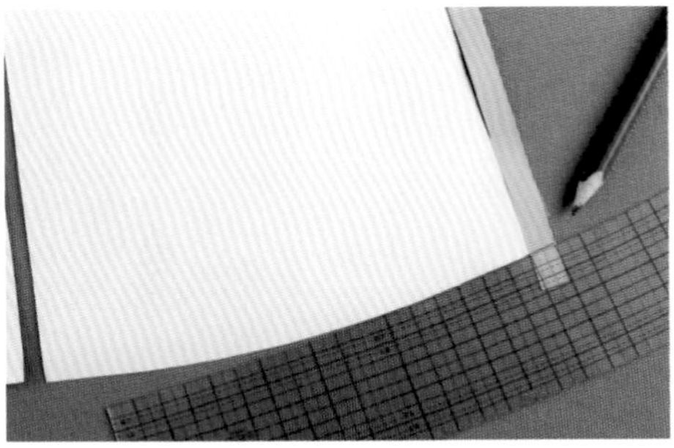

②下襬用曲尺畫出。

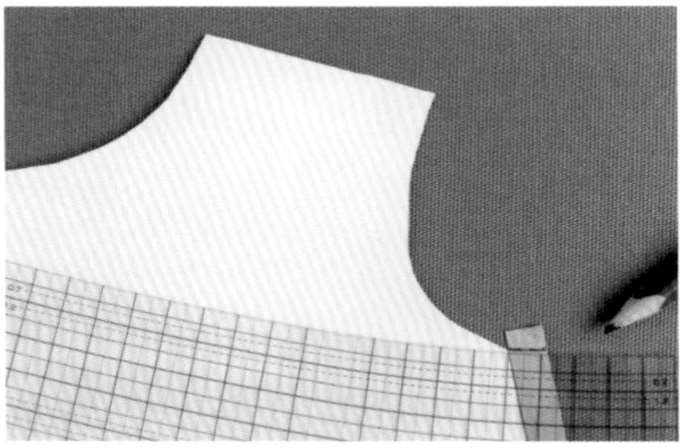

③曲尺畫出腋下加長的袖襱線。

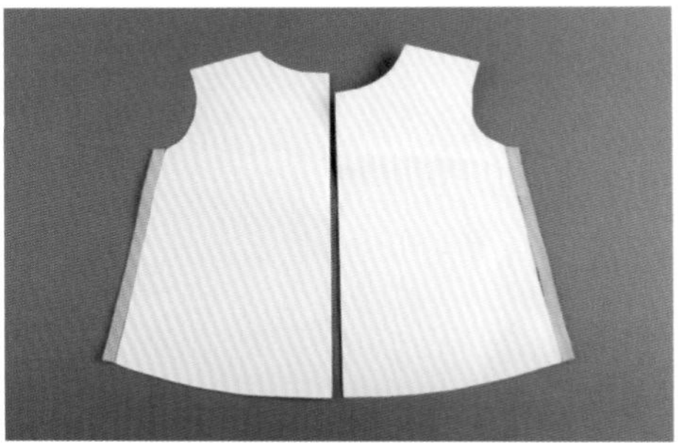

④依畫線剪，完成上衣從脇邊加寬。

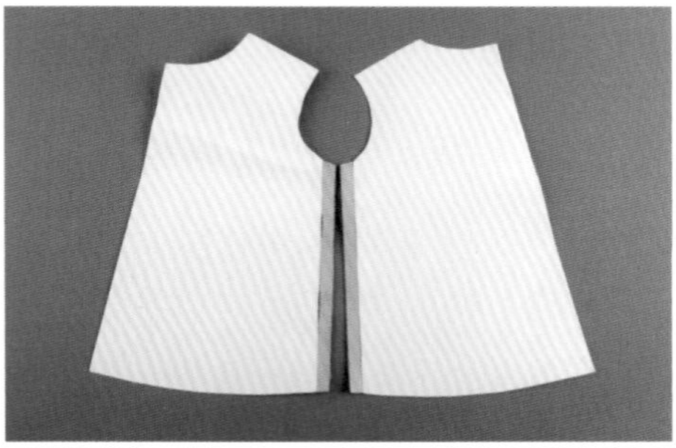

⑤確認上衣前後片的脇邊長度吻合。

從中間加寬

如果覺得紙型肩線也不夠長，可以選擇這個方法。

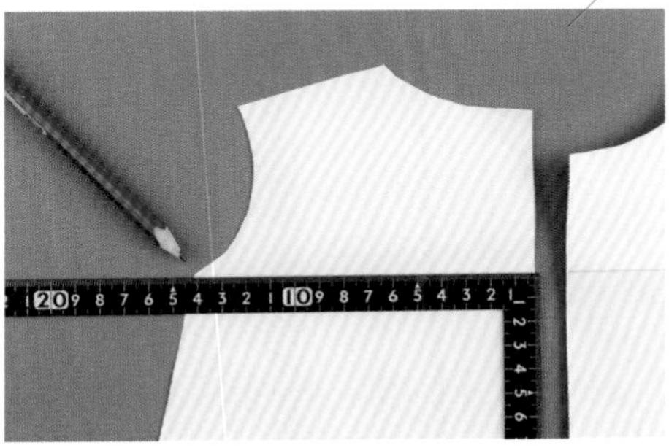

①從腋下點畫出垂直中心線的水平參考線。

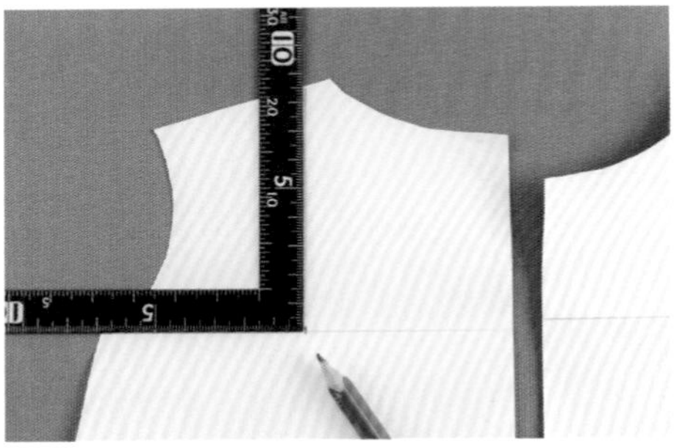

②找出參考線的中心點，畫出垂直線。

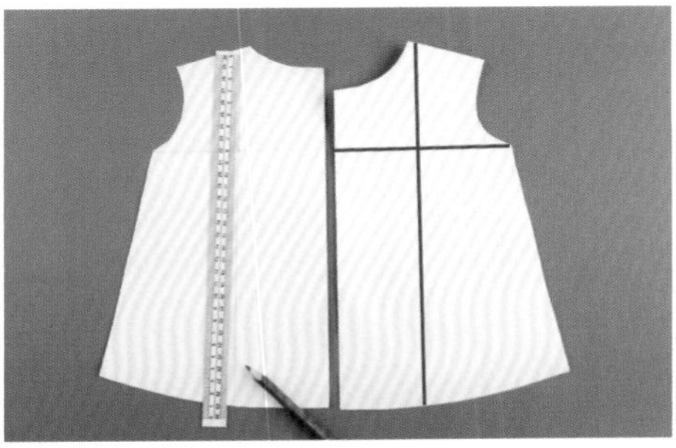

③垂直線畫至衣襬。

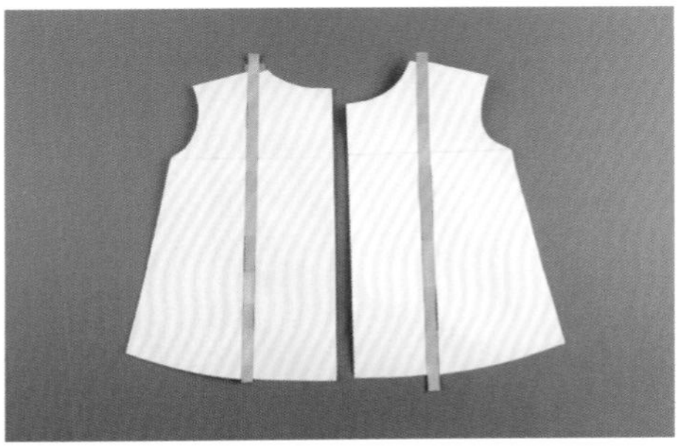

④依著垂直線剪開，黏貼加寬紙條。

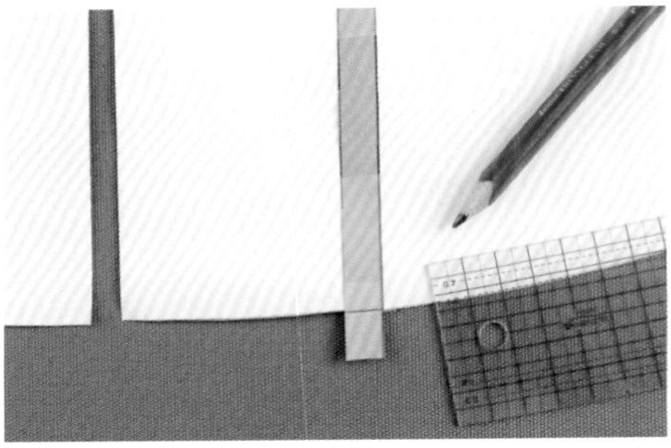

⑤衣襬用曲尺順畫。

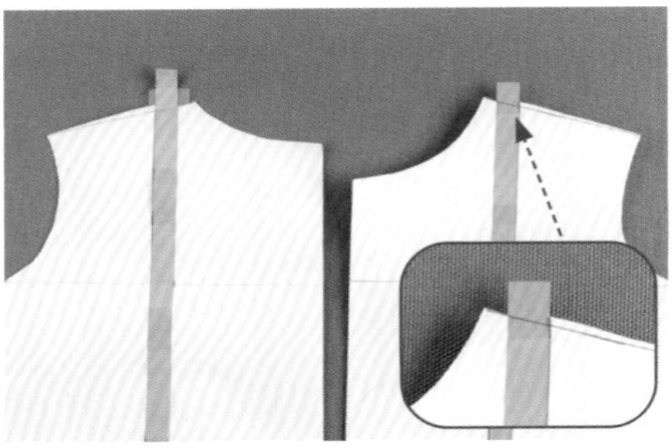

⑥肩線則用直尺，從領口往袖山點順畫。

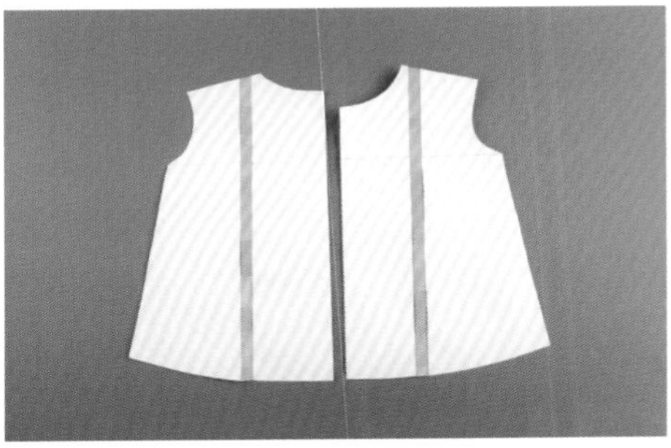

⑦依畫線剪，完成上衣從中間加寬。

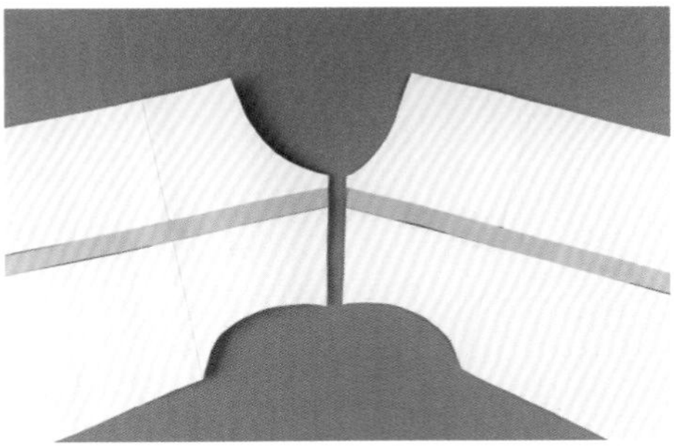

⑧確認加寬後的前後肩線長度吻合。

從中間改窄

紙型肩線太長，可以選擇這個方法。

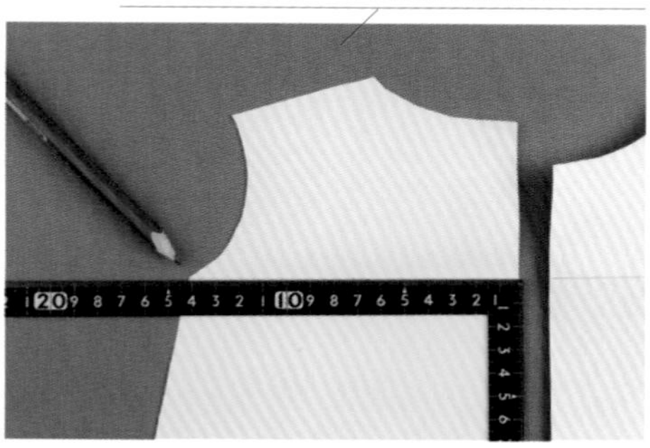

①從腋下點畫出垂直中心線的水平參考線。

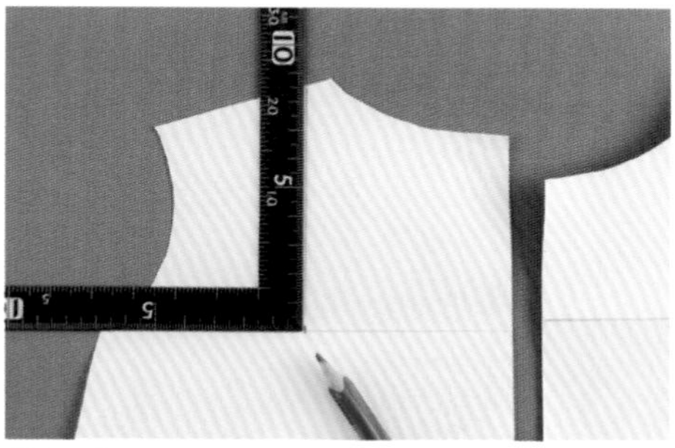

②找出參考線的中心點，畫出垂直線。

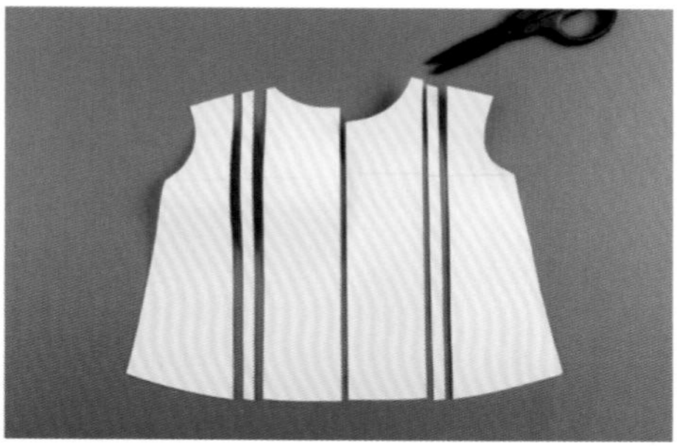

③垂直線的左右兩邊0.5cm（例如：一邊改窄1cm）各畫一條平行線，依平行線剪，前後片各剪掉1cm的紙條。

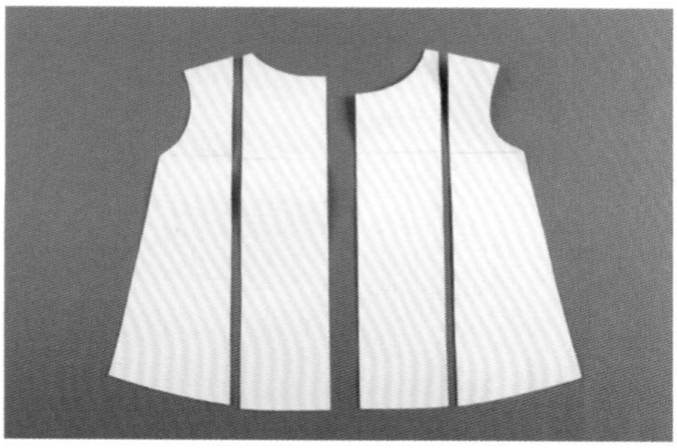

④抽掉紙條。

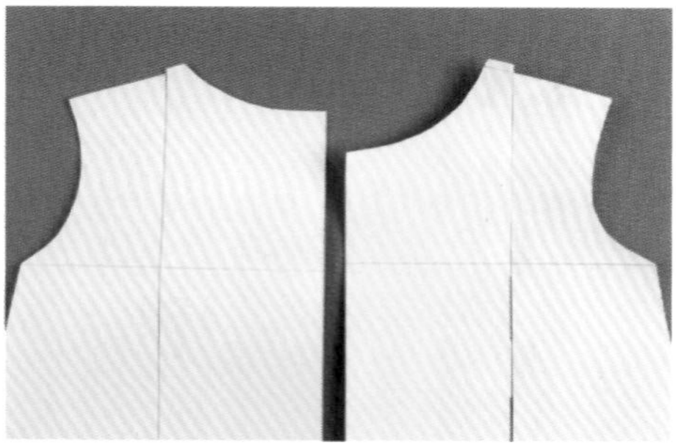

⑤對齊水平參考線貼合紙型。

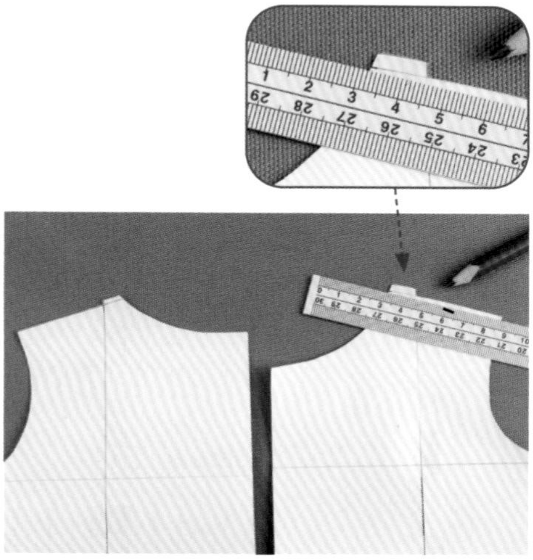

⑥直尺依著袖山點畫出肩線。

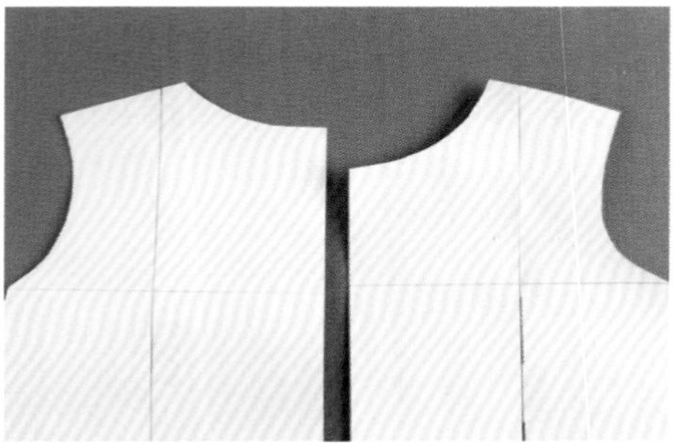

⑦依畫線剪，完成上衣從中間改窄。

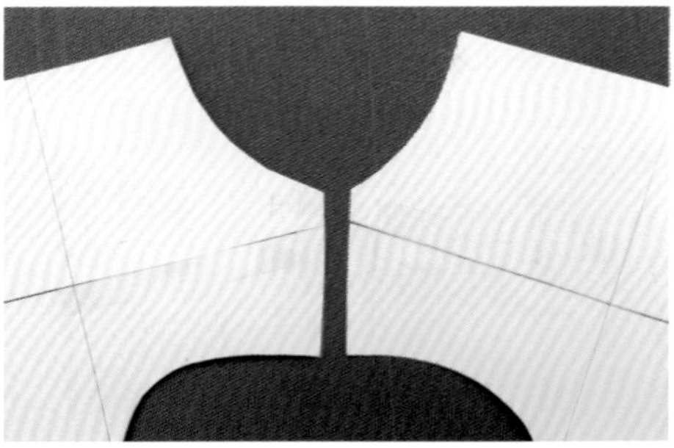

⑧確認上衣前後片的肩線長度吻合。

從中心線改窄

紙型領口太大，可以用這個方法。

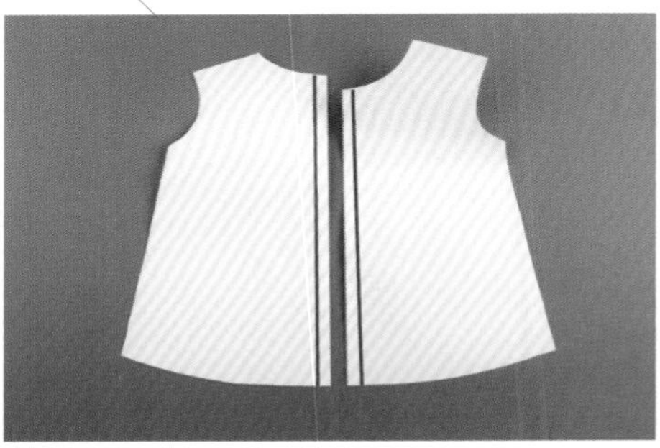

①使用直尺在中心線往內縮1cm畫裁剪線。

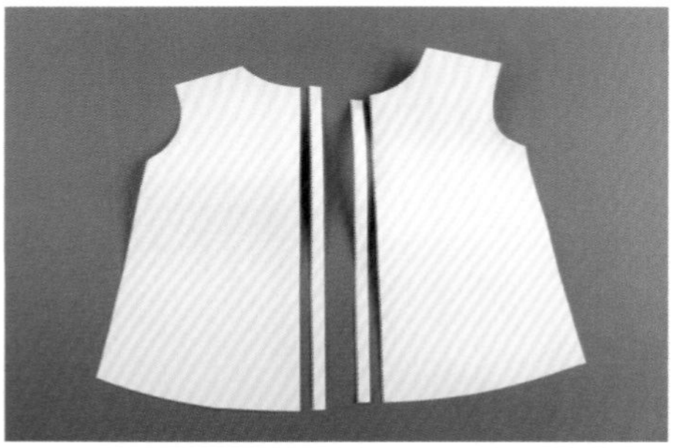

②依畫線剪，完成上衣從中心線改窄。

紙型修正

褲子。

加長｜改短｜加寬｜改窄

直接加長

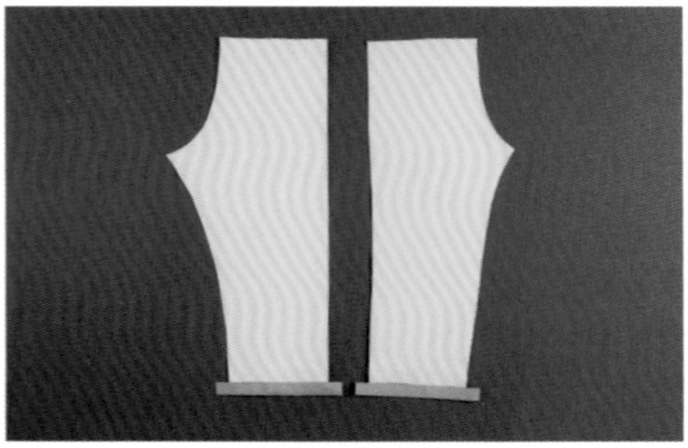

①前後褲的褲管直接黏貼加長的紙條，紙條寬度大於褲管。

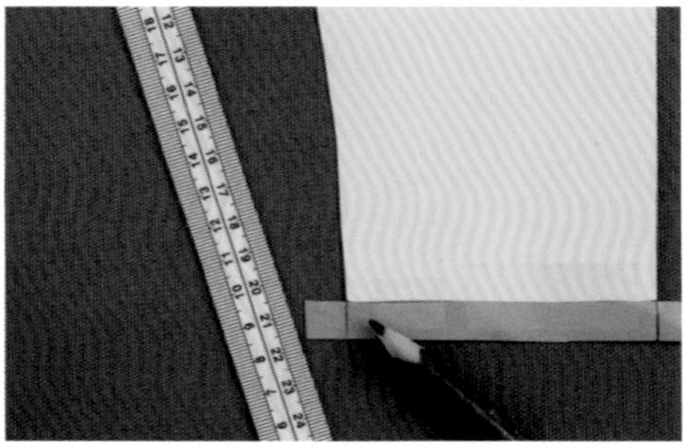

②直尺順著原本的脇邊線畫出加長的脇邊線。

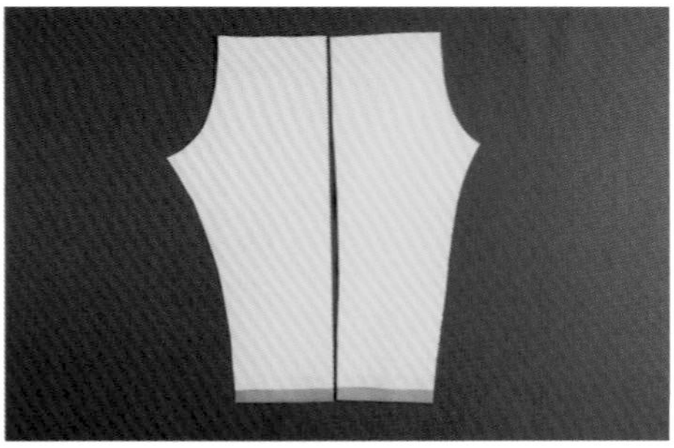

③依畫線剪，完成褲子從褲管直接加長，確認前後褲的脇邊長度吻合。

從中間加長

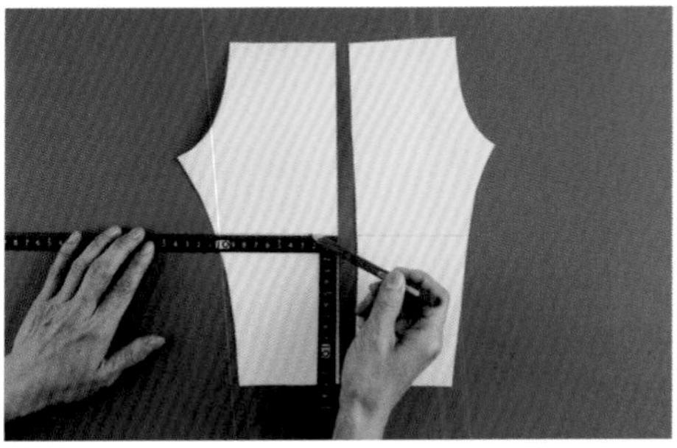

①直角尺在胯下線中間（約膝蓋位置）畫出裁剪線。

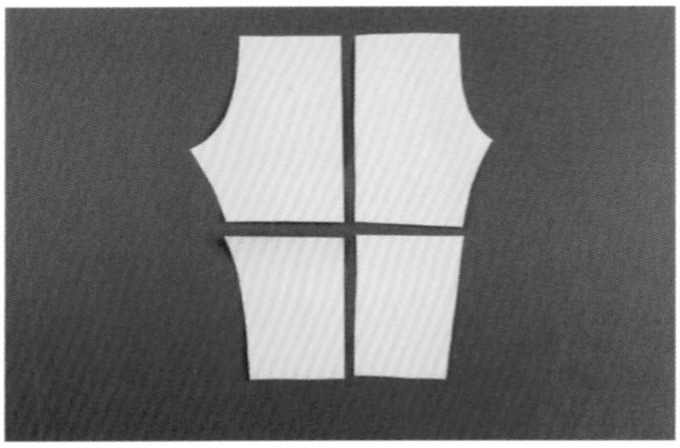

②依裁剪線剪。

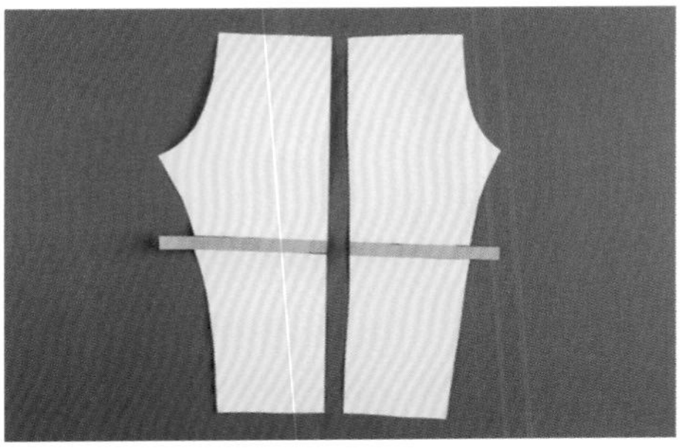

③黏貼加長的紙條，寬度需大於褲管的寬度。

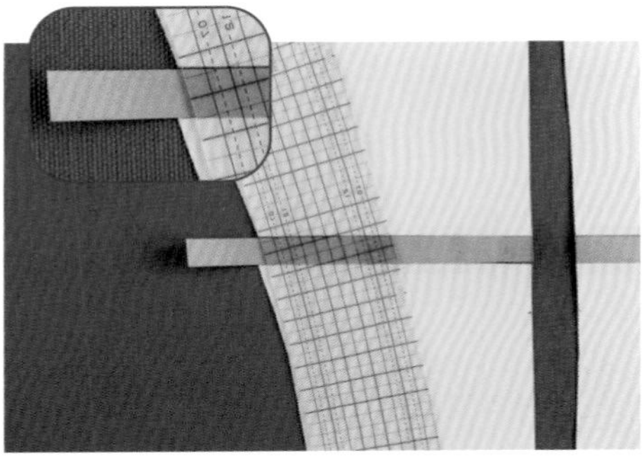

④曲尺順著紙條上緣的胯下線，往下畫出順暢的線條，會略修剪紙條下緣原來的胯下線。

臀圍也加寬點。

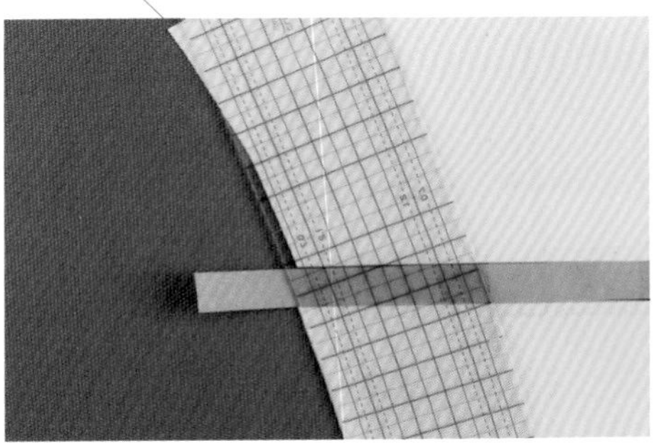

⑤或者如果大腿圍想要寬鬆點，則紙條上緣的胯下線需再黏貼紙條，曲尺順著紙條下緣的胯下線，往紙條上方畫出順暢的線條。

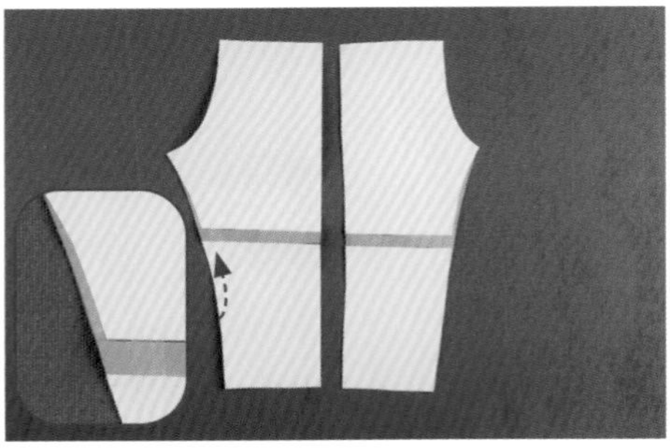

⑥依畫線剪，完成褲子從中間加長，最後確認前後褲的脇邊及跨下線長度吻合。

從中間改短

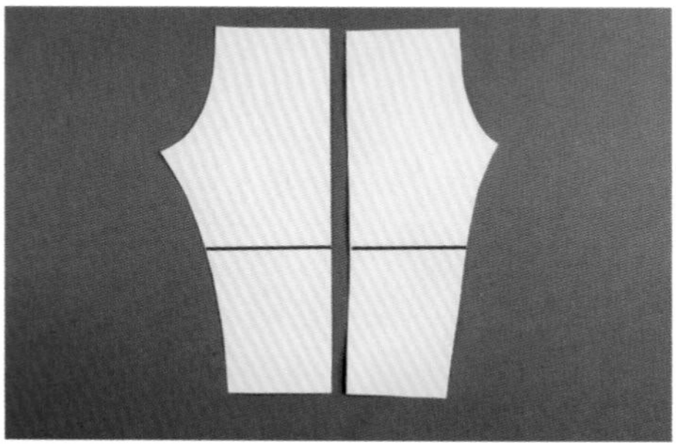

①在胯下線中間（約膝蓋位置）畫出參考線。

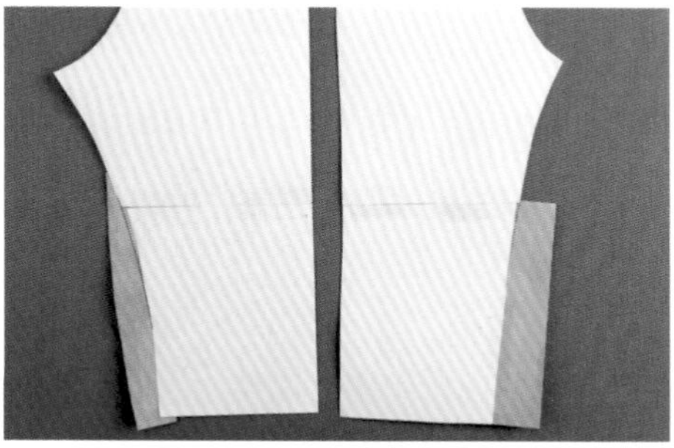

②例如改短3cm，參考上衣中間改短方法（P40），參考線的上下1.5cm，各畫一條裁剪線，依著裁剪線剪開，抽離3cm的紙條，褲身黏貼，胯下線也黏貼紙張，曲尺順著參考線上緣的胯下線往下畫。

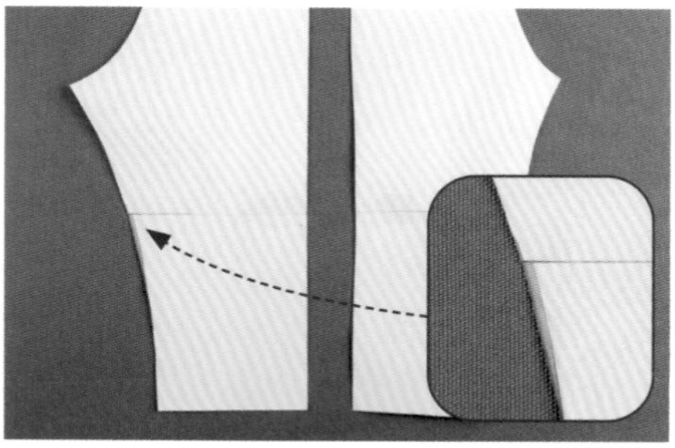

③依畫線剪去多餘的紙張，完成褲子從中間改短。

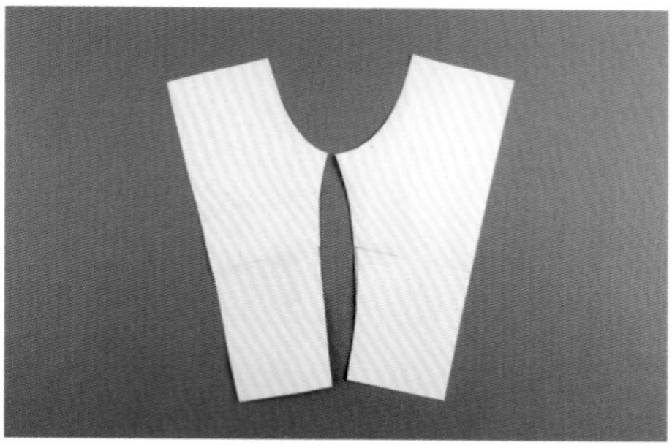

④確認前後褲的脇邊及胯下線長度都吻合。

從脇邊加寬

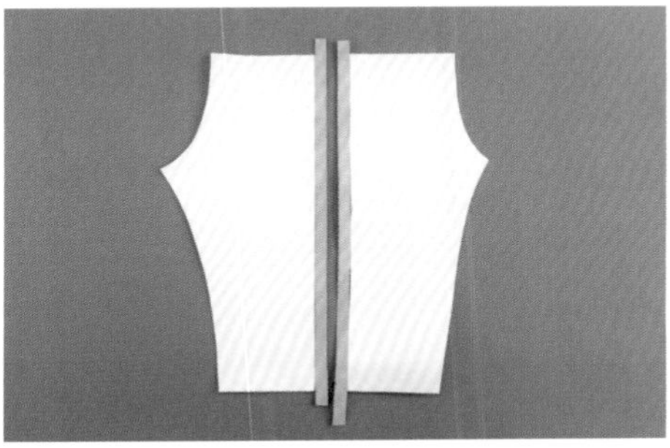

①前後褲脇邊黏貼加寬的紙條，紙條長度需超過紙型的脇邊長度。

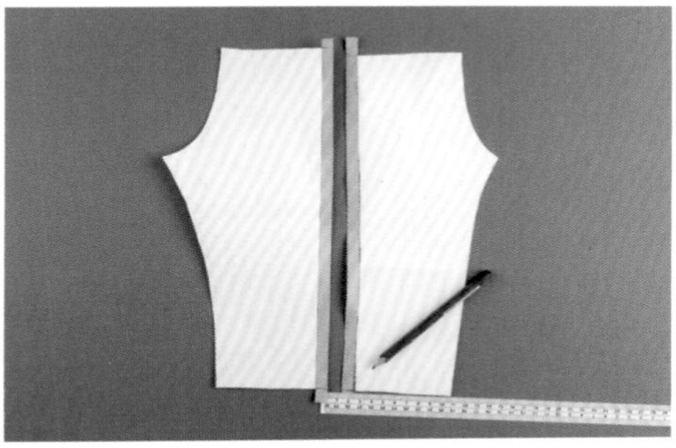

②用直尺順著褲頭和褲管畫加寬的褲頭和褲管線。

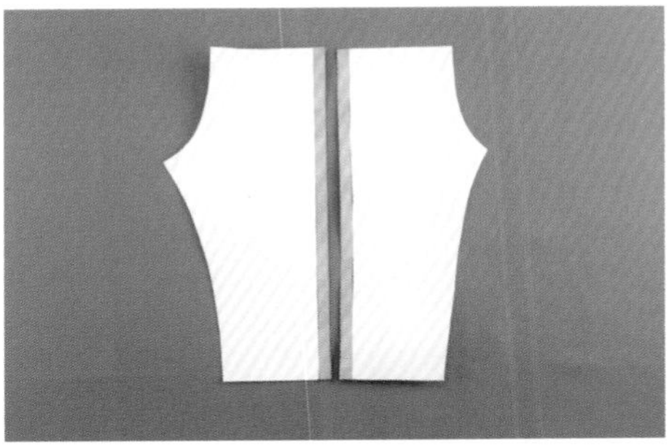

③依畫線剪，完成從脇邊加寬。

從中間加寬

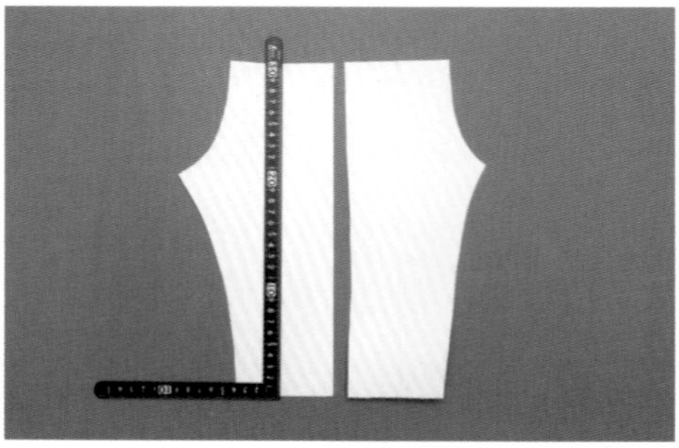

①褲管中間畫出一條垂直線。

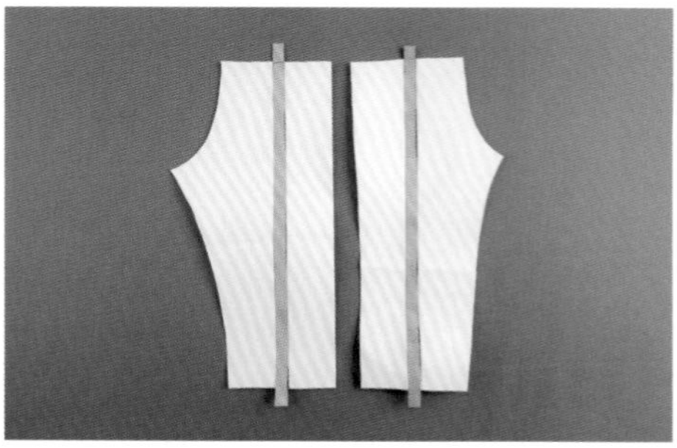

②依著垂直線剪開，黏貼加寬紙條。

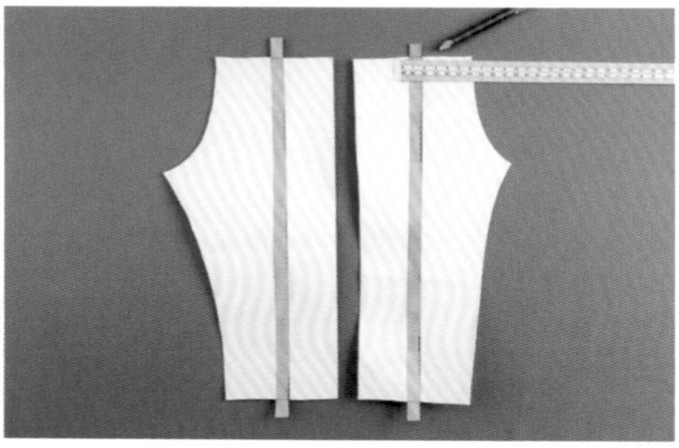

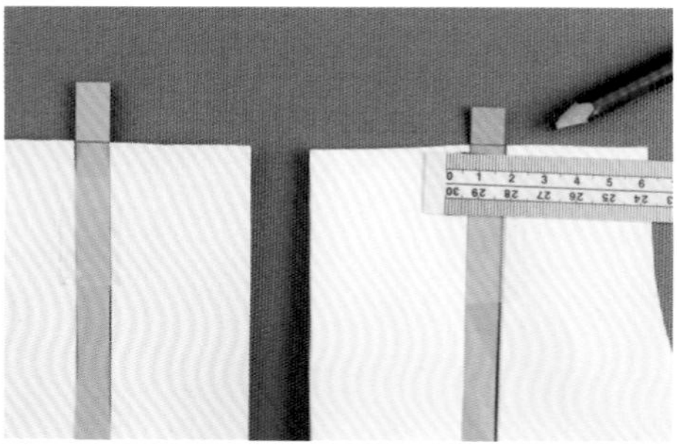

③直尺順著紙條兩邊的褲頭和褲管線條，畫出裁剪線。

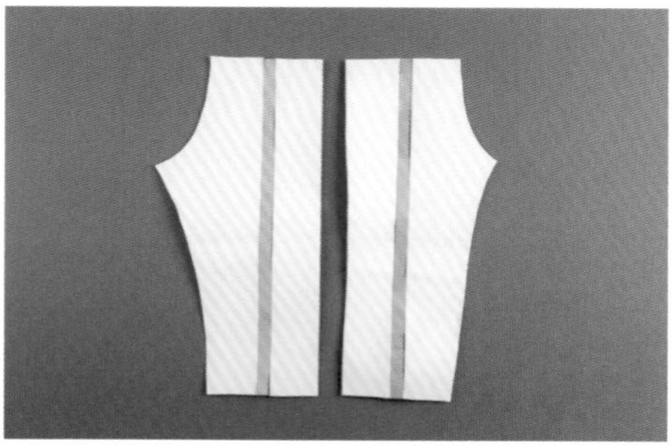

④依畫線剪，完成從中間加寬。

從中間改窄

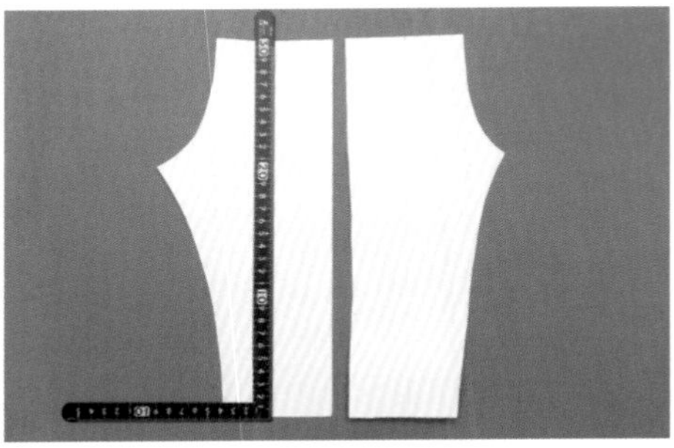

①從褲管的中心點畫一條垂直線。

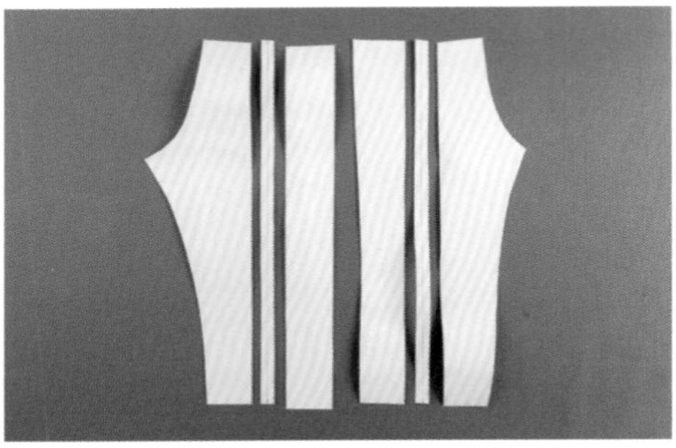

②垂直線的左右兩邊0.5cm（例如：一邊改窄1cm）各畫一條平行線。依平行線剪，剪掉1cm的紙條。

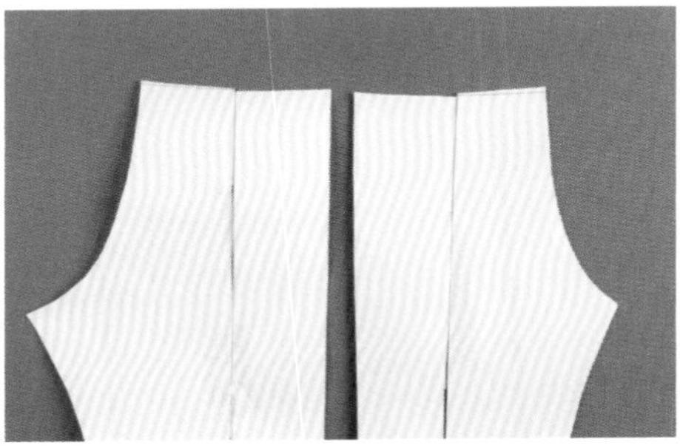

③抽離紙條，對齊褲管線貼合紙型，褲頭出現不齊，用曲尺畫順褲頭線。

④依畫線剪。

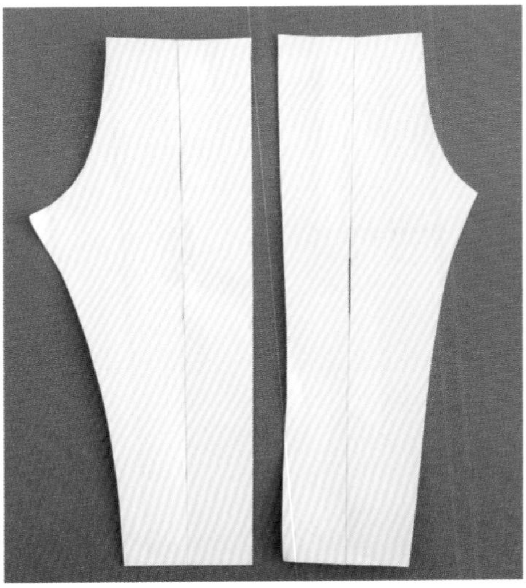

⑤完成褲子從中間改窄。

紙型修正

袖子

加長｜改短｜加寬｜改窄

直接加長

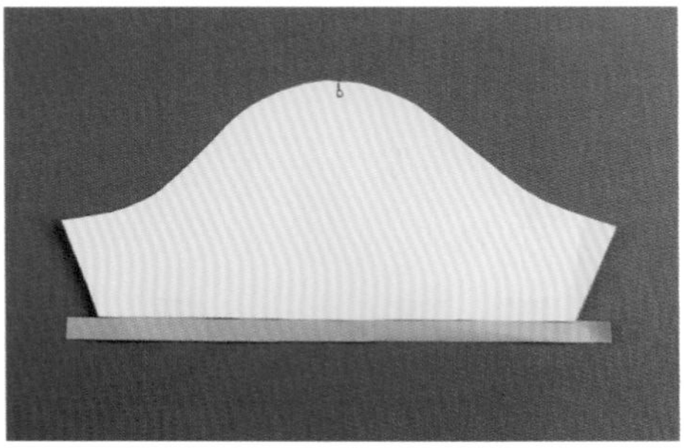

①袖口直接黏貼加長的紙條，紙條寬度大於袖口。

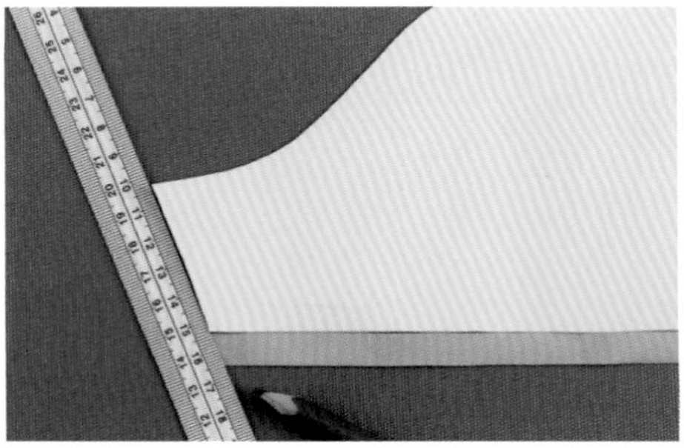

②直尺順著原本的袖下線，畫出加長的線條。

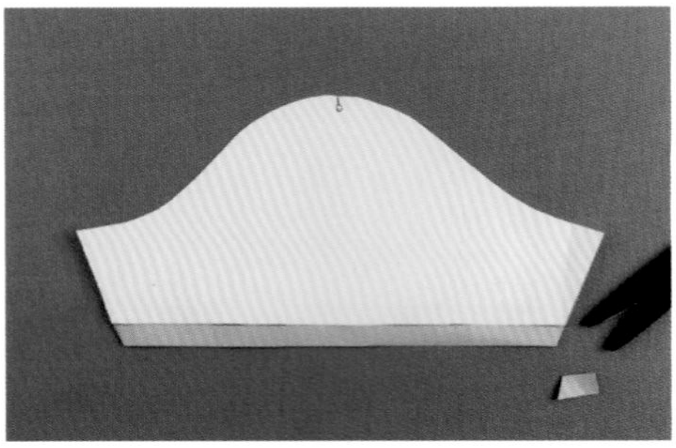

③依畫線剪，完成袖直接加長。

從中間加長

＊若袖口有拉皺或打褶，從袖口直接加長的影響層面較多，會增加修改的困難度，建議從中間加長或改短著手。

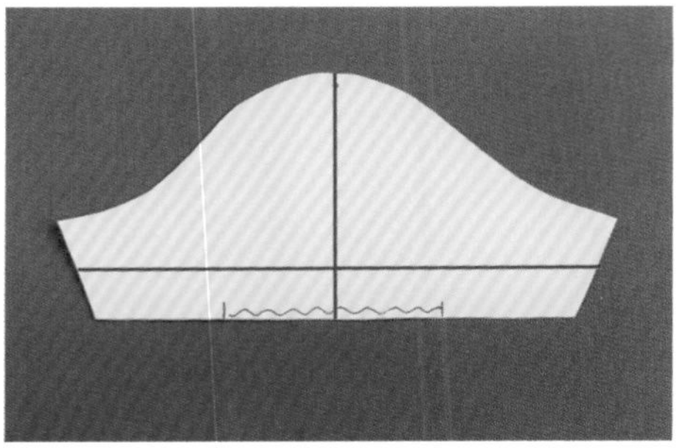

①從袖下線的中間畫一條裁剪線，再從袖山畫出一條垂直袖口的參考線。

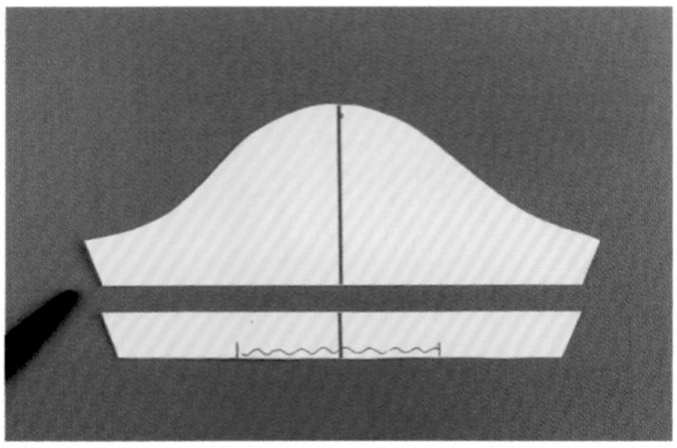

②依裁剪線剪開。

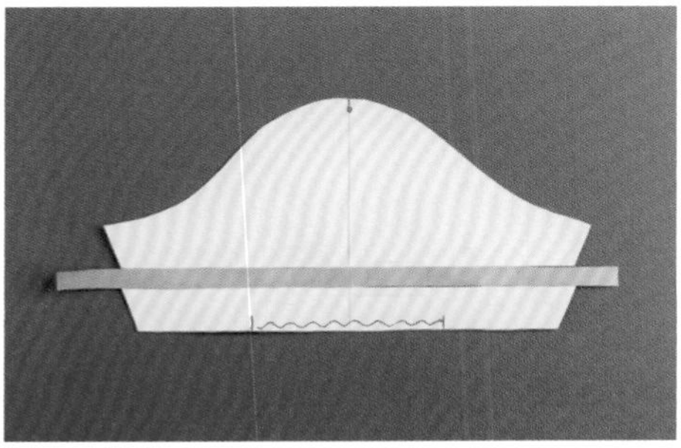

③參考線上下對齊，黏貼寬度比袖口寬的紙條。

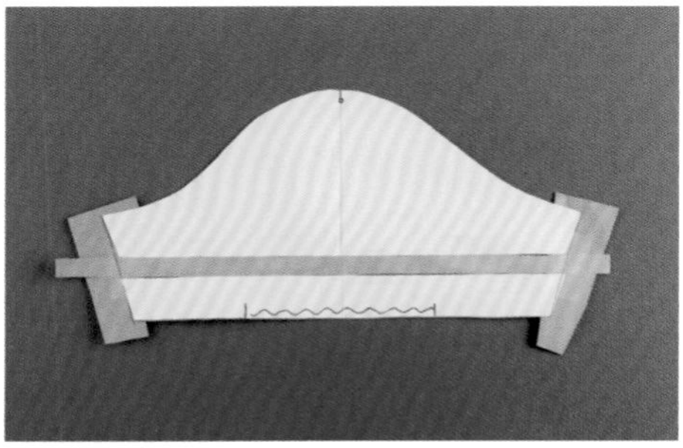

④兩側袖下線也需黏貼紙張，直尺順著腋下點往袖口方向畫出袖下線。

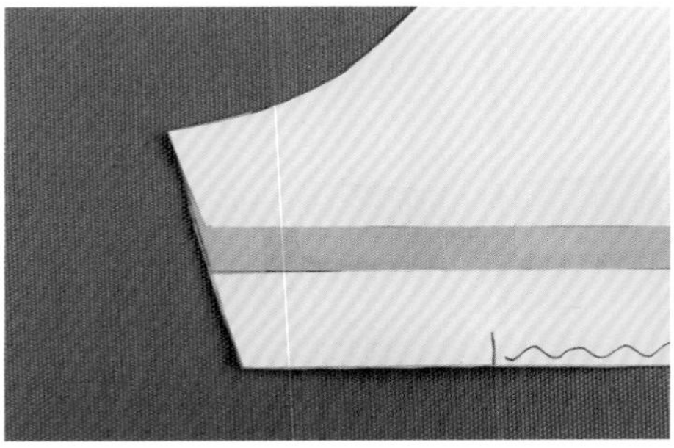

⑤依畫線剪，完成袖子從中間加長。

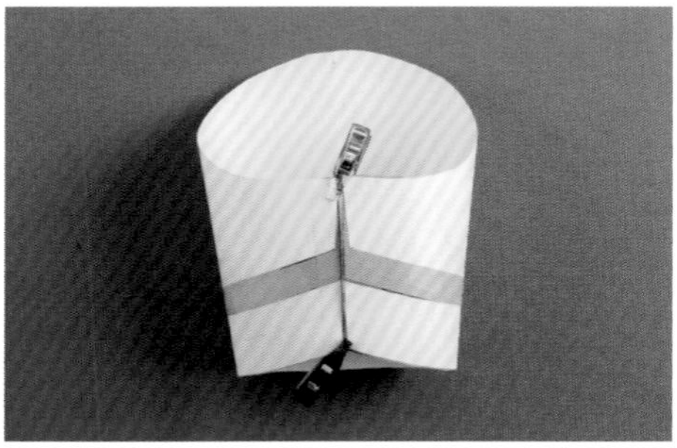

⑥最後確認兩邊的袖下線長度吻合。

從中間改短

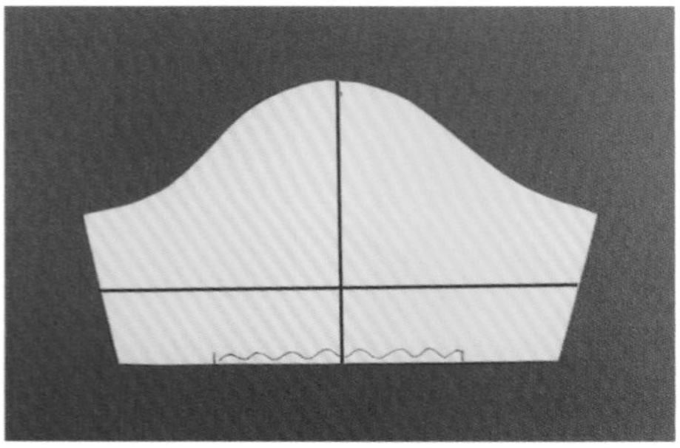

①從袖下線的中間畫一條橫參考線，再從袖山畫出一條垂直袖口的縱參考線（參考P53）。

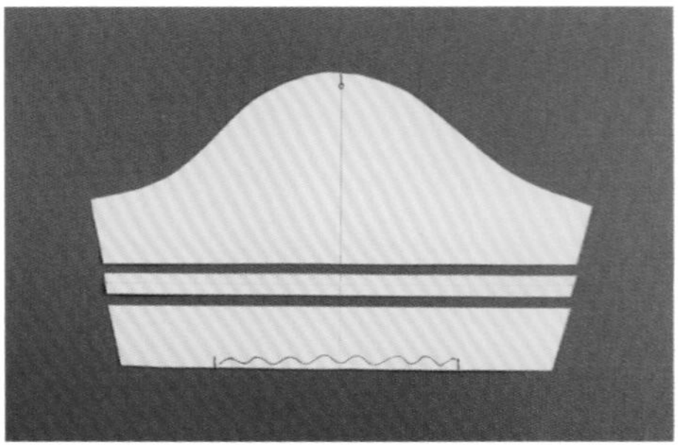

②例如改短2cm，橫參考線的上下1cm，各畫一條裁剪線，依裁剪線剪開。

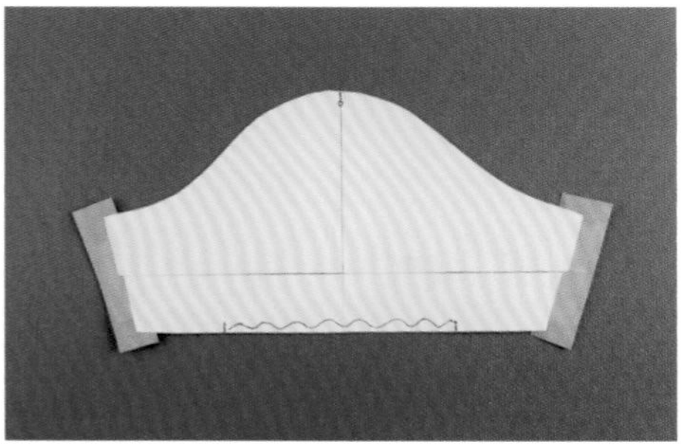

③抽離2cm的紙條，上下縱參考線對齊黏貼，兩側袖下線也黏貼紙張。

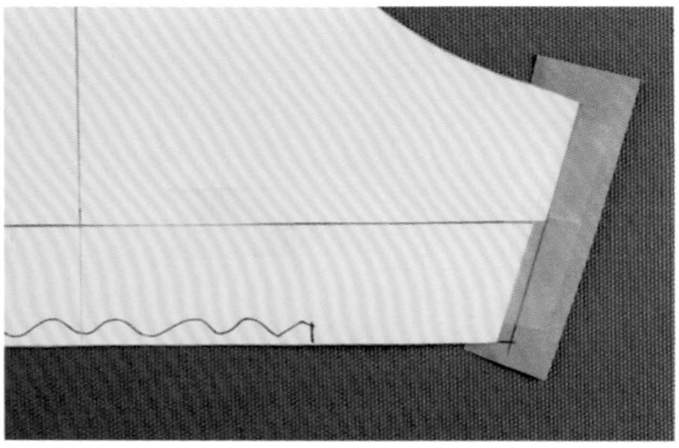

④直尺順著腋下點往袖口方向畫出袖下線。

⑤依畫線剪，完成袖子從中間改短。

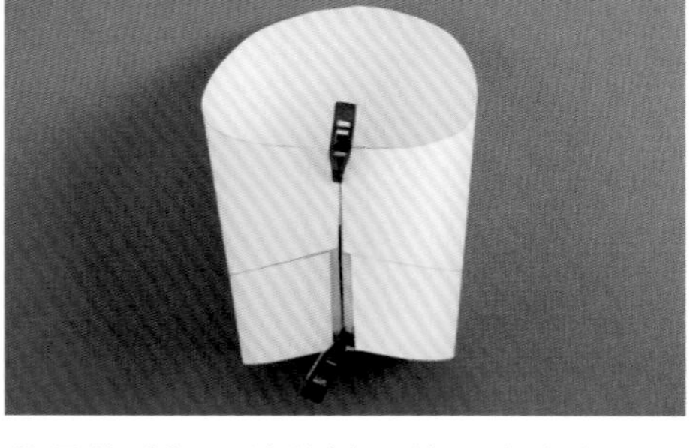

⑥最後確認兩邊的袖下線長度吻合。

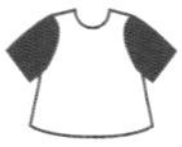

直接改短

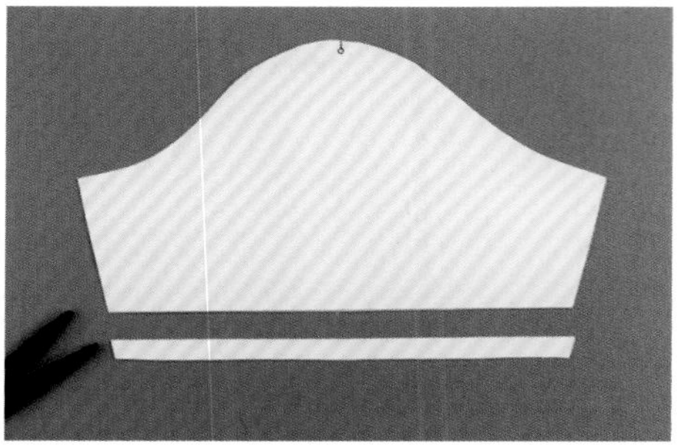

用直尺從袖口直接畫出裁剪線，並依畫線剪去，完成袖子直接改短。

從兩側加寬

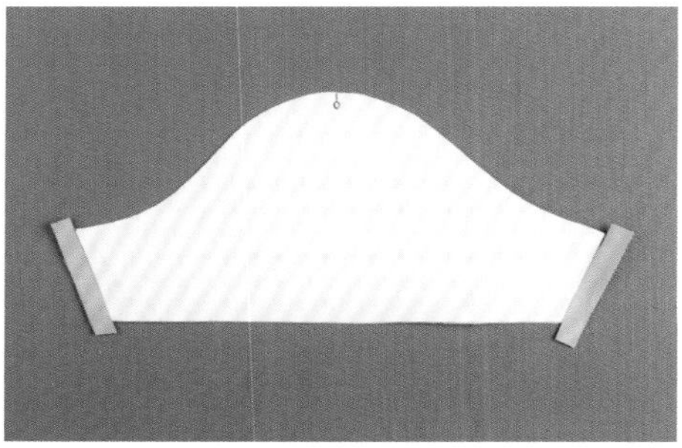

①袖兩側黏貼加寬的紙條，紙條長度需超過紙型的袖下線長度。

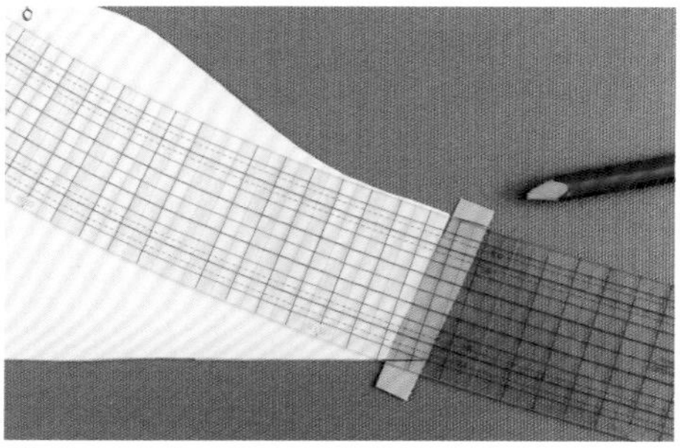

②曲尺畫出延長的袖襱線。

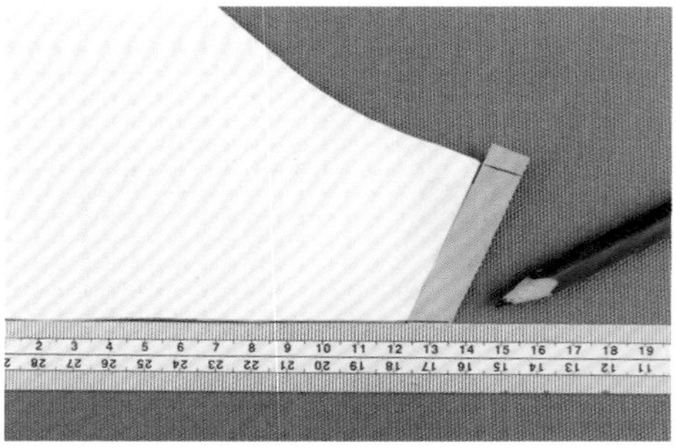

③直尺畫出延長的袖口線。

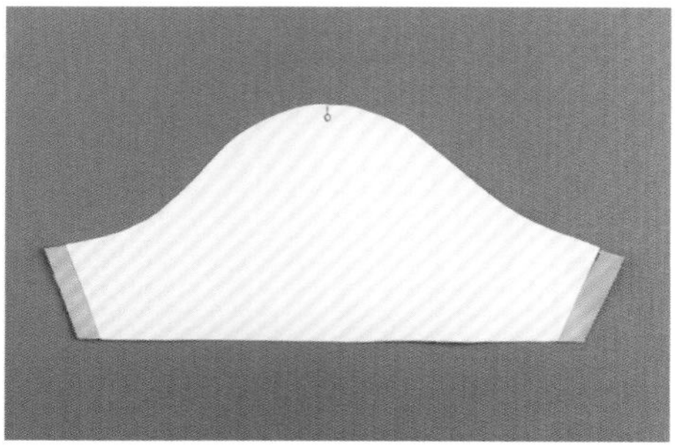

④依畫線剪，完成袖子從兩側加寬。

*上衣的袖圍也需要加長。

從中間加寬

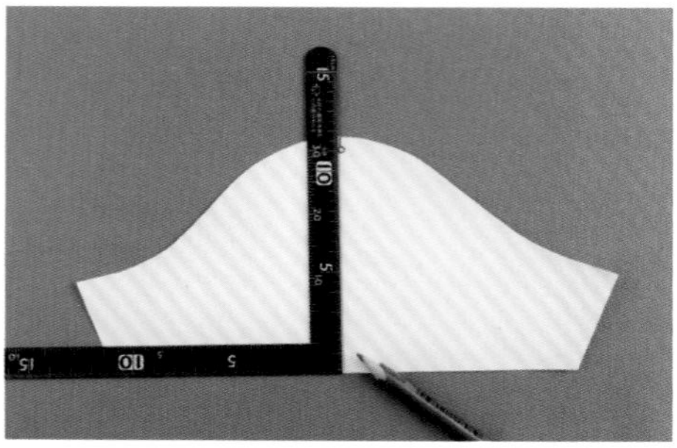

①從袖山畫出一條垂直袖口的垂直線。

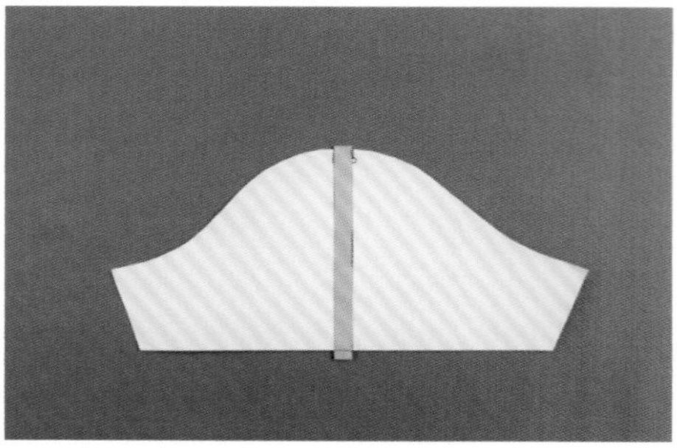

②依著垂直線剪開，黏貼加寬紙條，紙條長度需超過袖子的高度。

袖口用直尺依著袖口線畫出，依畫線剪。

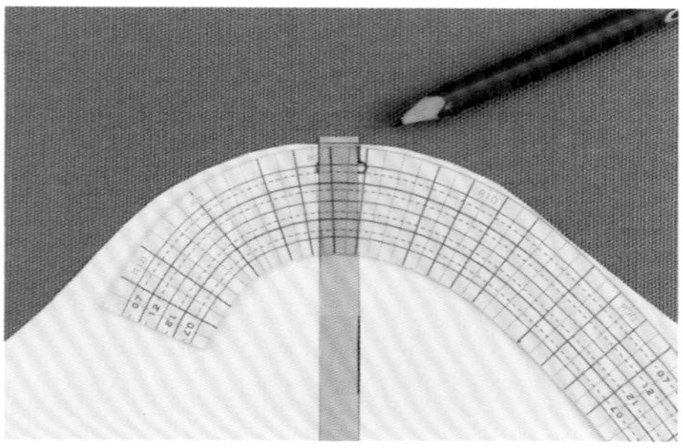

③用曲尺修順袖山的弧度。

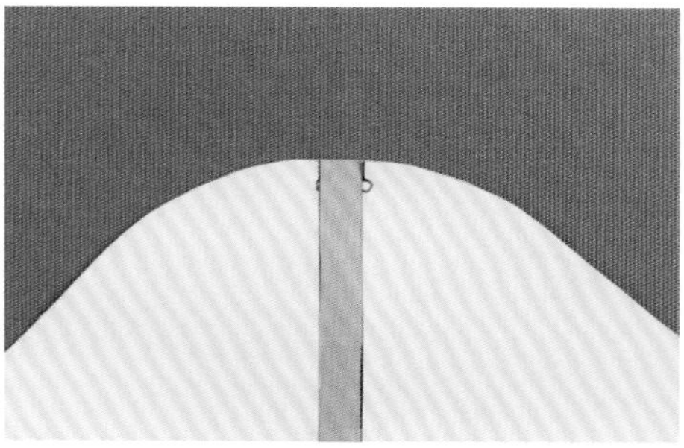

④依畫線剪。

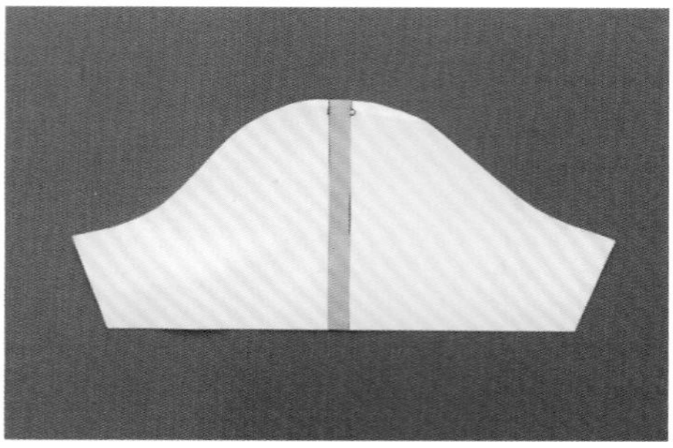

⑤完成袖子從中間加寬。

＊上衣的袖圍也需要加長。

從側邊改窄

＊上衣的袖圍也需要改短。

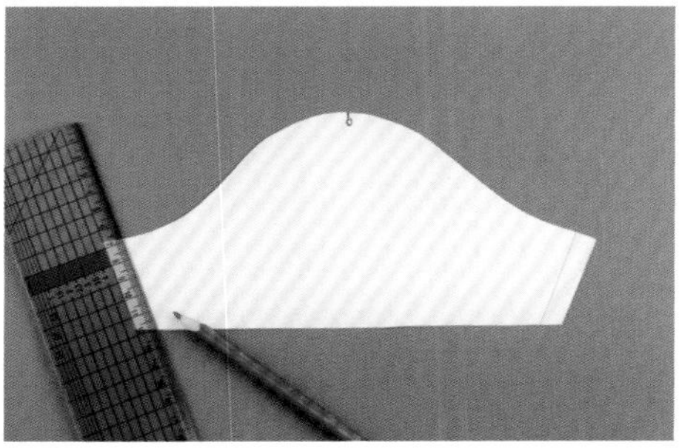

①使用直尺在兩側邊各平行往內縮1cm，畫出裁剪線。

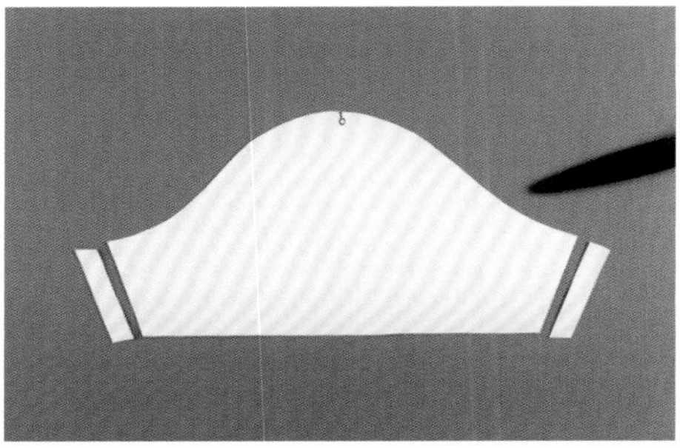

②依畫線剪，完成袖子從側邊改窄。

從中間改窄

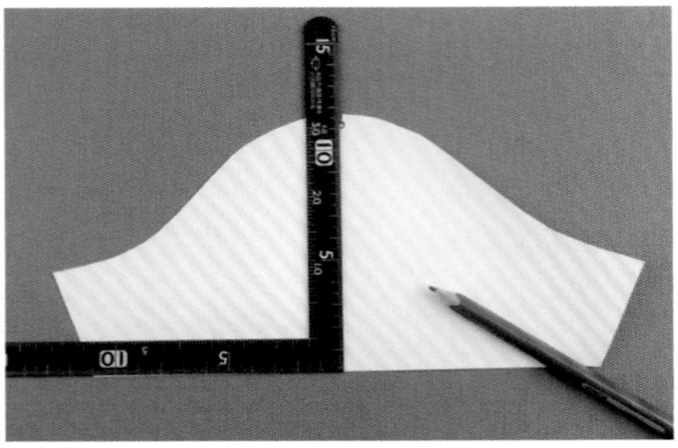

①從袖山畫出一條垂直袖口的垂直線。

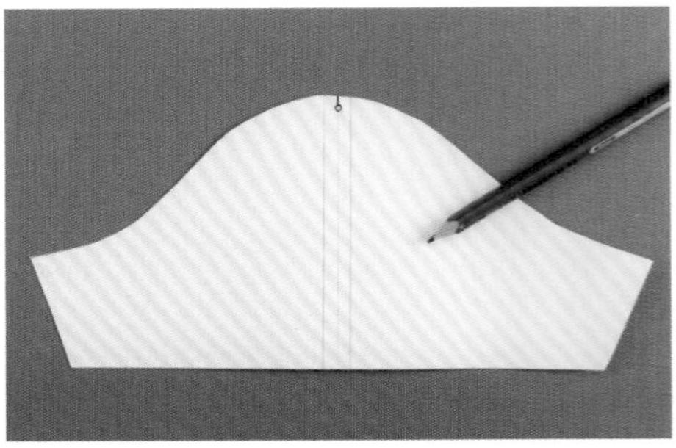

②例如：改窄1cm，垂直線的左右兩邊0.5cm各畫一條平行線。

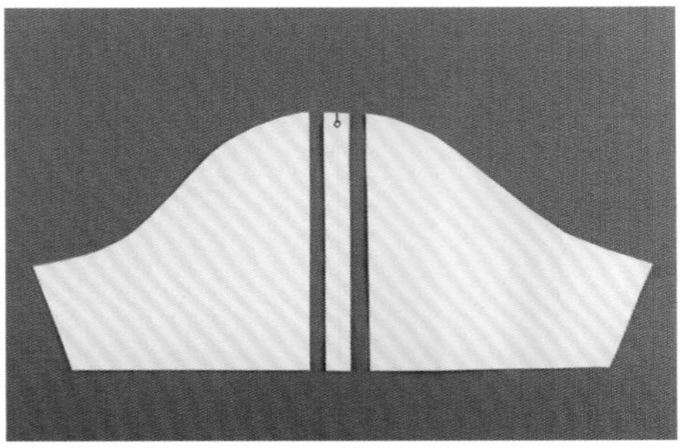

③依平行線剪，抽離1cm的紙條。

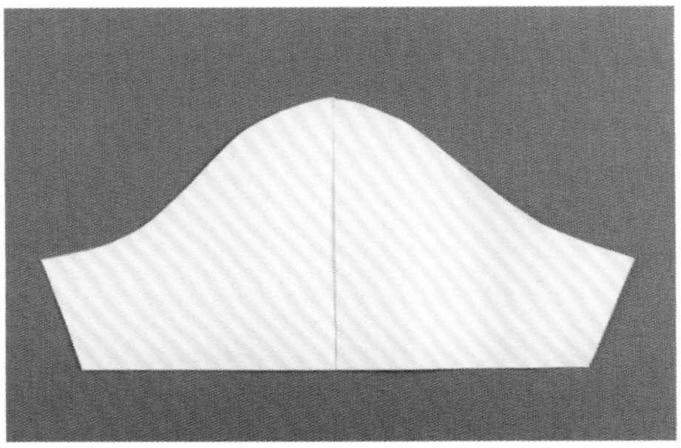

④對齊袖口線貼合紙型

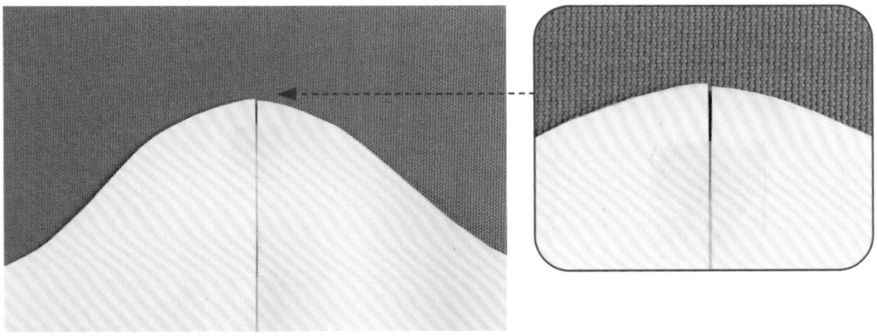

⑤袖山部分出現不齊。

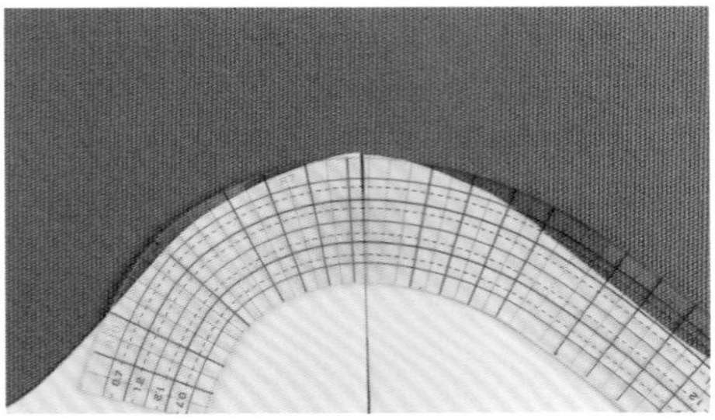

⑥使用曲尺畫順袖山的弧度。

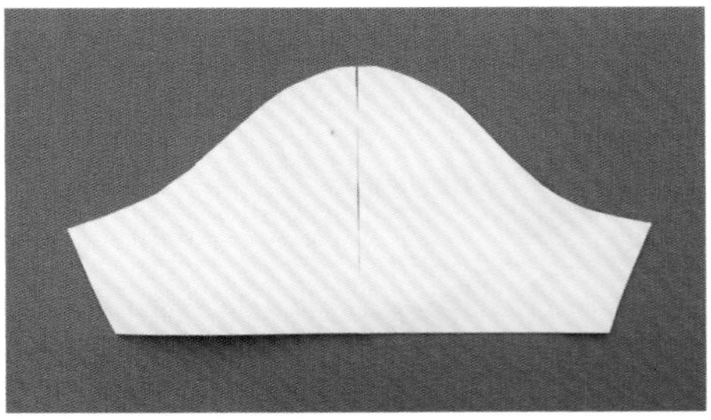

⑦依畫線剪，完成袖子從中間改窄。

＊上衣的袖圍也需要改短。

紙型修正

裙子

加長 | 加寬

直接加長

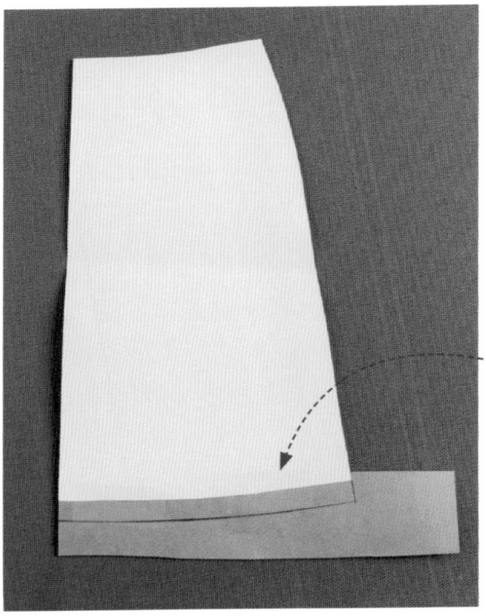

裙襬直接黏貼紙條，紙條寬度大於裙襬。
曲尺順著裙襬的弧度，畫出加長的線條，用直尺順著脇邊線畫出加長脇邊線。

依畫線剪，完成直接從裙襬加長。

POINT

A字裙的裙襬外擴角度，會隨著加長長度而增大（圖中A），如果希望維持原來的角度（圖中B），可參考以下作法。

①依照上面加長的方法畫出裁剪線條。

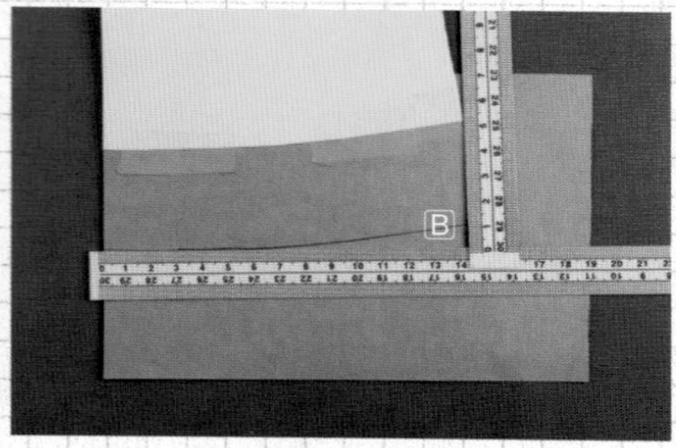

②用尺找出原來裙擺的寬度，並在紙張上標出（B）點。

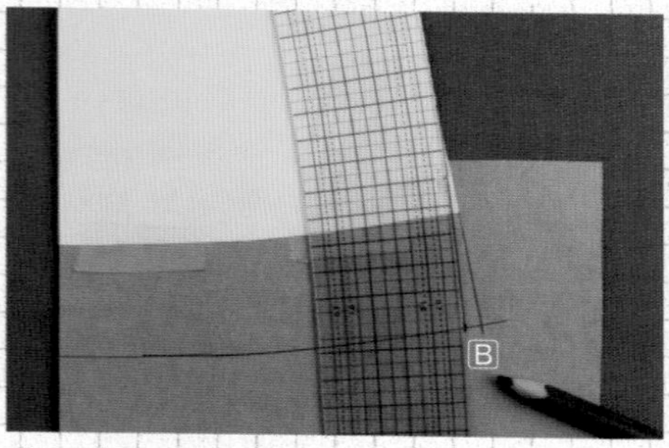

③用曲尺順著原來的脇邊線畫至B點。

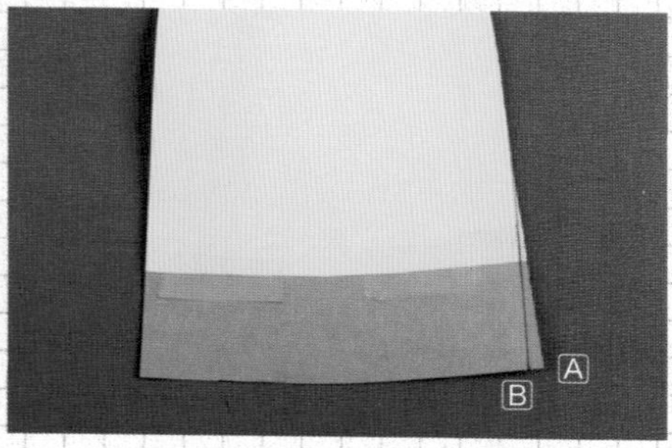

④B點為加長後維持原來的外擴角度；A點為直接加長的方法，裙襬外擴角度變大了。

從脇邊加寬

＊腰圍和臀圍都一起加大。

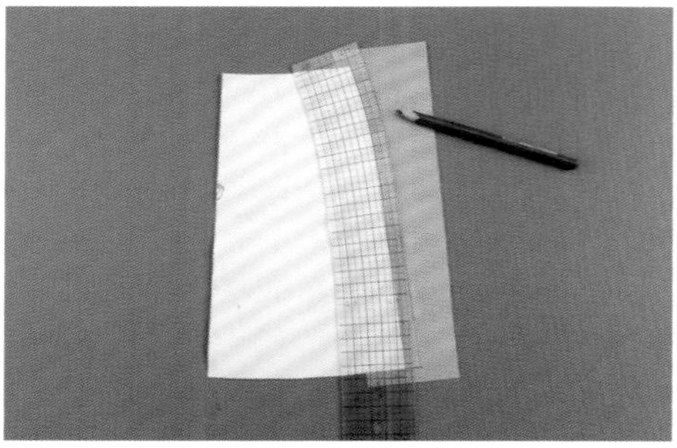

①裙子的脇邊黏貼紙張，紙張長度需超過紙型的脇邊長度，脇邊用曲尺往外平行畫出加寬的尺寸，裙頭和裙襬也是用曲尺順畫出弧度。

②依畫線剪，完成裙子從脇邊加寬。

A字裙臀圍符合，但腰圍太大，如何修改？

＊可在裙頭增加尖褶。

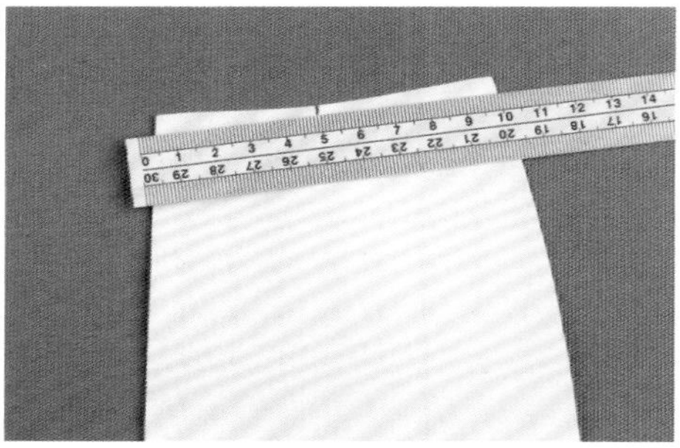

①在裙頭線找出中心點。

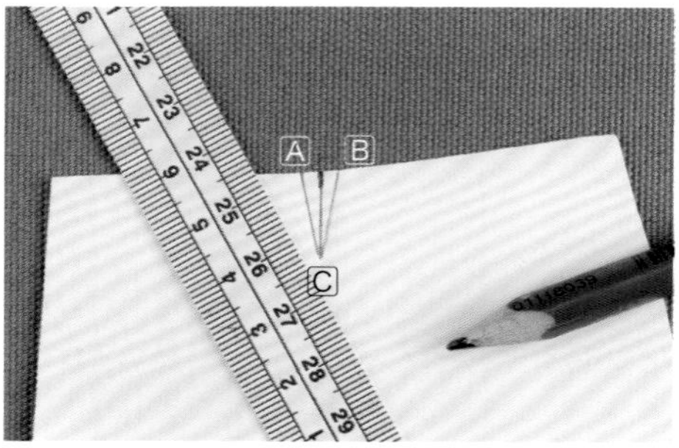

②中心點的左右1.5~2cm分別標記等值的記號點（AB），中心點往下畫約9~10cm（C），連接AC 和BC，畫出尖褶。

＊為了示意清楚，此圖示為縮小版，圖上尺標示的公分數非實際尺寸，以說明文字為準。

③依畫線剪，完成在腰圍增加尖褶。

以上微幅修改紙型的方法，也可以綜合應用。

例如：上衣想要加寬2cm，可以0.5cm從脇邊加，0.5cm從中心線加，1cm從中間加，學會微修改邏輯，將是一件很有成就感的事。

再和大家分享另一個簡單的微幅修改尺寸方法，就是可以從「縫份」調整。
約略從縫份減少3~5mm，意思是以1cm縫份裁剪，然後以0.7cm縫份進行車縫，即是加寬作用；相對的，裁剪時縫份0.7cm，但車縫時縫份是1cm，即是改窄的意思。

動手試試看，微幅修改真的是非常有趣，而且也很簡單。

STEP. 1 / STEP. 2 / STEP. 3 / STEP. 4 / STEP. 5 / STEP. 6 / STEP. 7 / STEP. 8 / STEP. 9 / STEP. 10

STEP .4.

關於布料

決定要製作的衣款後，下一步就是要選擇布料，很多作品會抓住目光都是因為布料的材質或花色幫作品加分，所以認識布料，進而找到合適的布料來做衣服也是很基本的功課。

布料的基本概念

布的構成大致有三類：紡織布、編織布、不織布。

手作人最常用的是紡織布；而編織布也有人稱針織布，彈性比紡織布大。紡織布基本概念：有經線和緯線之分，在布面上也可以說直布紋和橫布紋。

a 布紋

了解布紋很重要，橫布紋比直布紋有彈性，在估算用布量時是以「直布紋」來計算。一件衣服長度是直布紋的方向（也有特例），橫布紋比較有彈性，所以穿者在活動上會更舒適，這樣想就不會忘記。

b 幅寬

布的橫布紋方向寬度，手作人最常用布的幅寬在90~150cm之間，寬度會反映在價格上，幅寬大，價格相對較高，了解一塊布的幅寬，才能確認購買的數量。同樣紙型配置在不同幅寬的布，需要的長度也會不同，所以書中的示範作品皆會清楚標註使用布的幅寬。

c 布邊

布的兩端，也可以說是幅寬的兩側，有些布的布邊會有文字，如出產公司或設計團隊的名字，或者製造過程中使用的顏色等等；有些布會有針孔，但有些素色布的布邊就沒有文字也沒有針孔只有鬚邊。

d 布的正反面

有些布料正反兩面的花紋或織法很相近，不容易立刻辨別出哪邊是正面，尤其是素色布料；以下有幾個方式能幫助判斷。

布邊有文字的是正面。

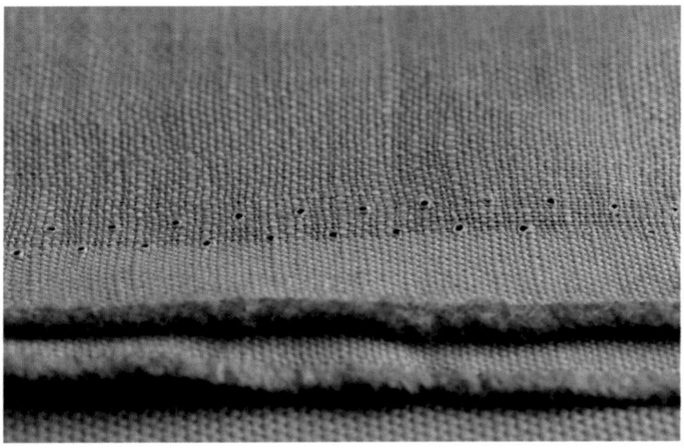

布邊有針孔凸的是正面。

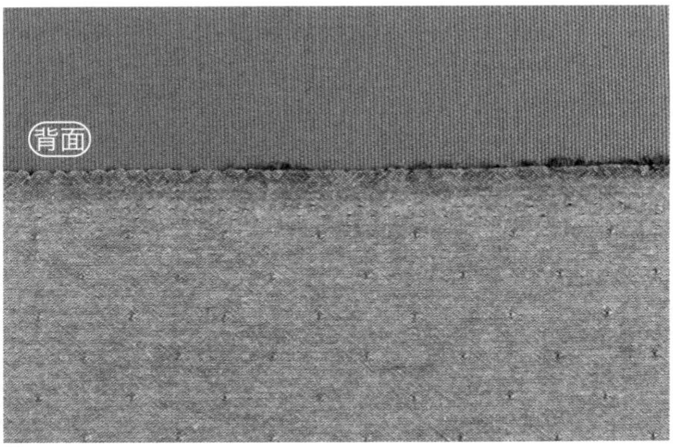

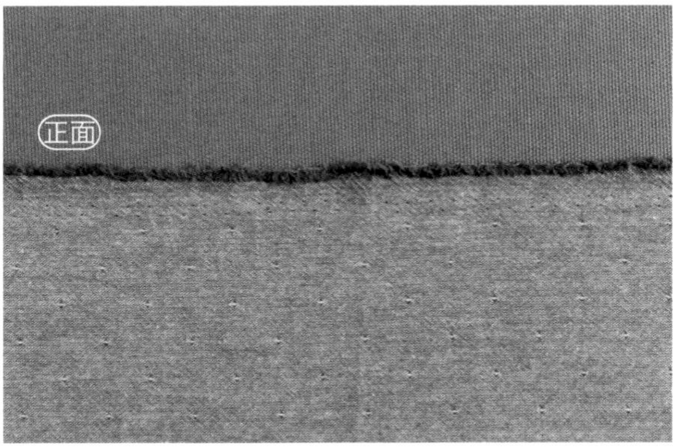

布的鬚邊較整齊是背面，較亂的是正面。

適合做衣服的布料種類

素色亞麻布

100%麻成分，布面上會有麻的天然結粒，麻線有粗細之分，透氣性佳，適合縫製自然隨性風格的衣款。粗麻適合製作較硬挺有型的衣款，但若是皮膚敏感者，粗麻需要慎選，細麻則呈現柔軟風格，價格較高。

印花亞麻布

特性和素色亞麻布一樣，印花製程關係，大多屬於細麻，觸感極佳，價格較高，適合製作裙裝，垂墜感佳、飄逸優雅。

棉麻布

含棉、麻兩種成分，若麻比例較多則布偏硬，兼具棉和麻的優點，是很常見且受歡迎的材質，價格較亞麻布便宜。布面有的會有特殊緹花織紋，增添布品的獨特性，布性初學者容易掌控。

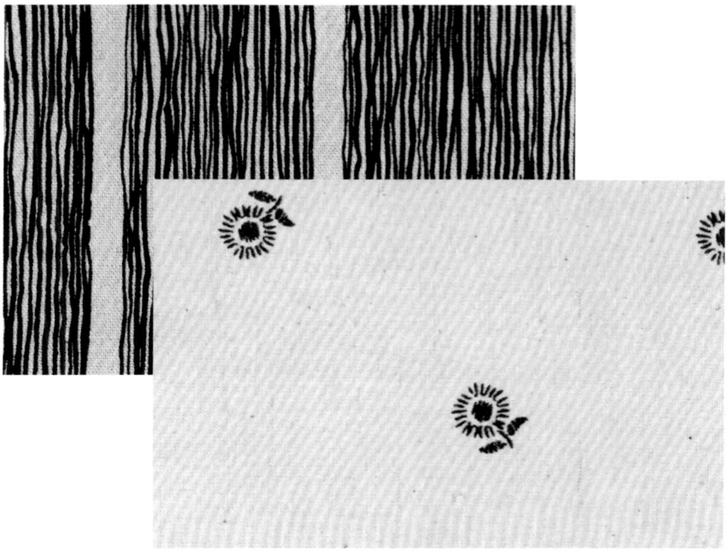

刺繡棉麻布

這幾年也很常見的織品款式，在布面直接刺繡花紋，立體的刺繡圖騰為布品的質感加分。

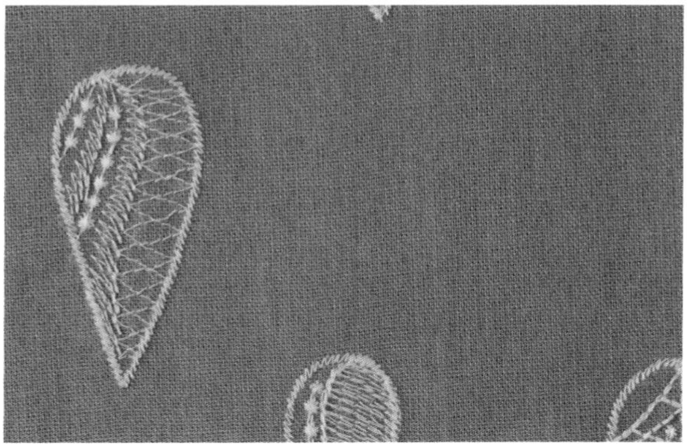

格紋棉布

100%棉成分，透氣清爽的條格紋，製作夏天衣物在視覺與穿著感上都很消暑，適合初學者選用。

印花棉布

100%棉成分，輕薄柔軟、透氣，精彩豐富的印花圖案，是最常見的布品，適合製作夏天衣物，也適合初學者選用。

雙層紗

多層紗布交織而成，柔軟透氣，最適合製作小孩衣物用品、圍巾等貼身款式。初學者須留意，因多層紗關係，縫製時布邊易產生困擾的鬚邊。

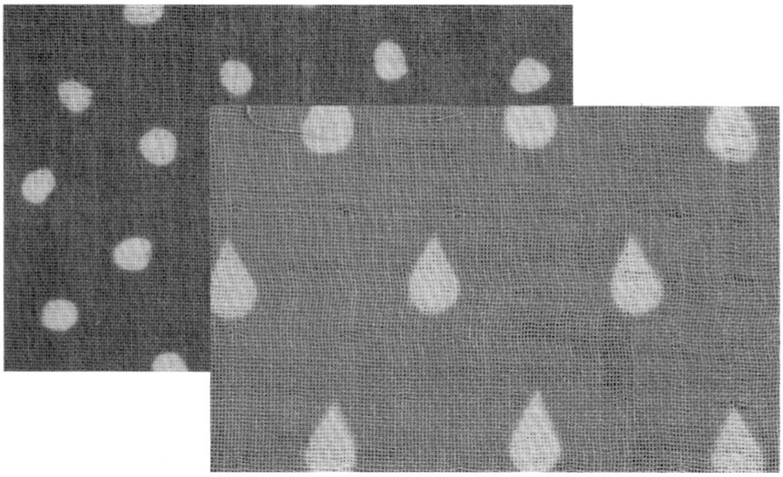

風衣布

主要成分是聚酯纖維，防水防風的效果則比一般棉質更佳，做A字裙可呈現漂亮的挺度。

單寧布

棉成分，有厚薄之分，適合做硬挺有型的衣款，如襯衫、A字裙、寬褲。

彈性針織布

屬於編織布，具有彈性，初學者在縫製過程較難掌控彈性問題。

燈心絨

布的表面有絨毛，形成縱向凸紋，有粗細之分，具保暖性，配置裁剪時留意毛的順向。

羅紋布

屬於編織布，具有彈性，通常用在休閒衣款的領口和袖口。

刷毛布

布的表面有柔軟絨毛，觸感舒服，似毛料布，但沒有毛料布的厚度。

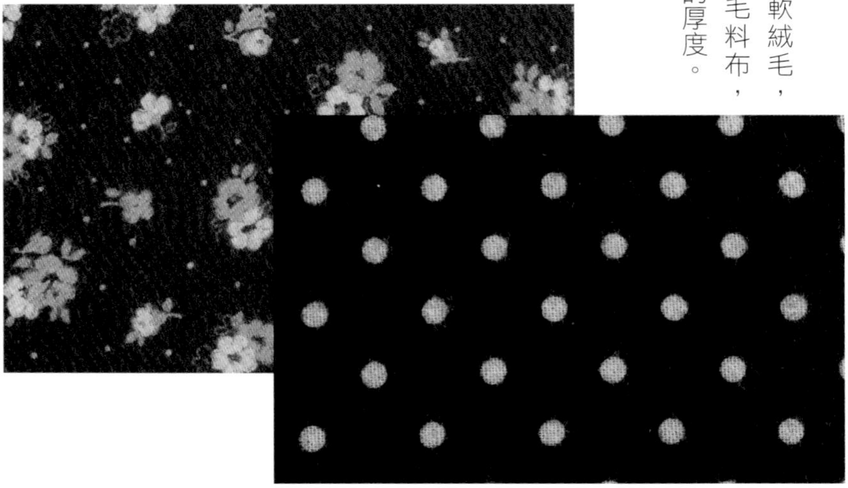

毛料布

含羊毛成分，有厚度，具保暖性。

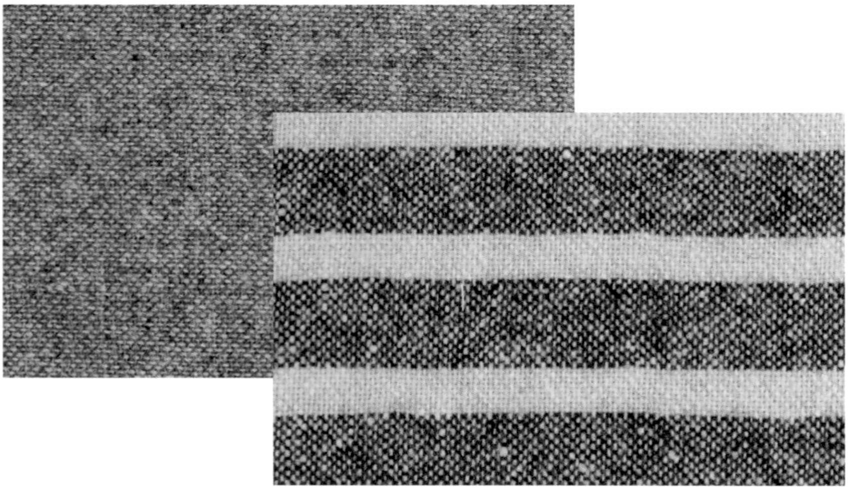

衣款與布料的適用性

製作各種類型的衣服款式時，選擇搭配哪一種布料，也是作品設計很重要的一個環節；選對布料特性，能做出更漂亮的完成度。

衣服款式	布料種類
適合做上衣	棉布、棉麻布、雙層紗、亞麻布、刷毛布、彈性布
適合做裙（褲）	棉布、棉麻布、亞麻布、燈心絨、毛料布、丹寧布、風衣布
適合做外套	棉麻布、毛料布、燈心絨、丹寧布、風衣布
適合做運動衣	彈性布、羅紋布

POINT

★ 建議初學者選用彈性小、厚度適中的棉麻布或棉布；另外，雙層紗偏薄，布邊容易鬚邊也不適合初學者。

★ 皮膚敏感者，選擇布料時可以手背接觸布料，以皮膚舒適度為選擇標準，通常粗亞麻布和皮膚接觸會有微刺感。

★ 毛料布不適合用來縫製有細褶的衣款，尤其對身材較圓潤的人。

歪斜布的布紋矯正

當布料不平整，呈歪斜狀，需要先做矯正再裁剪縫製。

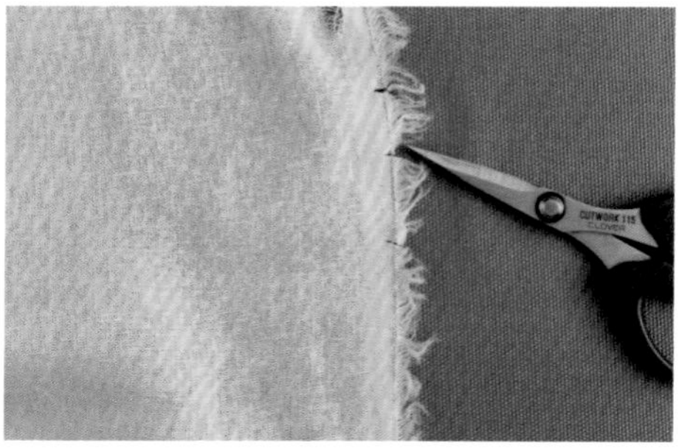

用剪刀在布邊每隔約5cm橫向剪一小刀。

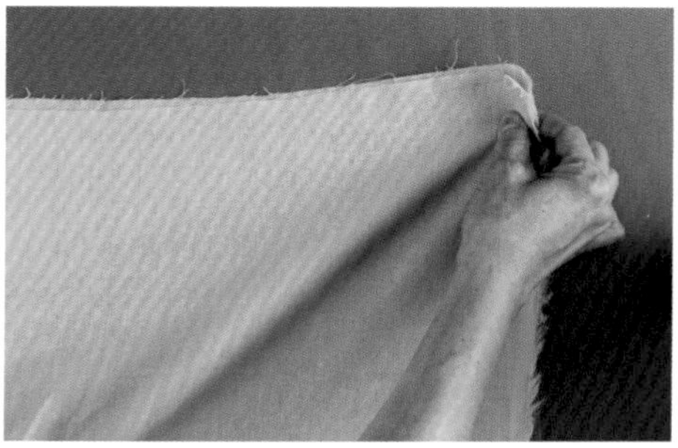

先下水浸泡，然後陰乾後，往歪斜的另一邊拉整。

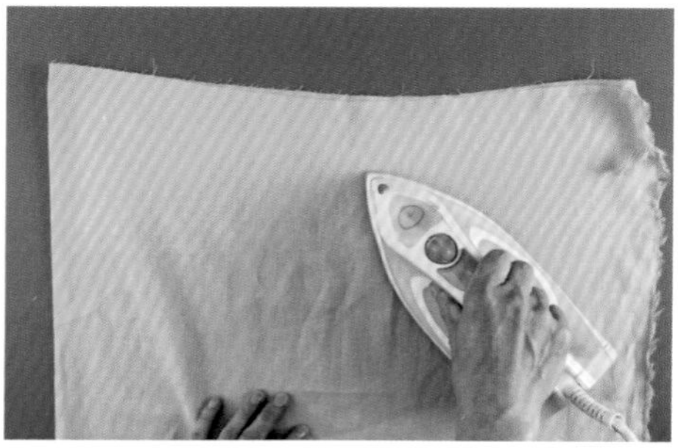

一邊拉整一邊整燙。

如何計算用布量？

縫製衣服在裁剪布前，一定要準備足夠的布料量，所以學會計算用布量是必要的課題。

＊以下計算方法為正常衣款寬度，特寬衣款不在此計算範圍內。

110cm幅寬（10，20／皆為縫份；單位／cm）

裙：（裙長×2+10）÷30＝用布量（單位：尺）

褲：（褲長×2+10）÷30

有袖洋裝：（洋長度×2+袖長+20）÷30

無袖洋裝：（洋長度×2+10）÷30

有袖上衣：（衣長×2+袖長+20）÷30

無袖上衣：（衣長×2+10）÷30

例如：裙長58cm

用布量＝（58×2+10）÷30 → 4.5尺

130~150cm幅寬（10，20／皆為縫份；單位／cm）

裙：（裙長+10）÷30

褲：（褲長+10）÷30

有袖洋裝：（洋長度+袖長+20）÷30

無袖洋裝：（洋長度+10）÷30

有袖上衣：（衣長+袖長+20）÷30

無袖上衣：（衣長+10）÷30

例如：裙長58cm

用布量＝（58+10）÷30 → 2.5尺

POINT

★ 寬幅布料通常價格較高，但用在製作衣服時，因為所需尺寸較少，製作費用有時反而會比使用110cm幅寬的布料少。

★ 如果擔心縫製完成後布料會縮水，可以在裁剪前，讓布先完全吃水，泡水30分鐘，然後完全攤開陰乾，再整燙。但我個人經驗是選擇有品質信任的布廠，應較能避免布料縮水的現象發生。

- 若耽心布料會縮水，可以比計算的尺寸多0.5尺。
- 布料圖案有方向性或需對花，可以比計算的尺寸多0.5~1尺（大花樣）。
- 布料圖案需對格，可以比計算的尺寸多0.5~1尺（大格）。
- 毛料布或燈芯絨有順毛逆毛之分，可以比計算的尺寸多0.5~1尺。

找出正確的橫紋線

裁剪布料時，若布紋歪斜或遇到花色較複雜的布款，可能不容易看出正確的橫紋線，這時可利用抽線的方式，找出對的直線位置。

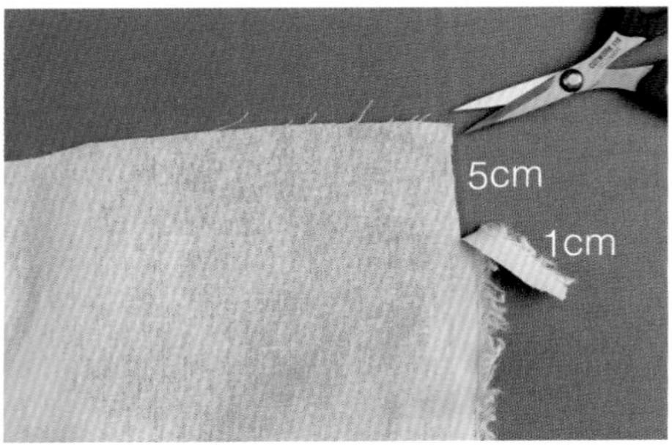

用剪刀離布邊約1cm剪約5cm的深度（深度視布的歪斜狀況）。

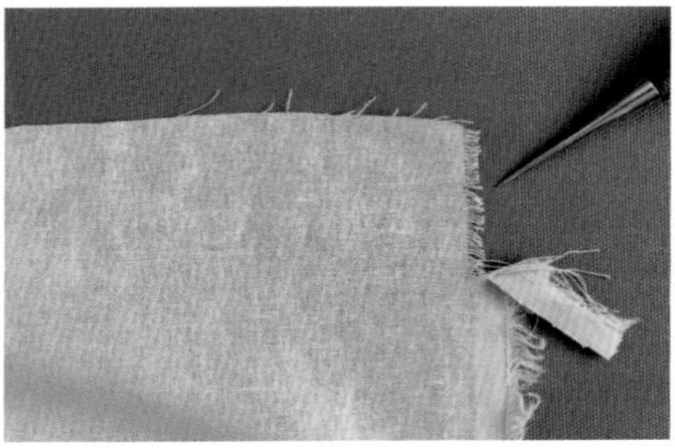

用錐子挑掉一些直紋線。

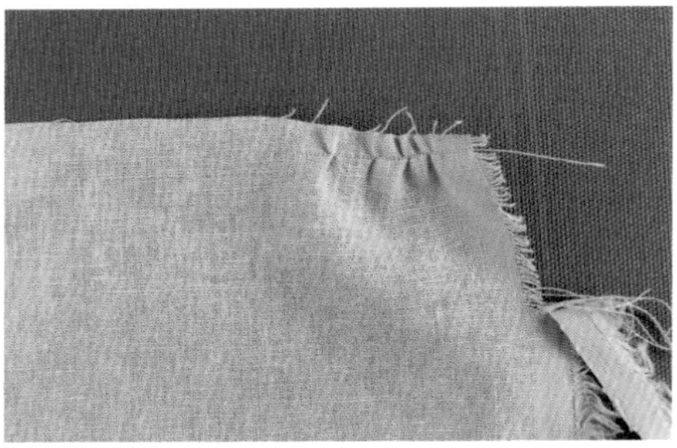

拉動橫紋線。

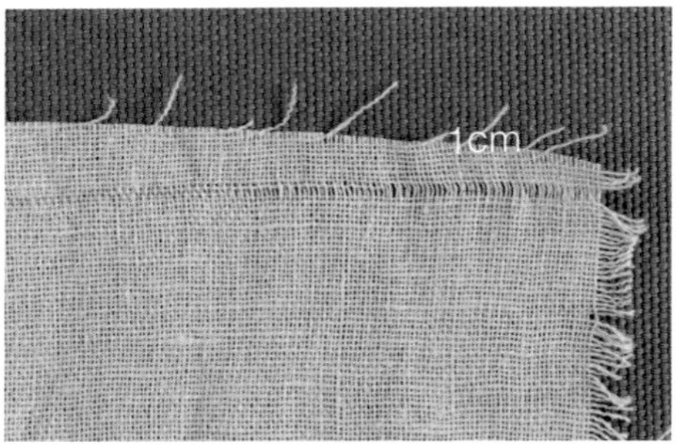

直到橫紋線通過整個布幅。

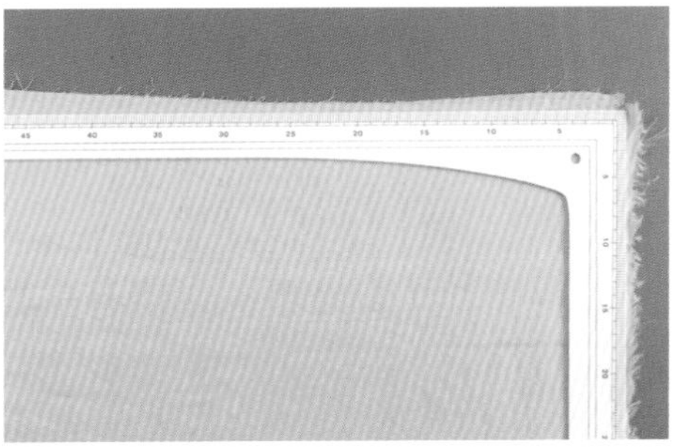

直角尺輔助，即可依著這條橫紋線畫線並裁剪。

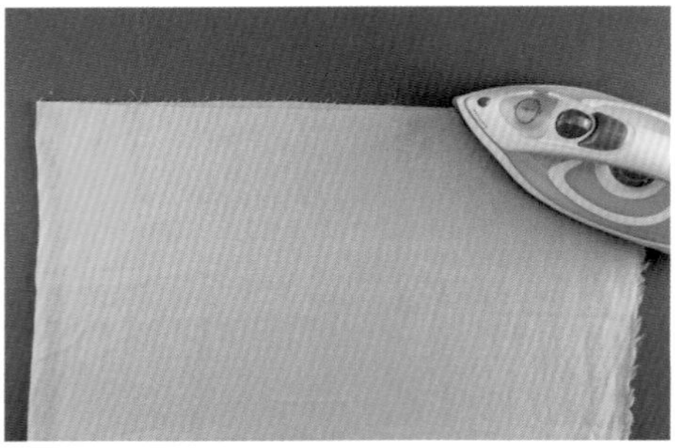

最後整燙用布。

遇到毛料布或針織布該如何整布？

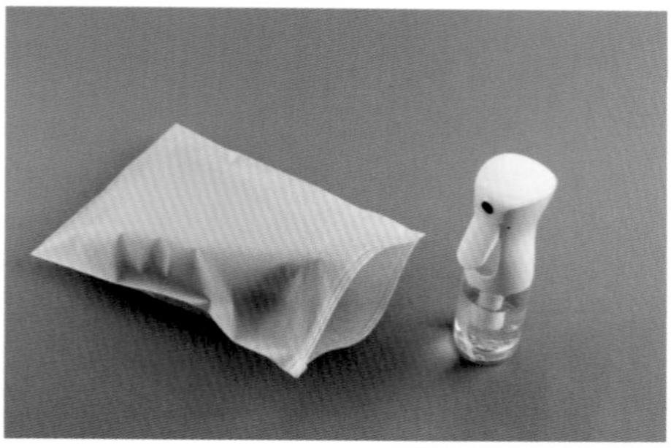

在毛料布的表面噴水，使毛料布面有微潤感，置入夾鏈袋中約30分鐘。

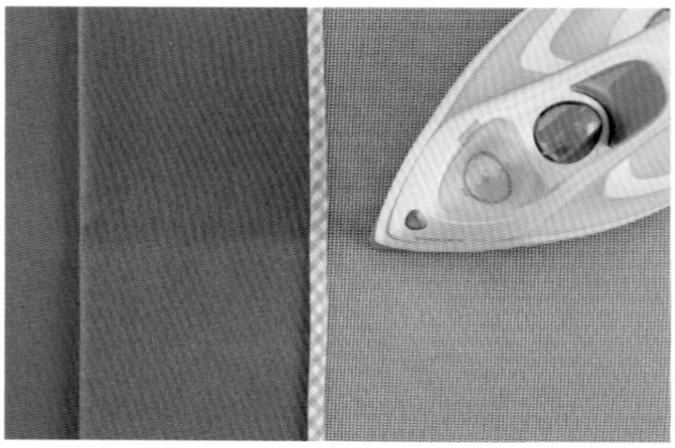

取出毛料布，布攤平，背面朝上，蓋上整燙墊布，熨斗以中低溫整燙，輕輕按壓，若有歪斜，再用直角尺修正。

布料與車針的對應

布料	車針
絲質布料	9號
雙層布、棉布、棉麻布、亞麻布	11號（常用）
牛仔布、毛料布、丹寧布等厚布料	14號（常用）
彈性布、羅紋布	專用車針

STEP .5.

紙型與布料配置

紙型排列在布料上稱為配置，配置方法不好，布料會消耗較多，縫製成本相對提高；再從另一個角度來看，配置得當，讓剩餘的布集中不零碎，剩布即能再發揮縫製其他布品的價值。

此外，選用布料若是花布或格紋布，不同的配置方法，作品會呈現截然不同的效果，所以配置過程中亦是在享受不同的花樣設計。

STEP.5

A

布的摺疊

相同一塊布在配置過程中，布折疊的方法不同，可能會影響用布量或者剩餘布的集中，所以摺疊方法的應用是進入配置前，首先需要了解的。

使用工具

強力夾：固定紙型和摺雙布料的中心線。

布鎮：用於大面積固定布料和紙型。

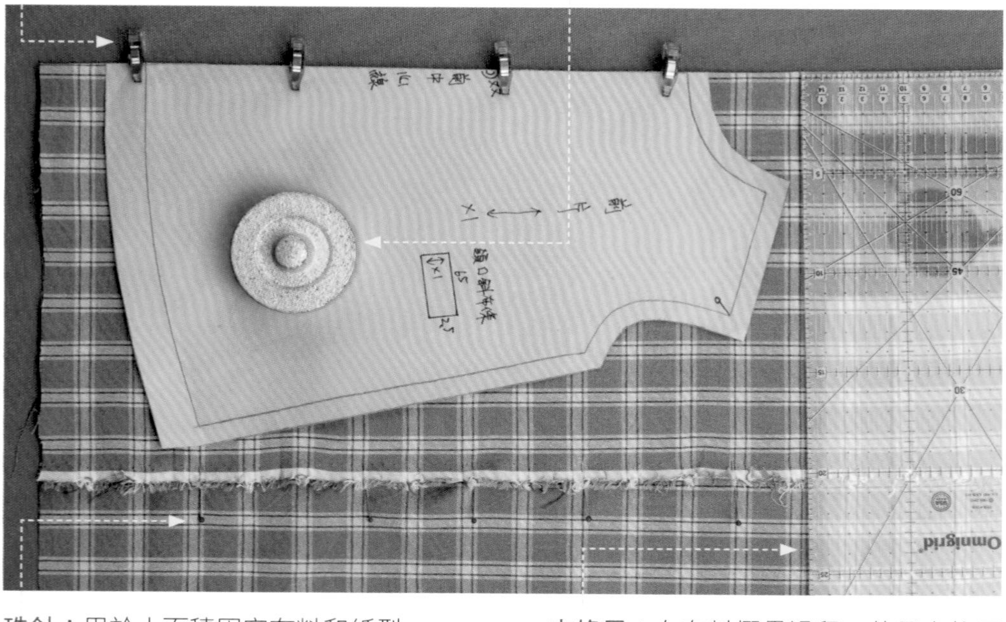

珠針：用於小面積固定布料和紙型。

方格尺：在布料摺疊過程，使用方格尺可以快速確認摺疊的布料是否同寬度。

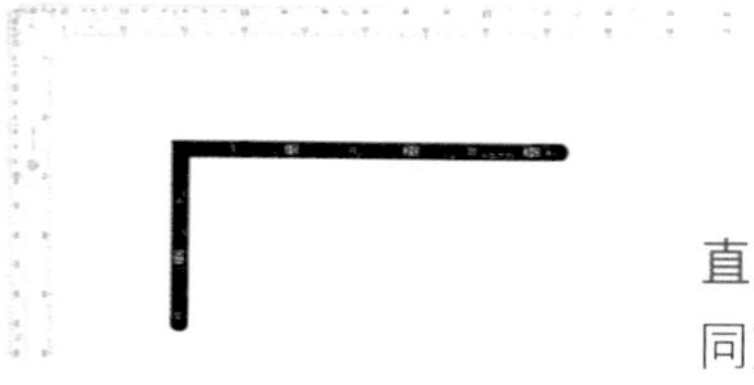

直角尺：與方格尺一樣的功能性，確認摺疊的布料是否同寬度，長的直角尺可適用摺疊面積大的布料。

常用的五種布摺疊法

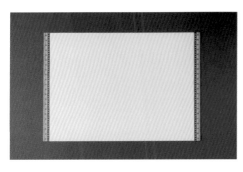

a 全展開

有厚度的布料，例如：毛料布或大格紋（對格不容易），建議採此方法。

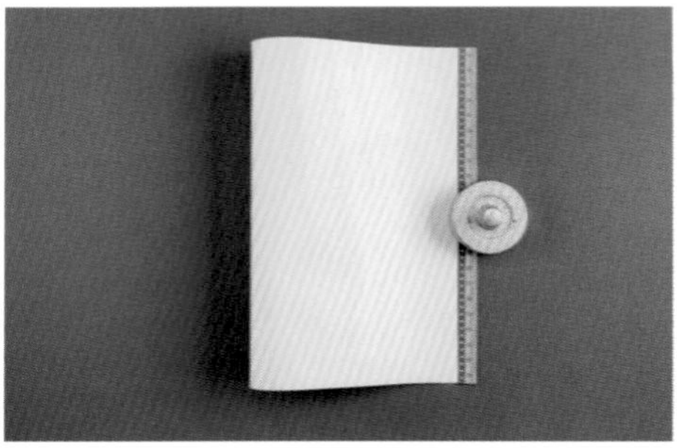

b 橫布紋（左右摺）完全對摺

褲子常用此方法。

c 直布紋（上下摺）完全對摺

寬褲裙常用此方法。

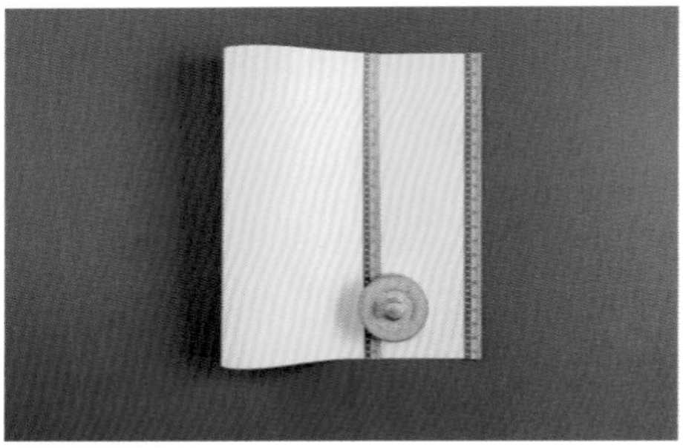

d 橫布紋不完全對摺

上衣常用此方法，領子、袖子或斜布條可以用沒有對摺的部分。

e 橫布紋相對對摺

兩側布邊往中間摺，通常小孩的衣服，或者較合身的上衣，會使用這個方法。

（圖中綠色邊為布的布邊示意）

＊在配置一件衣款時，有可能會交叉使用這幾種的摺疊方法。

＊摺疊前記得先整燙布。

布對摺時要摺多寬？

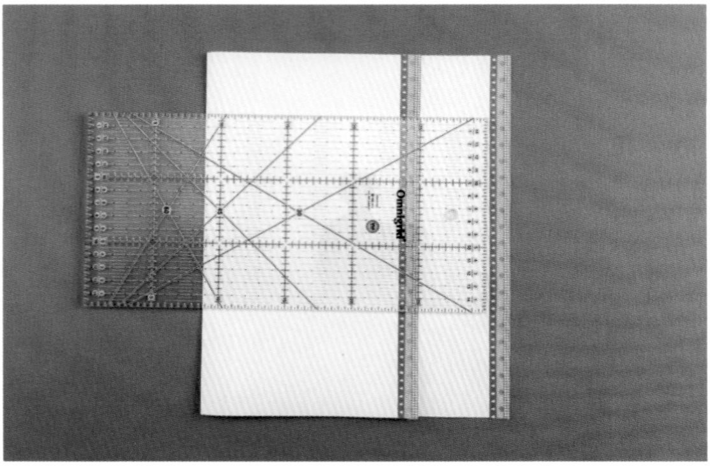

先量出要配置的紙型最寬處（含縫份）的寬度，再以這個數據摺布，摺布的時候，可利用直角尺或方格尺，使整條直布紋是等寬的。例如：上衣紙型最寬處是衣襬，含縫份是40cm，所以將布摺出40cm。

但用布如果是大圖樣，為了取圖或者格紋對格關係，用布的寬度則不一定。

直布紋沒有等寬，布呈現歪斜，可能在縫製過程會出現布紋彈性問題，間接影響作品的完美度。

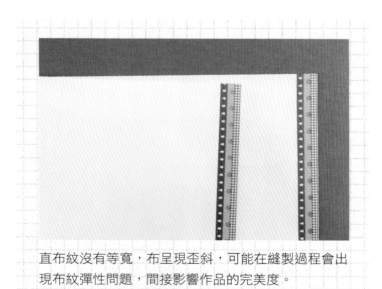

POINT

有方向性的花樣布料，在配置有左右之分的物件時，例如：袖子，只能做橫布紋左右摺疊，如果以直布紋摺疊來配置袖子，花樣會顛倒。

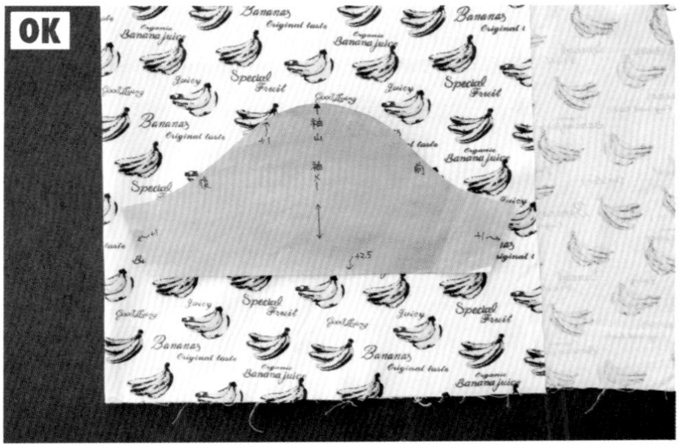

布左右摺，同時裁剪兩片袖子布，圖案方向正確。

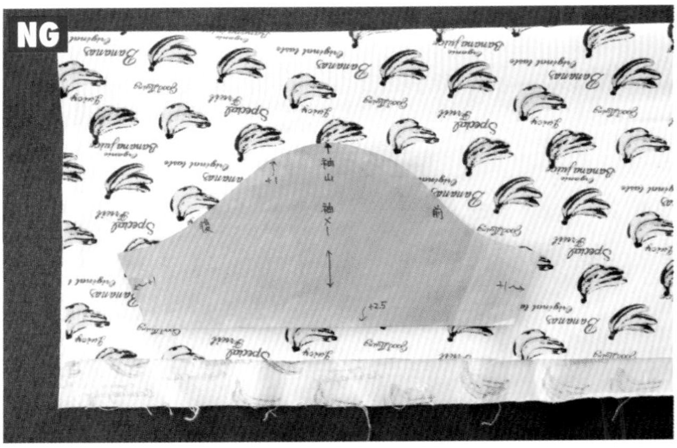

布上下摺，同時裁剪兩片袖子布，會出現有一個袖子的圖案顛倒。

STEP.5

B

紙型配置

布料是否有花樣？花樣是否有方向性？是影響紙型如何配置的最重要因素。
沒有花樣的布料或者花樣沒有方向性是最容易配置的，建議初學者可先購買這樣的布款。

沒有花樣或花樣沒有方向性的布料配置

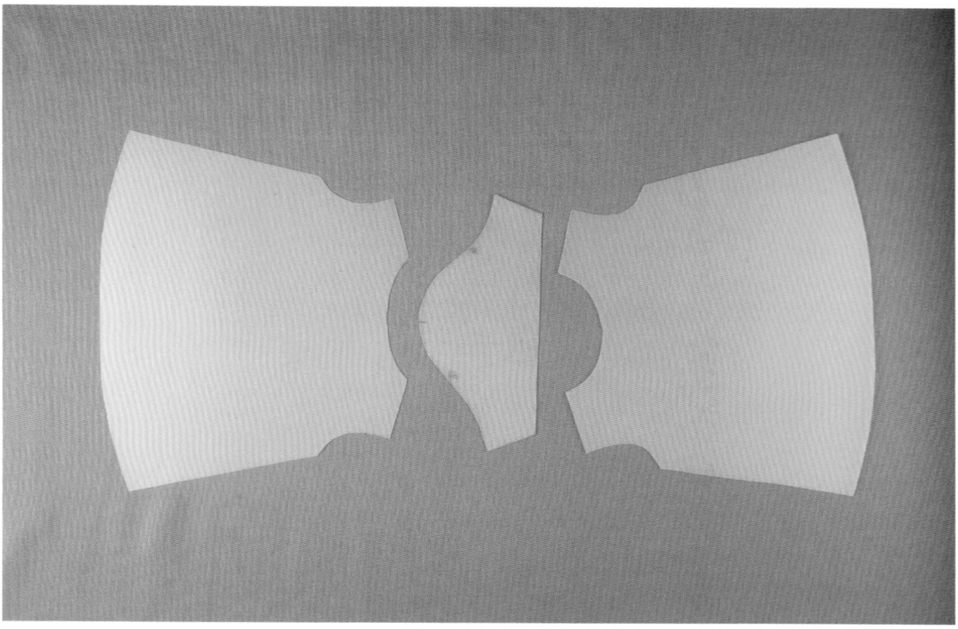

紙型可以擺放不同順向。

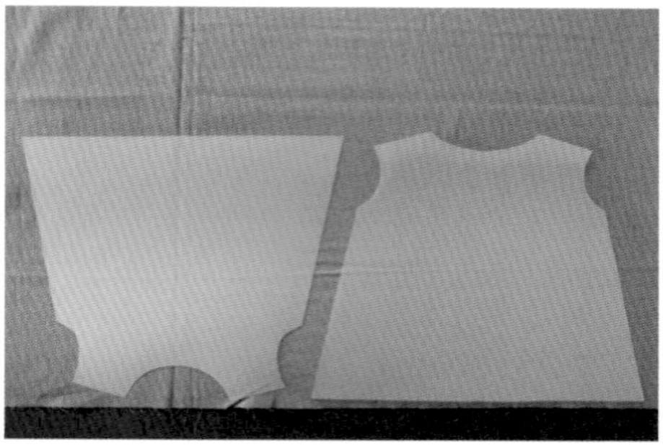

素色布紙型可以錯位配置，有時能更節省用布量。

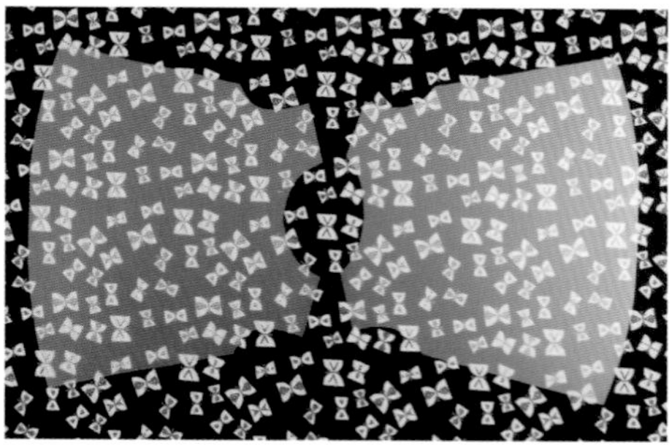

布料花樣沒有同一個方向，所以上衣的前後片可以顛倒配置。

花樣有方向性或毛料需順毛方向的布料配置

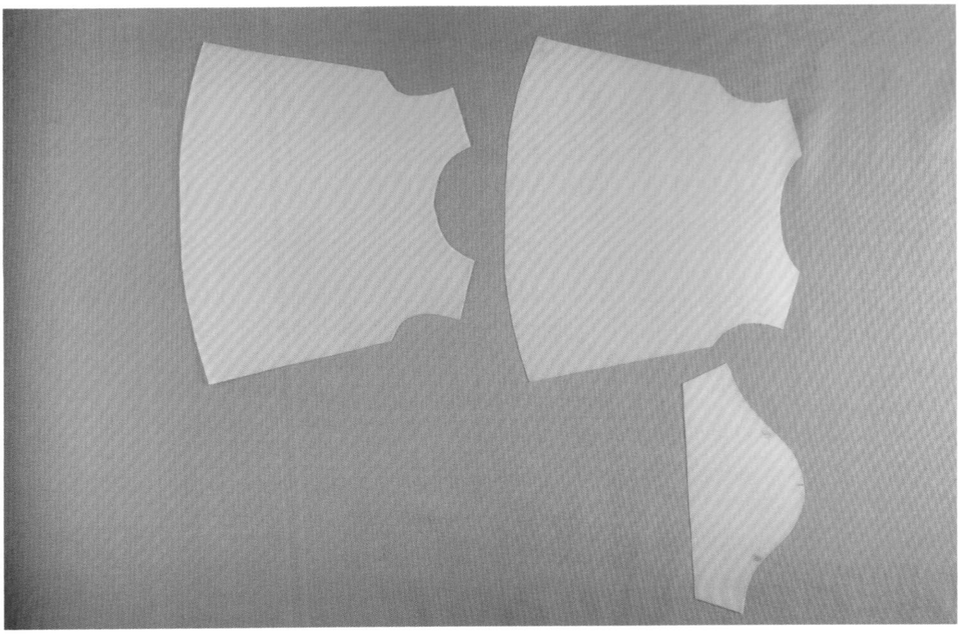

紙型要同順向。

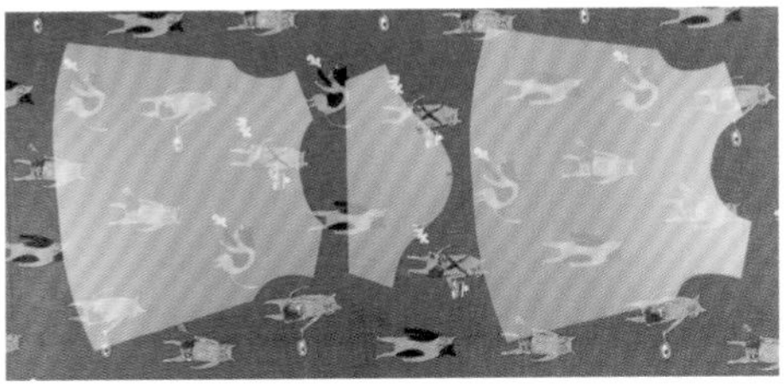

布料花樣有方向，所以上衣的前後片和袖子要和花樣同一個方向配置。

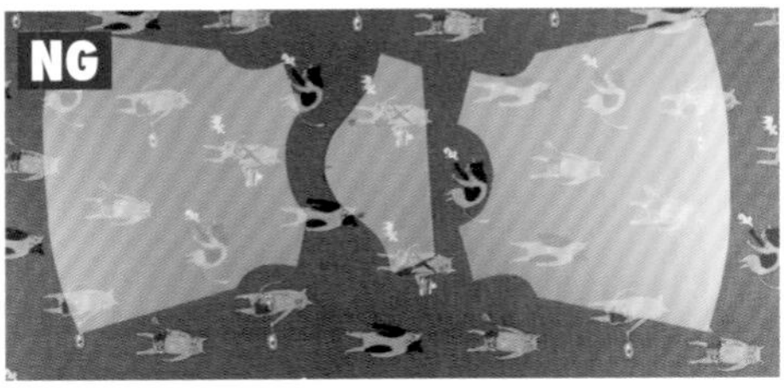

袖子和上衣前片沒有順著花樣方向擺放，裁剪之後，袖子和前片的圖案是呈現顛倒的。

POINT

燈心絨或毛料須以手觸摸、確認毛流方向，如果沒有留意這個問題，可能造成衣服前後片或褲子左右片產生色差。

格紋布料配置

*使用中大格紋布，配置過程若考慮到車縫時縫合線格紋對齊的問題，會幫助完成品更加分；但若是細小格紋布則無需考慮對格問題。

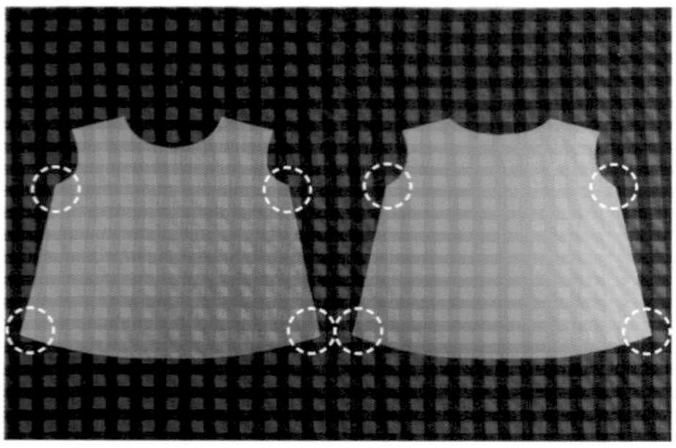

上衣前後片脇邊線腋下點至衣襬，水平對齊在同一條格線上。

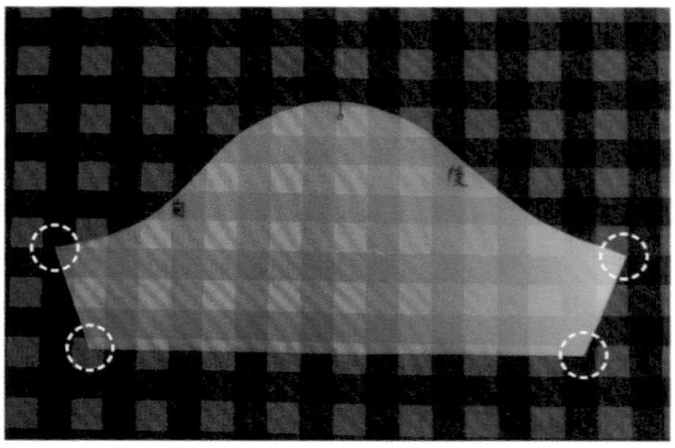

袖子的兩側袖下線水平對齊在同一條格線上。

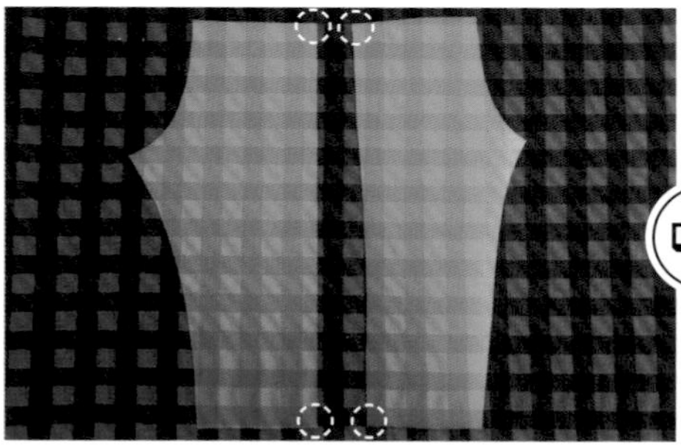

前後褲的脇邊從褲頭至褲管，水平對齊在同一條格線上。

褲子也可以從前後股線和胯下線水平對齊在同一條格線上的角度來配置。

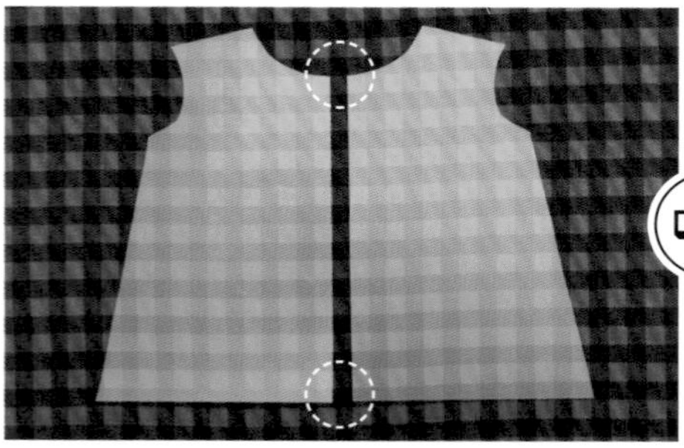

開襟衣款前片的左右片中心線需要水平對齊在同一條格線上。

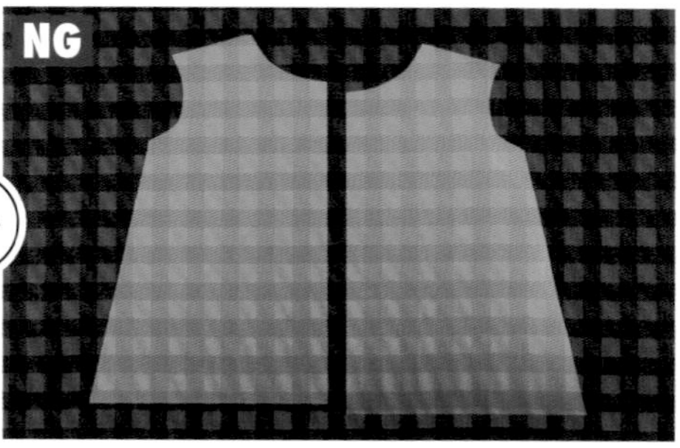

左右片沒有落在同一條格紋上。

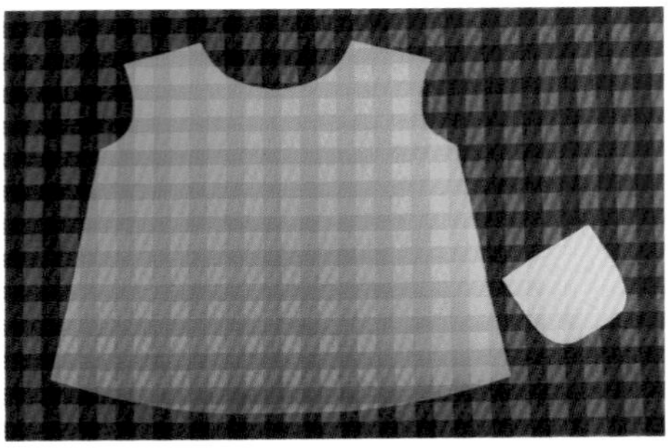

有重疊性的紙型可以用斜紋的概念，就不需要對格。
例如：上衣前片的外口袋用斜紋配置，既不用傷腦筋對格，而且又有意外好看的效果。

POINT

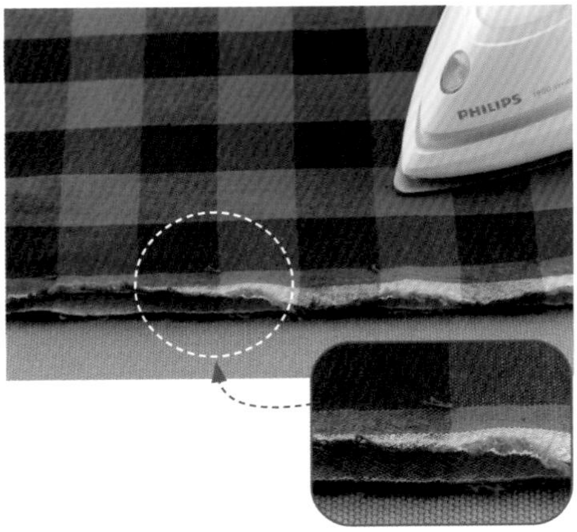

格紋布對摺時，上下格紋如何對齊？

配置前布先整燙，對摺後，除了用珠針固定外，也可以在等距離的格紋角上用手縫線疏縫，對齊固定上下布片。

對稱條紋布料配置

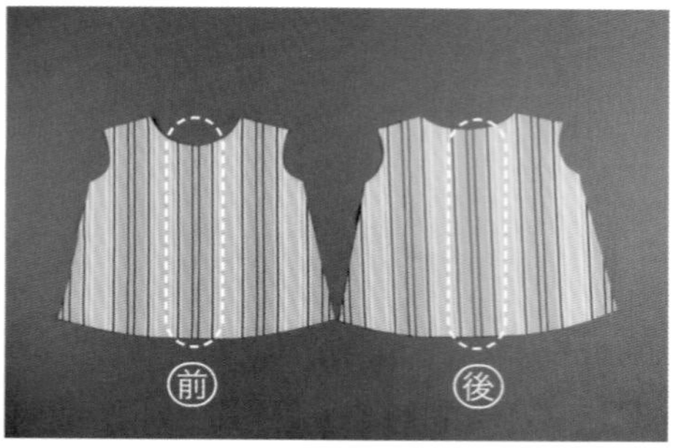

上衣的前後片中心配置在條紋主色塊的中間，且色塊左右對稱，裁剪後的布片讓人感受到配置的用心度。

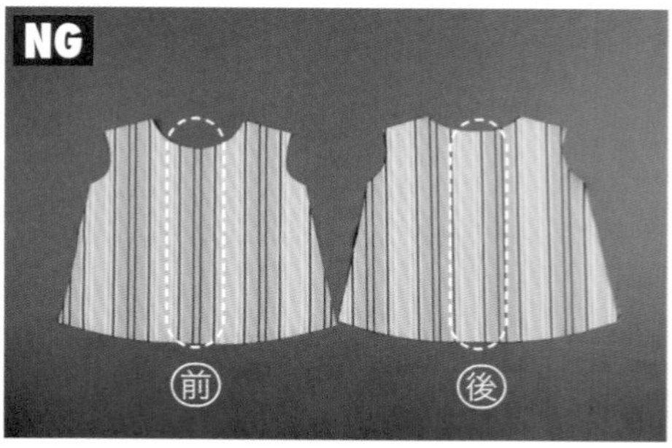

上衣後片條紋沒有對稱，是因為布摺疊時沒有對準條紋主色塊摺疊。

袖子紙型不是左右對稱的形狀，有左右袖之分，所以配置時布水平對摺，同時裁剪兩片；或者一片一片各自配置，這時紙型記得做水平翻面。

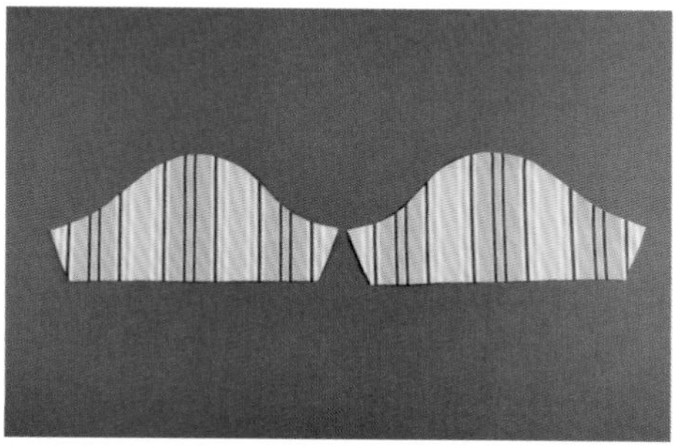

為了袖子袖山配置在條紋主色塊的中間，左右袖一片一片需各自配置，紙型做水平翻面。

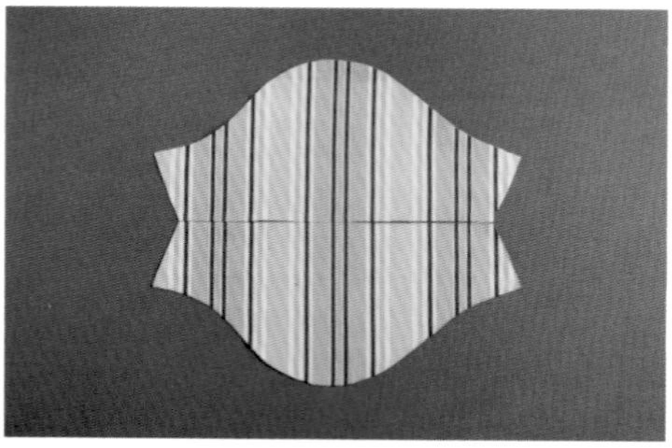

裁剪後，左右袖的條紋色塊一致，很漂亮。

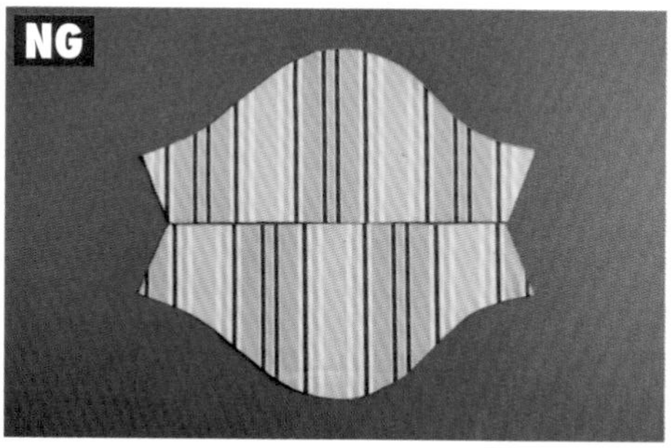

左右袖的條紋色塊不一致。

＊布摺疊時以對準條紋主色塊摺疊。

不對稱條紋布料配置

對有摺雙中心線的衣服物件來說，因為布料的條紋不對稱，所以無法做到條紋左右對稱的配置。
但是有左右之分的物件，就可達到左右條紋對稱，只是需花點配置心思；可以先完成配置裁剪一片，再用它在布上找另一片可對稱的位置，但這樣會比較耗費用布。

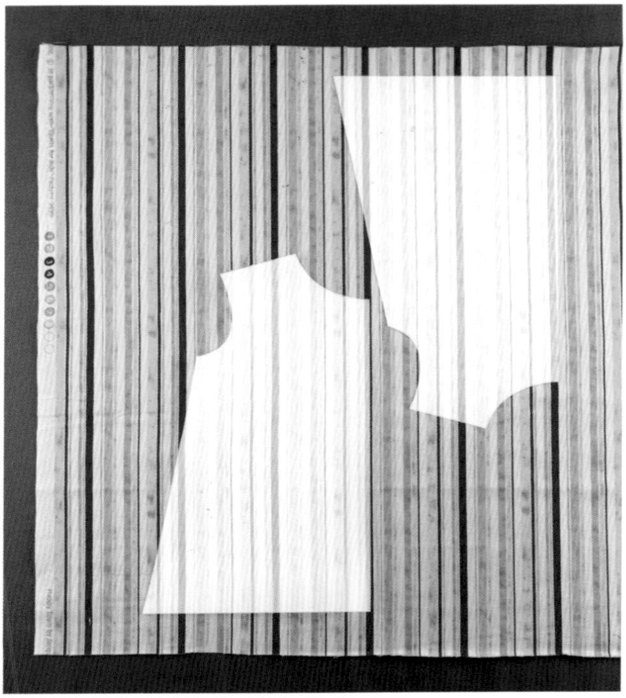

以前開襟上衣為例的配置

大圖樣布料配置

有些花樣布料是有主圖樣的，主圖樣代表這塊布的特色，配置時將主圖樣放在明顯重要的位置，是完成品抓住目光的焦點。

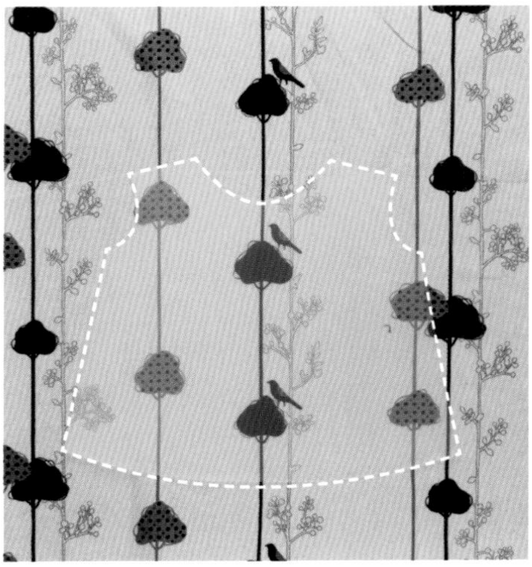

這塊布的特點是鳥，所以把鳥的圖案配置在上衣的中間且對齊中心線的位置。

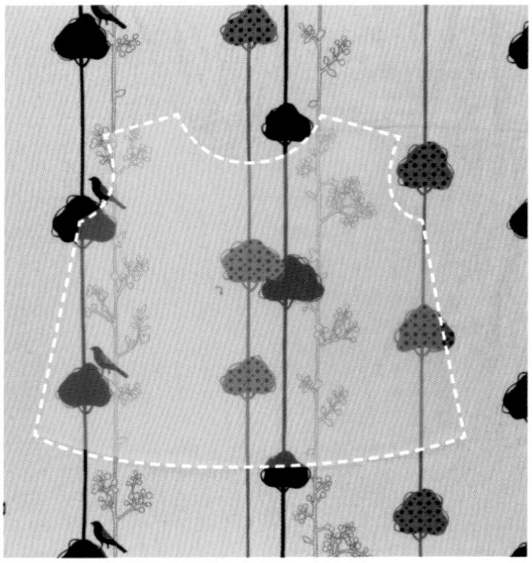

另一種效果，鳥的圖案配置在上衣的角落。

花樣在直布紋方向配置

＊大部分的花布料，花樣都平均分布在橫布紋上，配置時，依著紙型的直布紋方向配置，但也有些布是特例，無法依著直布紋配置紙型。

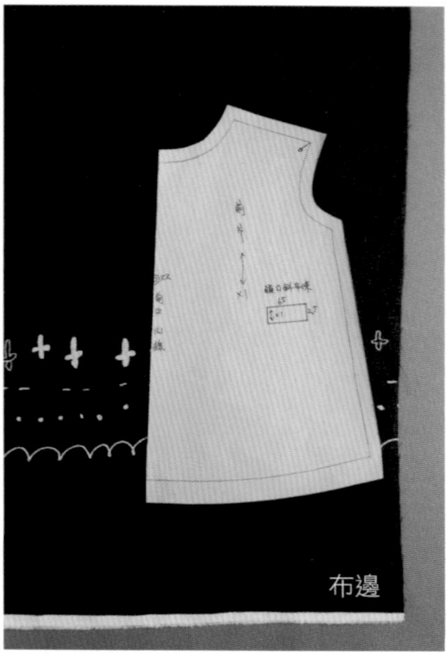

圖案在直布紋的邊，衣服紙型下襬配置在花樣上。

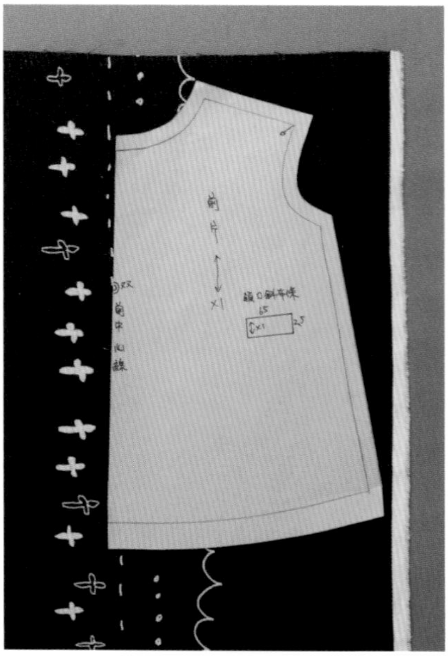

若按照紙型布紋標示配置，花樣會出現在衣服的中間。

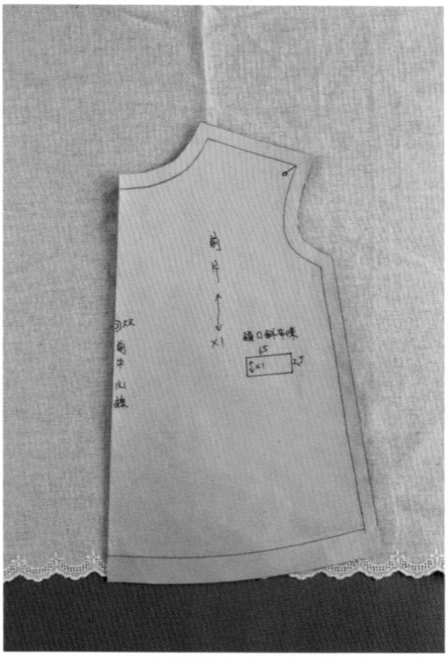

有些蕾絲布，蕾絲邊在直布紋上，所以衣服下襬配置在直布紋的蕾絲邊上。

POINT

★ 以上說了很多配置的方法，但還有個配置的大原則就是：從使用布料面積大的紙型開始，陸續配置到面積小的紙型，若需裁剪斜布條可放至最後，因為斜布條的長度可以接縫。

★ 通常裁剪順序是衣身（上衣前後片、裙子、褲前後片）→袖子→領子→口袋→斜布條。

★ 如果配置時，紙型已含縫份，配置完後，就可以進行裁剪；但如果紙型不含縫份，接下來要進行的工作就是在布料上畫出縫份。

STEP.5

C

在布料上畫縫份

畫縫份的工具

滾輪式粉土筆

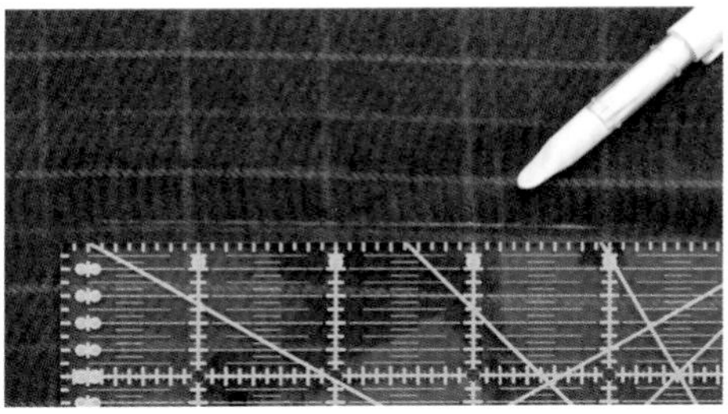

水消筆

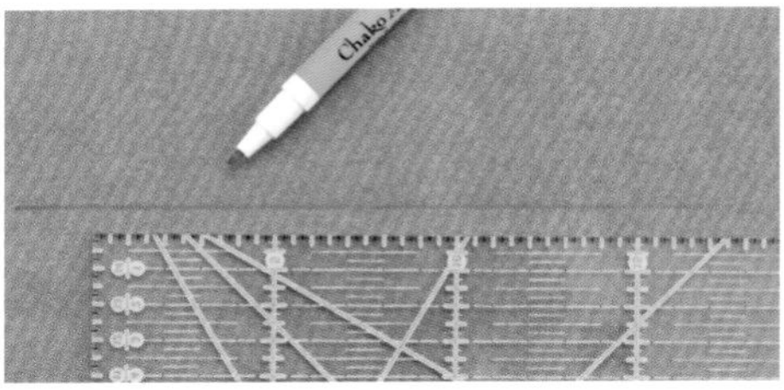

粉土筆

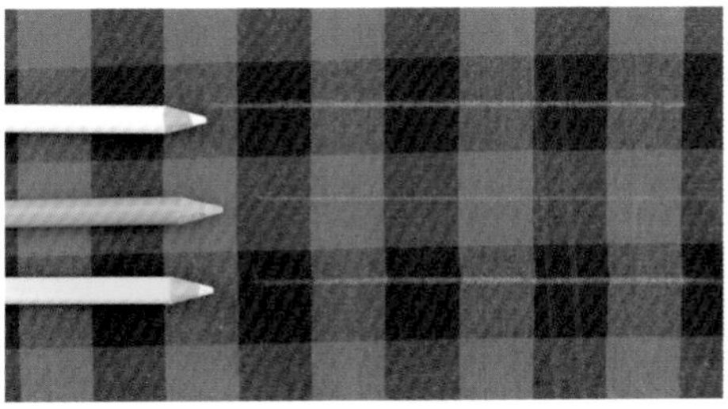

布專用記號筆有很多種，分別適合不同的材質。例如：滾輪式粉土筆適合毛料布，重要的是記號筆的顏色，深色和淺色都要具備。

曲尺

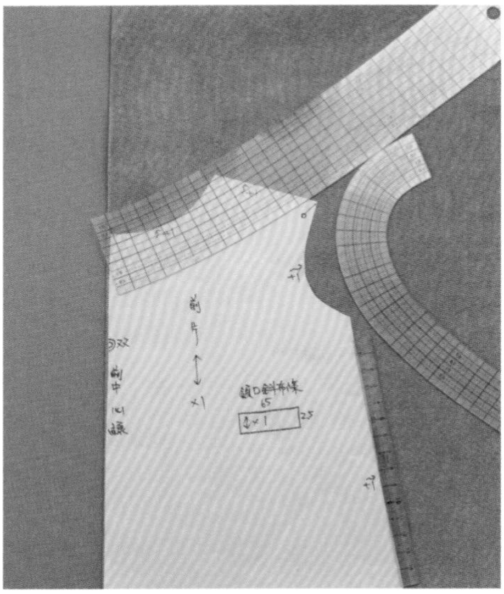

方格定規尺

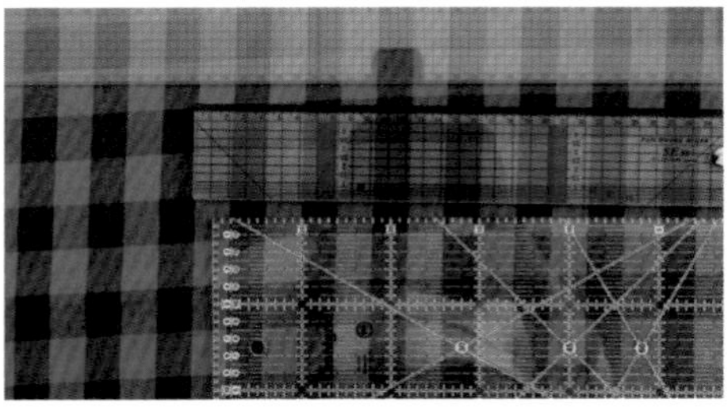

不同顏色的布料也需要不同顏色的方格定規尺，以及不同形狀的縫份曲尺，都是製作衣服畫縫份的好幫手。

如何正確畫出縫份？

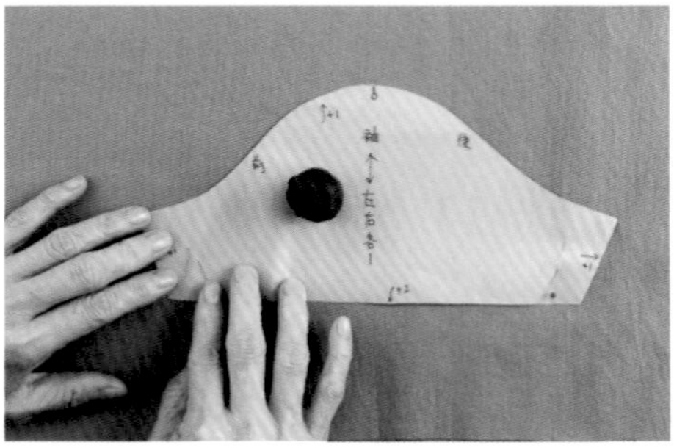

未含縫份的紙型用布鎮和珠針固定在布料上。

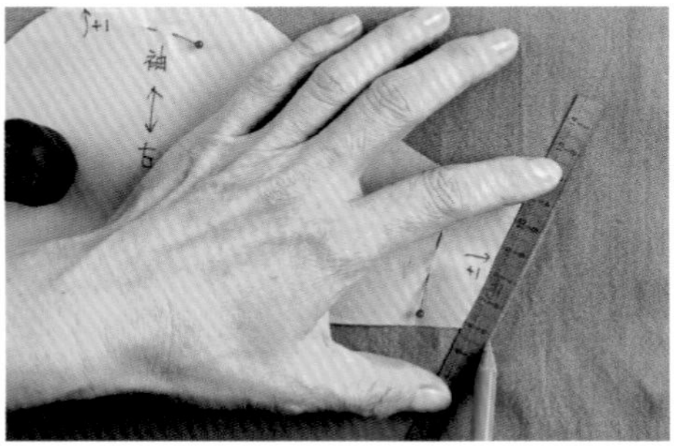

用1cm寬的縫份尺，可方便畫出外加1cm的裁剪線。

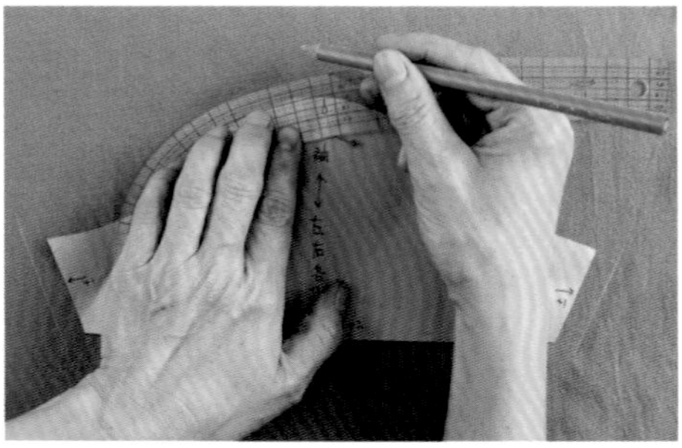

袖山處起伏大，使用弧度較大的縫份曲尺。

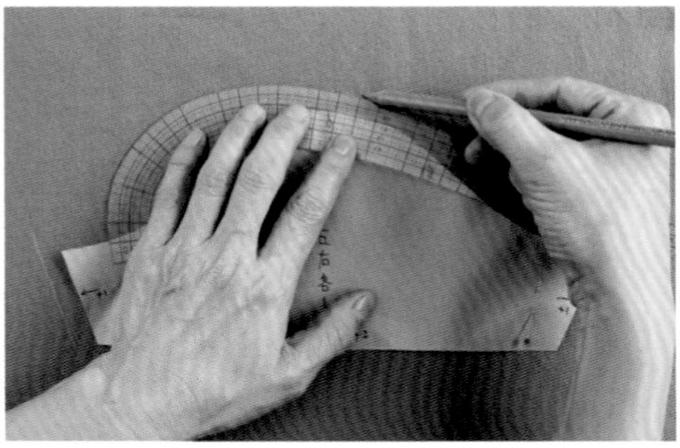

依著紙型的弧度，慢慢的移動尺與紙型弧度吻合，畫出外加縫份。

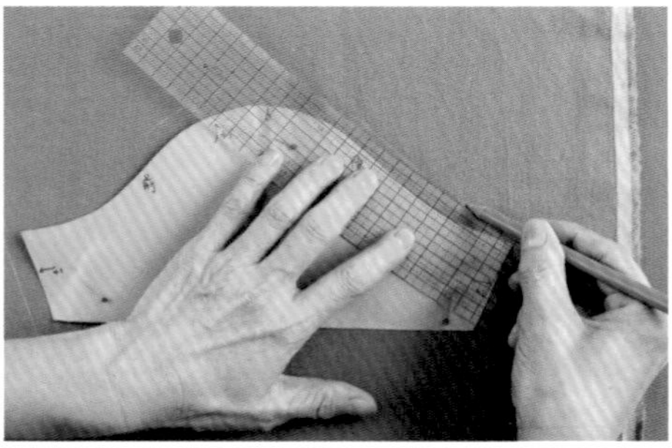

同一條袖襱線可以用不同的曲尺來完成畫縫份的工作。縫份曲尺對於畫弧線的外加縫份是很好用的工具。

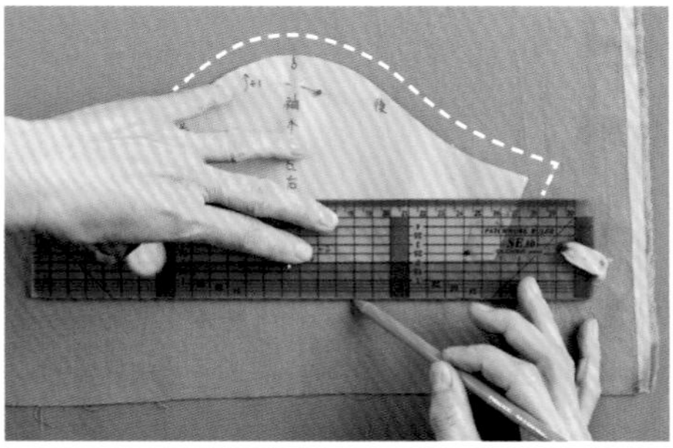

有各種刻度的方格尺適合畫袖口、衣襬、裙襬、褲管的縫份。

STEP .6. 裁剪

裁剪是進入縫紉前的最後一項工作，如何正確使用工具，是這個階段的學習重點，除了依線條裁剪布料外，也須了解縫紉工作所需的（合印）記號點標示。

裁剪工具

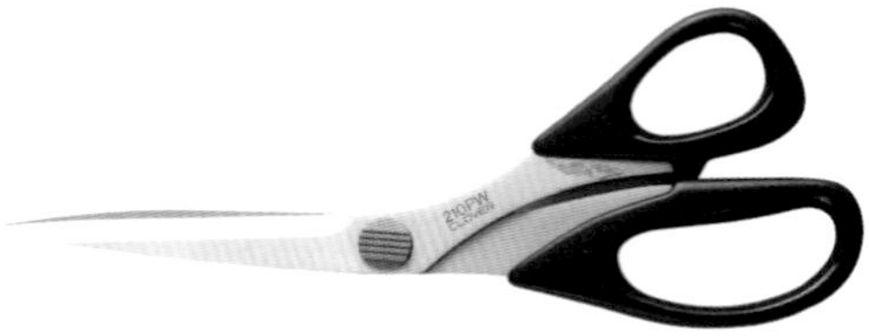

大剪刀

做衣服用的剪刀不要太小，因為需要裁剪的線條較長，建議購買約21公分的；特別注意剪布用的剪刀不能拿來剪紙，另可加上剪刀套防灰塵，刀刃如果有沾染記號筆，馬上擦拭，是保養剪刀的基本方法。

輪刀

刀片隨時可收可更換，適合用來裁切斜布條或者大面積規則直線，需與方格尺和切割墊搭配使用。

切割墊和方格尺

兩者都有尺寸刻度，方便裁切尺寸的需求。

POINT

★ 裁剪布面積大時，需移動身體而非移動布料。

★ 如果對輪刀使用很熟練的人，裁剪曲線也可以用輪刀，輪刀可以避免剪刀裁剪時挑起布面，造成布面浮凸的問題。

★ 裁剪薄布料可先用珠針或布鎮，將含縫份的紙型固定在布料上進行裁剪。但如果布料偏厚，則建議將含縫份的紙型用布鎮固定，描繪在布料上，描繪完成後移開紙型再裁剪，因為用珠針固定容易造成厚布料上下落差。

正確的裁布

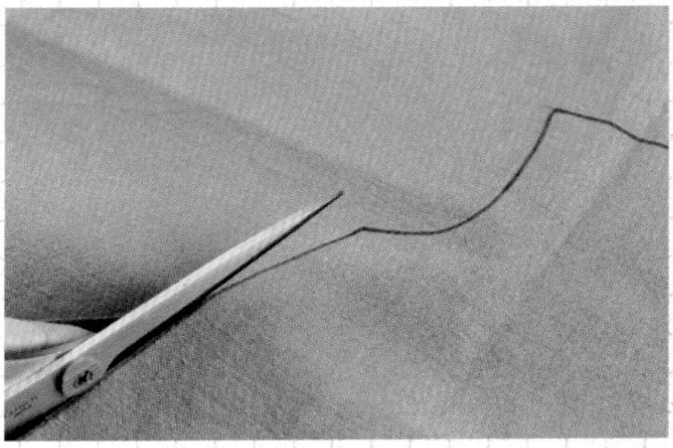

使用剪刀時需貼近桌面，儘量不要騰空剪布，另一手則緊跟隨抓住布。剪直線時用剪刀的中腹。

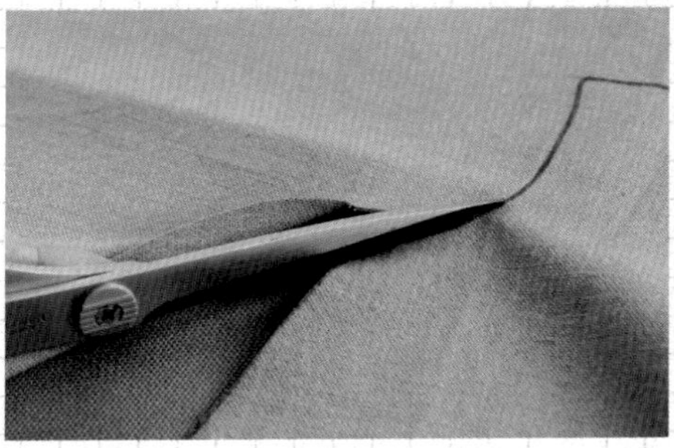

剪曲線較大時，則用剪刀尖一點一點移動。

使用輪刀裁切布條

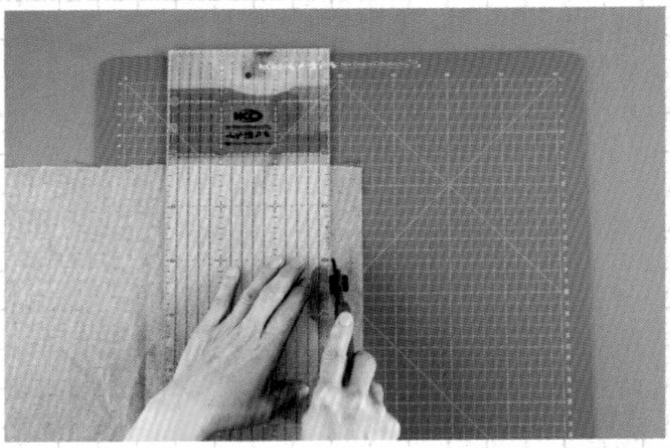

使用的方格尺至少要有3mm的厚度比較安全，以防操作時輪刀偏離。輪刀呈微立狀緩緩篤定向前滑動，勿來回及橫向，另一手紮實壓住尺。

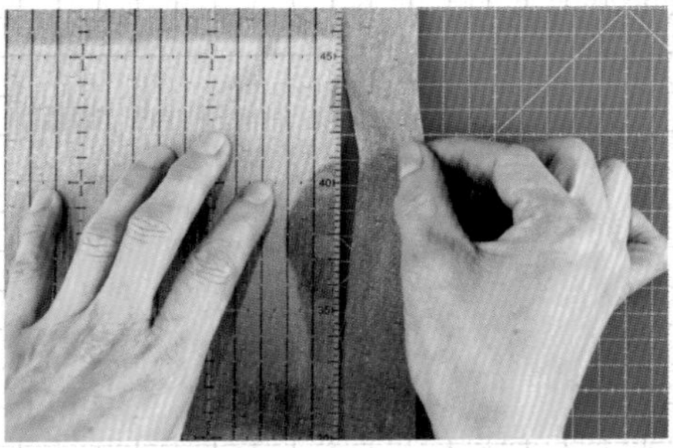

請先確認布條和布片完全分離後，再移開方格尺。

POINT

裁剪時的固定工具

布鎮

鐵製有重量，裁剪時，固定紙型和對摺布料，避免上下布料滑動。

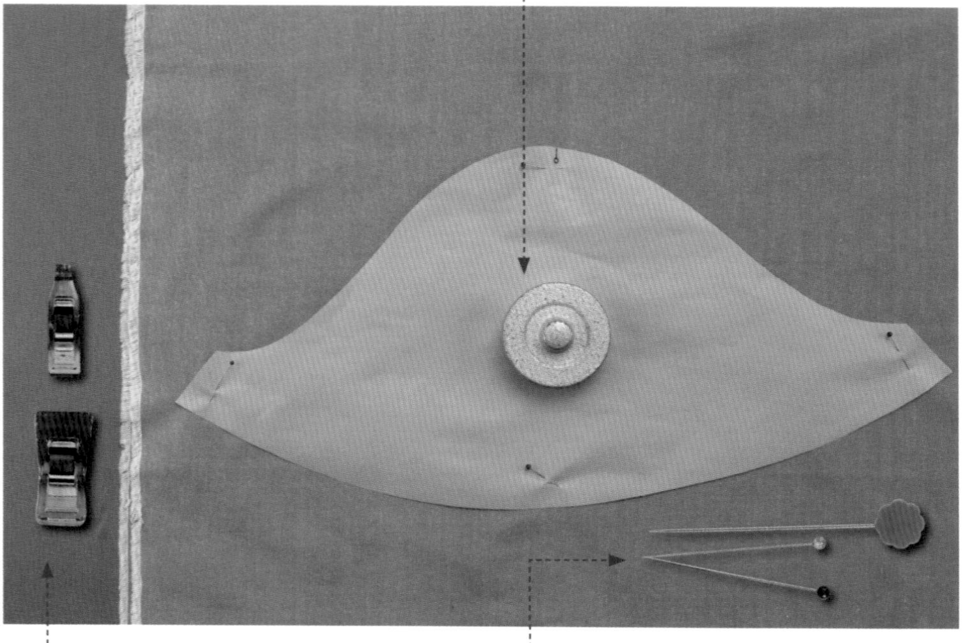

強力夾

咬合力道強，用在布料摺雙的部位。

珠針

有長短之分，也有不同的顏色。用在固定小面積的布片，或者格紋布對格。

何謂合印記號點？

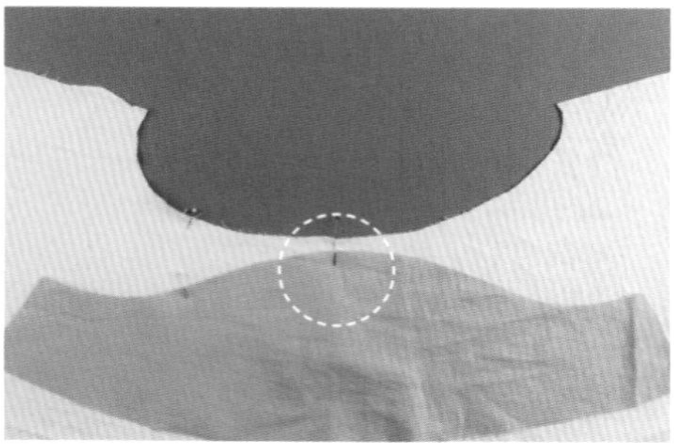

在不同的紙型上有相同的符號，這些就是合印記號點。

縫製過程中，不同的布片車合時需要標示出正確結合的點，才能完美車縫。

例如：袖子的袖山點對齊上衣肩線的合印記號，即能正確車合。

標示（合印）記號點的方法

在裁剪階段，縫紉合印記號需要先做好標示，有的記號點是在布的邊緣，有的記號點則落在布的中間，不同的位置可以用不同的方法做出清楚的（合印）記號。

a 如果在布的邊緣，可用記號筆或者剪刀做記號

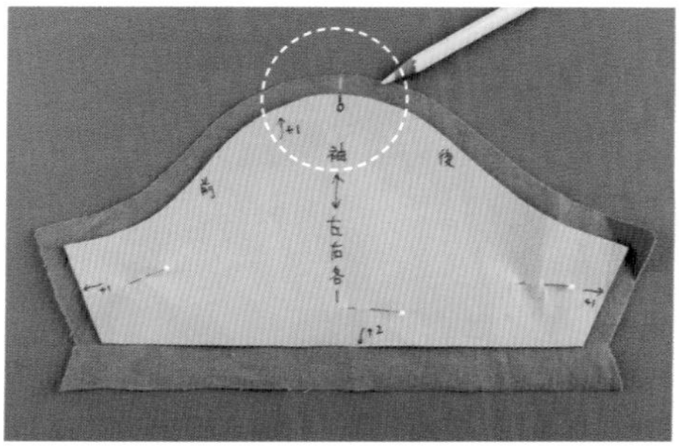

用粉土筆標示袖山位置。

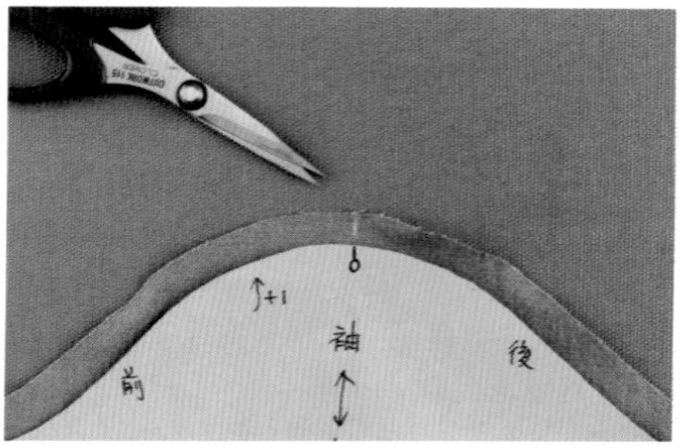

用小剪刀剪一刀（深度約0.3~0.5cm）標示袖山位置。

b 用點線器和複寫紙做上衣後片背面的車褶記號

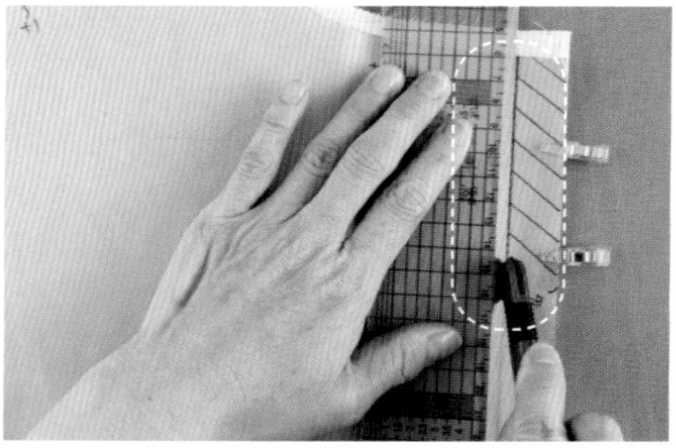

在紙型和布背面兩者中間放入布用複寫紙，尺依著紙型的車褶記號用點線器滑過。

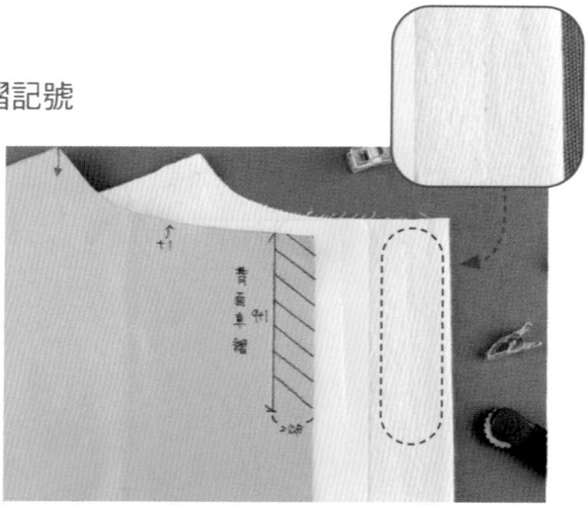

布的背面即會隱約出現複寫拓印的車褶記號。

c 用錐子和布用記號筆做尖褶記號

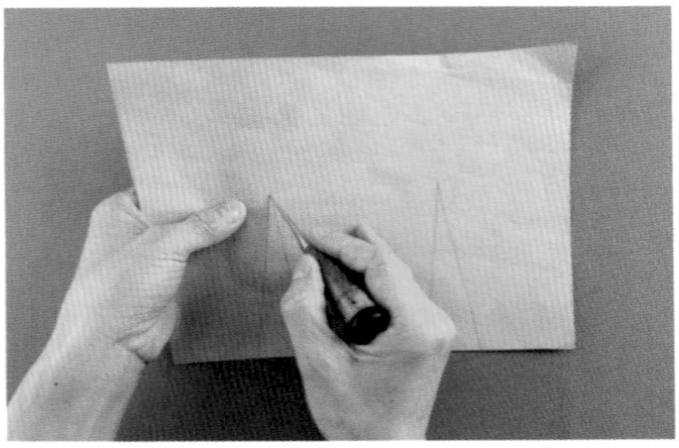

用錐子在紙型尖褶的尖點戳出小洞。

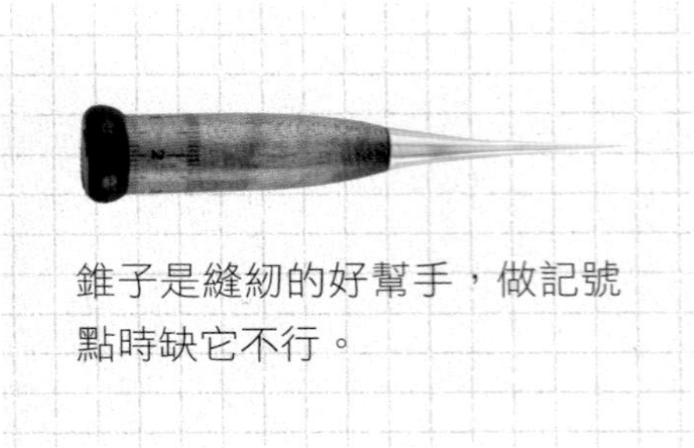

錐子是縫紉的好幫手，做記號點時缺它不行。

紙型放在布的背面上方，用記號筆透過小洞標出尖褶的尖點。

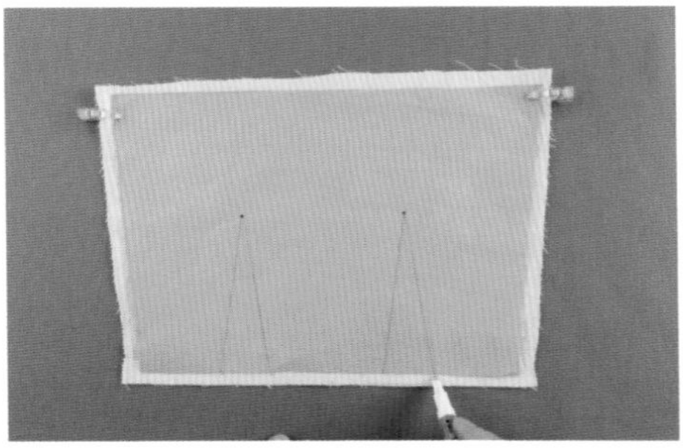

布下緣畫出尖褶的寬度。

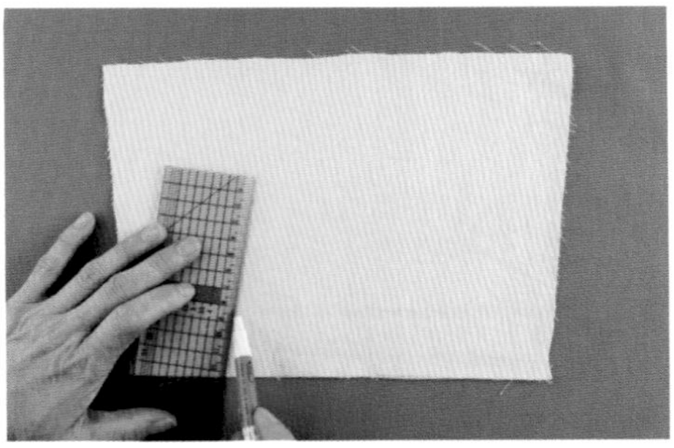

移開紙型，用直尺將記號點連線，畫出尖褶的車線記號。

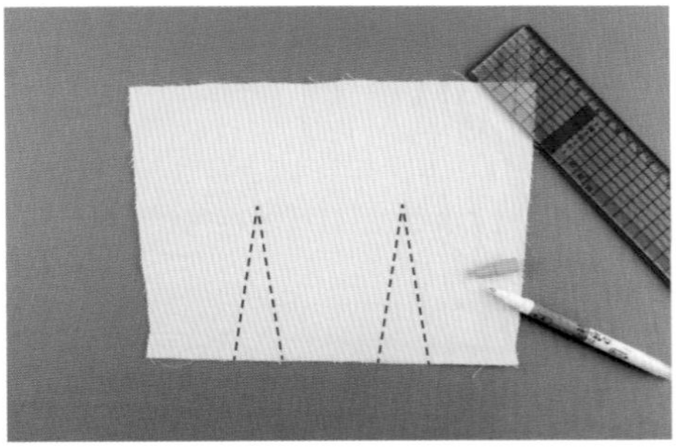

以上這個方法是最簡單的，建議落在布中間的記號點都可以用這個方法，例如上衣胸線點、口袋的位置等。

縫紉專用複寫紙

縫紉專用的複寫紙有單面、雙面，也有不同顏色可選購，但我還是覺得使用錐子工具和布用記號筆，即可滿足各種合印點的標示工作。

完成裁剪作品的用布收納

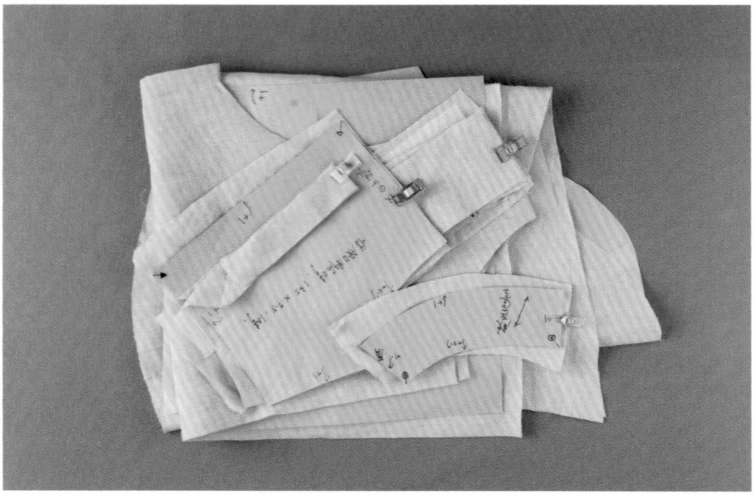

裁剪工作結束，將紙型和相對的用布一起包夾，這樣子可以很清楚哪些已經完成裁剪，避免重複裁剪（課堂上學生常發生剪了兩份上衣前片的狀況）。

另外，像斜布條、小布片則用強力夾歸類，以免縫製過程找不到。養成一些好習慣，讓縫紉過程更輕鬆愉快。

小碎布如何收納？

小碎布很難摺疊，裁剪後多出的不規則布片，可依照自己個人對布的利用習慣，經過修剪後將還可利用的小布片用桶子收納起來。

STEP .7.

縫紉機和拷克機

擁有一台好用的縫紉機和拷克機，對於縫製衣服來說是最重要的，可以使縫紉過程更順遂，作品更完美。市面上價位同等級的縫紉機和拷克機大同小異，基本功能都有，操作方法也差不多，可能只是名稱或者功能鍵位置不一樣而已，如果你是新手或者剛入門者，讓我們一起認識並學習縫紉機和拷克機的基本功能。

市面上的三種縫紉機比較

縫紉機依梭殼和梭芯不同，大致可分為三種。

機型	多功能家用縫紉機	仿工業用縫紉機
梭殼運轉	水平式，運轉聲音較小。	垂直式，運轉聲音較大。
底線位置	由機台左邊正面上方放入，可清楚看到底線的存量。	由機身左側邊放入。
縫紉機速度	可自行調整。	可自行調整。
功能	除直線車縫，還有刺繡，開釦眼，簡易車布邊等功能。	僅直線車縫，無特殊功能。
價格	多功能家用縫紉機有不同等級，速度快，馬力強，功能多寡，都是決定價格的主因，等級高的價格甚至超過工業用縫紉機，價格範圍很大，幾千元至十幾萬元皆有，是初學者會考慮選購的類型。	這幾年仿工業用縫紉機深獲手作進階者的喜好，速度快，馬力強，車縫品質佳，尤其車縫帆布厚布料品質高於其他兩者，但價格較高，約3萬元以上。

傳統型家用縫紉機

垂直式，運轉聲音較大。

由機身左側邊放入。

無法調整。

僅直線車縫，無特殊功能。

是最原始的裁縫機，約5千元左右。

梭殼與梭芯

（由左至右）多功能家用縫紉機，仿工業用縫紉機，傳統型家用縫紉機

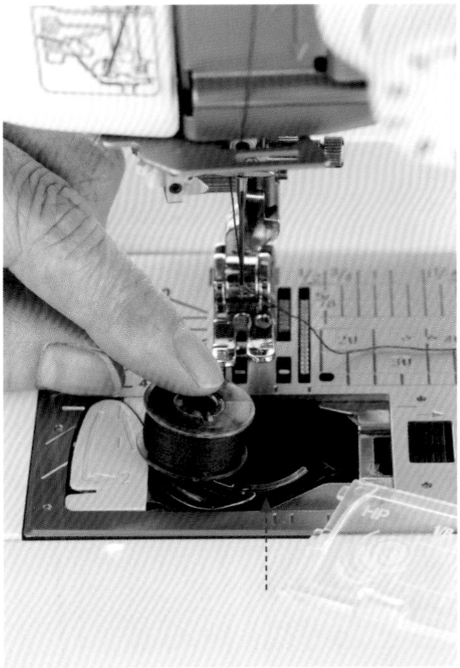

多功能家用縫紉機的梭殼在縫紉機正面左側上方（圖中箭頭處）。

A 認識縫紉機

以多功能縫紉機NCC1877示範介紹

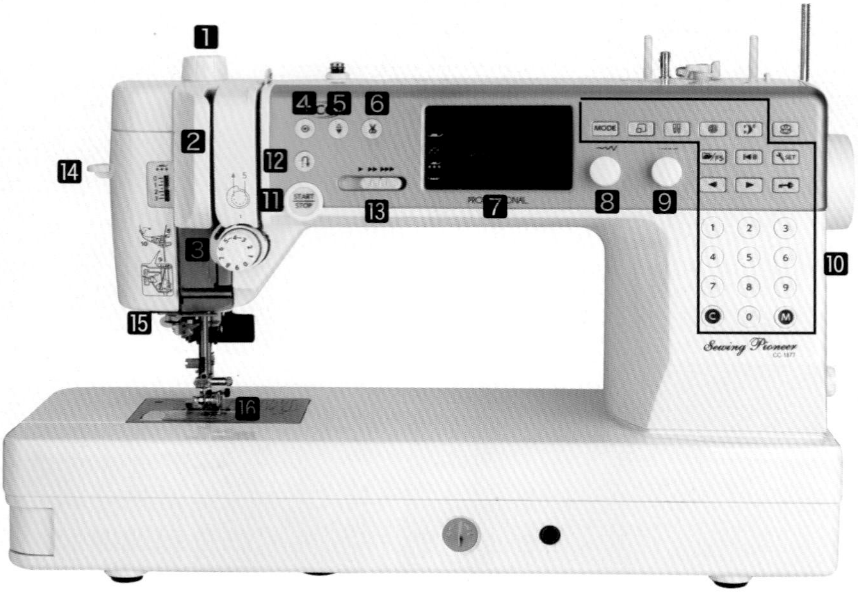

❶壓布腳壓力調節鈕：依布料的厚度來調整壓布腳的壓力值，一般車縫預設值在3，輕薄或伸縮性的布料，請調低壓布腳壓力，請勿將壓布腳壓力調整至低於0的位置。

❷挑線桿：隨著縫車的運作拉動車線。

❸上線張力調整鈕：調整因線或布料而產生的車趾張力不均的現象。

❹自動鎖縫鈕：按此鈕可在原地車縫數針，有時候可代替回針。

❺上下針鍵：切換車針的上下，或者需要一針一針車縫時。

❻切線鈕：縫紉結束的剪線功能。

❼液晶螢幕：在開機或運作狀態下，顯示目前縫紉機的基本資訊：針趾大小，壓腳種類，壓腳壓力或者運作時，發生錯誤提醒資訊。

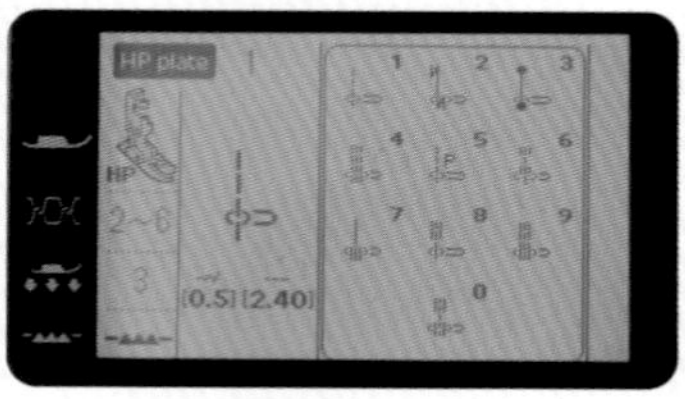

❽針趾寬度調整鈕：在縫紉花樣時，可改變花樣的寬度；或者在一般車縫時，可改變車針落下的位置。

❾針趾密度調整鈕：指針趾的長度，也就是針目（或針距），數值越小，針目密；多功能縫紉機，每次開機都會回到預設值。

❿功能鍵區：提供縫紉花樣時，花樣的編號輸入和儲存。

⓫手控停動鈕：完全以手控制縫紉機，前提是要卸掉腳踏板的連結線。

⓬反縫（回針）鈕：縫紉中使用回針功能。

⓭速度控制鈕：調整縫紉機的速度，初學者可以調成最慢速，有利學習。

⓮穿線器壓桿：自動穿線器的壓桿，讓穿線工作更容易。

⓯開釦眼拉柄：開釦眼時，需要拉下這個拉柄，縫紉機才可以進行開釦眼的功能。

⓰壓布腳：多功能縫紉機可搭換不同縫紉功能的壓腳。

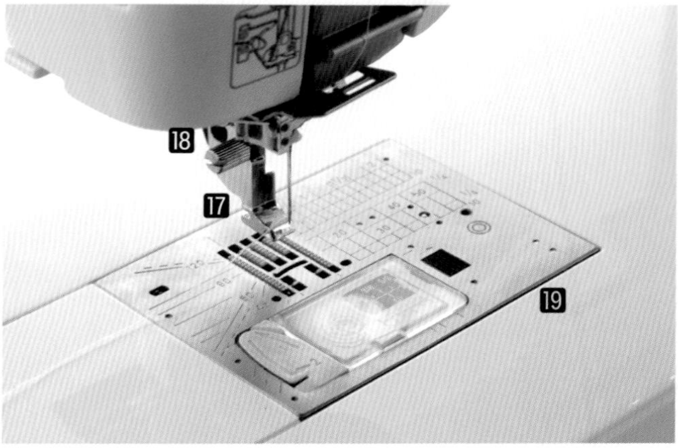

⑰壓布腳腳脛：可扣合多種不同功能的壓腳。
⑱壓布腳釋放鈕：按壓這個鈕，可卸下壓腳。
⑲針板：上面有水平和垂直導引線可協助縫紉尺寸的參考。

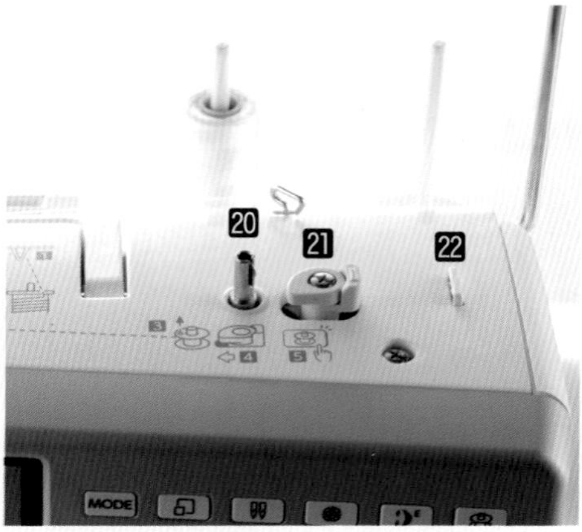

⑳捲線軸：捲底線時，放置梭子用。
㉑梭子線擋板：捲底線時，需將擋板往梭子方向推。
㉒梭子線切線器：完成捲底線後，可方便切線，不需用剪刀。

㉓捲下線鈕
㉔壓布腳拉柄：將壓腳抬高或放下。
㉕膝控抬桿插孔：縫紉時，不需要用手抬壓腳，只要在這個孔插入膝控桿，即可用膝蓋控制壓腳的抬高與放下，增加縫紉的速度，是否適合安裝膝控桿要看縫紉桌的高度。

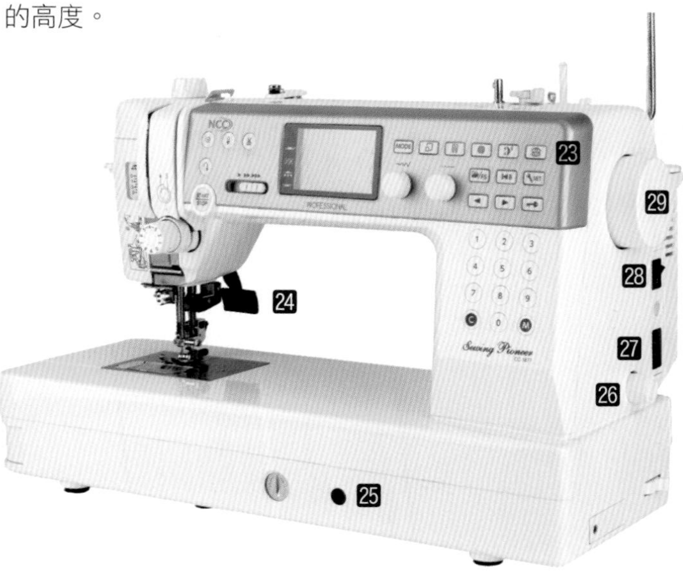

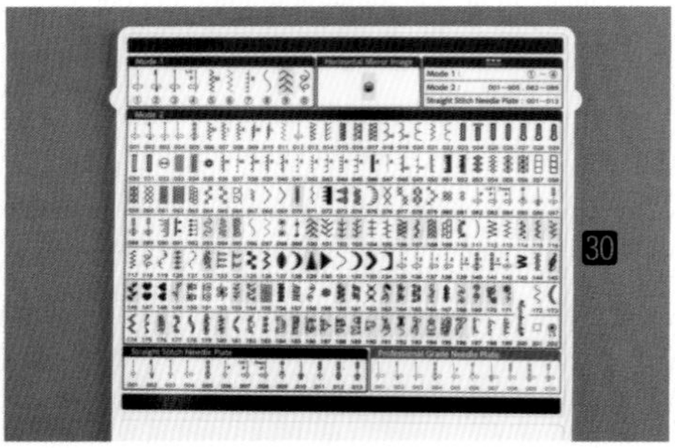

㉖上送料調整轉鈕：縫紉時上下布料彈性或厚度差異大時，可用此鈕調整。
㉗腳踏板插座
㉘電源開關
㉙手輪：向前轉動可讓車針上下作用。
㉚花樣表：縫紉機提供的花樣參考表，通常價格越高，提供的花樣越多。

選擇適合的車針和車線

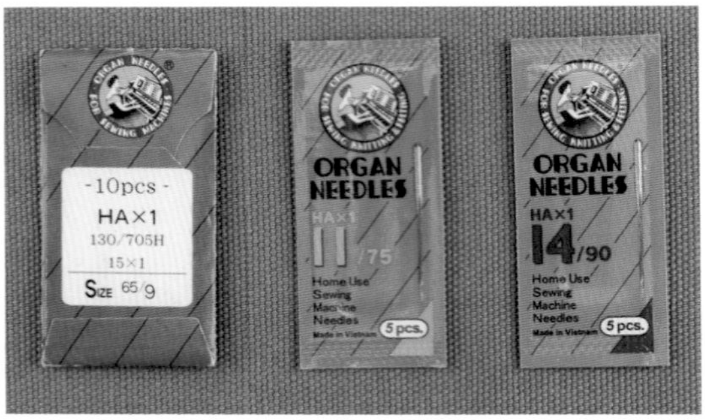

縫紉車針有粗細之分，外包裝有號碼標示，每支針柄的圓弧面上也會有號碼。縫製衣服常用有No.9，No.11，No.14，數字越大，針越粗，相對的落在布上的針孔也越明顯，視布料厚度來選擇車針，薄布料使用9或11號車針。

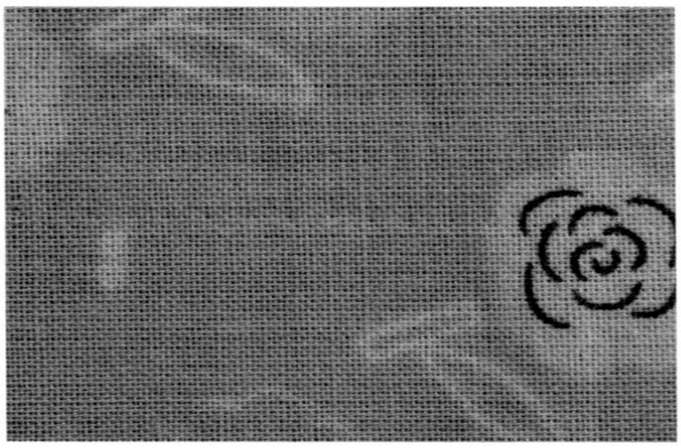

使用11號車針縫製薄棉布。

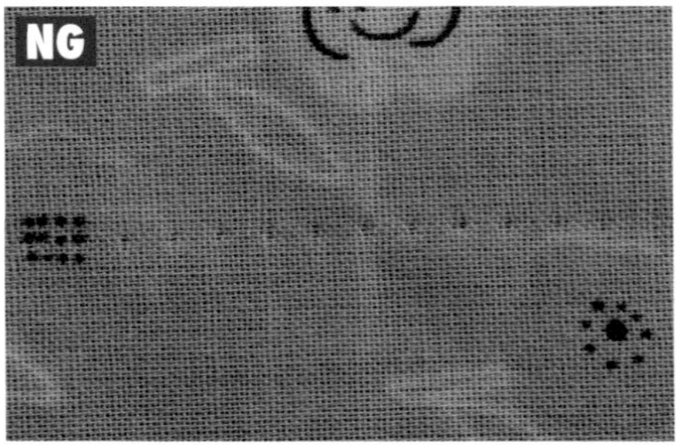

若使用14號車針縫製薄棉布，在布料上會產生大的針孔。

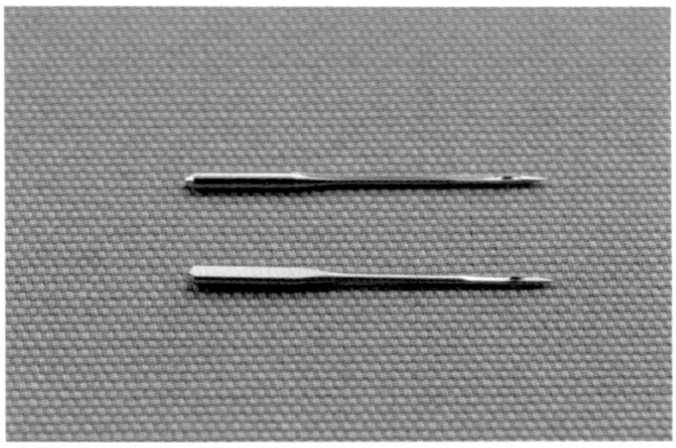

車針一面是平的，一面是圓凸的。車針是否平直，可將平的面放在桌上判斷。故障的車針若勉強使用，不僅縫紉品質不完美，嚴重的話，會造成縫紉機故障；所以當車縫針趾不佳或縫紉機有問題時，我都會換一支新的車針試試看，很多問題就因此而解決了。

POINT

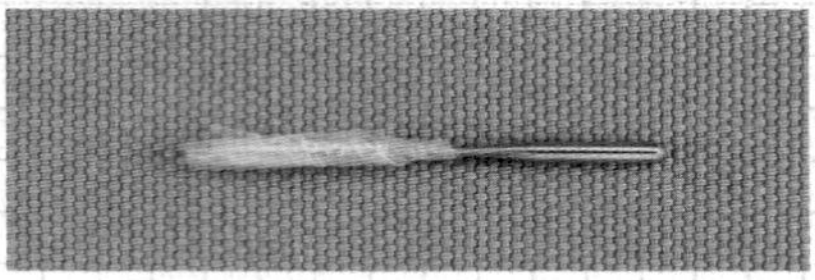

故障的車針不能使用，但也勿隨意丟棄，丟棄前請先用膠帶將針頭包覆幾圈。

台灣40/2車線。台製車線和進口車線價格差6~7倍，台製的價格便宜，隨個人喜好選擇。但千萬不可將手縫線當車線使用，因為手縫線質地較粗硬，恐產生縫紉機故障。

縫製衣服最常用的車針是11和14號車針，搭配的車線是60號和30號，這兩個屬於進口車線。

縫製衣服常用的壓腳

多功能縫紉機

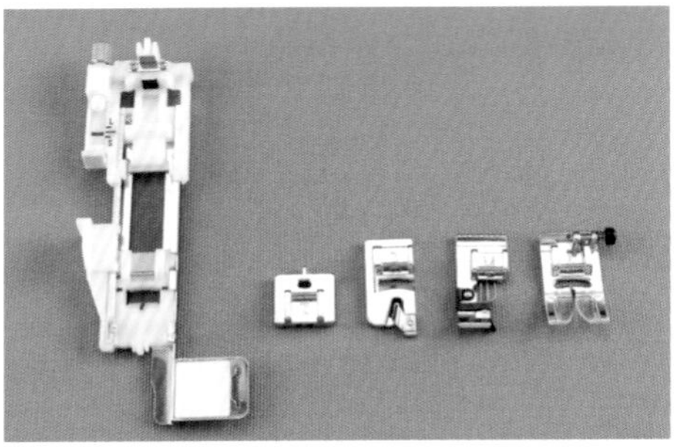

（由左至右）開釦眼壓布腳、隱形拉鍊壓布腳、捲邊縫壓布腳、布邊縫壓布腳、萬用壓布腳

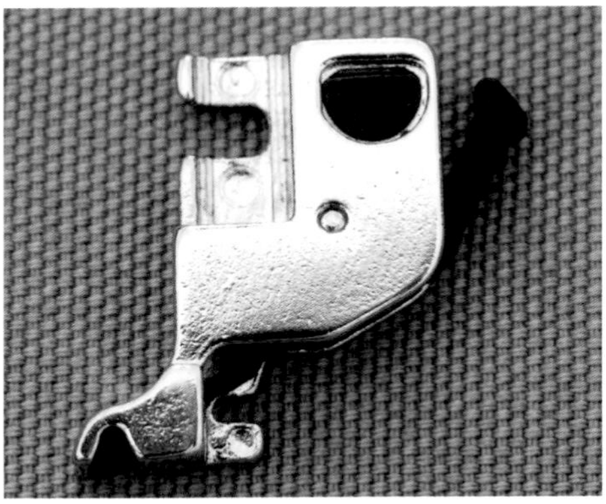

以上皆需搭配壓布腳腳脛使用。

仿工業用縫紉機

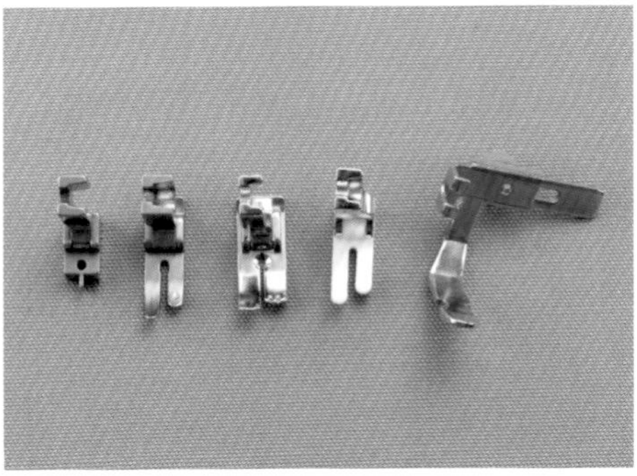

（由左至右）隱形拉鍊壓布腳、標準壓布腳、薄布用壓布腳、皮革用壓布腳、拉鍊用壓布腳

縫紉前縫紉機的基本工作

a 車針安裝

用手輪將挑線桿升至最高點，左手持車針，車針平坦的面朝向後方，車針向上頂，確定頂至針槽最上，右手旋轉螺絲拴緊。

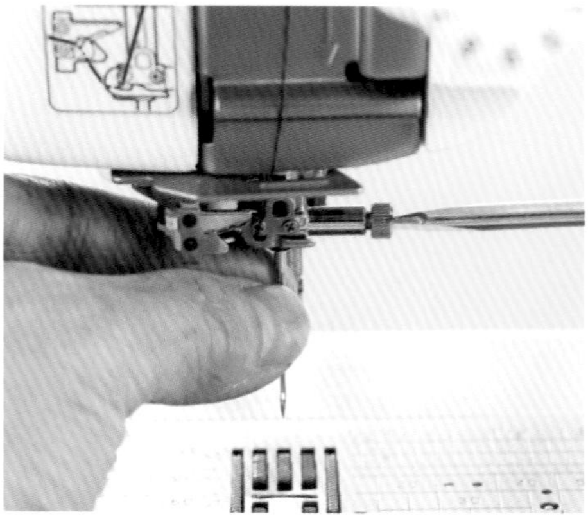

b 捲下線

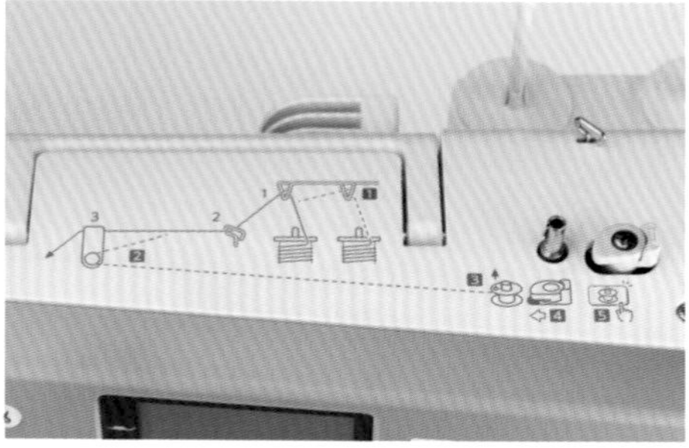

除了傳統型外，現在的縫紉機在機身上都會有穿線順序圖（實線）和捲下線順序圖（虛線），跟著順序圖再搭配手冊操作，一點都不難。

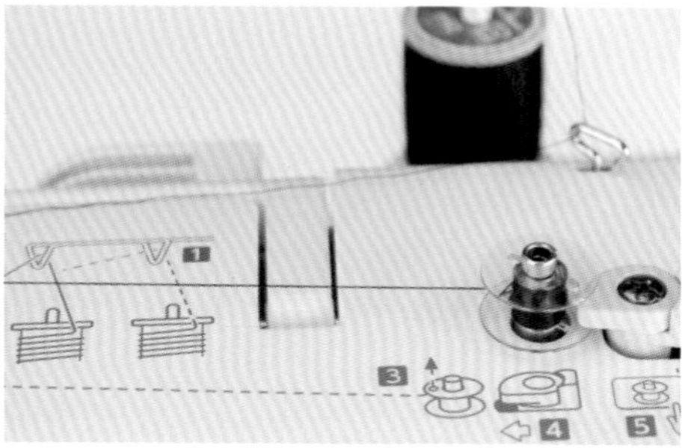

很清楚的捲下線順序圖，也有獨立的捲下線鈕，可一邊車縫一邊捲下線，捲完會自動停止，有的機種旁邊還會有切線器，很方便。

若沒有按照捲下線順序圖捲下線會容易失敗（線不整齊或鬆散），勉強使用，車縫過程易導致針趾不完美。

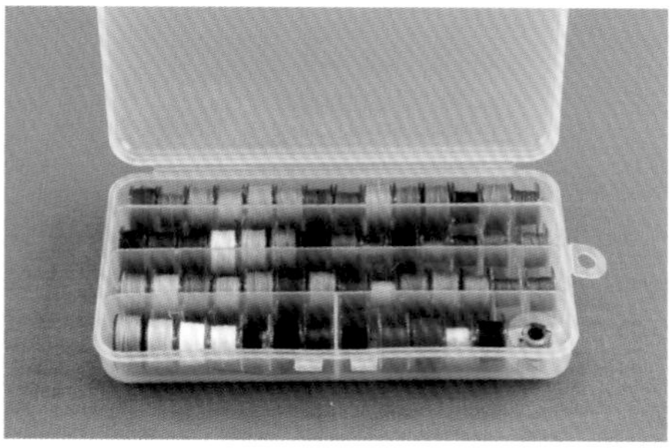

市售的整理盒很適合用來收納梭芯，顏色分類一目瞭然。

c 穿上線

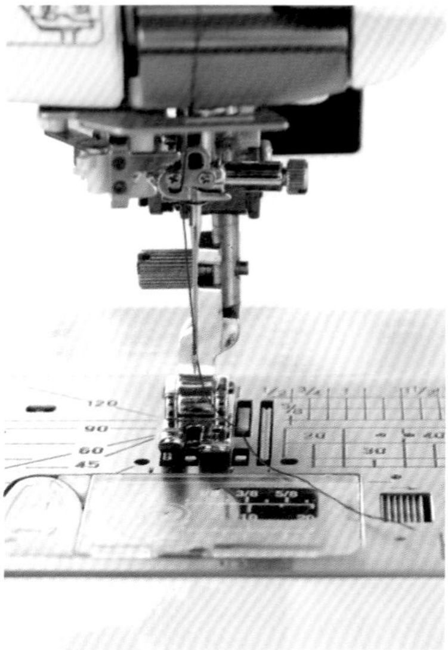

縫紉機有自動將線穿入車針的功能，穿針工作變得輕鬆容易。

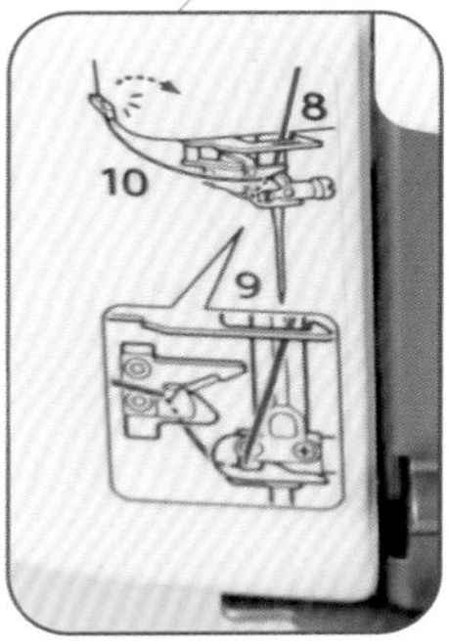

依照實線順序圖穿好上線。

d 安裝下線

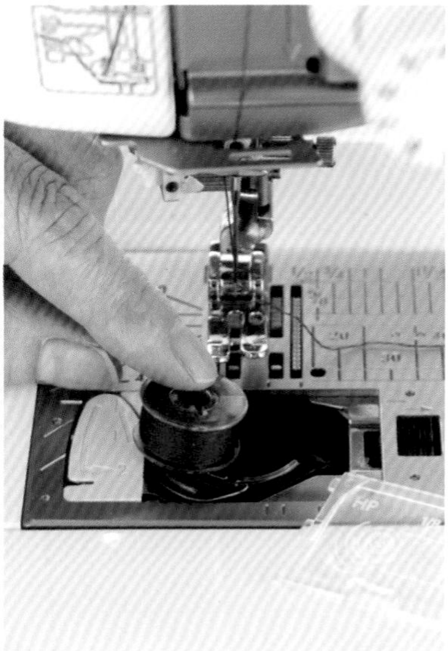

透明蓋板上有下線放置導引圖，依照導引圖將下線放進梭殼內。

e 試車

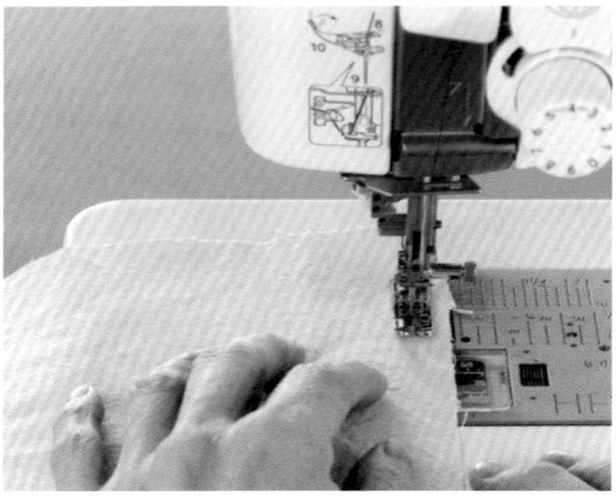

完成上下線穿線工作後，先用一片目前實際要做的作品用布試車，布的片數最好和實際車縫時一樣。一開始車縫，先判斷上下穿線是否有問題，若有問題，開始踩縫紉機就可能有異聲，一旦有異聲就立刻停止，檢查上下線。

如能順利車縫，兩手輕輕地放在布上，車縫約10~15cm，檢查線張力、針目大小、車線顏色是否吻合。

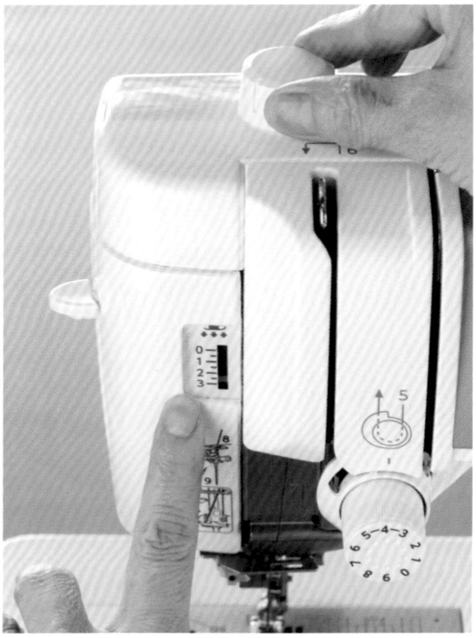

若布偏薄，可以調整壓布腳壓力。

線張力影響縫紉的完美，如何判斷？

張力正常

從正面或背面看不見另一面的線，表示上下線的張力相當。

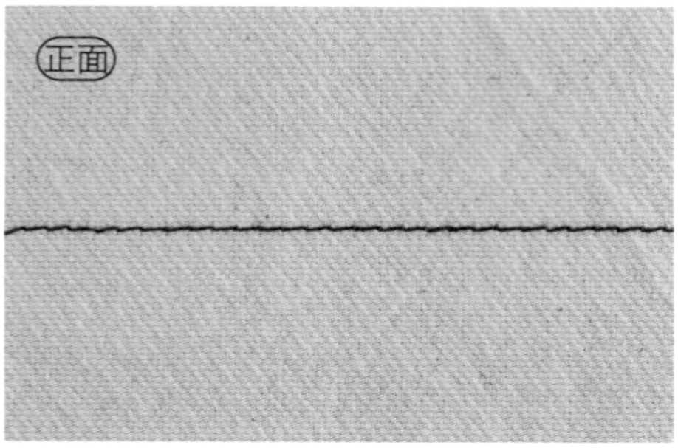

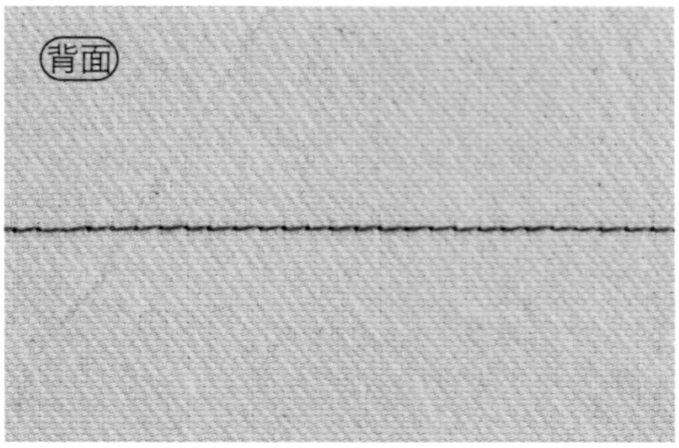

上線張力弱

背面看到上線一點一點的突出或線圈，表示上線張力太弱或下線太強。

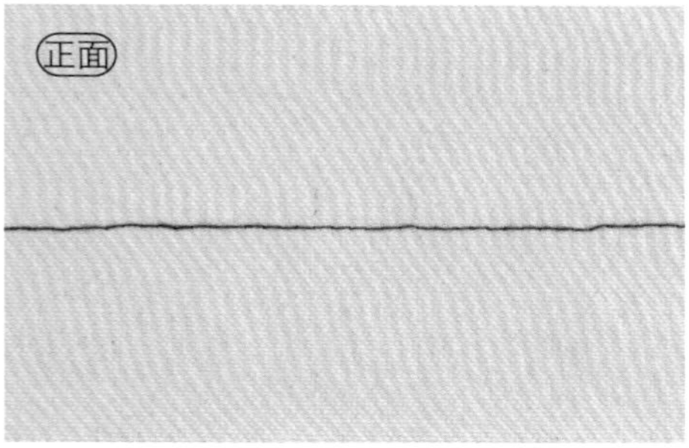

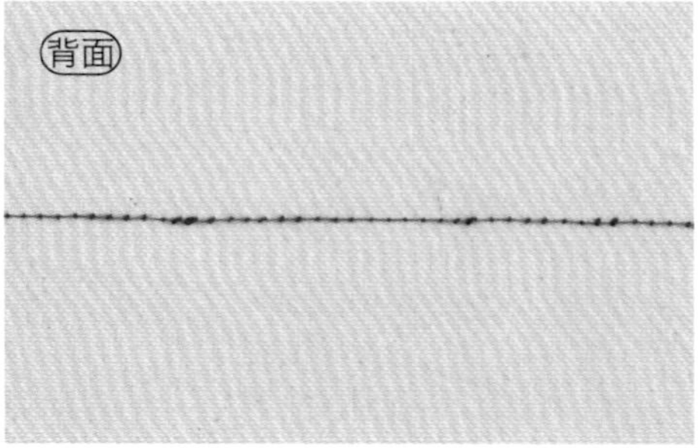

如何調整：

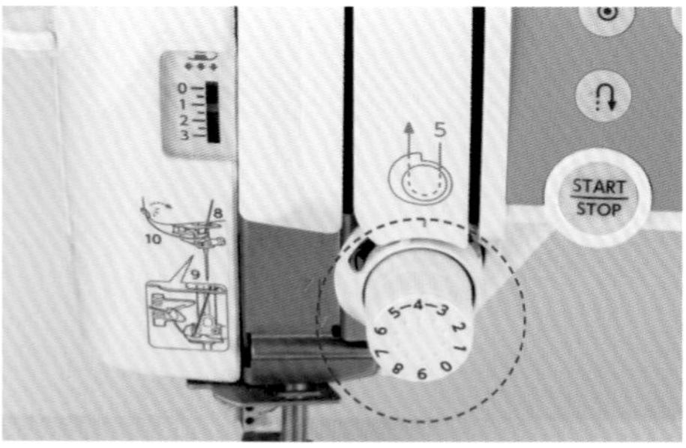

多功能縫紉機：將上線張力調整鈕值調大。

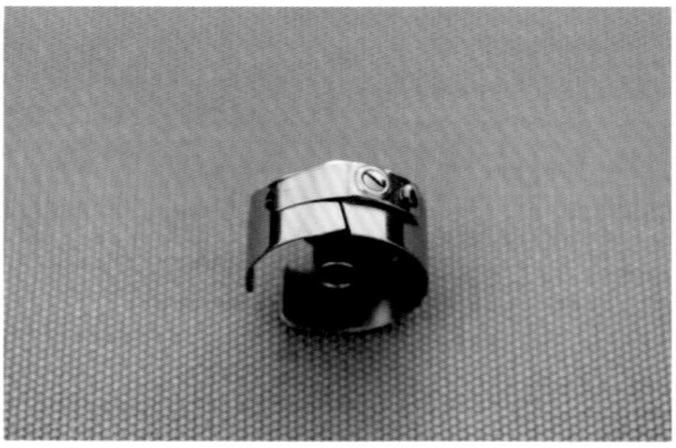

工業用或傳統型縫紉機：除了調上線張力，也可以轉鬆梭殼上的下線張力調節螺絲，把下線調鬆。

上線張力強

正面看到下線一點一點的突出或線圈，表示上線張力太強或下線太弱。

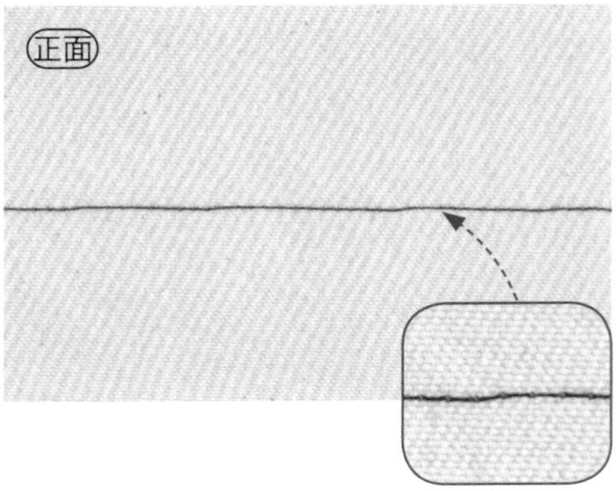

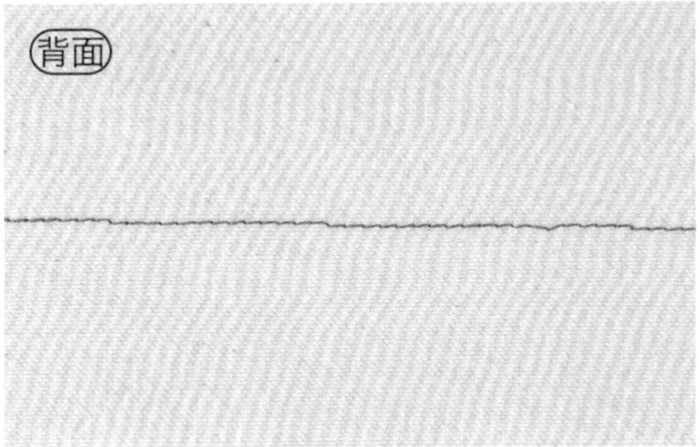

如何調整：

多功能縫紉機：將上線張力調整鈕值調小。

工業用或傳統型縫紉機：除了調上線張力，也可以轉緊梭殼上的下線張力調節螺絲，將下線調緊（張力變大）。

★調整張力請以微調方式，慢慢調整。

選擇合適的針目

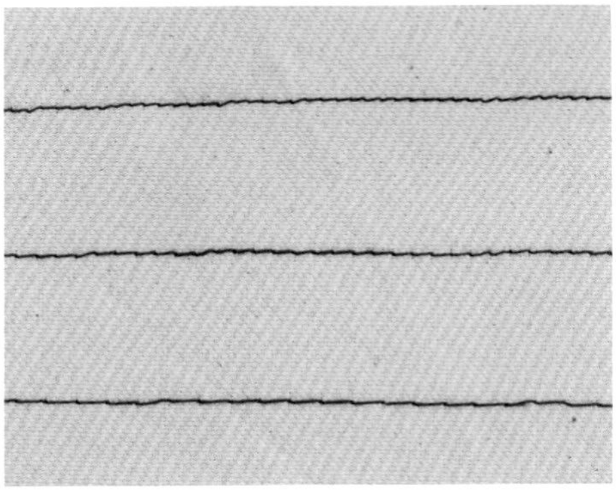

（由上而下）

較小：適用於縫紉路徑弧度較大時。

一般：多功能縫紉機開機會自動設定針目的值，每一台不一定，大約都在2.5mm左右。

最大：縫製拉皺衣款時，需要將縫紉機針目調至最大的針目值，大約是5~6mm。

車縫薄布料的配備

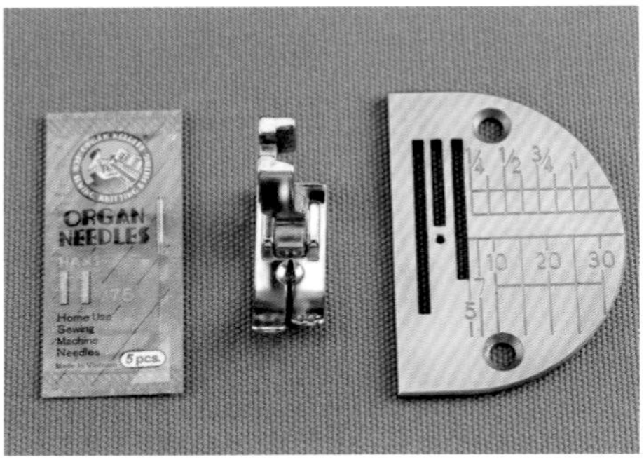

有一些工業用縫紉機，針對車縫薄布料會搭配薄布料專用的針盤及壓腳。

➡針盤上的針孔較小，可防止薄布料車縫過程陷入針孔。

➡壓腳寬度也比正常壓腳寬，縫紉時能穩定帶動薄布料。

➡再配合11號車針，就能解決縫製薄布料咬布卡線的困擾。

各種基本車縫技巧

a 引下線

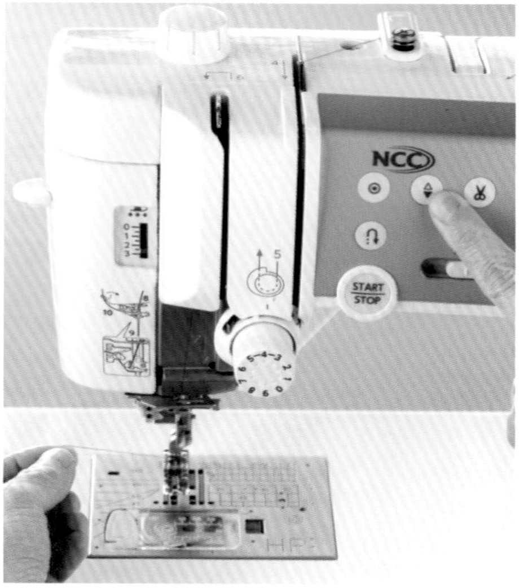

①放下壓腳，拉上線，按上下針鈕兩次（針下去、針上來），下線被引至針盤上。

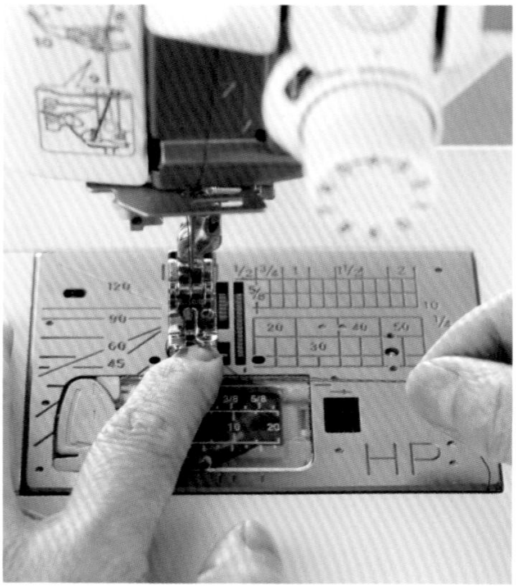

②拉出下線，抬起壓腳，上下線都放置在壓腳下面。

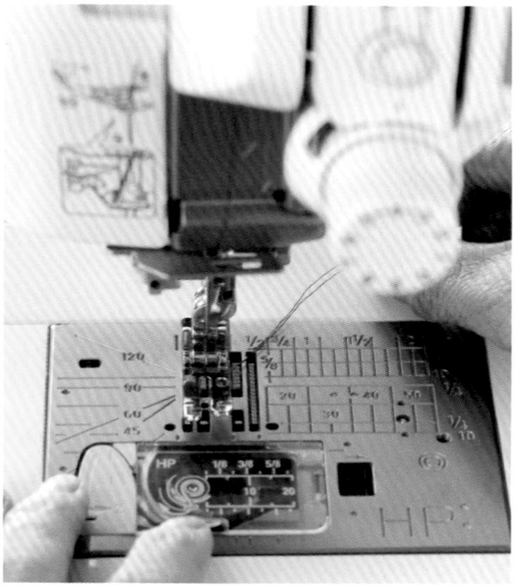

③再拉至壓腳正後方。

POINT

★ 現在的縫紉機都不需引下線這個動作，即可進行車縫。
★ 但如果沒有做引下線至針盤的動作，車縫時，布的背面車線起點容易產生線糾結一團的現象。如果不在乎這個現象，可以不用引下線，也不會影響車縫進行。

b 回針＋車直線

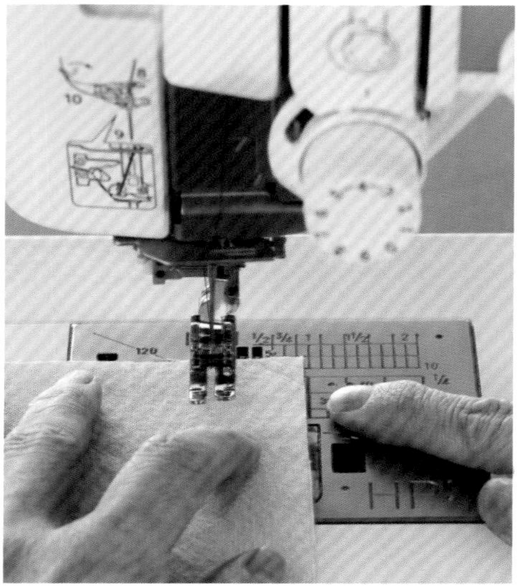

①抬起壓腳，布放置壓腳下方，對準針盤上導引線。（初學者，可以畫線，依著畫線車縫）

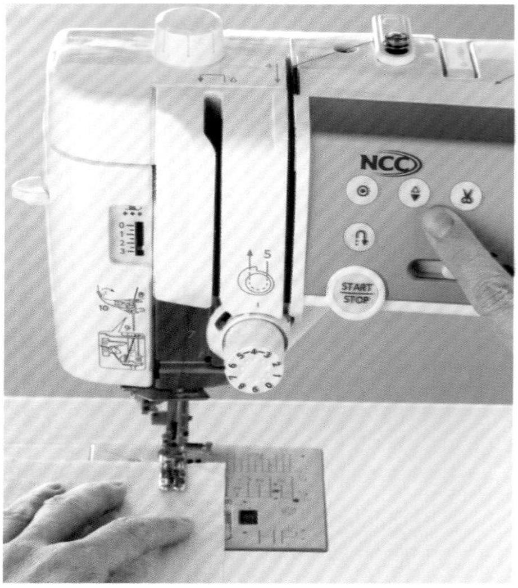

②放下壓腳，按上下針鈕，針落在布上。

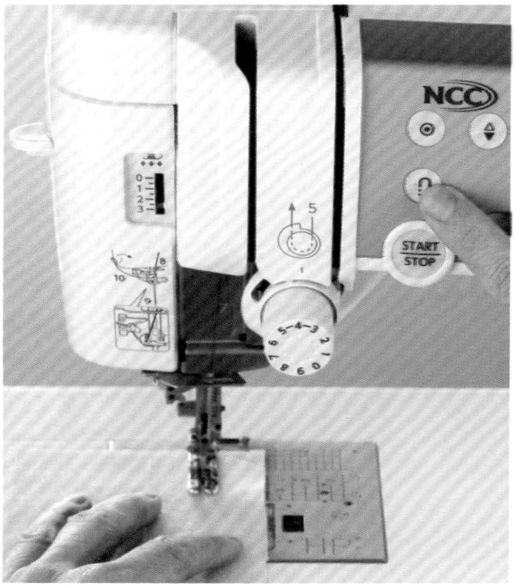

③開始車縫3針後，按住回針鈕（因為須按住，所以初學者可調慢縫紉機的速度。），往後車3針，再放掉回針鈕。

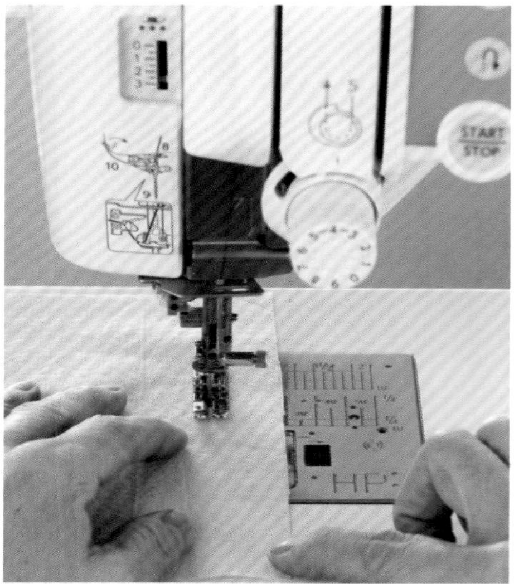

④依著導引線慢慢往前車縫，手靠近車縫位置，車縫至終點，再按住回針鈕往後車3針，放掉回針鈕，再車縫至終點，按切線鈕剪線，抬壓腳，取出布，完成。

POINT

★縫紉機的回針和手縫時縫線須打結的功用是一樣的，每次車縫開始和結束都需要回針，防止作品車線綻開。

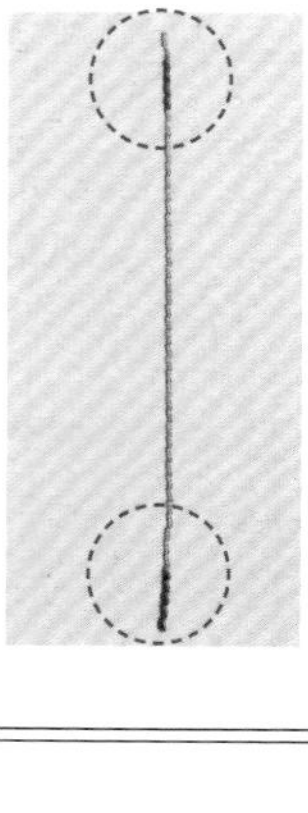

c 車內凹弧度

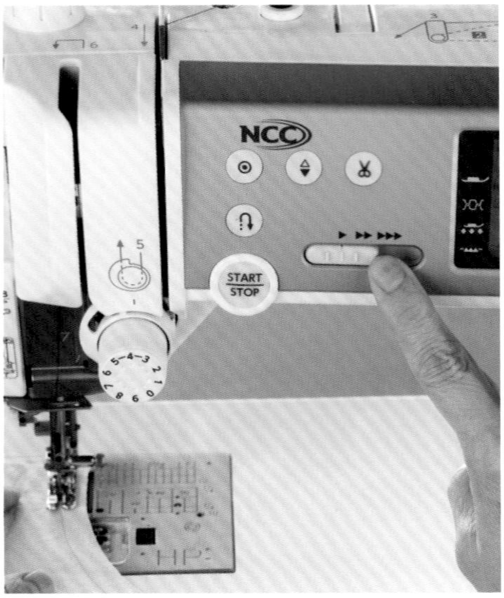

①縫紉機速度可調慢。

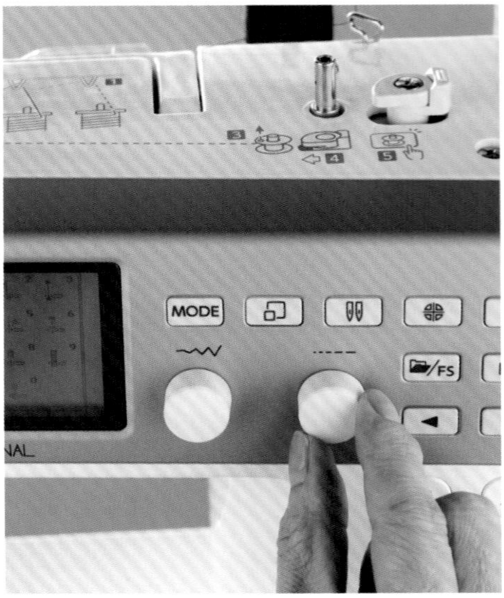

②針目調小一點（2mm）。

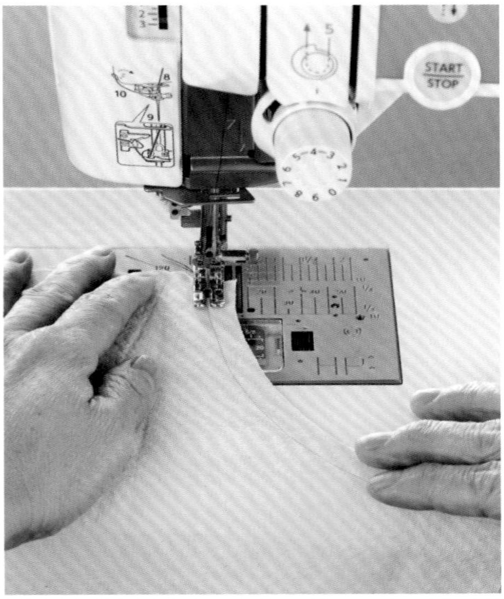

③依畫線車縫，雙手放鬆不要繃緊布，左手在上方，右手在下方，過程中左手略送布。

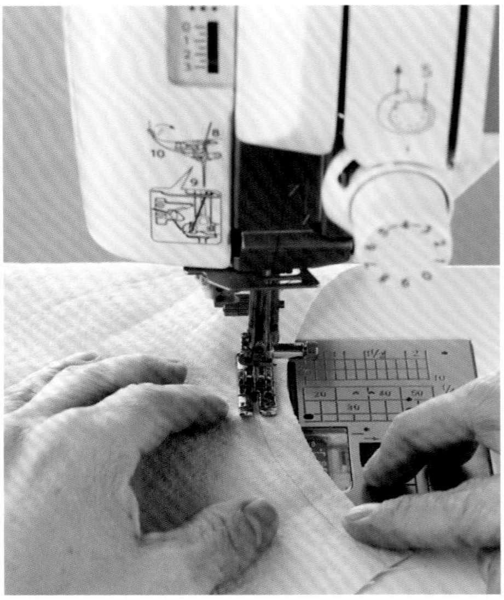

④車縫行進中，在壓腳前端布產生微皺或覺得快偏離畫線時，針落在布上，停止車縫。

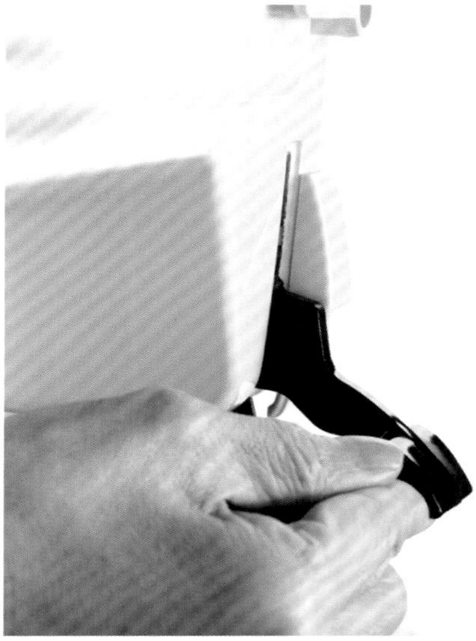

⑤抬壓腳。

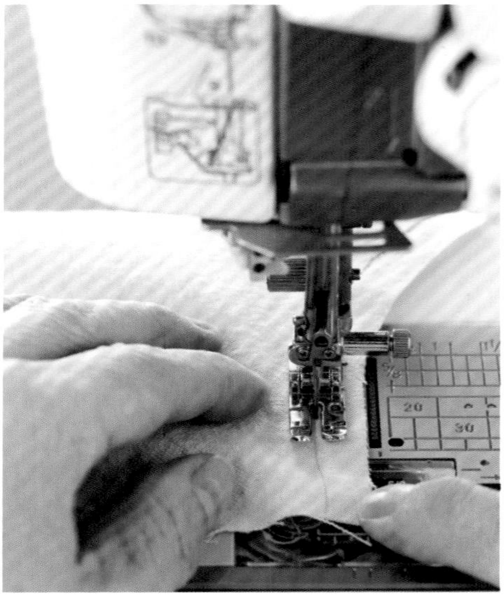

⑥順布後，放下壓腳，繼續車縫。

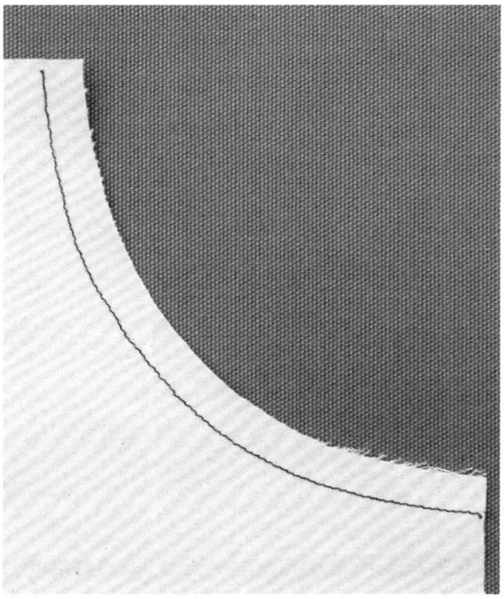

⑦完成車內凹弧度。

d 車外凸弧度

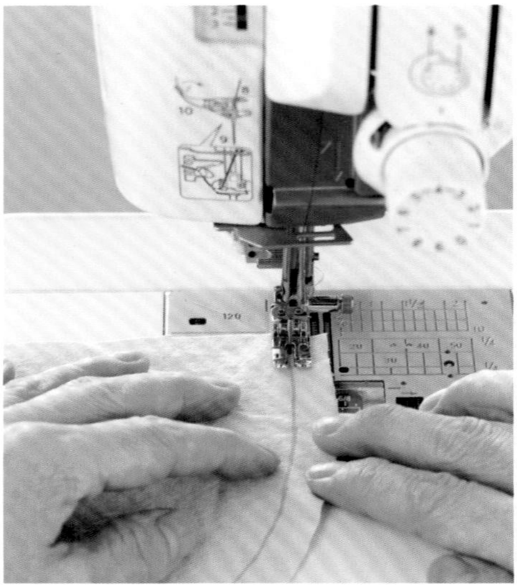

①依畫線車縫，雙手放鬆不要繃緊布，左手偏下，右手偏上，過程中右手略送布。

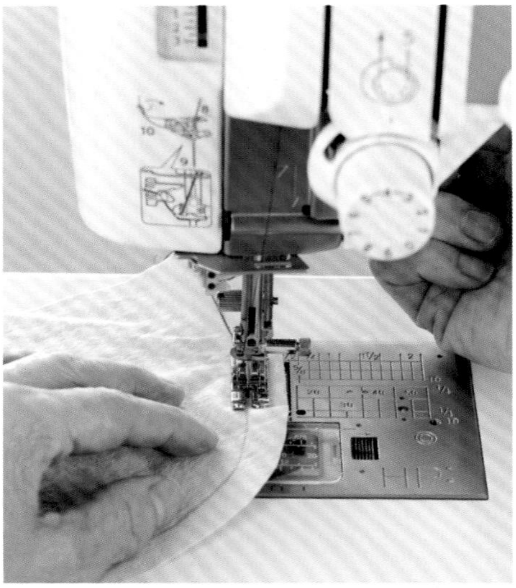

②車縫行進中，在壓腳前端布產生微皺或覺得快偏離畫線時，針落在布上，停止車縫，抬壓腳。

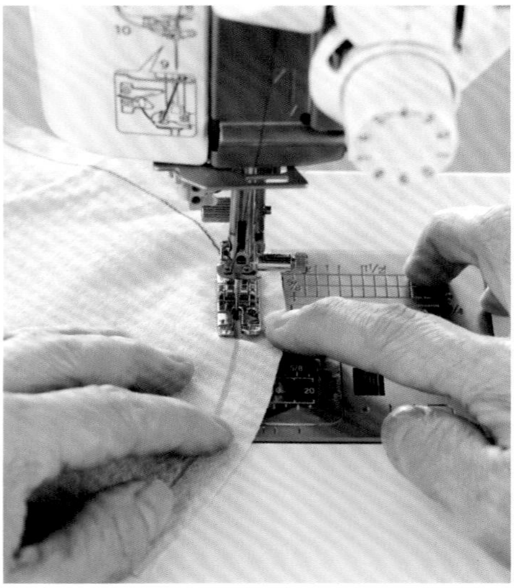

③順布後，放下壓腳，繼續車縫。若車縫的弧度較大，過程中，順布和抬壓腳的動作，可能會重複幾次甚至很頻繁。

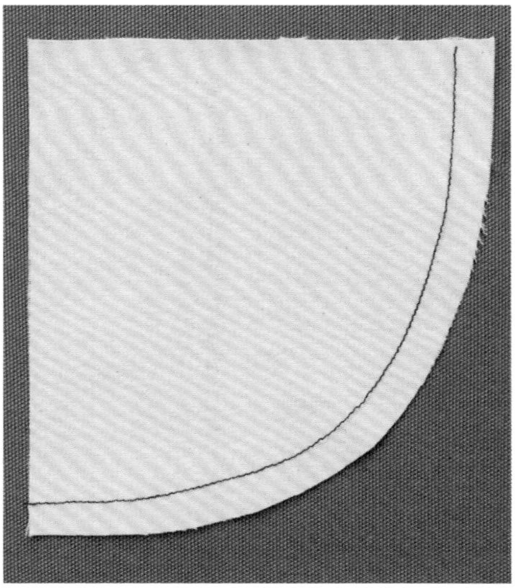

④完成車外凸弧度。

e 車直角

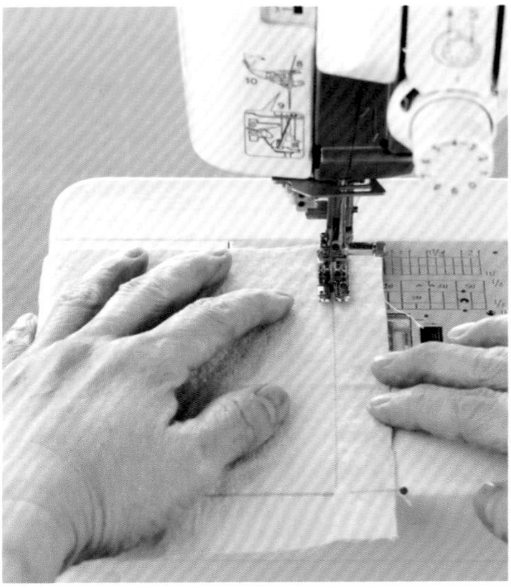

①依畫線車縫，雙手放鬆不要繃緊布。

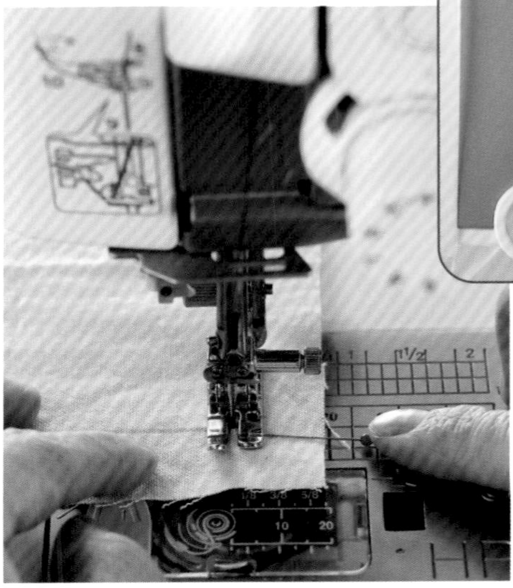

②快接近轉角時，停止車縫，可按上下針鈕接近轉角點，接近轉角點的前一針，抽掉珠針。

★珠針作用：轉角點的位置很清楚。
★若離轉角點差不到一針的距離，可以將針距調小。

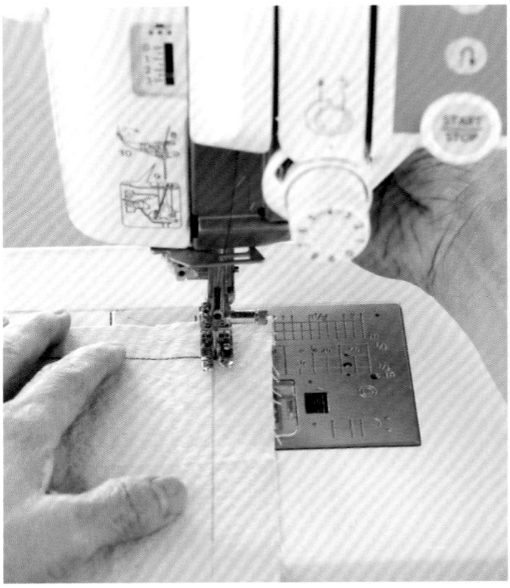

③抬壓腳，繼續往前車縫。

④完成車直角。

f 車筒狀物

筒狀物裡面朝上，按照車直線的原理，一邊車縫一邊繞筒狀物，例如車縫褲管。

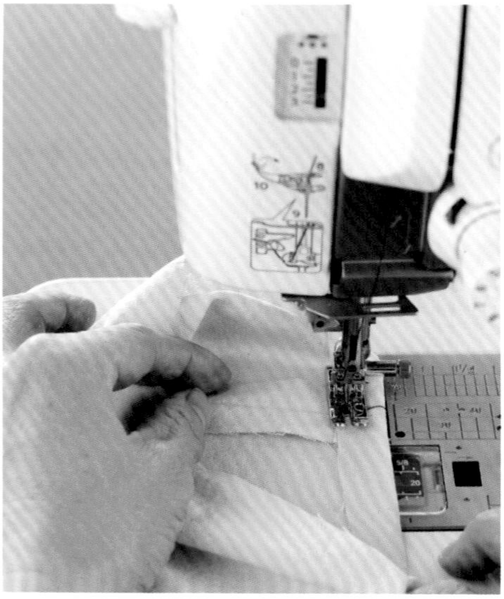

g 車縫一半斷線，該怎麼辦？

如圖，紅線為原來車縫線斷線，重新穿線後（藍線），和紅線重疊五針，一開始的兩針須回針。

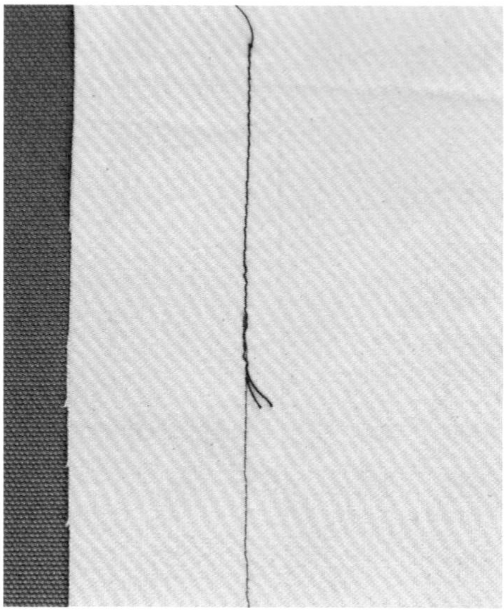

選購縫紉機

預算考量

初學者在購買縫紉機時，面對不同的價位，常無法選擇。我個人建議，如果預算足夠，可以購買中高價位約3~4萬，可滿足日後更多手作的需求；但如果沒有那麼多的預算，也儘量購買1~2萬元的機種。

實際需求

了解自己的裁縫需求，如果常車縫有厚度的布料，建議選擇工業用縫紉機，馬力強，車厚布非常輕鬆容易。如果常做衣服，對縫紉花樣有經常需求，就選擇馬力較強的多功能縫紉機，多功能縫紉機車厚布也不是完全沒有辦法，只是比較費力緩慢。

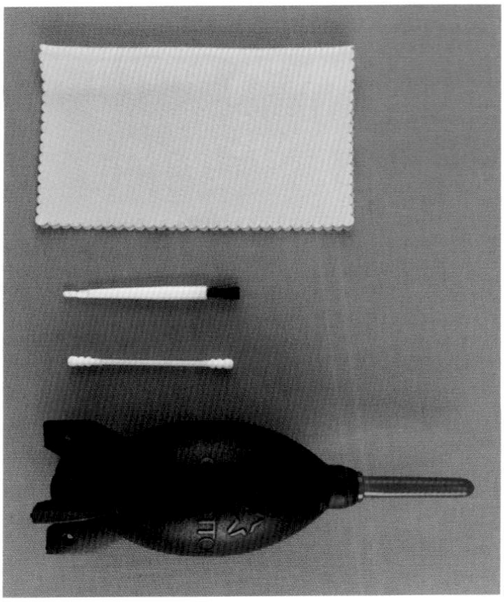

縫紉機的保養工具：軟布、刷子、棉花棒、吹球（由上而下）。

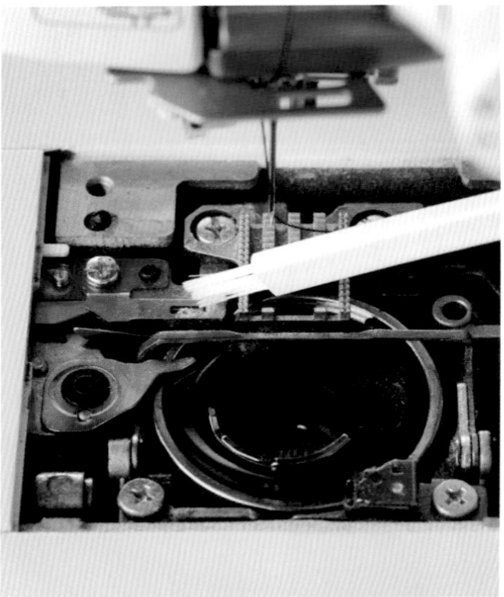

①保養前先關閉電源，機身用軟布擦拭，卸下針盤，再用刷子輕刷棉絮。

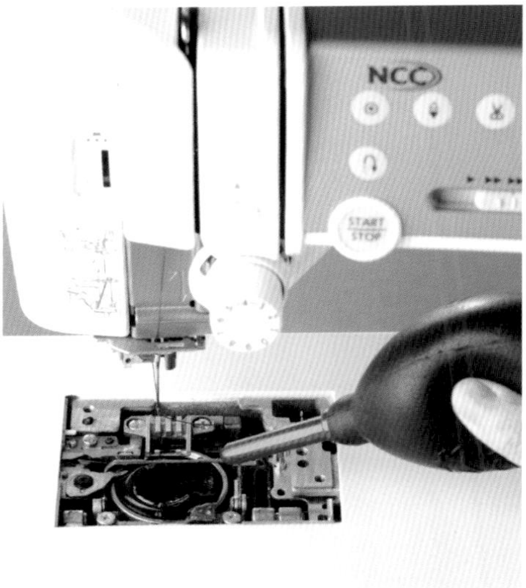

②用吹球吹灰塵。

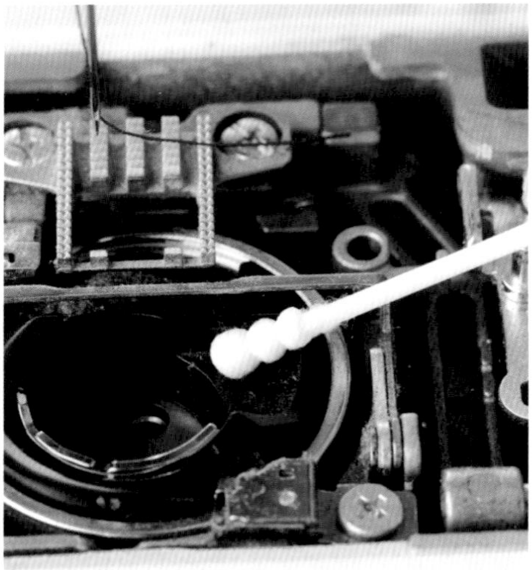

③棉花棒可深入清潔。

★工業用或傳統型縫紉機也可以用針車油潤滑。

★保養清潔工作可以參考每一台縫紉機的隨機手冊。

B 認識拷克機

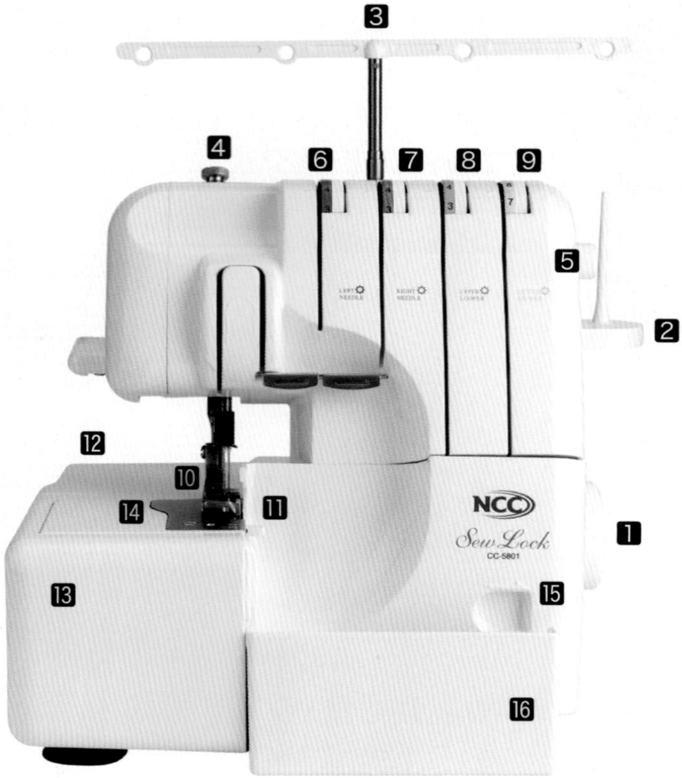
3
4
6
7
8
9
5
2
12
10
14
11
1
13
15
16
NCC
Sew Lock
CC-5801

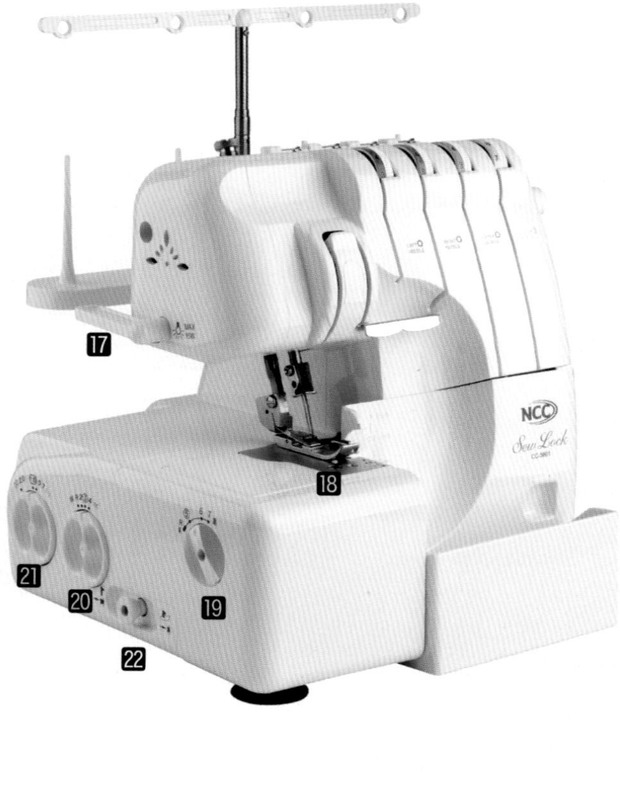
17
NCC
Sew Lock
18
21
20
19
22

1 手輪：轉動可讓車針上下作用。
2 線輪支撐座：放置車線處。
3 導線架：桿子可伸縮收納，使用時拉高桿子，架上有四個孔洞，相對四個車線。
4 壓布腳壓力調節鈕：拷克薄布料，壓力調節鈕調鬆，拷克厚布料，壓力調節鈕調緊。
5 線張力鬆開鈕：按住此鈕，使張力盤撐開，線可順利進入張力盤，才有張力功能。
6 左針線張力調整鈕
7 右針線張力調整鈕
8 上勾針線張力調整鈕
9 下勾針線張力調整鈕
10 左右車針
11 上裁刀：可裁切布，讓布邊線更包覆布邊。
12 送料板：布料完成布邊車縫後送處。
13 活動式輔助桌：可拆卸，拆卸後可使用巧臂功能。
14 巧臂裝置：車褲管或袖口等筒狀物時很好用。
15 前蓋：打開前蓋，內有上下勾針穿線順序圖與上下勾針穿線相關裝置（23，24，25皆在前蓋內）。
16 布屑收集盒
17 壓布腳拉柄
18 壓布腳
19 針趾幅度調整鈕
20 針趾長度調整鈕
21 差動比例調整鈕：防止薄布料或者針織彈性布的伸縮或起皺。
22 上裁刀調整鈕：拉出或壓下，調整車布邊時裁切或不裁切布料。

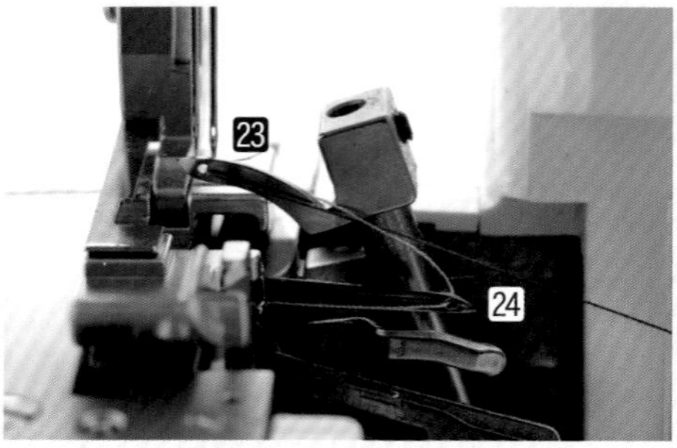

23 上勾針
24 下勾針
25 下勾針自動穿線拉柄：幫助下勾針快速穿線。
26 擴邊器：可改變車布邊的寬度，進行密拷作業時，需要改變擴邊器的位置，請參考隨機手冊調整。

使用拷克機的基本工作

a 穿線

拷克機四線穿線，最複雜的是上下勾針，任何機種的拷克機打開面蓋，都會看見上下勾針的穿線順序圖，以顏色區分，很清楚，隨機附贈的手冊也都會有穿線説明。

左右針穿針很簡單，只要會使用縫紉機的穿線，左右針的穿針就沒有問題。

拷克機穿線順序：
上針→下針→左針→右針。

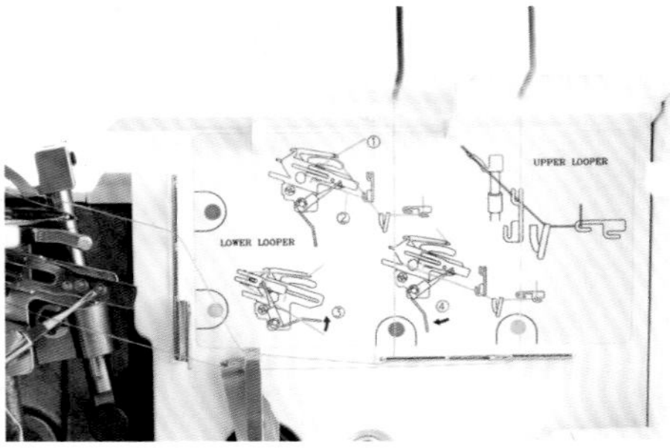

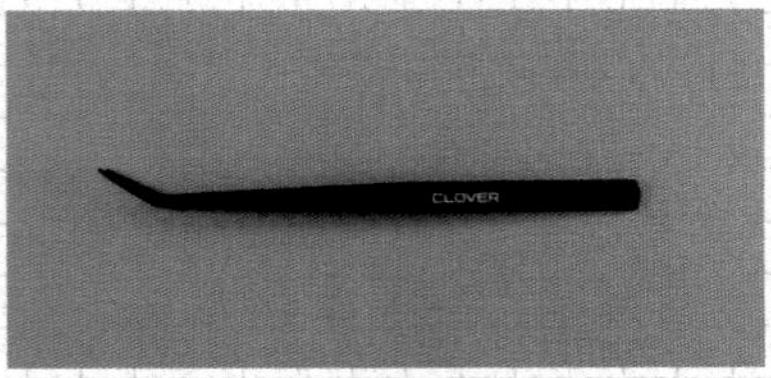

鑷子是拷克機穿線的好幫手，在小空間內負責拉引線工作非常好用，如果能準備兩支更好。

b 試車

完成四條車線穿線工作，四條車線都需要放在壓腳下，放下壓腳，拉著四條車線慢慢踩動拷克機，如果四條車線有形成鍊圈，則代表穿線成功，如果四條車線是分離的，則代表失敗。

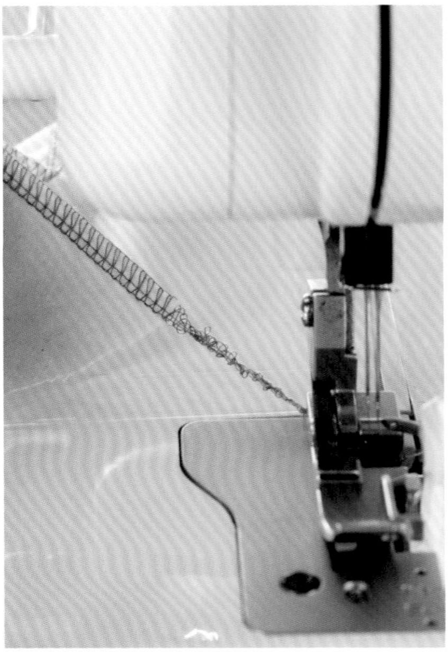

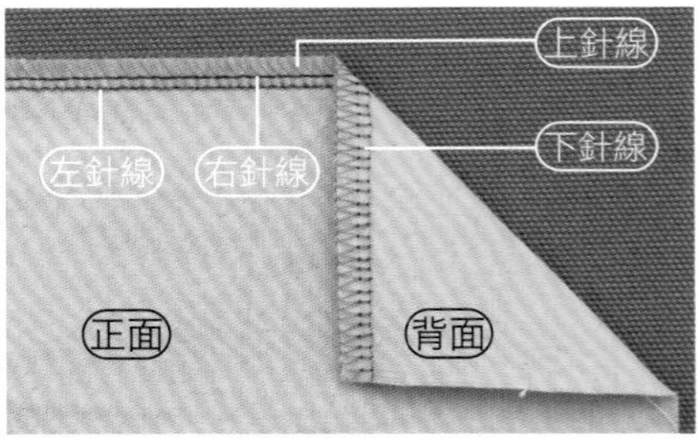

POINT

每次使用拷克機前，請先用實際縫製作品的小布片進行試車，因為布的厚度不同，可能需要調整張力或差動比例調整鈕。

c 換線

因為布料顏色的不同可能需要換線，可以使用接線的方法進行換線工作。

①以上勾針為例，剪斷上勾針的黃線。

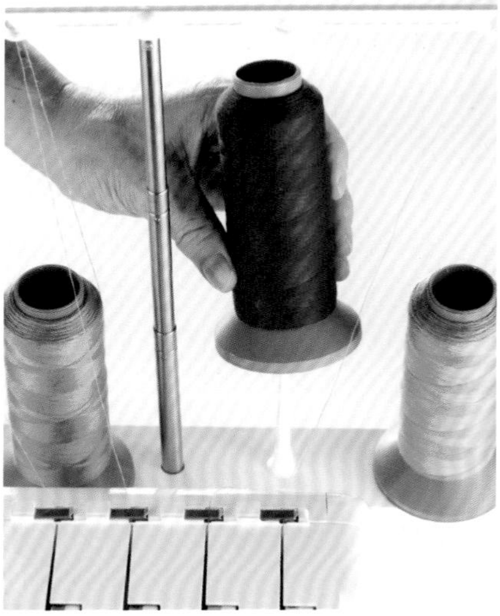

②紅線放在支撐座的上勾針線位置。

③將機器上原有的黃線段和新的紅線打結，拉緊後僅留約1.5cm的線，其餘剪掉。然後慢慢試車或轉動手輪，待布邊線成功車出紅色車線。

POINT

經過上勾針調整鈕時，可以按線張力鬆開鈕，讓線結不會因通過張力鈕而斷線。

拷克機使用的針和線

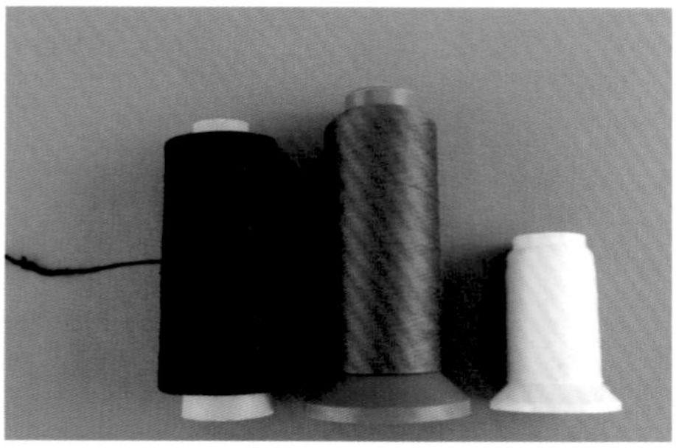

上下勾針可使用：尼龍線（彈性線）、台灣50/2線、進口60號線（圖上由左至右）
左針右針可使用：台灣50/2線、進口60號線。

★使用彈性大的針織布時，建議上下針使用尼龍線。

POINT

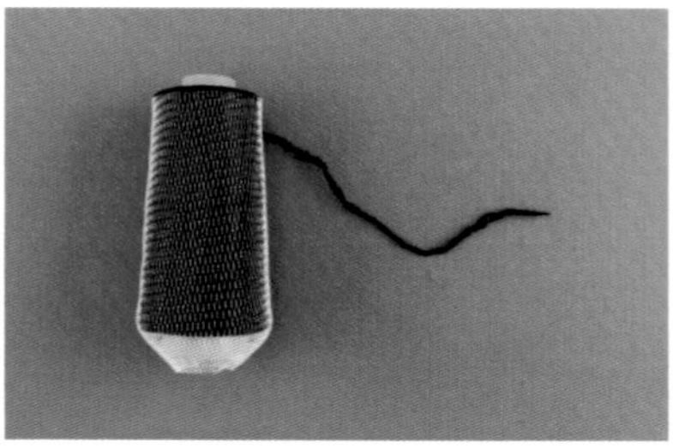

使用尼龍線時，建議套上機器附贈的線輪網，在縫製過程拉動車線比較穩定。

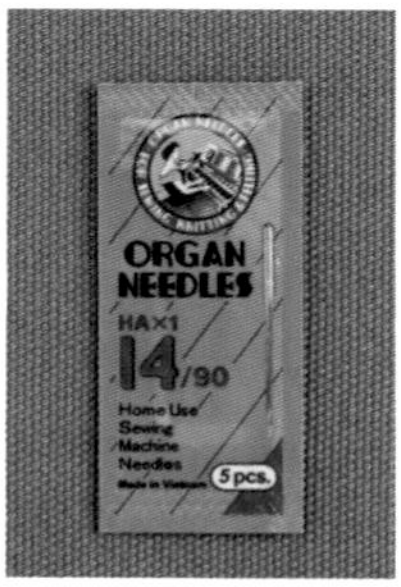

使用14號車針，安裝時，針的平面朝後方。

拷克機三線與四線的差異？

早期家用拷克機都是三線，但現在四線已成為主流。

三線

四線拷克機也可以只穿三條線，因為三條線已經有車布邊的功能了。

★如果布料偏薄，建議左針不穿線，使用三條線車布邊。

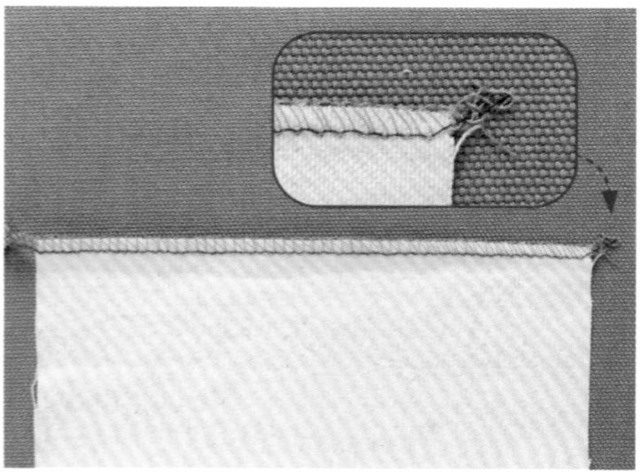

四線

四條為多了一條左針的縫合線；四條線的拷克機，應用在縫製彈性衣服時，可同時縫合、同時車布邊。

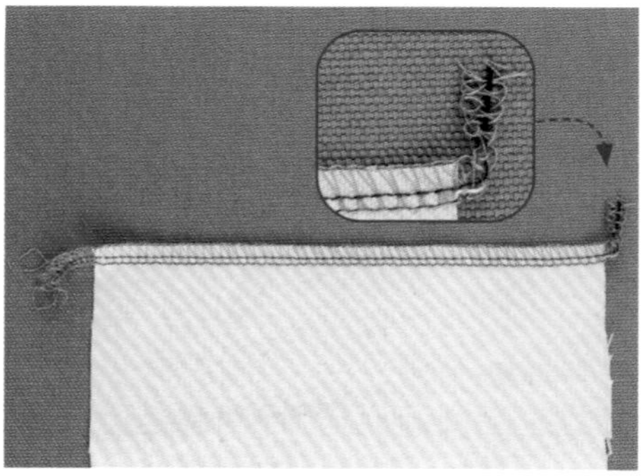

布邊線如何收尾？

a 收入布邊線內

①布邊線約留10~15cm，使用針孔較大的針穿進布邊線。

②針往布邊線圈內穿入約3cm。

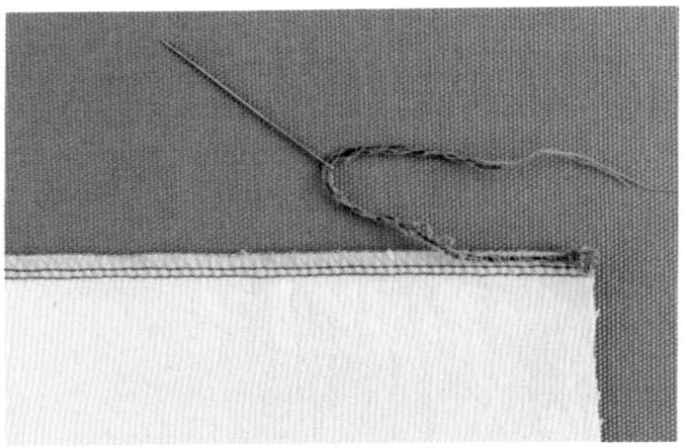

③然後穿出。

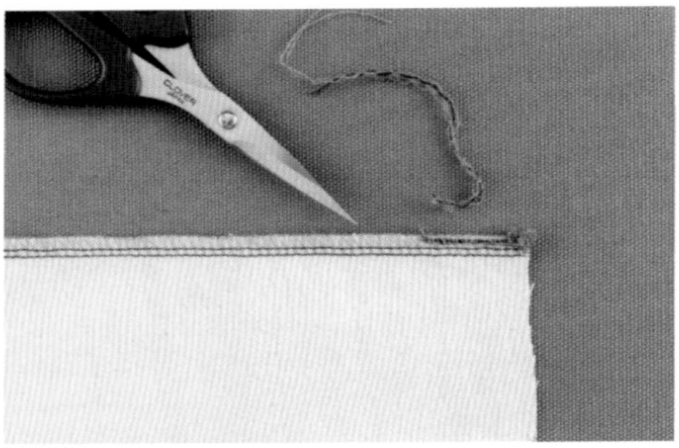

④剪掉多餘的布邊線。

b 拆開布邊線，互打結

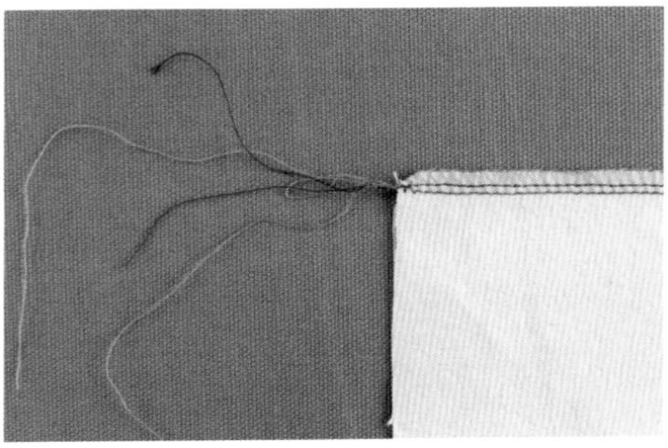

①四條布邊線理開。

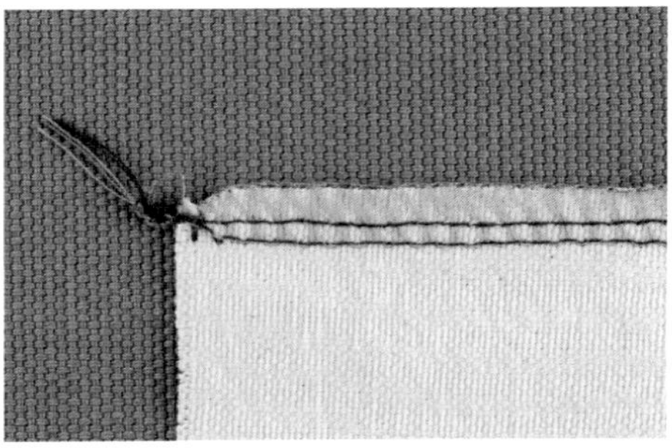

②兩條一組，互相打結，留一小段，其餘剪去。

拷克機針幅（寬度）與針目的大小

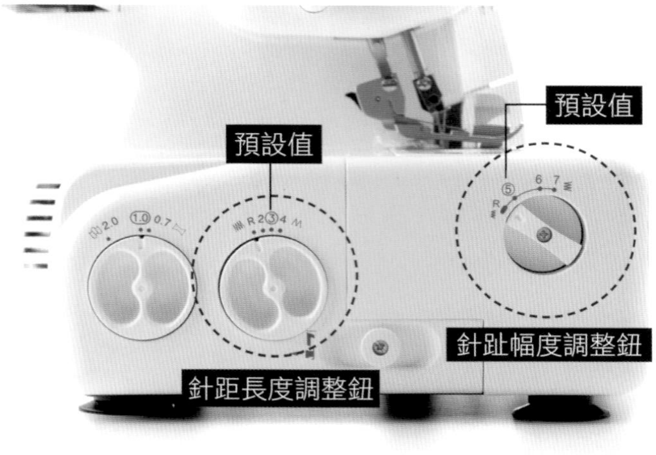

如圖，拷克機針幅和針目皆有預設值（圈選處），通常一般布的使用都可以不必調整。

針目最小
針距長度值調至 R

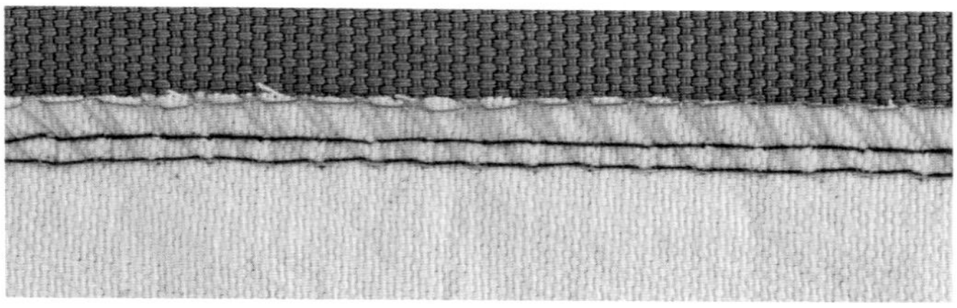

針目最大
針距長度值調至 4

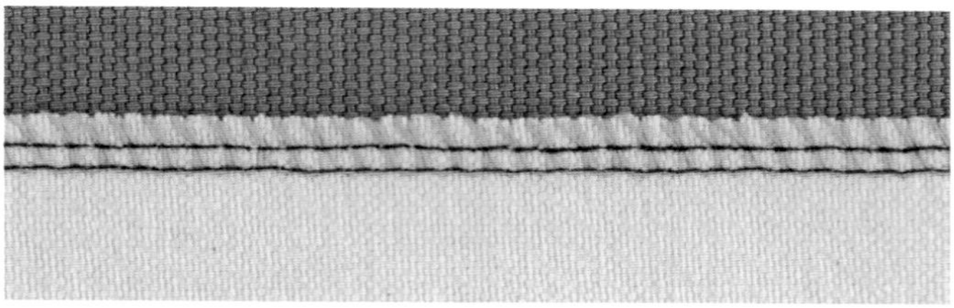

針幅最小
針趾幅度值調至 R

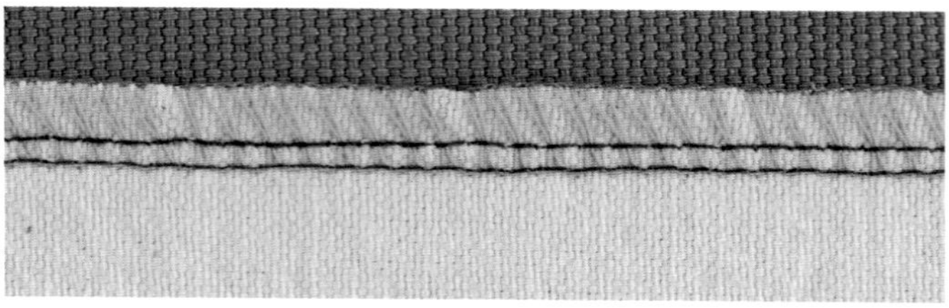

針幅最大
針趾幅度值調至 7

拷克機的線張力

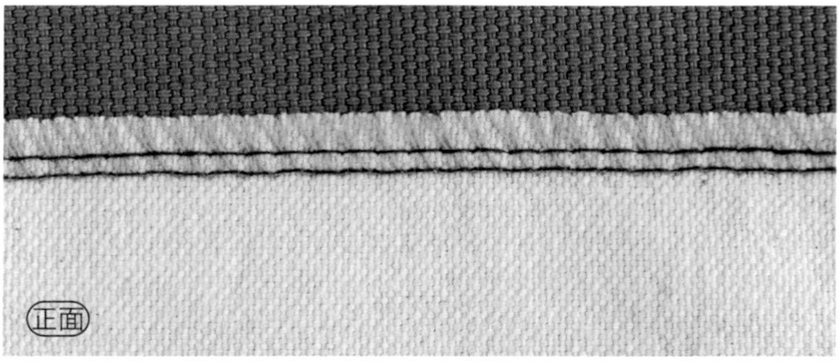

下勾針（黃線）張力強，把上勾針（綠線）都拉至背面了。
解決方法➡將下勾針的線張力調整鈕值調小。

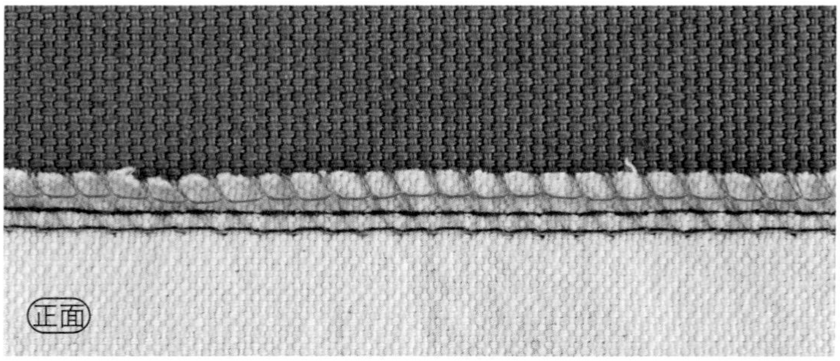

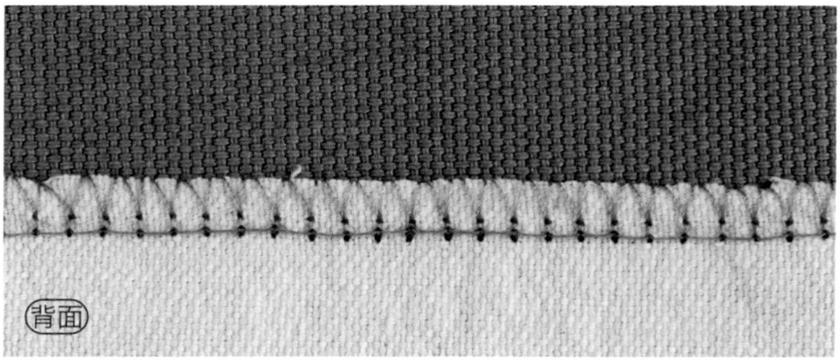

上勾針（綠線）張力強，把下勾針（黃線）都拉至正面了。
解決方法➡將上勾針的線張力調整鈕值調小。

＊以上勾針（綠線）和下勾針（黃線）為例。

＊線張力也有預設值（請參考隨機手冊），值越大張力越強。

針織布和薄布料車布邊

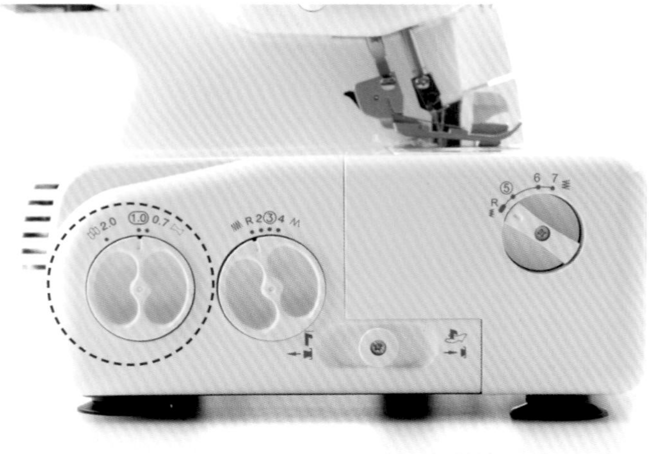

遇到薄布料或針織彈性布車布邊時，可調整「差動比例調整鈕」，防止這兩種布料容易伸縮或起皺。

彈性布

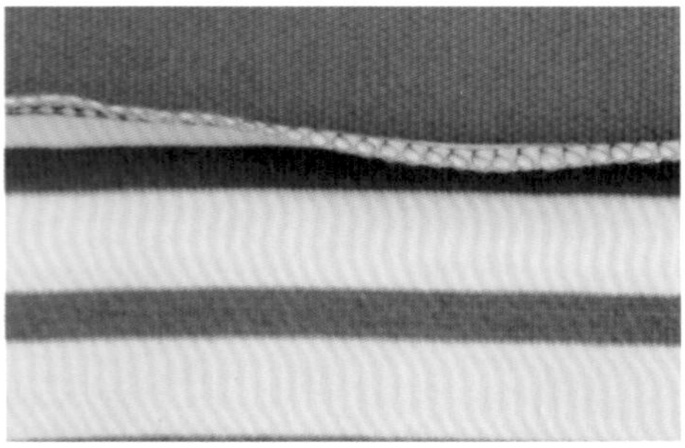

彈性布若不調整差動比例調整鈕（預設值1.0），布邊會縮捲。

調整差動比例調整鈕＝2.0，布邊會起皺。

薄布料

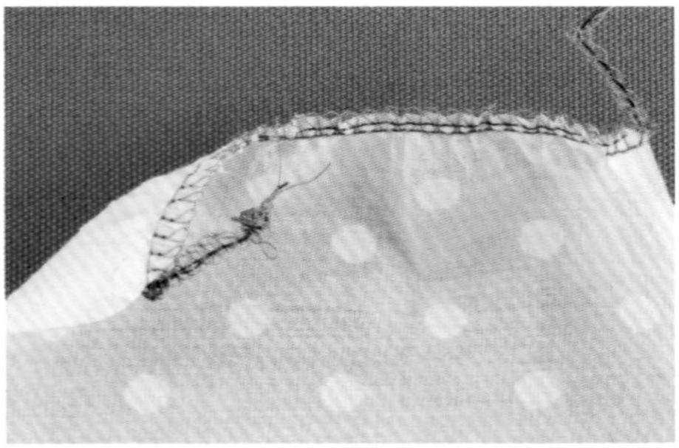

薄布料若不調整差動比例調整鈕（預設值 1.0），布邊會縮捲。

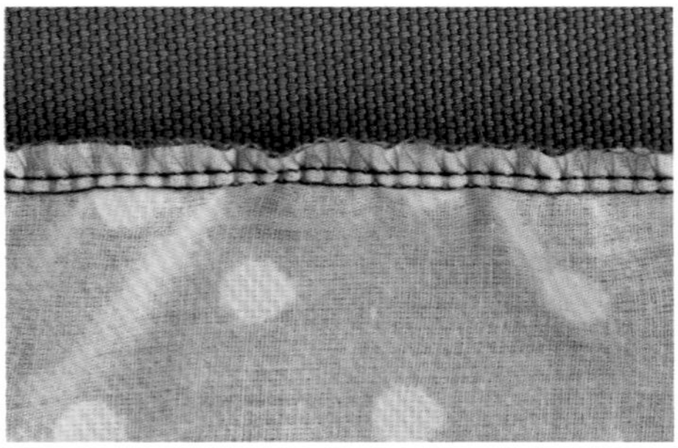

調整差動比例調整鈕＝2.0，布邊會起皺。

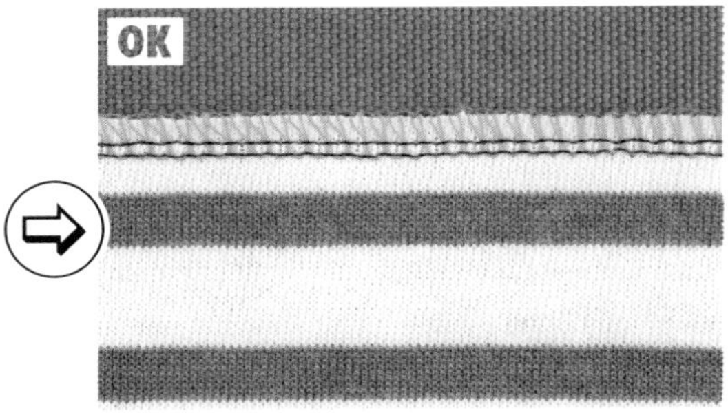

調整差動比例調整鈕＝0.7，布邊平整。

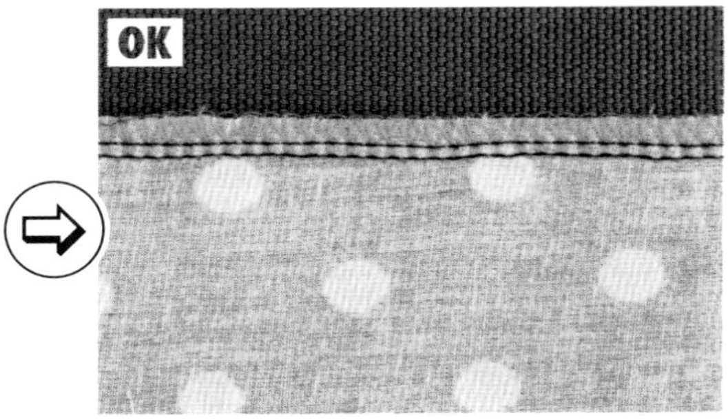

調整差動比例調整鈕＝0.7，布邊平整。

各種車布邊的技巧

a 車直線

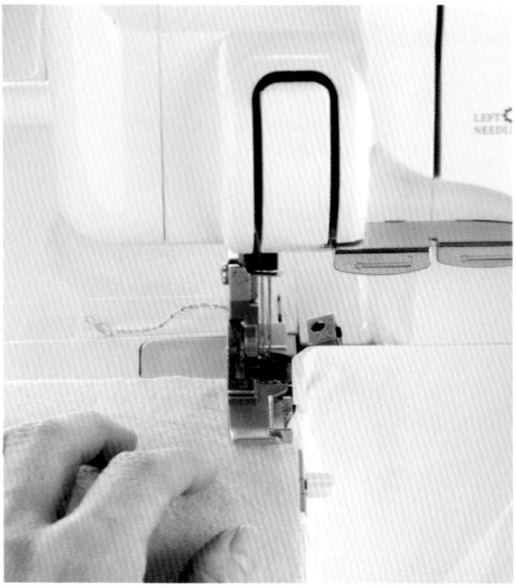

①抬壓腳，布片放在壓腳下，依著裁刀邊緣，放壓腳，開始踩腳踏板。

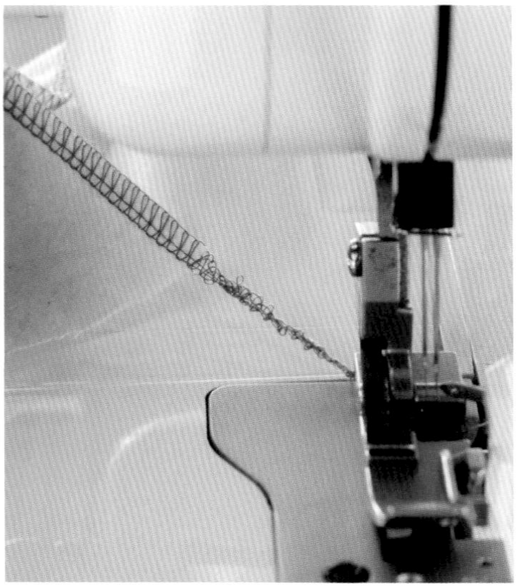

②車至布片末端，繼續輕拉布片，布片離開壓腳再車出一段約8~10cm鍊圈。

b 車直角

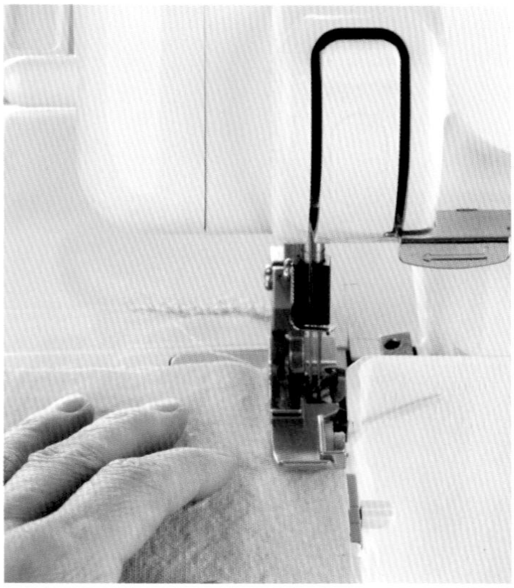

①和車直線的方法相同。

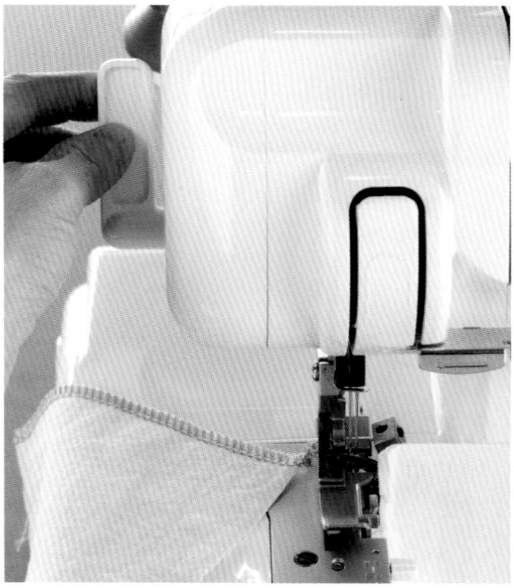

②車完一邊，抬壓腳，拉出布片。

＊拷克機車布邊，千萬不能使用珠針。

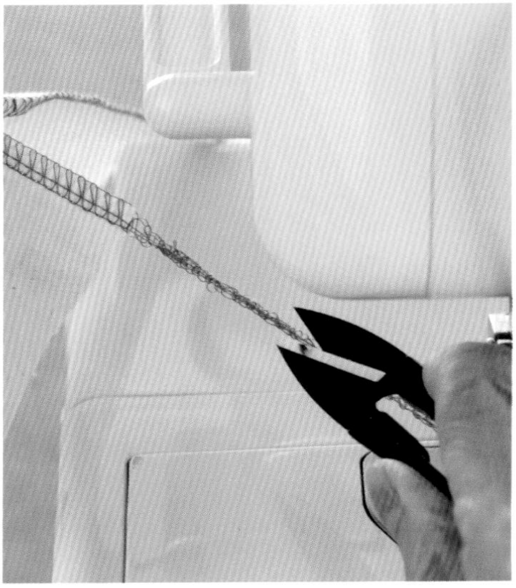

③從線鍊圈段的中間剪掉，一段給布片，一段留給拷克機。

POINT

有些拷克機機種有巧臂裝置，可卸下活動式輔助桌，將布料套進巧臂裝置，有這樣的貼心設計，讓褲管、袖口車布邊更輕鬆。

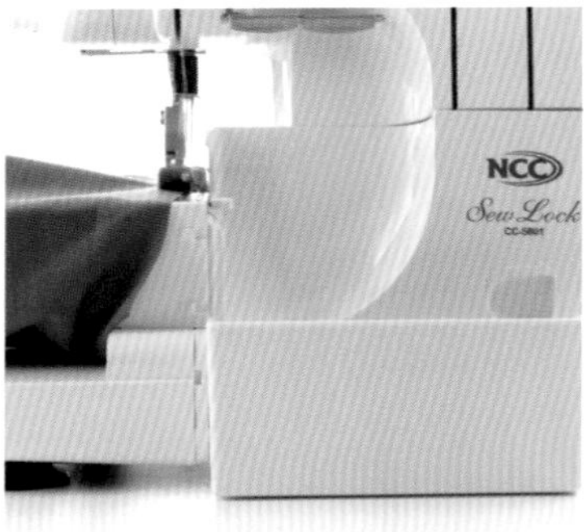

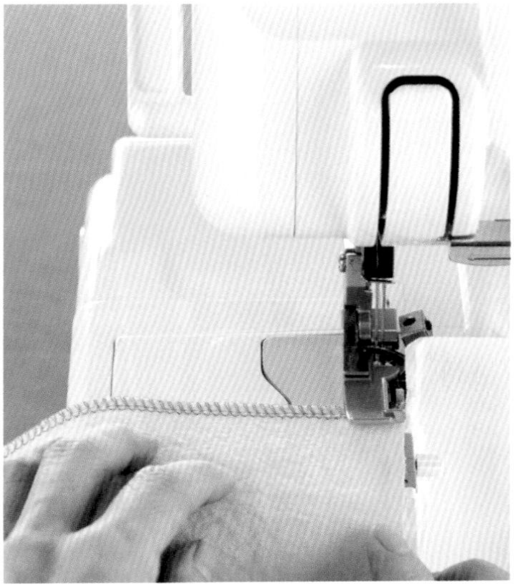

③再放進布片，放壓腳，繼續車另一邊，相同的方法，完成其他兩邊。

POINT

中間過程的三個角會出現小鍊圈，是因為拉離壓腳再拉回至壓腳下的關係。

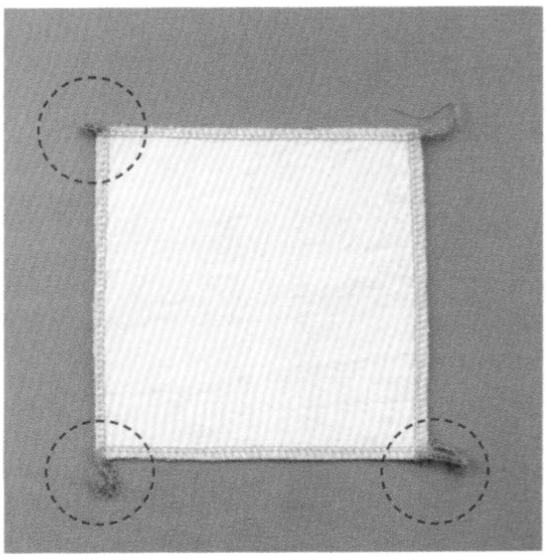

c 車內凹弧度

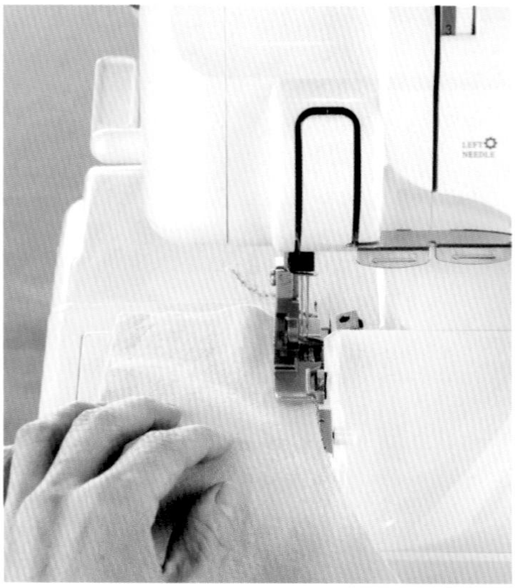

①遇到「凹」時，左手需將布料推往裁刀，微推靠近。

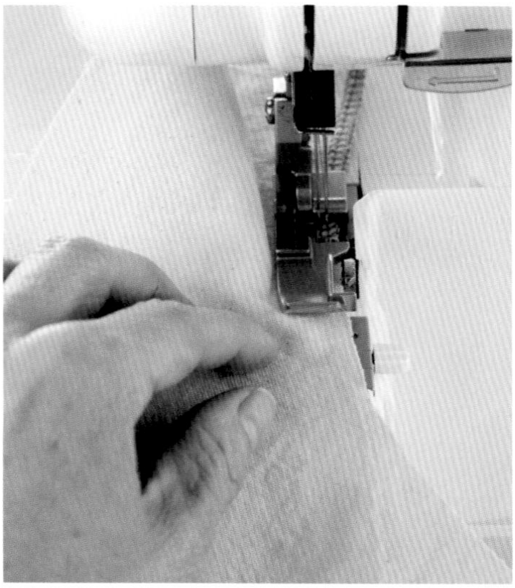

②緩慢車縫，如果布料有小起伏，可以抬壓腳順布，放下壓腳再繼續車縫。

d 車外凸弧度

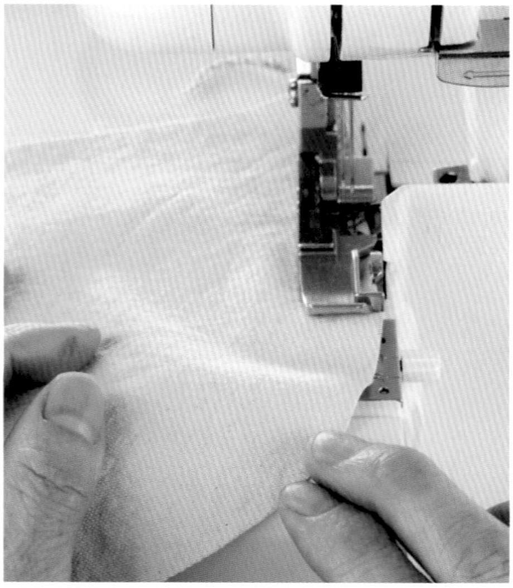

①緩慢車縫。

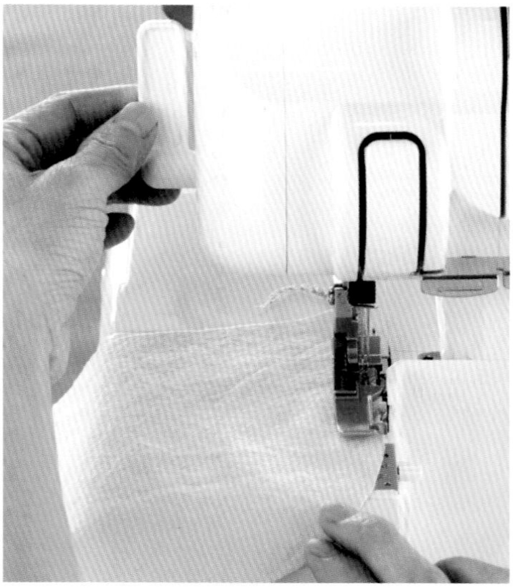

②布料有小起伏，可以抬壓腳順布，放下壓腳再繼續車縫。

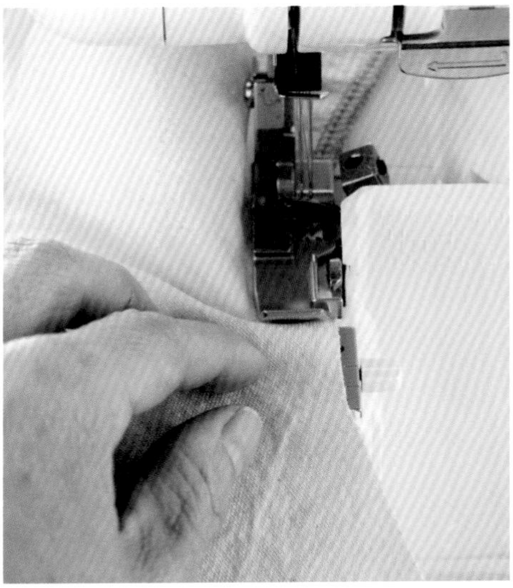

③右手要輕拉直布片末端，以免裁刀切到。

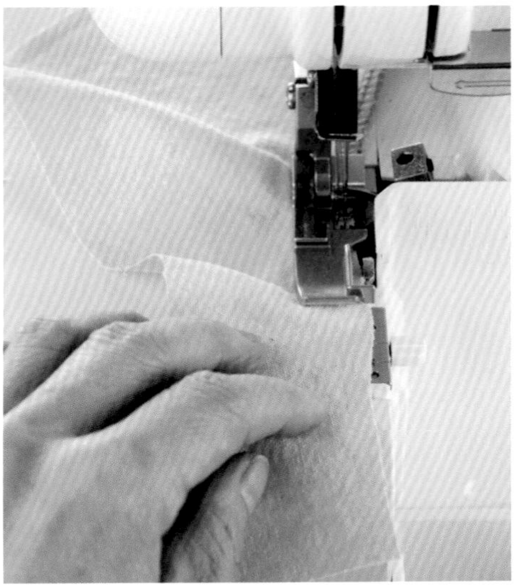

④到布片末端，布片要往左邊拉回，慢慢完成。

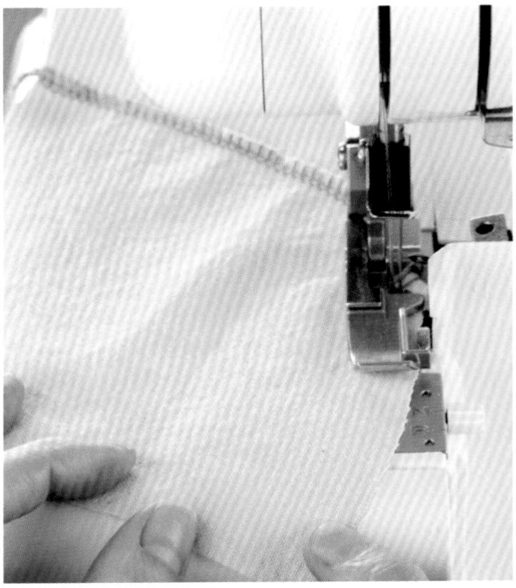

③車縫至「凸」處，布片要往左拉，以免裁刀切到。

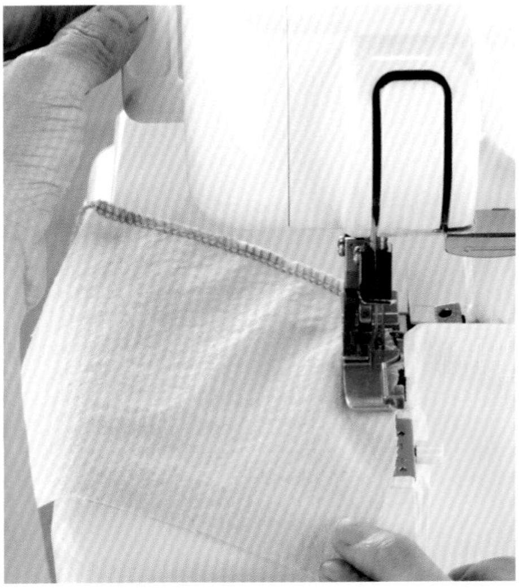

④到布片末端，就會遇到相對的「凹」，這時要將布片往裁刀靠近，慢慢完成。

拷克機如何密拷？

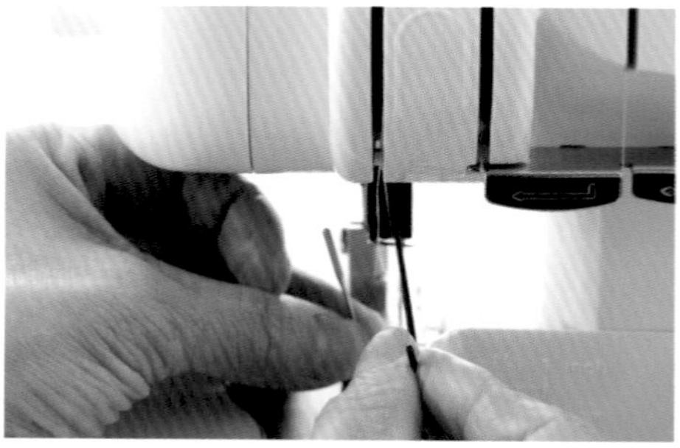

①用拷克機附贈的六角扳手卸下左針和線（不能只有卸線喔）。
卸針時，請先關閉電源，放壓腳，轉動右側的手輪（朝使用者的方向轉）將針升至最高位置，左手持針，右手持六角扳手工具，對準左針對應的螺絲略轉動即可卸下左針。

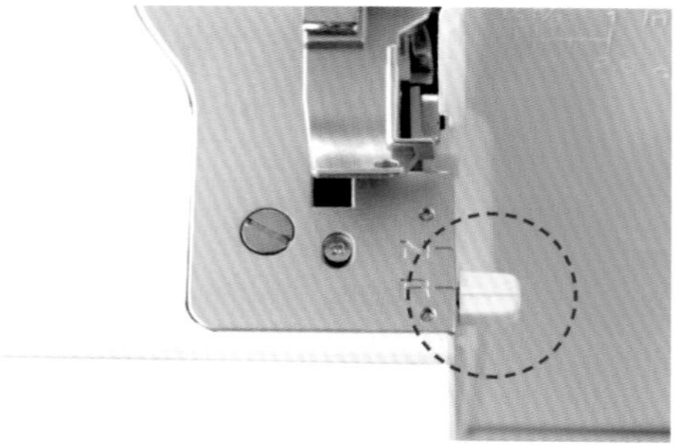

②擴邊器拉柄推至「R」（如圖）。
（一般車布邊時，擴邊器拉柄推回至「N」。）

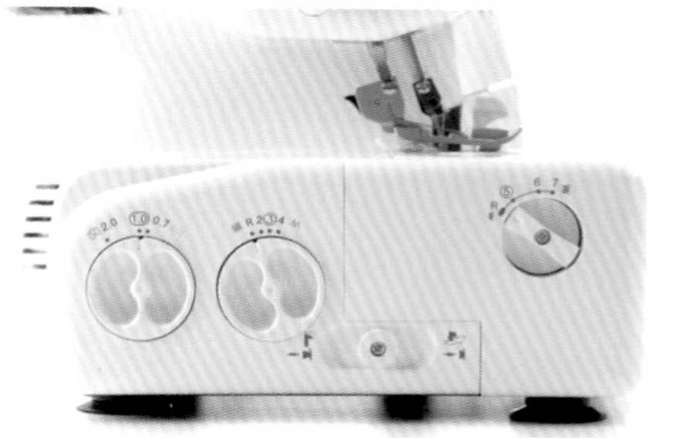

③針趾幅（寬）度調至「R」最小值，針趾長（密）度調至「R」最小值。

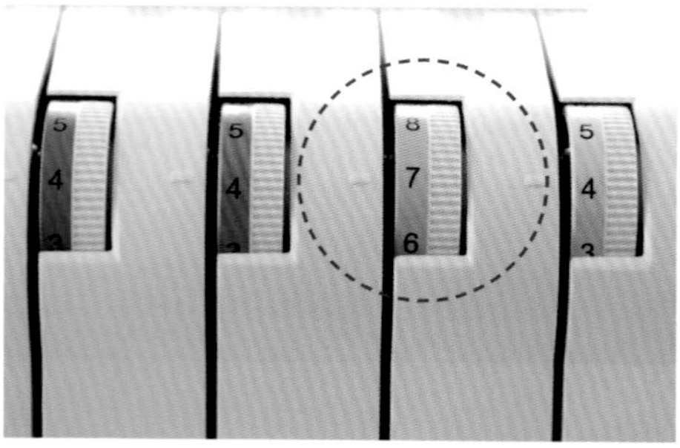

④將上勾針線張力調整鈕值調大（更緊）：7~8，效果更好。

⑤密拷功能只適合薄布料，試試看，將柔軟的雙層紗布料四邊密拷，就是一條好用的手帕囉。

拷克機使用的車線顏色

坊間販售的衣服其布邊車線多數會和衣服顏色相同，但自己做衣服，如果一時無法擁有那麼多顏色的車線，可先準備三種基本色：深（黑）、中、淺（白）。
中間色建議挑選自己經常選布料的相近色；不過如果布邊是外露的，或者會影響整體衣款設計時，還是應配合布料顏色的需要。

淺綠色布➡可搭配白色車線。

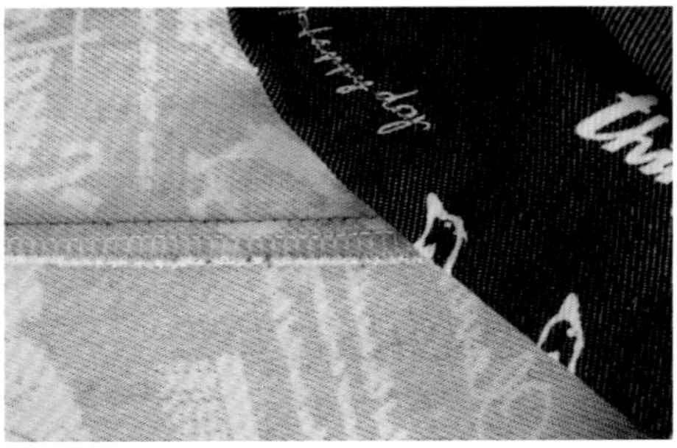

深灰色布料➡但背面顏色偏白，用白色車線。

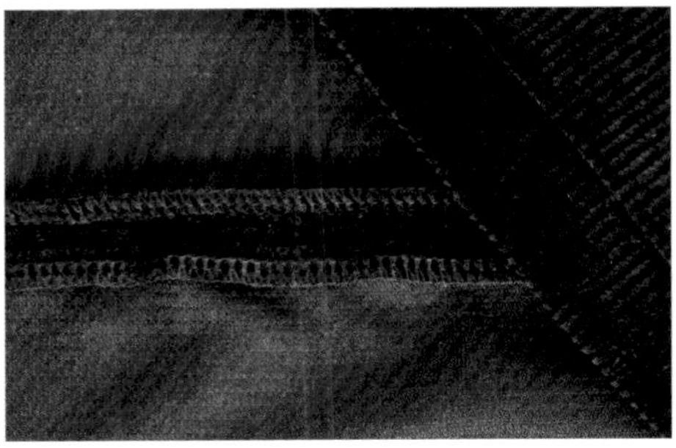

黑色布料➡黑色車線。

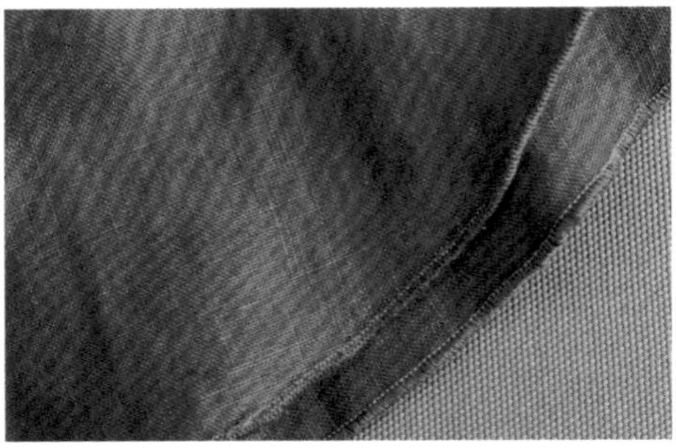

若是會露出的袖口密拷➡就需要配合紅色布料，使用紅色的車線。

拷克機的保養

＊為了潤滑零件、在操作時減少噪音，應定期注油保養，注油前需先做清潔工作。

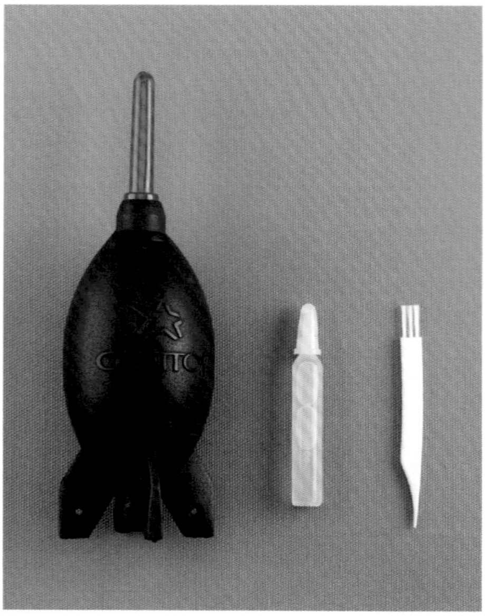

拷克機的保養工具：吹球，油瓶，刷子。（由左至右）

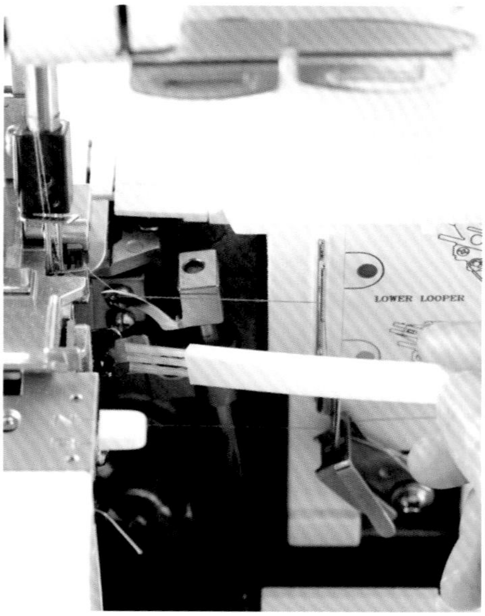

①打開面蓋，用刷子輕刷布屑、棉絮和灰塵。

②用吹球吹去細塵。

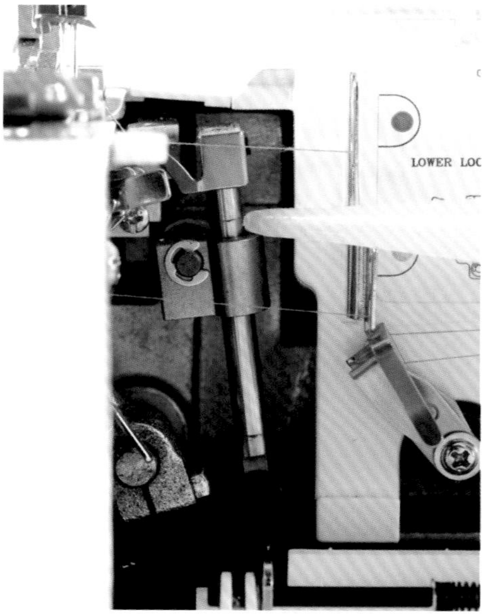

③最後依據手冊建議注油。

★保養清潔工作可以參考每台拷克機的隨機附贈手冊。

STEP .8.

縫製小課堂

將前面階段用心準備的布料縫製出漂亮的衣服，縫製過程中需要注意許多細節與技巧，才能最完美地呈現作品。

STEP.8

A

縫製工具

車縫好幫手

線剪➡小小的握在手中剛剛好，可以修剪起針和結束的線頭，或者縫紉中修剪布料的鬚邊線。

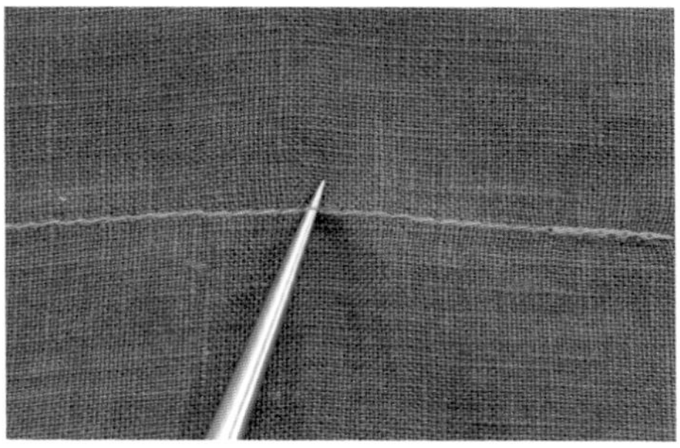

錐子➡可用來布角挑布整理，車縫中能協助縫紉機送布或拆線作業。

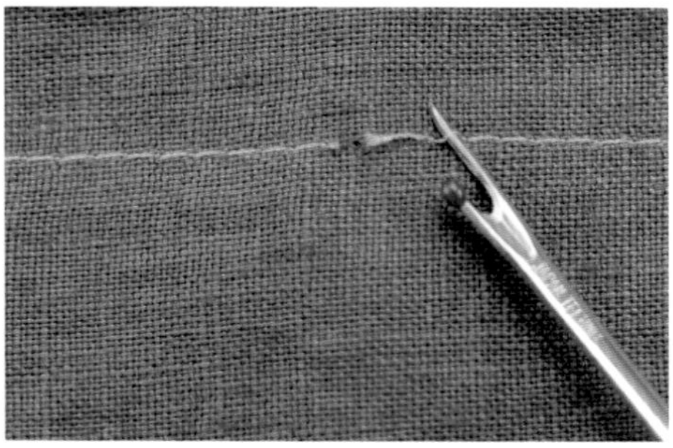

拆線刀➡用來拆除錯誤的車線。

固定布料的工具

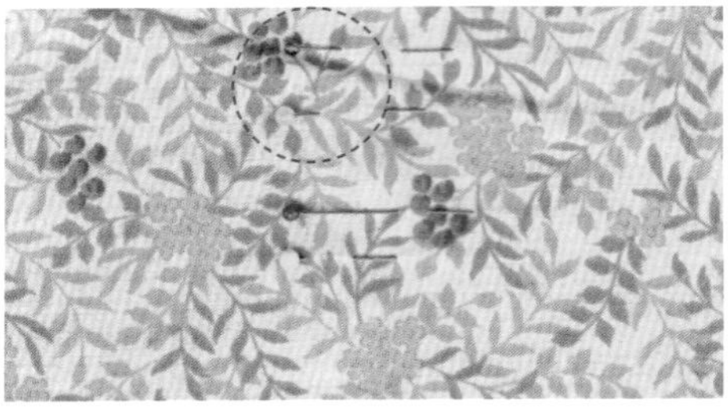

珠針➡有長短軟硬彈性之分，車縫時固定布料，裁縫車針可經過。圖中圈選處為果凍透明頭珠針。

強力夾➡長的強力夾可以應用在車縫裙（褲）頭布時。

★車縫過程需要點對點的合印點車合時，用珠針固定合印點，珠針的兩側再用強力夾固定，可防止珠針鬆脫。例如：縫製袖子和上衣。

★珠針頭材質耐燙，購買時，建議珠針頭顏色清楚明顯。果凍透明針頭不易看見，容易忽略卸下珠針，較危險。

★疏縫：是一種固定方法，例如袖子與上衣有弧度，可以先疏縫固定，再車縫。

車縫線顏色的選擇

＊建議在自然陽光下比對。

深色布➡選擇比布深一點的線。

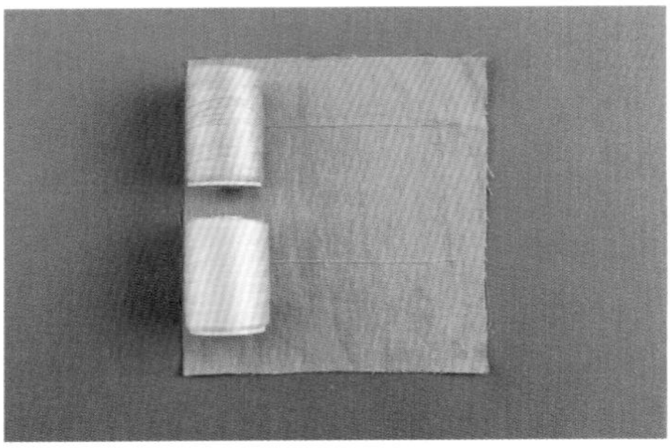

淺色布➡選擇比布淺一點的線。

花布➡可選背景色或比例多的顏色車線。

兩色格紋布➡布上的兩個顏色皆可選。

珠針的學問

別珠針的順序

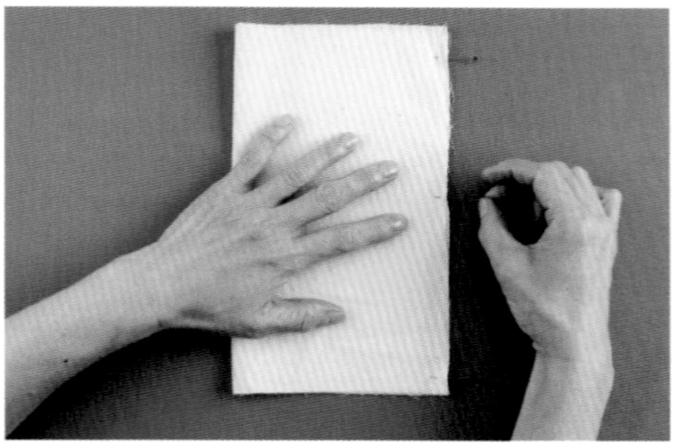

①先從布料的兩端拉齊開始別珠針，再來是中間位置。

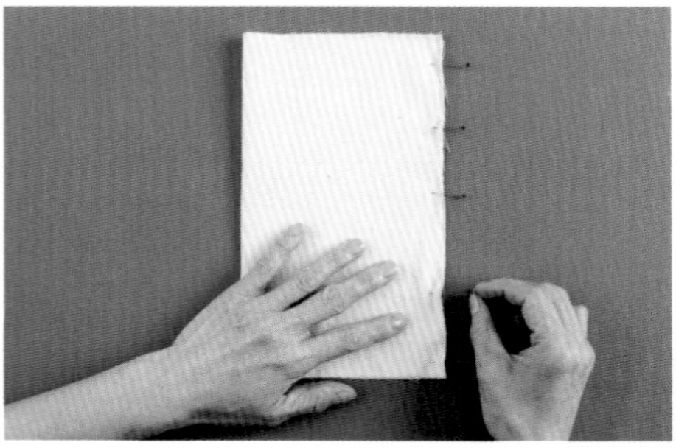

②再以二分法，繼續穿插固定，這樣的方法會比較快速，也能平均固定布料。

珠針和物件垂直

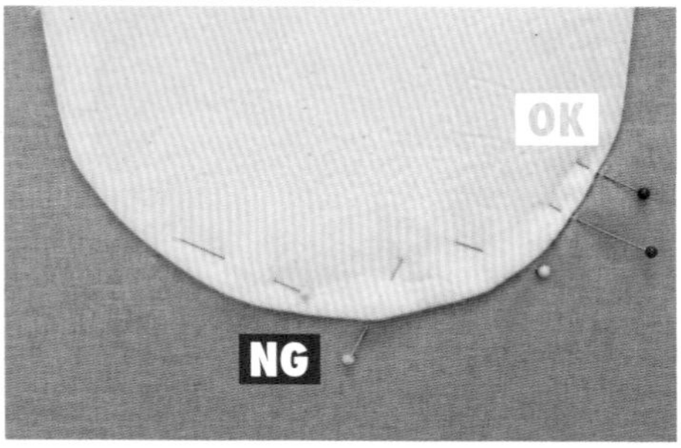

珠針固定物件，要和物件縫製方向呈垂直，圖中黃色珠針不符合，紅色珠針是正確的。

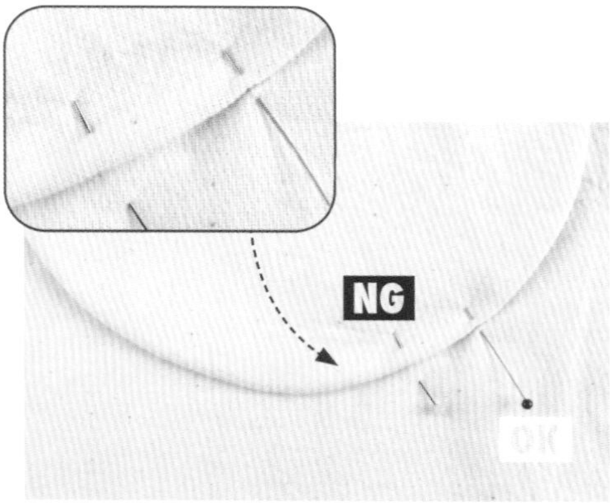

珠針固定挑縫布料最好挑起0.2cm，太多會造成布面凸起。

別皮革類布品時

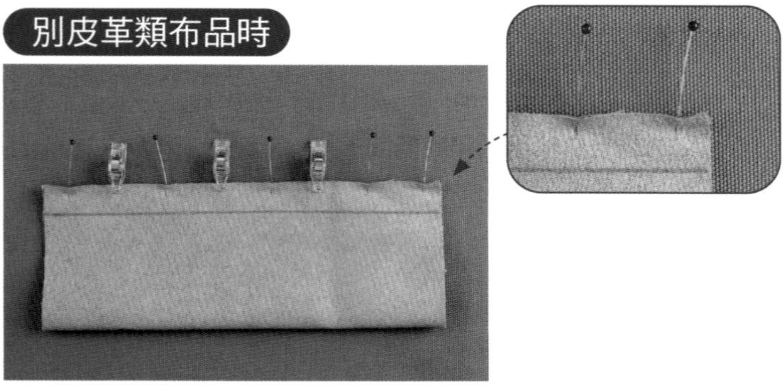

用珠針固定皮革類布品，針孔落在縫線外（縫份上），這樣不會在完成品的正面留下針孔。

別厚布料時

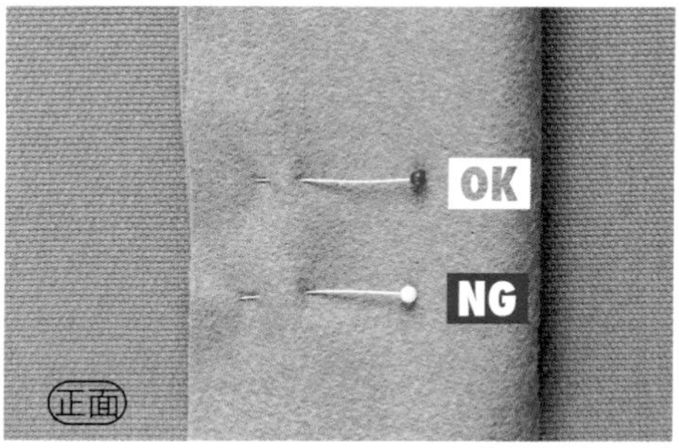

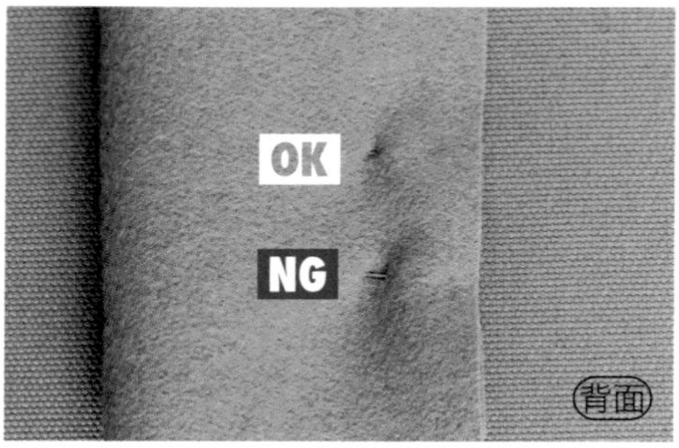

厚布料別珠針時，下布淺淺挑起，可避免布的背面凸起，上下布吃布量不一樣。

珠針歪了怎麼辦？

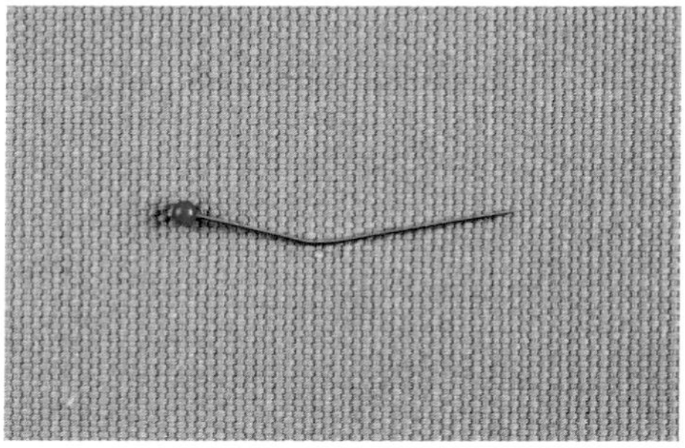

①縫紉用的珠針彈性大，使用久了或別厚布料時容易產生歪的現象。

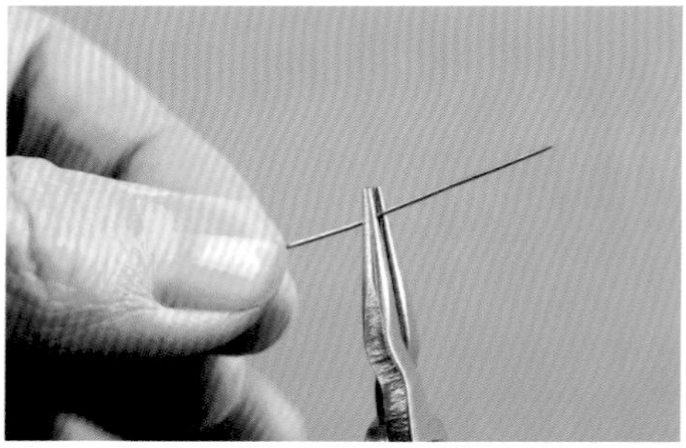

②歪的珠針，可以使用無痕的鑷子矯正。

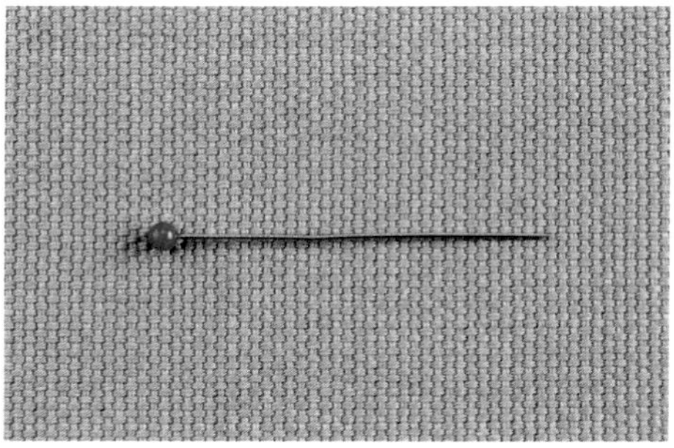

③矯正後，即可繼續使用。

★但如果折彎狀況太嚴重，勉強使用縫製時會太危險，則建議丟棄，丟棄前先將針頭用膠帶纏繞包覆。

STEP.8

B 縫製基礎

縫紉機的初練習

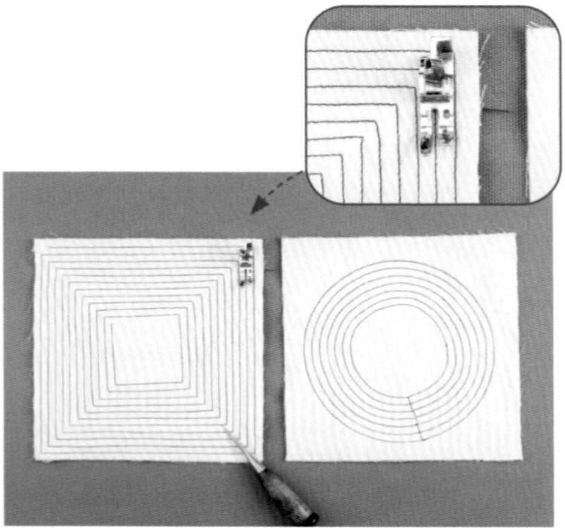

初學者可先從車縫方形和圓形的迴狀開始，車縫中還要以壓腳寬度為等距離做練習，再配合錐子固定布片，這樣的反覆練習對不會使用縫紉機的人，很快就能上手了。

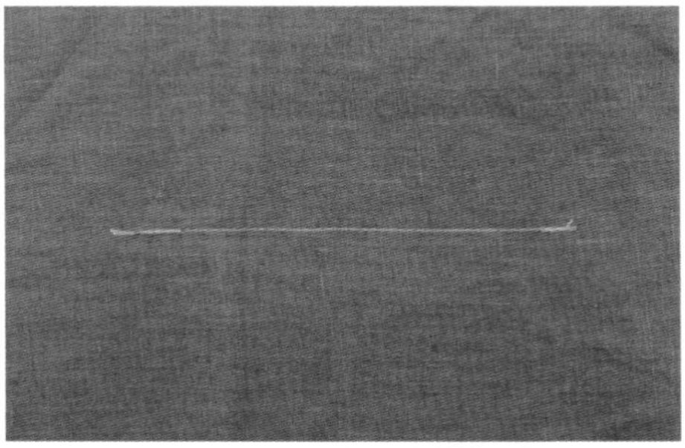

縫製作品前，先用零碎的相同布料試車，一邊檢查車線的顏色、針目大小、車線張力等等。

格紋布回針的學問

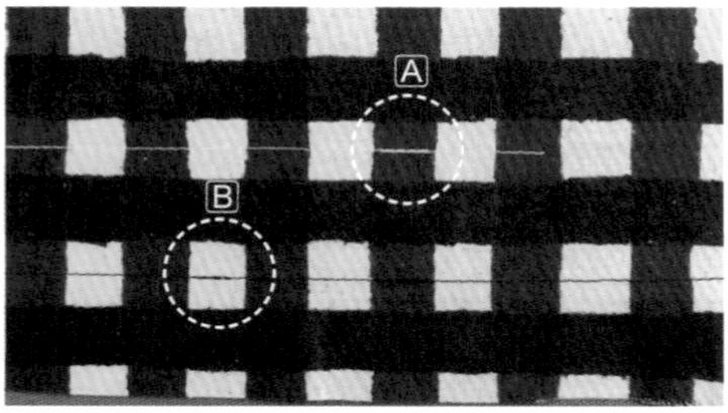

白色車線起針落在白格，回針不明顯，若回針落在紅格很明顯，不美觀（A處）。

紅色車線起針落在紅格，回針不明顯，若回針落在白格很明顯，不美觀（B處）。

縫紉機回針，下線如何不糾結？

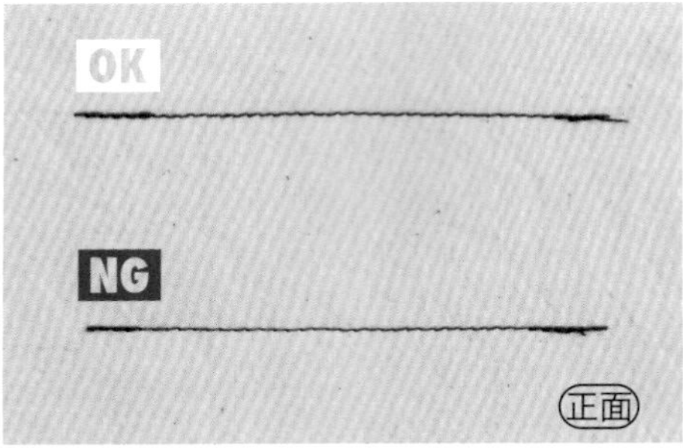

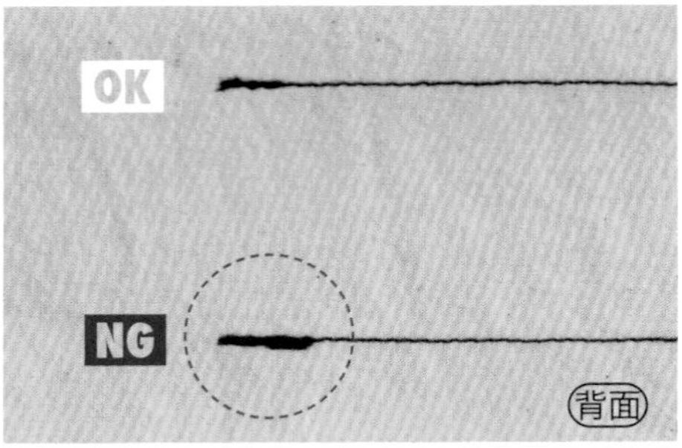

回針時要避免下線糾結，可引下線上來，將上下線皆往後拉至壓腳下面。

＊請參考P108。

增加車縫合印點可解決外凸與內凹形狀車合的困難度

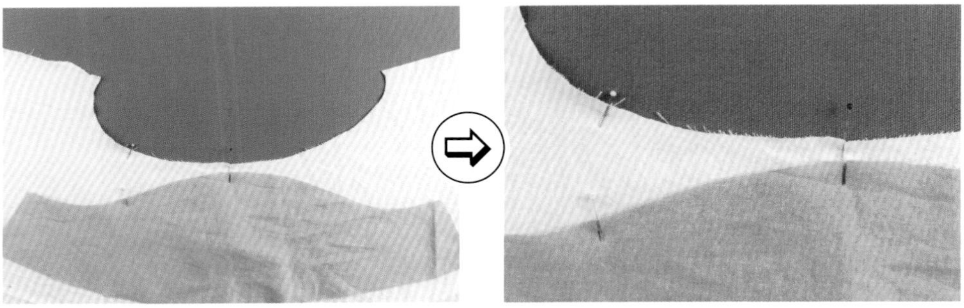

以上衣車縫袖子為例：袖子除了標示袖山（紅色珠針）的記號外，也可以在袖山和袖襱中間再增加一個合印點（黃色珠針）；同樣的上衣袖襱也可以多增加一個合印點（黃色珠針）。

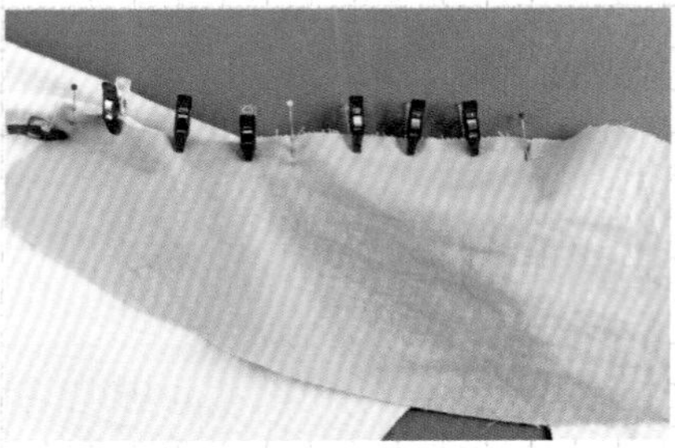

多了一組合印點，不同形狀的固定與車合工作比較準確快速。

弧度形狀剪牙口的學問：牙口的深度與密度

＊牙口深度離車縫線0.3公分；弧度越大，牙口越密集。

a 外凸曲線

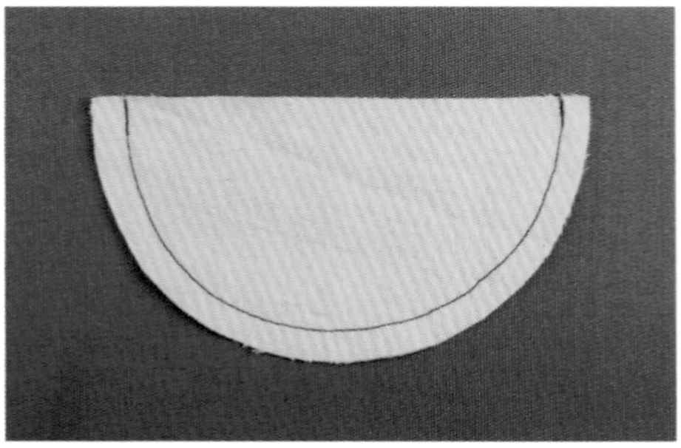

①車縫外凸曲線。

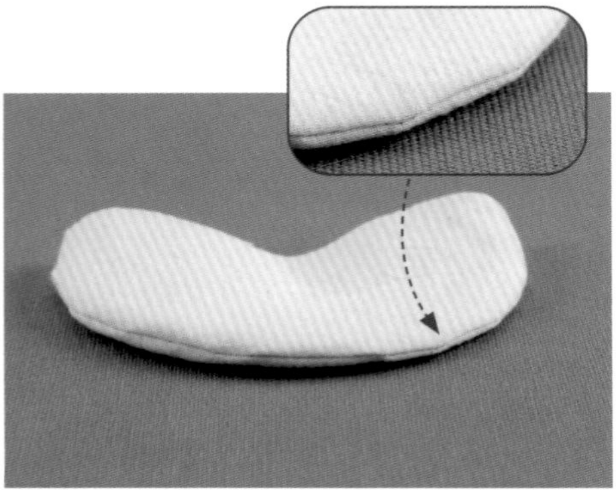

②翻至正面，可看出弧度略有角度。

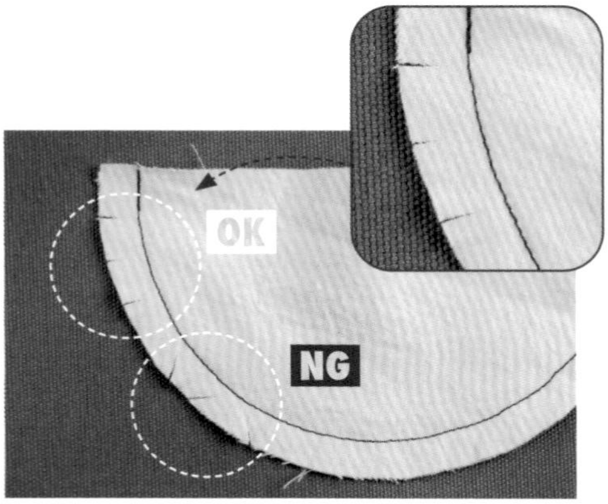

③翻回裡面，補剪牙口。
剪牙口的深度約離車線0.3cm，牙口的角度要和車縫線垂直，弧度越大的地方，牙口需越密集。

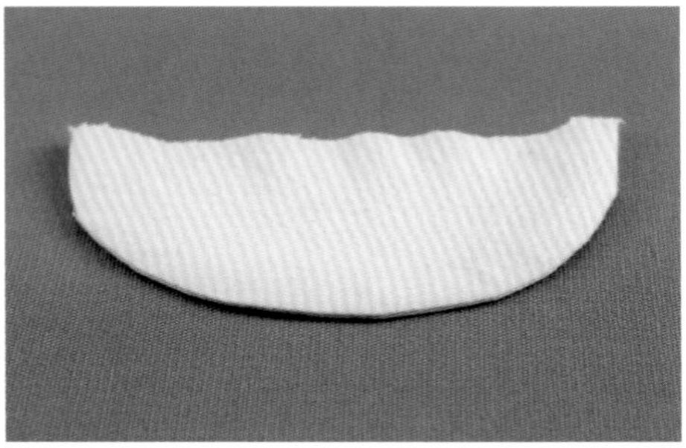

④翻至正面整燙，完成漂亮的曲線。

厚布料的做法

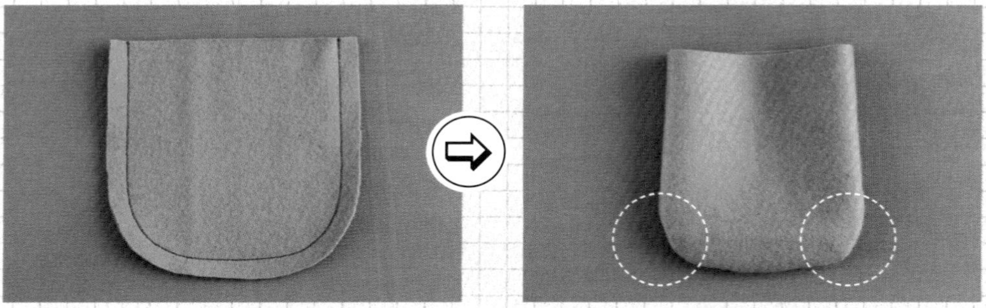

如果是厚布料車縫外凸曲線，沒有剪牙口，直接翻面後，外凸處會產生角。

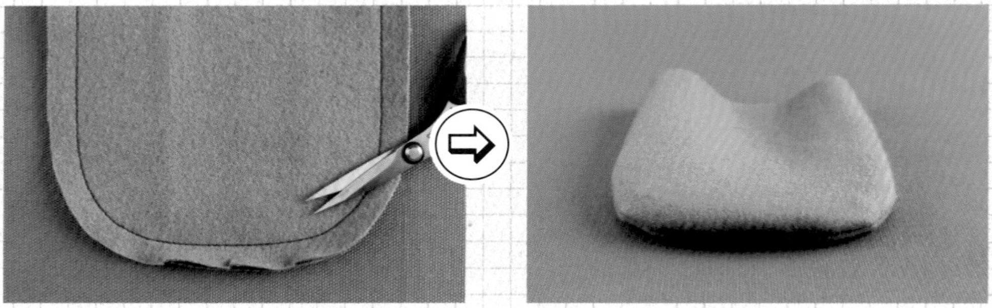

補剪牙口，形狀有一點改善，但曲線還是不夠順。

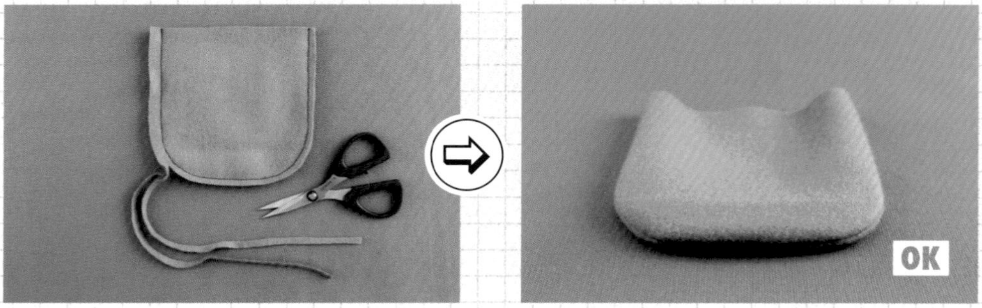

厚布料可以將縫份剪去一半，翻至正面，外凸形狀很完美。

b 內凹曲線

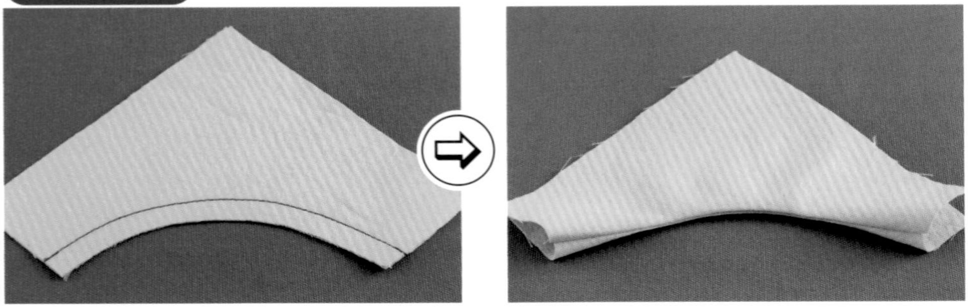

車縫內凹曲線，翻至正面，曲線緊繃。

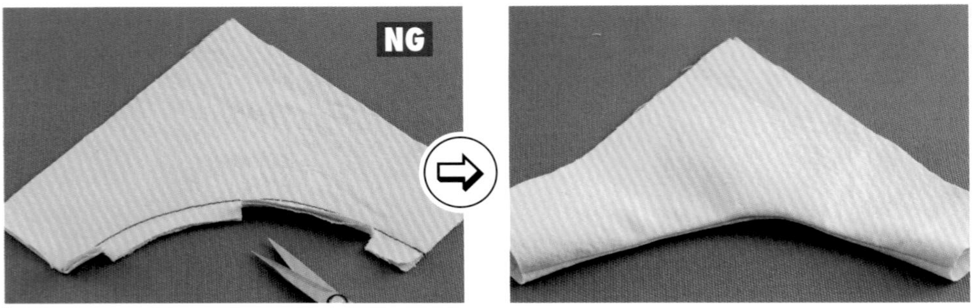

如果牙口的間距大，牙口數太少，沒有明顯改善。

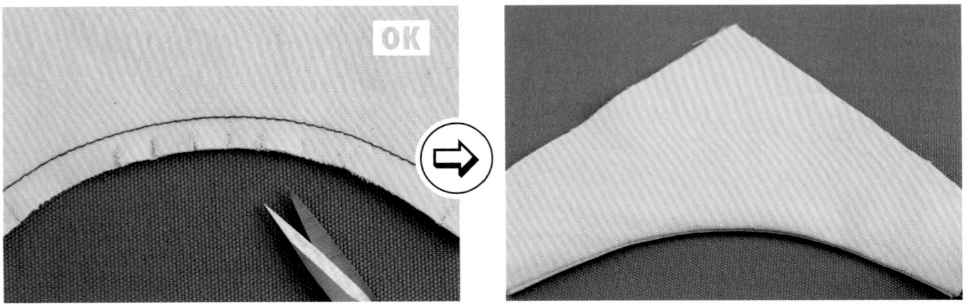

牙口的間距小，牙口數多，翻至正面，曲線很漂亮。

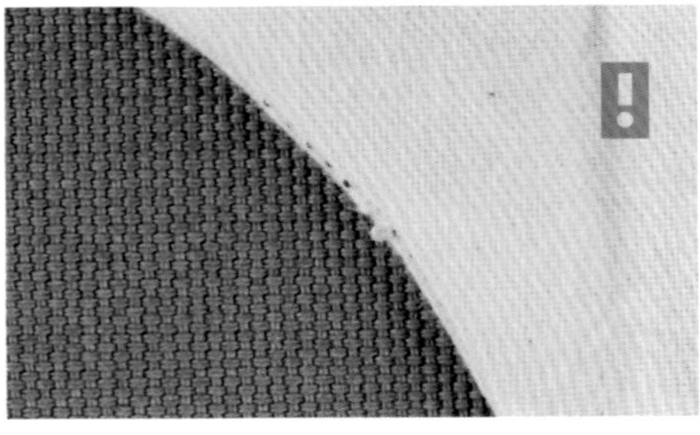

★有些牙口離車縫線僅0.1cm，在整理縫份的時候，容易造成布邊綻開。

POINT

厚布料的做法

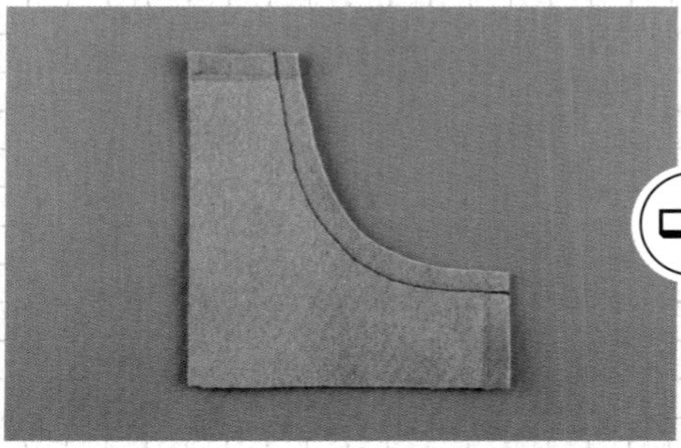
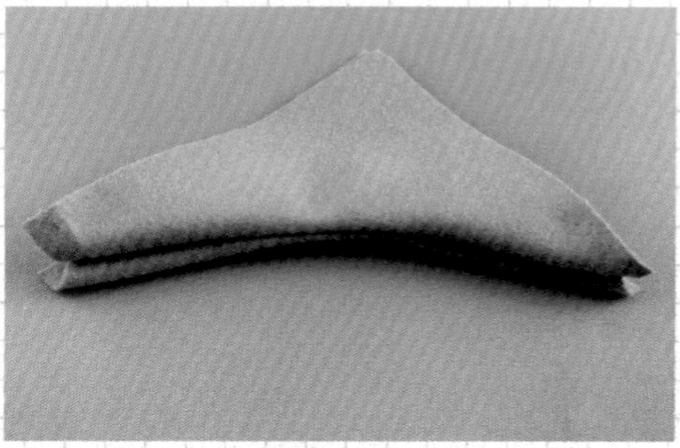

如果是厚布料車縫內凹曲線，翻至正面，曲線布緊繃捲曲更明顯。

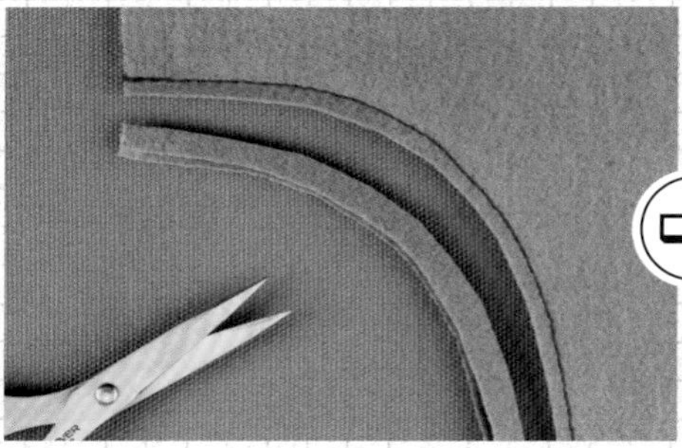
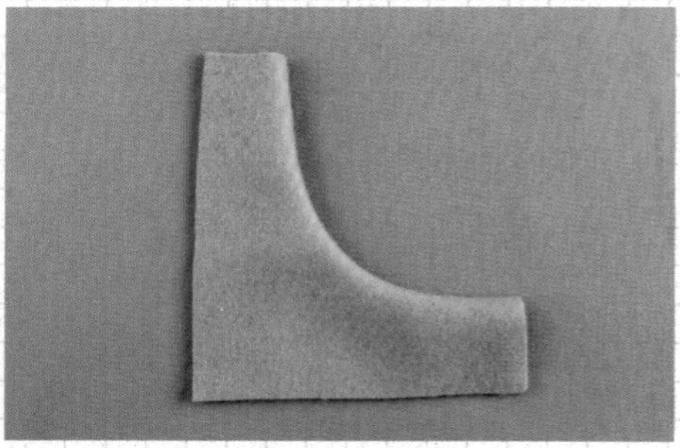

厚布料可以將縫份剪去一半，就能做出很漂亮的內凹曲線。

如何完美達到車縫縫份?

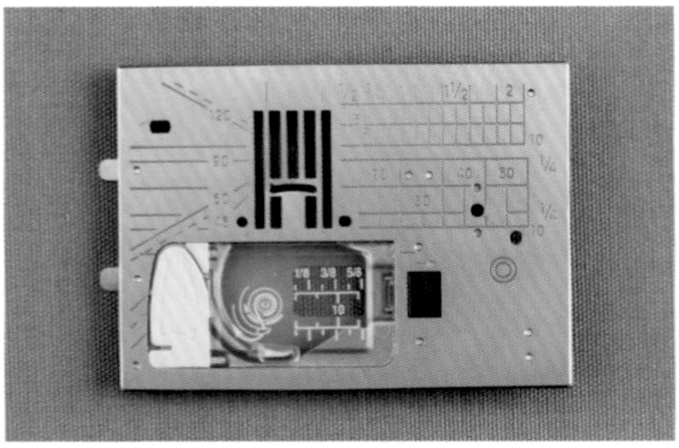

①使用針盤上的水平或垂直導引線。

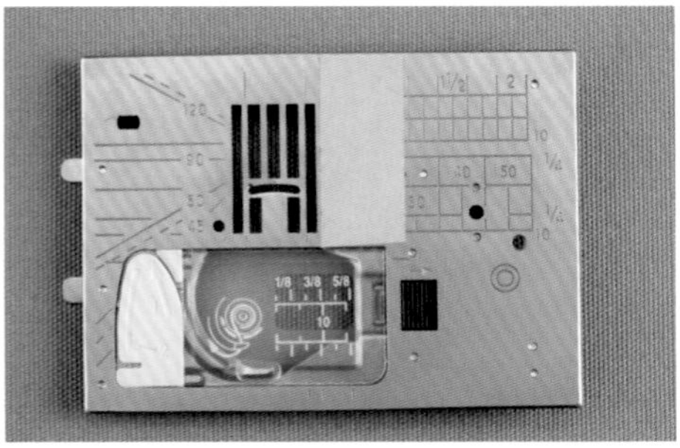

②在針盤上布邊位置貼膠帶。

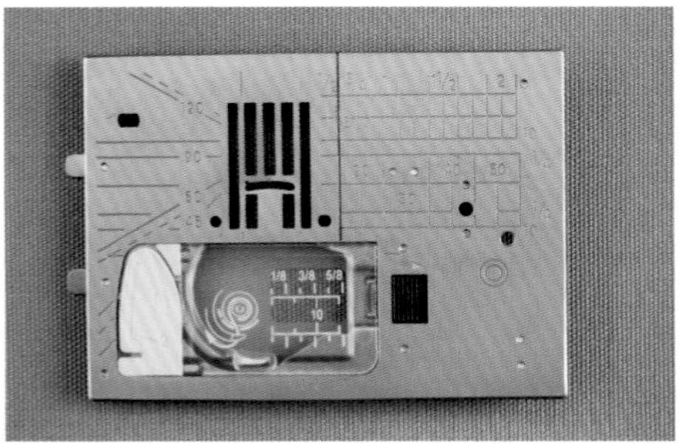

③在針盤上布邊位置以油性筆畫線。

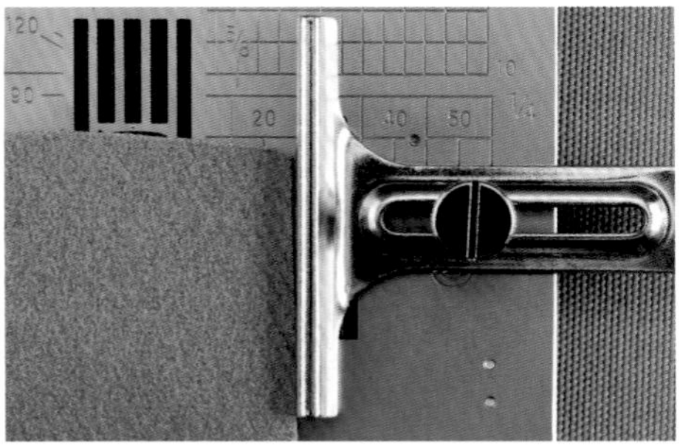

④車縫導引器固定在針盤上，布邊靠著導引器車縫。

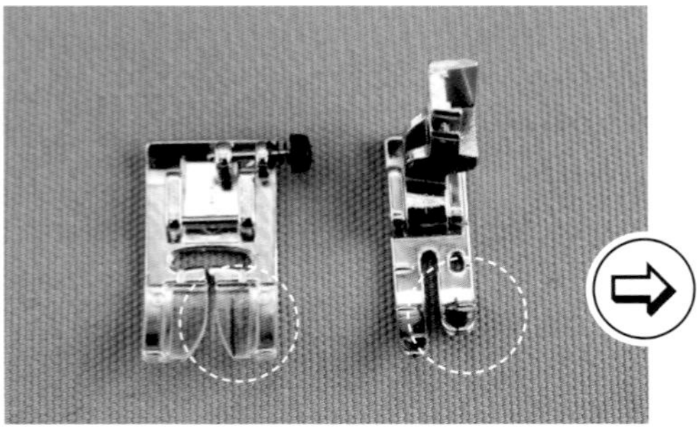

⑤車縫壓線時，可以在壓腳上用油性筆畫線。

在縫紉的物件上做壓線，物件的邊緣可以對齊壓腳的畫線，達到完美壓線。

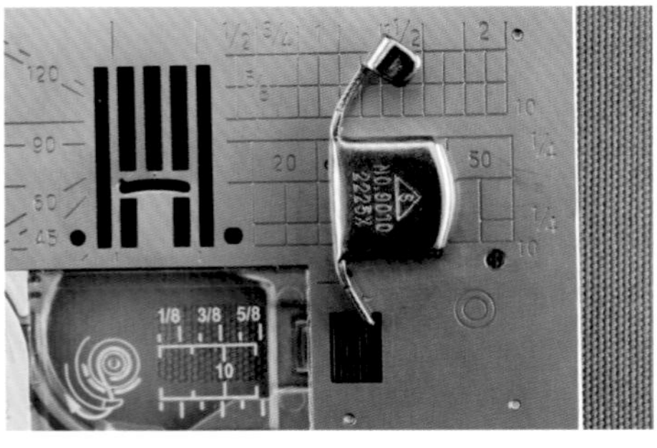

⑥磁鐵定規吸在針盤上，布邊靠著定規器車縫。

車縫毛料布或縫合不同彈性的布料時容易歪斜該怎麼辦？

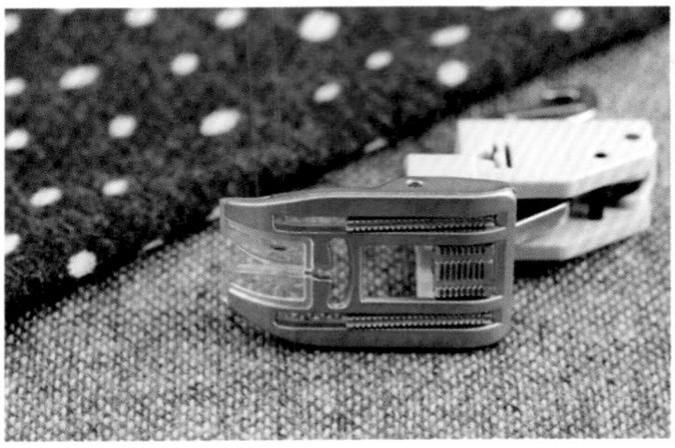

可使用「均勻送布壓布腳」來車縫彈性不同的布料或者車縫毛料布，讓上下布料帶動平均。

薄布料的回針容易布邊捲起，該如何解決？

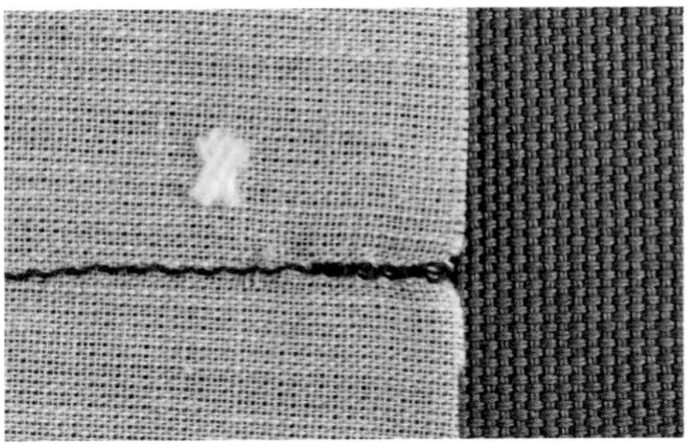

薄布料在布邊回針，布邊會往內捲。

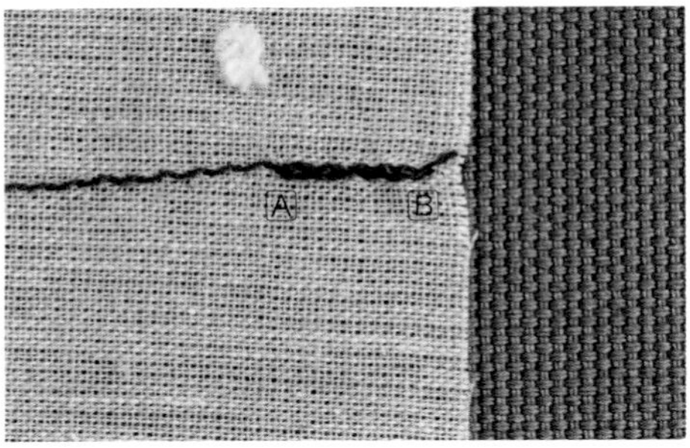

解決方法：

離布邊約3~4針距離下針（A），回針車縫至B點（離布邊0.2cm），再往前車縫。

正常布料的回針：

在布料邊下針，往前車3~4針，回針至布料邊，再往前車縫。

➡畫底線處不同，薄布料少一次回針，且離布邊0.2 cm。

薄布料或針織布容易陷入針盤針孔內，該怎麼辦？

①車縫時，布料下方放白報紙兩者一起車縫。

②完成車縫後，至布的背面，依著車線摺布，整燙。

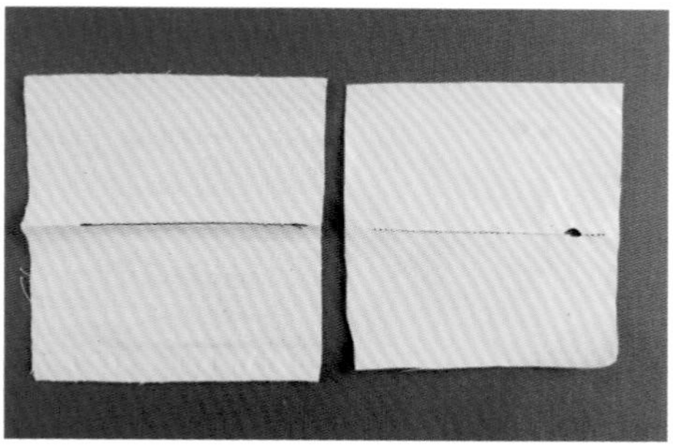

③白報紙很容易撕掉，且不會留下棉絮。

完美車縫薄布料的方法

縫製薄布料時，選用下列組合，即可避免車縫薄布料陷入針孔的狀況。

⇩

縫紉機使用：
①11號細針
②薄布料壓腳
③薄布料針板。

＊請參考P107。

＊②③不是每款縫紉機都有。

STEP.8

C

縫份與布邊

如何加強縫份較小處布料的耐用度？

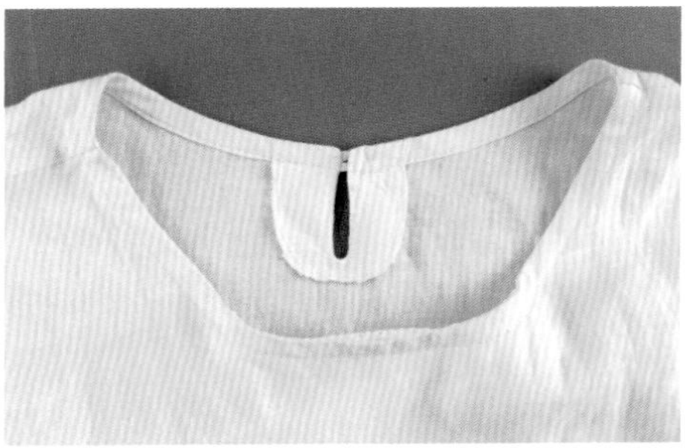

如圖，後開釦的U開叉縫份較小，因此U貼邊布燙布襯補強。

衣服縫份該如何倒向？

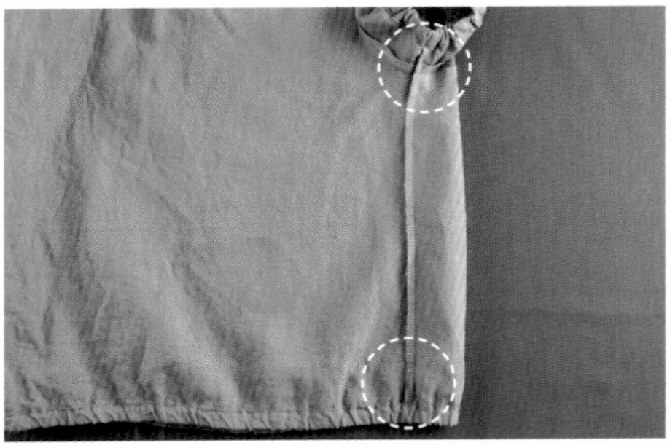

依衣款不同、布料厚度……，縫製時縫份的倒向不盡相同。
但最大原則是，同一條縫合線縫份倒向要一致，如圖，袖口和衣襬脇邊的縫份都倒向上衣後片。如果沒有倒向同一邊，中間縫份線條呈S型，穿者會不舒適。

縫製衣服先車縫再車布邊？還是先車布邊再車縫？

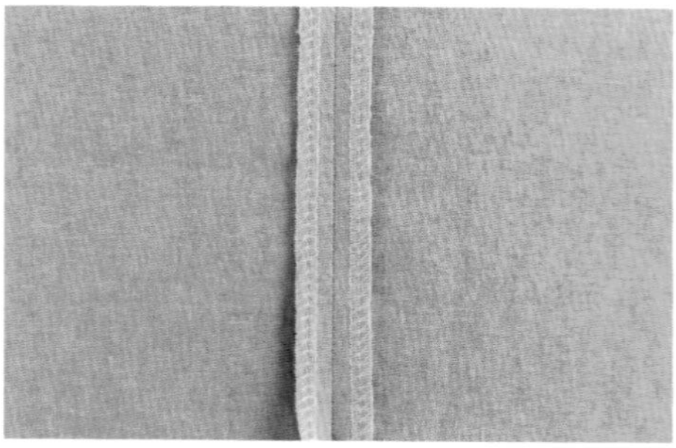

先車布邊再車縫

優點：1.修改衣服時比較容易。2 .縫份可以撥開。3.厚布料一定要這樣做。

➡但在車布邊時，因為尚未車縫，所以需留意布邊不能被拷克機裁切到，否則車縫時縫份會不準確。

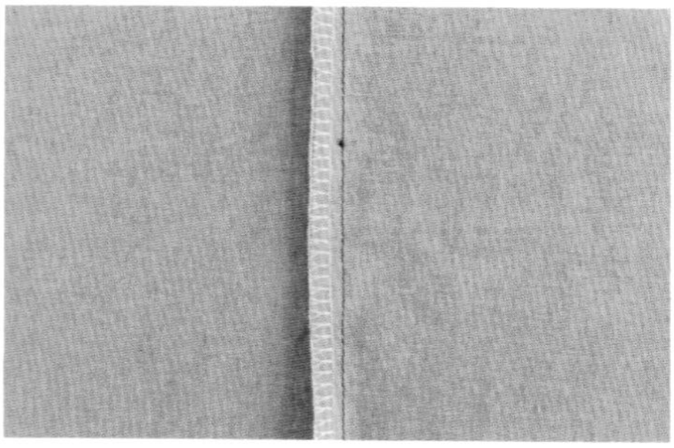

先車縫再車布邊

優點：1.衣服裡面不會有太多布邊線。2.車布邊時，縫份可以多裁切些。

➡相對的修改衣服較不容易，如果選用這個方法，建議車布邊前先做確認；確認工作包含：「車縫線正確？是否合身？」確定沒有問題了，再車布邊。

領子和衣服車縫的縫份該如何處理？

領口是有弧度的，若直接將布邊往內摺，不好縫製，也不完美，所以需要用另一片布包覆它。

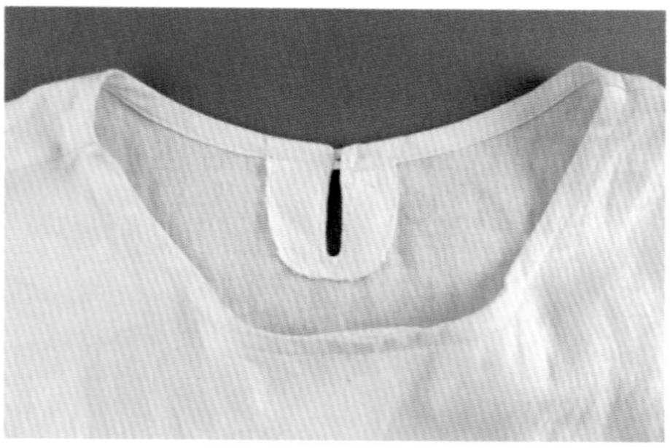

最常用——斜布條包邊

領口和袖口的形狀是弧度線條，要用有彈性的布條包邊，弧度才會順，而包邊布條斜度需為45度，取這個斜度，直紋和橫紋的彈性才會一樣。

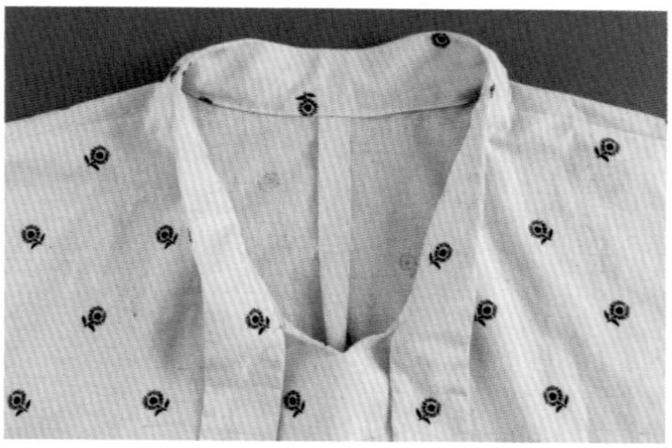

精緻版——上衣領口夾在領子中間

表裡領將上衣的領口包覆，不需要再額外的斜布條或貼邊布加入，這樣的方法顯得款式更精緻。

透薄布料的縫份容易看見，該怎麼辦？

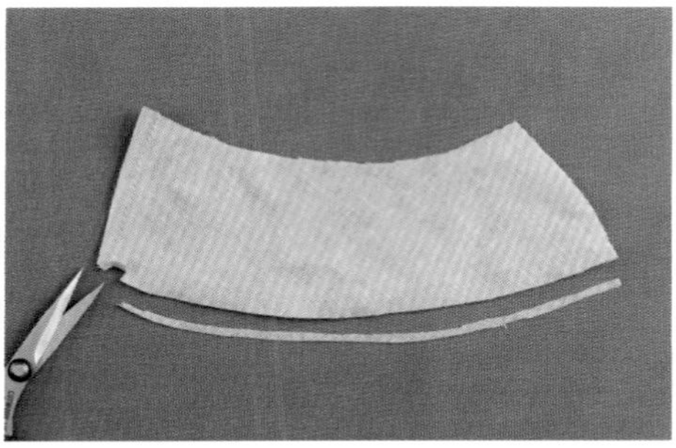

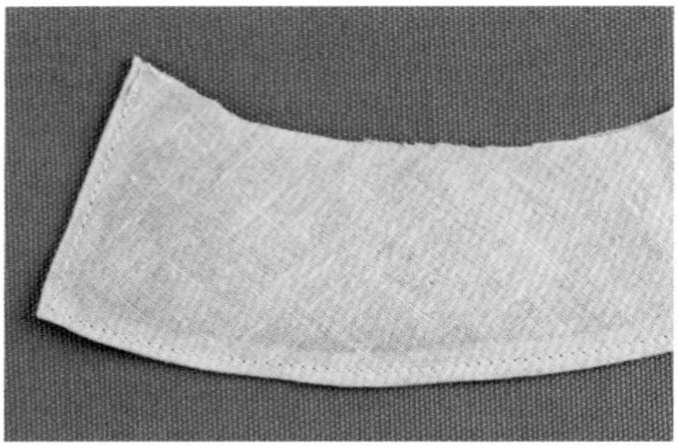

薄布料翻面後，從外觀會隱約看見縫份。**解決方法：**可以剪去縫份的一半。如圖，將領子外圍的縫份剪小，翻至正面縫份相對不明顯。

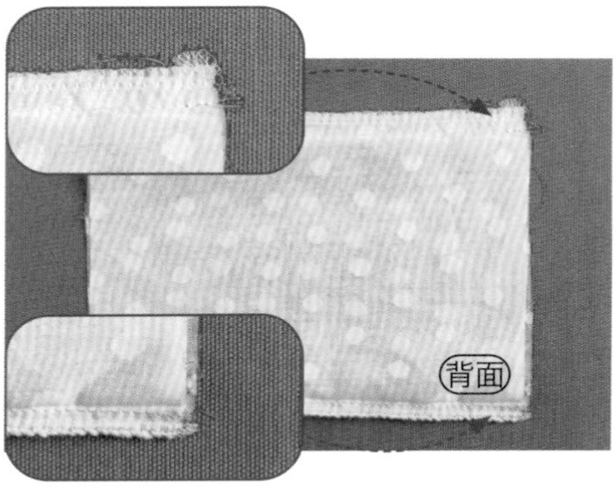

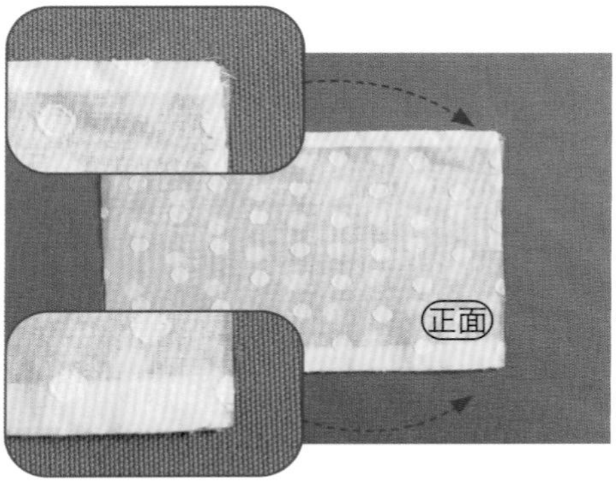

薄布料車布邊時，布邊可以裁切多一點。左圖上邊的縫份大，所以右圖上邊從正面能很明顯地看見縫份；左下的縫份小，從正面看縫份不明顯。

精緻版——貼邊方式

在領口裡面車縫和領口一樣弧度形狀的貼邊布，貼邊布可以用本布或者用別布裝飾。

如何快速整理漂亮的衣（直）角？

除了常見的剪去角的方法，還可以用摺的方式。

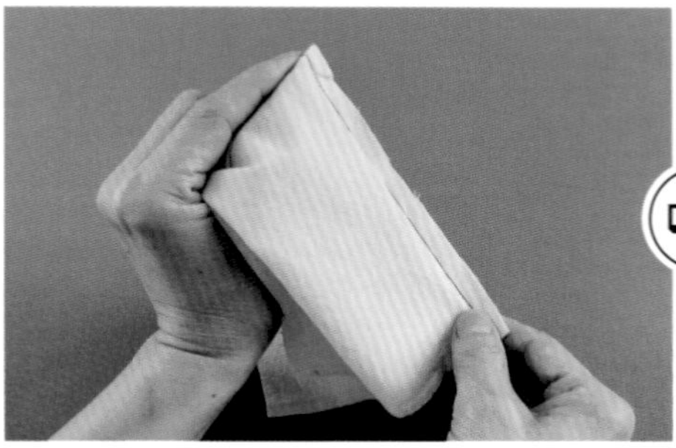

①拇指在裡面，食指壓住側邊。

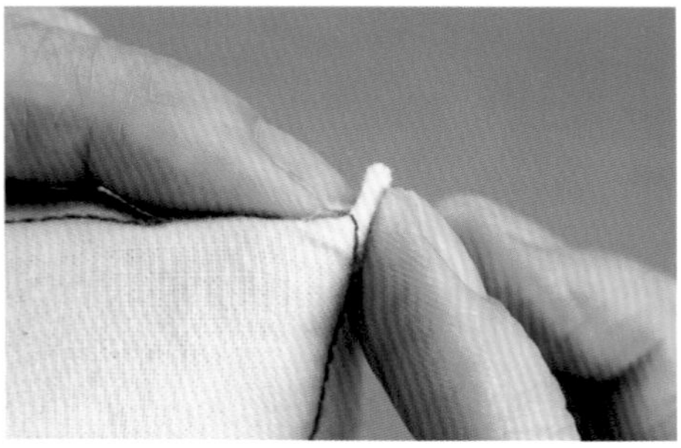

②再將另一側角往食指方向摺。

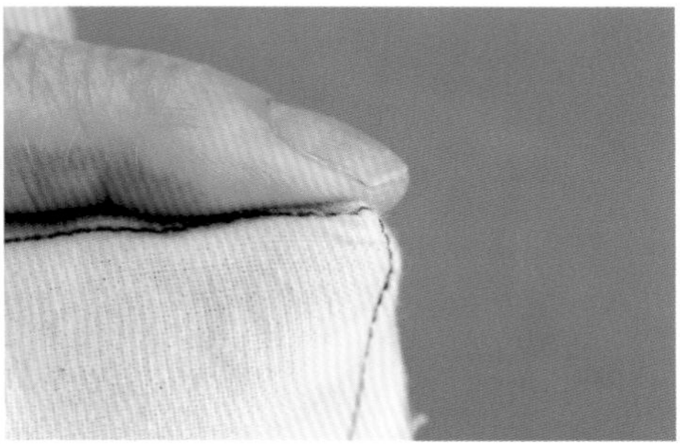

③食指壓住角的縫份，拇指頂住角。

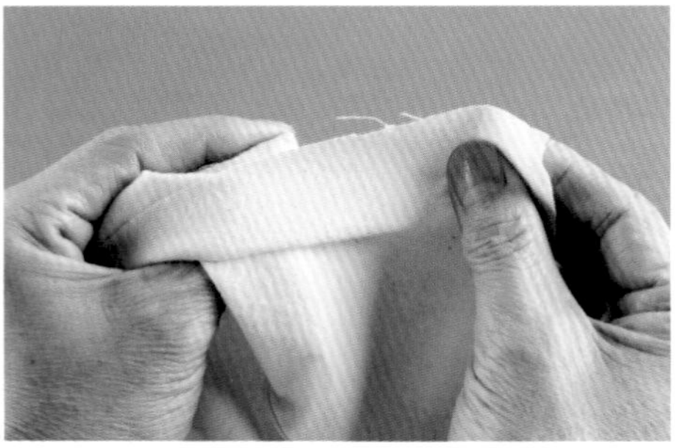

④另一手輔助翻面。

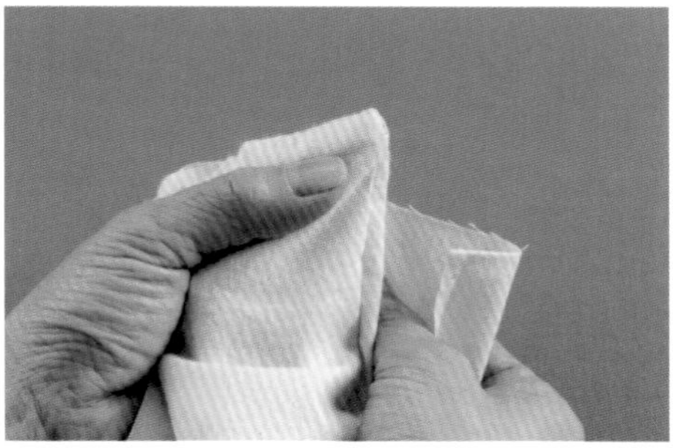

⑤翻至正面，整理角。

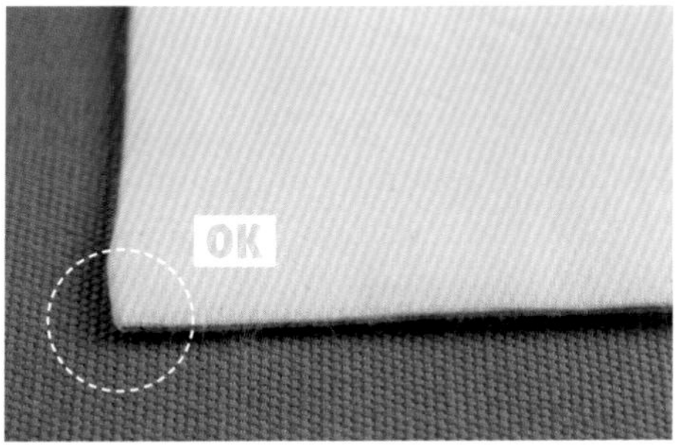

⑥完美直角。

如果是厚布料

先剪去角（離車線0.2~0.3cm）。

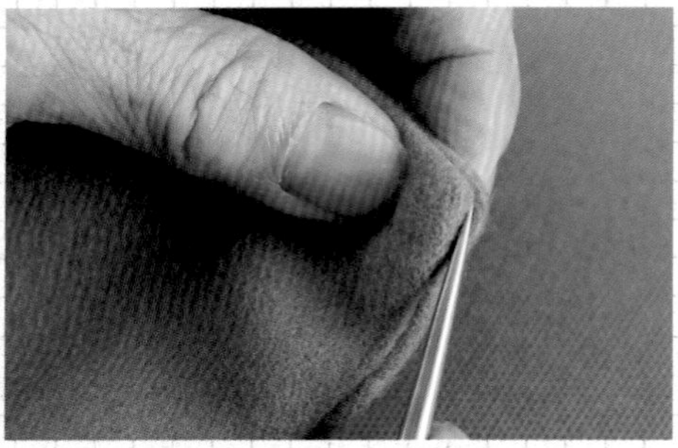

再以上述摺角的方法，翻面後，如果角的外觀還是沒有很漂亮，以錐子輔助。

即可得到完美直角。

如果沒有拷克機，縫份的布邊該如何處理？

a Z字型車縫

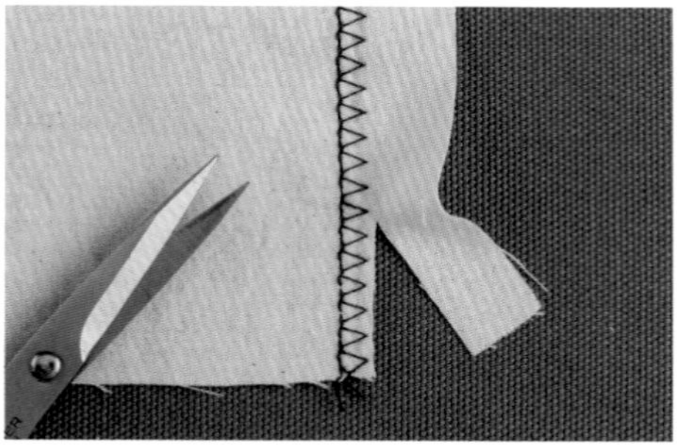

用多功能縫紉機的Z字型車縫布邊，如果布料偏薄，車縫時不能離布邊太近（會陷入針盤內），所以縫份要加大，完成後再裁剪。

b 布邊縫壓布腳

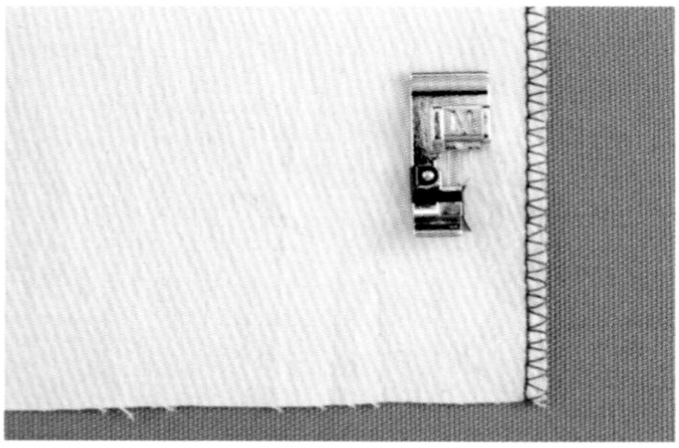

有些多功能縫紉機配有布邊縫壓布腳，可以達到簡易的車布邊功能。

c 如果沒有多功能縫紉機，可以用縫份相互收邊的方法。

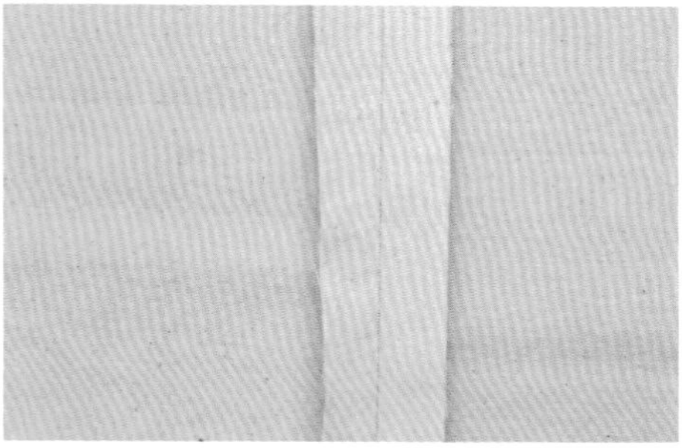

①這個方法縫份需加大，例如：縫份1.5 cm。

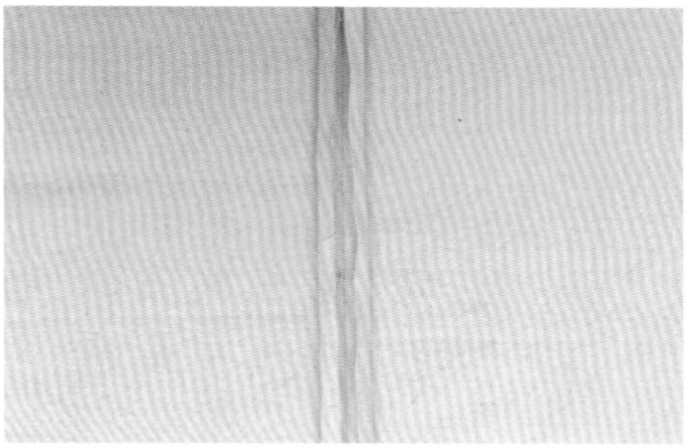

②兩側縫份往中間縫線內摺後靠攏。

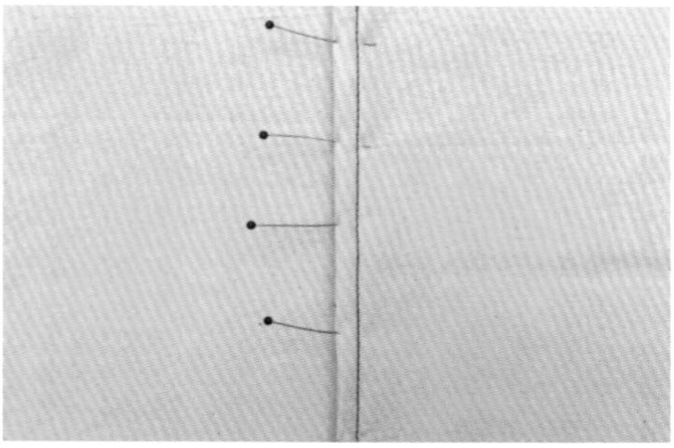

③珠針固定縫份。

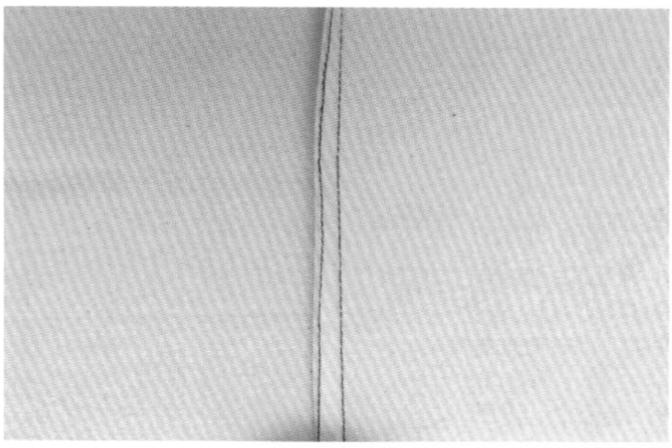

④離摺邊0.1 cm車縫壓線。

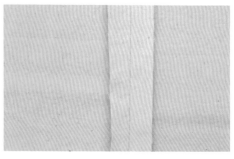

STEP.8

D

關於衣襬摺邊

如何讓褲（裙、衣）襬的脇邊線條更順？

褲（裙、衣）襬縫份脇邊只要剪去小布片就能降低厚度，這個方法很值得試試看，會讓衣角更薄，線條更柔順。

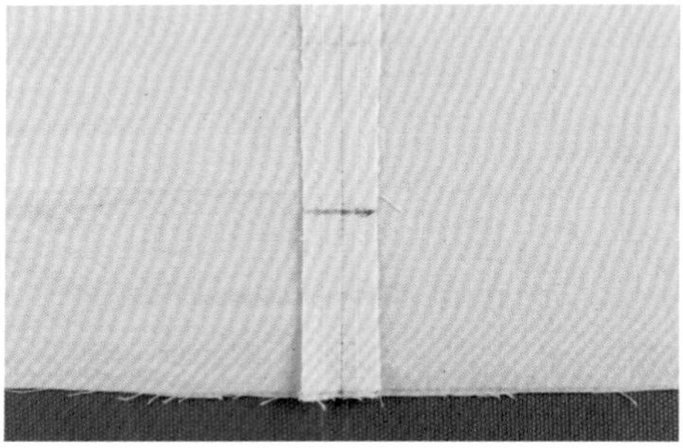

①例如縫份3cm，用記號筆標示縫份往上摺的6cm位置。

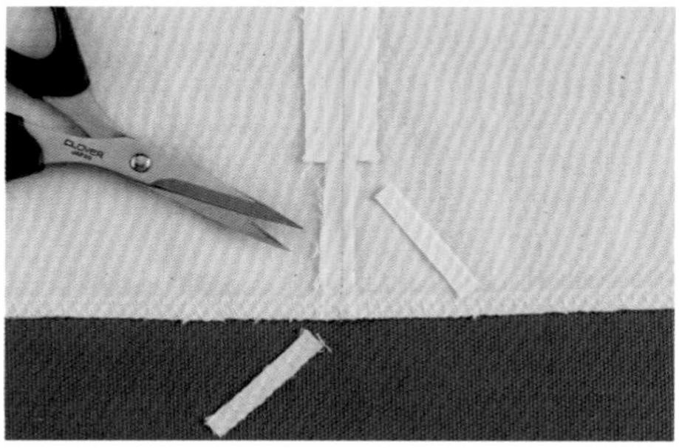

②兩邊縫份皆剪去0.5×5.5cm小布片。

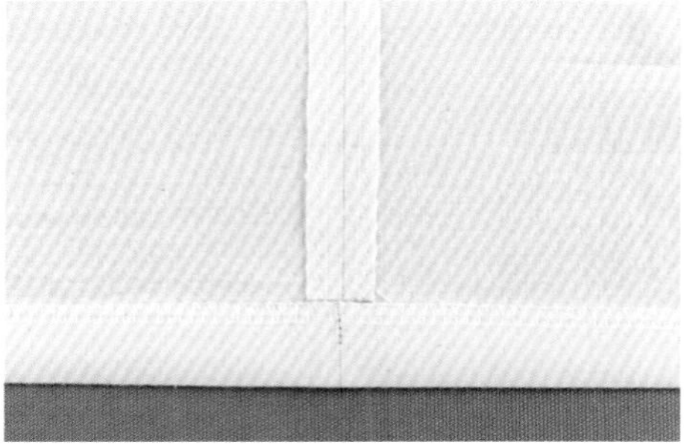

③再往上摺，厚度變薄，不僅好車縫也使裙角更柔軟，尤其厚布料更有明顯改善。

褲（裙、衣）襬的縫份摺法有哪些？

有二摺邊，完全三摺邊和半完全三摺邊。

褲（裙、衣）襬的縫份收邊用二摺或三摺，端看布料材質與衣服的款式。
如果是厚布料則建議二摺邊，若是薄布料，但想要衣襬輕盈感也可以用二摺邊；但有些布料不厚不薄，想要更呈現出衣款的細緻感，則可以選用三摺邊，三摺邊又分完全和不完全。

a 二摺邊

裙襬先車布邊，然後往內摺入。

b 半完全三摺邊

先往內摺一小褶，再摺一大褶。

c 完全三摺邊

往內的兩褶寬度一樣。

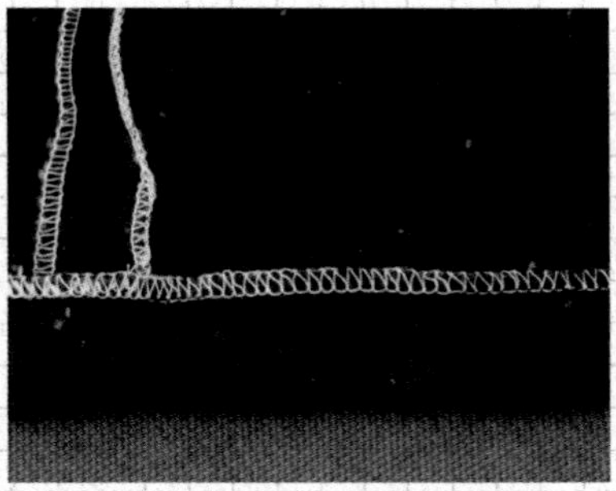

毛料布裙襬適合二摺邊，若是三摺邊會太厚。

車縫三摺邊的壓布腳

「捲邊縫壓布腳」有3mm和6mm。
適合縫製薄布料的三摺邊，常應用在小手帕或衣服荷葉邊的收邊；厚布料因無法順利捲入喇叭狀的入口，所以不能使用，使用捲邊壓布腳需要不斷的練習才能上手。

錯誤的裙襬車縫壓線位置

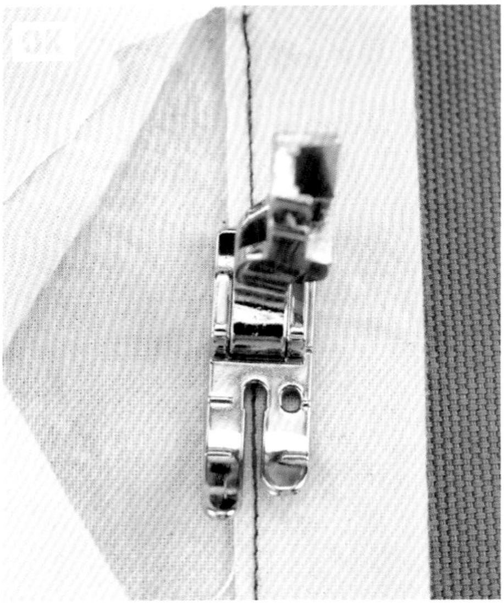

裙襬二摺邊壓線，車縫壓線在靠近布邊上，才是對的。

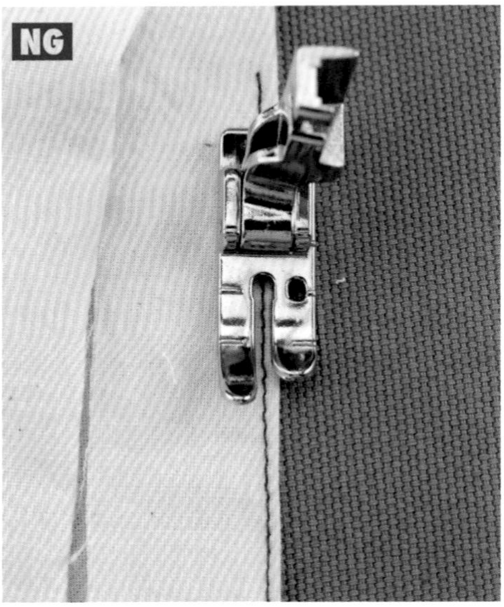

裙襬二摺邊壓線，車縫壓線在摺邊上，是錯的。

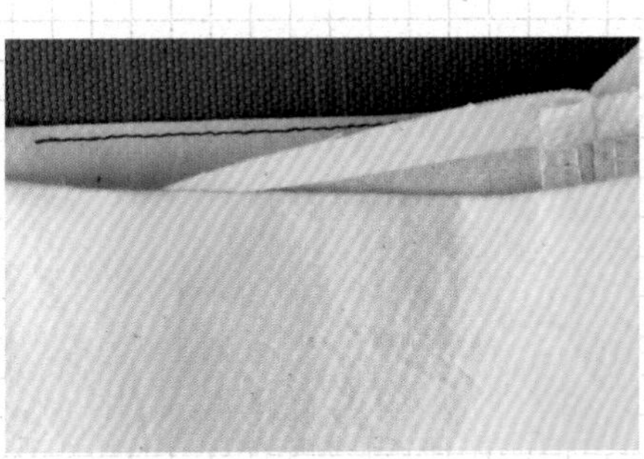

因為車縫壓線在摺邊上，如果縫份大，縫份容易往外翻暴露在裙外，不美觀，尤其衣服洗滌後，也會增加額外的整燙工作。

STEP.8

E 手縫針法與工具

好用！手縫穿線的工具

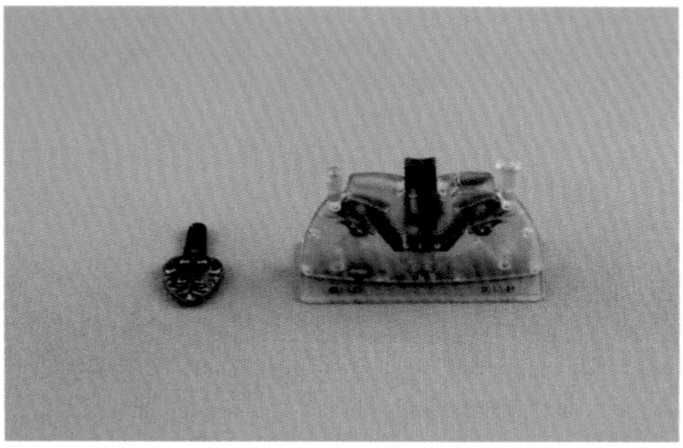

①圖左為常見穿線小工具，價格相對便宜但較不耐用；右邊的自動穿線器價格高但相對耐用。

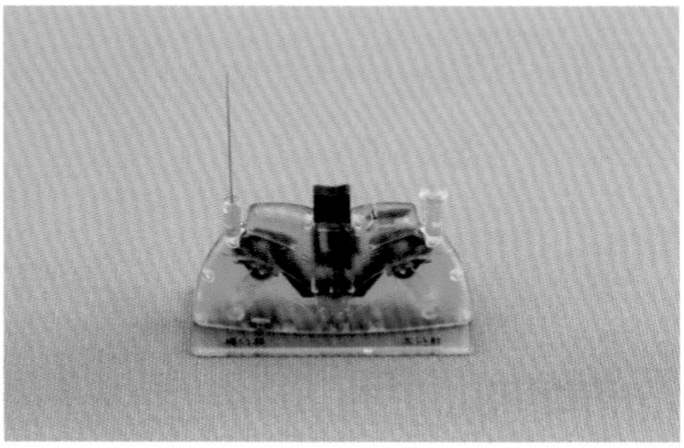

②自動穿線器有分粗針和細針，細針槽可以穿極細的手縫針，真的很好用，我們就以細針來試試。將細針針孔朝下放進細針槽。

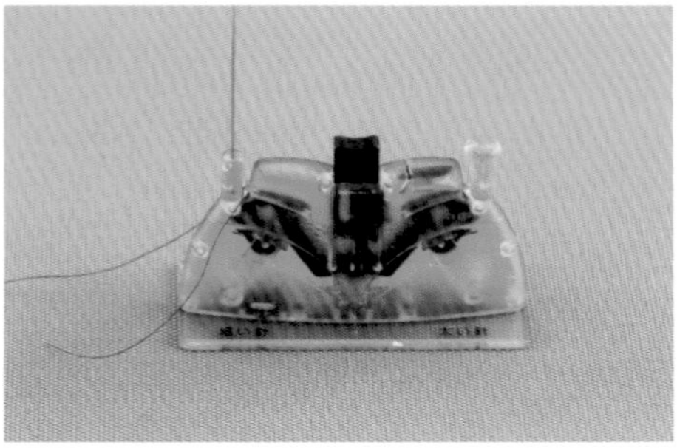

③手縫線掛在線槽，一端線短一點。

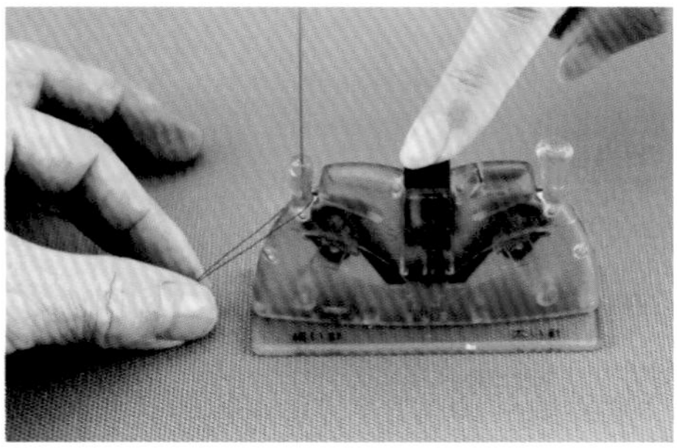

④左手微拉線，右手按穿線鍵。

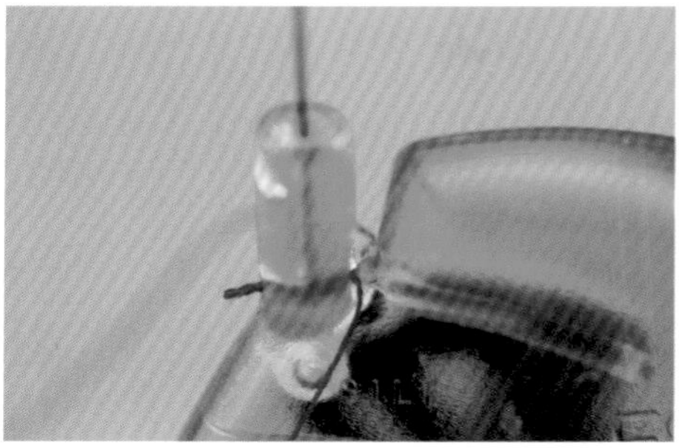

⑤按下穿線鍵時，小鐵片從送線口推擠出線圈，如果沒有的話，可以微調整針的角度，可能是針孔沒有對準送線口，畢竟細針針孔小。

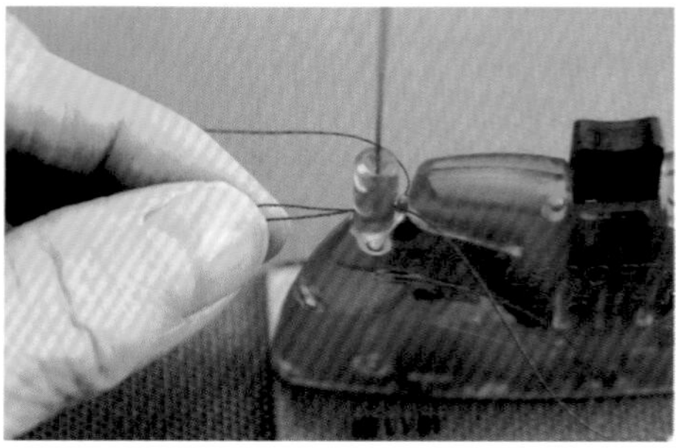

⑥先拉出約1～2cm的線圈。

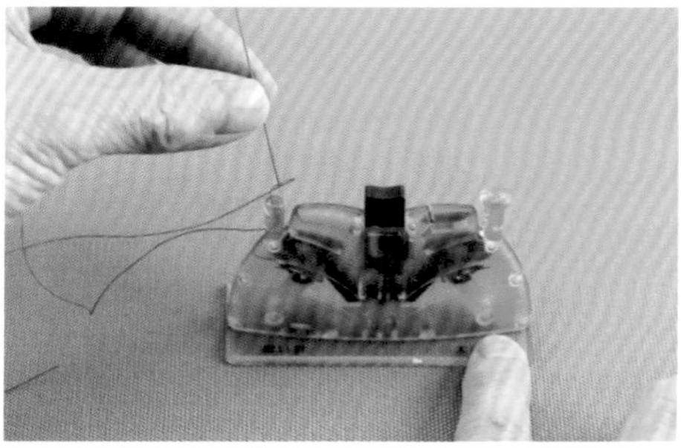

⑦拔出針，拉短線，即快速完成穿線工作，一點都不傷眼力。

手縫針和線

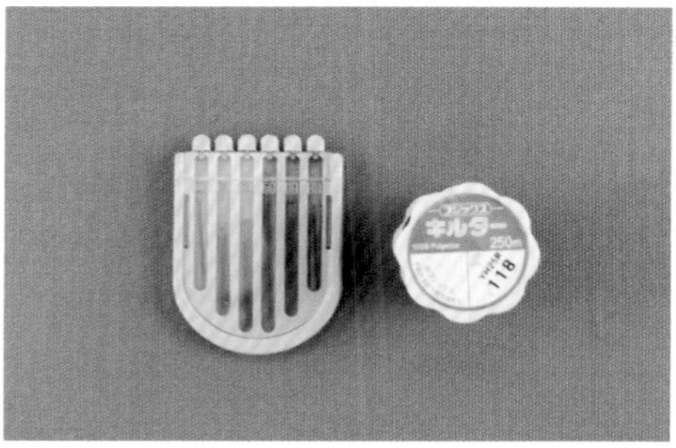

縫鈕子或手縫裙襬要用手縫專用線，手縫專用線比車線耐拉不易斷。

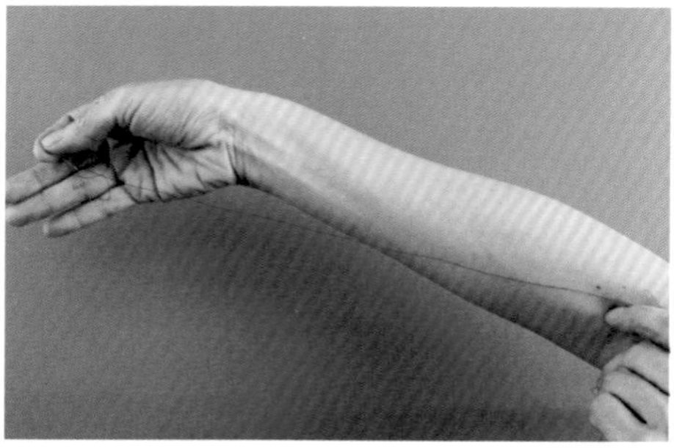

穿線時，以一個手肘為標準，線太長的話容易打結。

提升質感的隱藏系手縫針法

＊不想讓縫紉機車縫壓線暴露在衣款的外觀，可以使用手縫方法，這樣的針法通常應用在斜布條包邊，貼邊布固定，以及褲（裙、衣）襬的縫份固定。

a 千鳥縫

細針，縫線同布料顏色，縫線單股線打結。
針法由左至右，應用在領口貼邊，褲（裙、衣）襬的二摺邊。

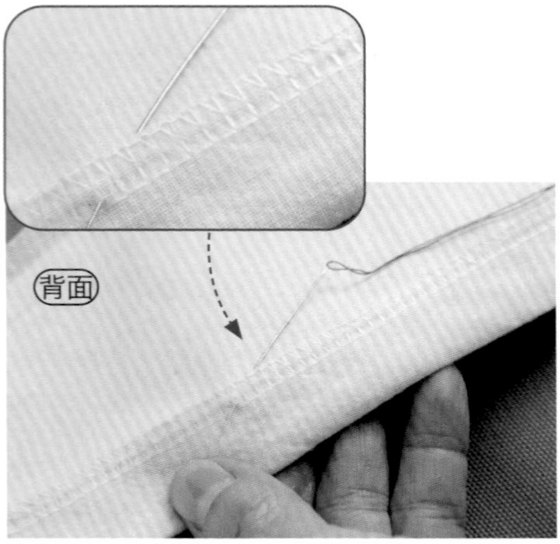

①手縫針從裙襬縫份摺邊的布邊線下緣背面入針，布邊線下緣正面出針。

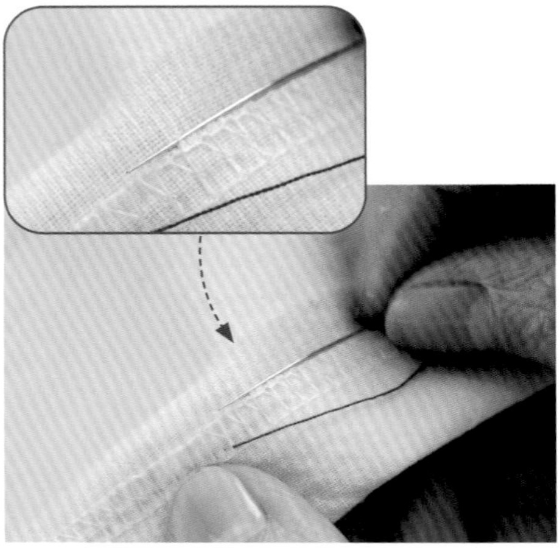

②手縫線往右上斜拉，針由右至左挑裙襬布（貼近縫份的布邊線處）1~2根線紗（細針較易挑）。

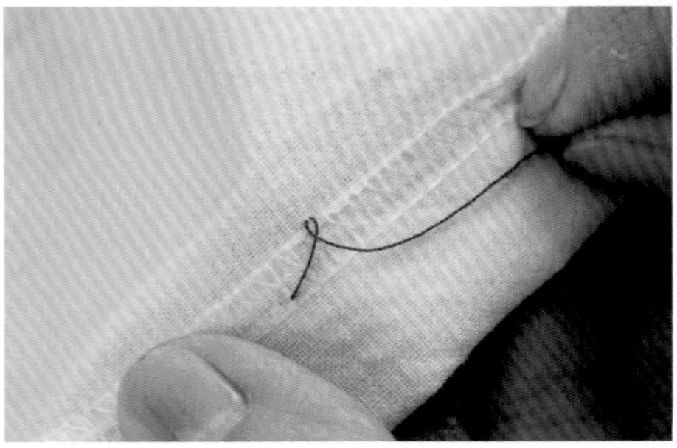

③縫線往右下縫份斜拉，形成一個小交叉。

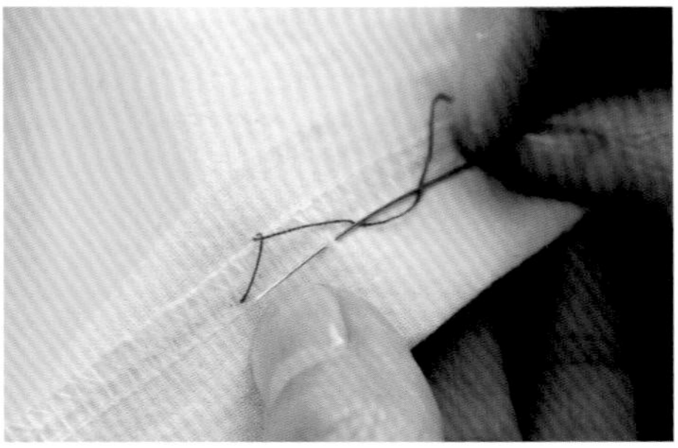

④在布邊線下緣，針由右至左縫一針（約0.2 cm）。

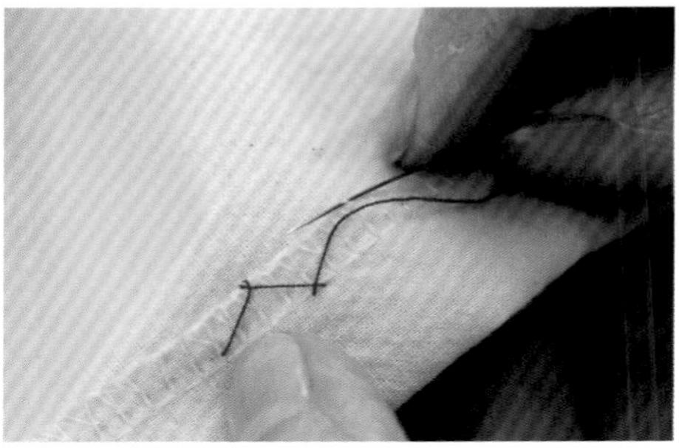

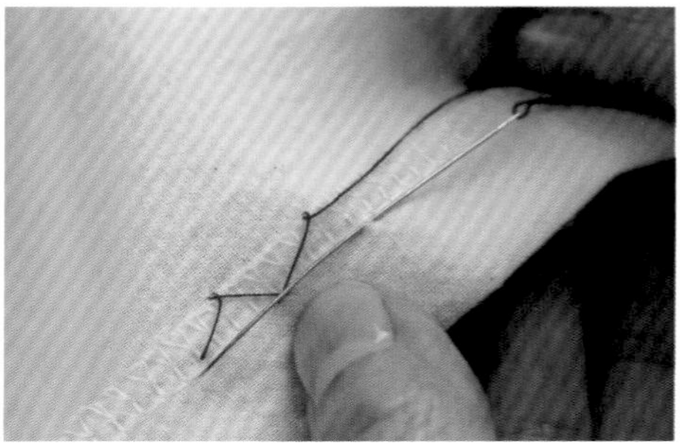

⑤重複以上動作，每針的距離約0.7~1cm，最後在縫份布邊線的背面做打結收針。

POINT

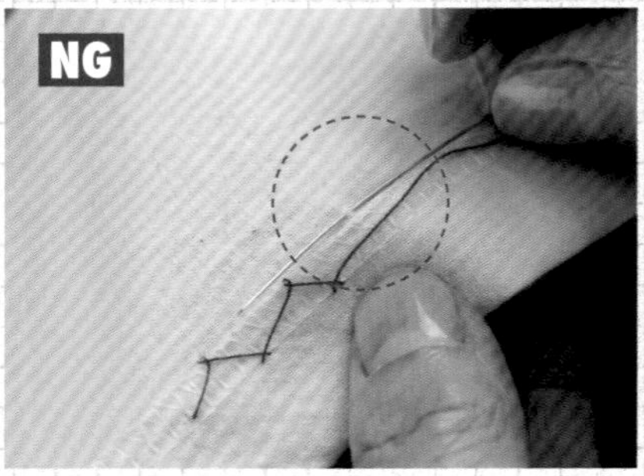

若不小心挑裙襬布太大針。

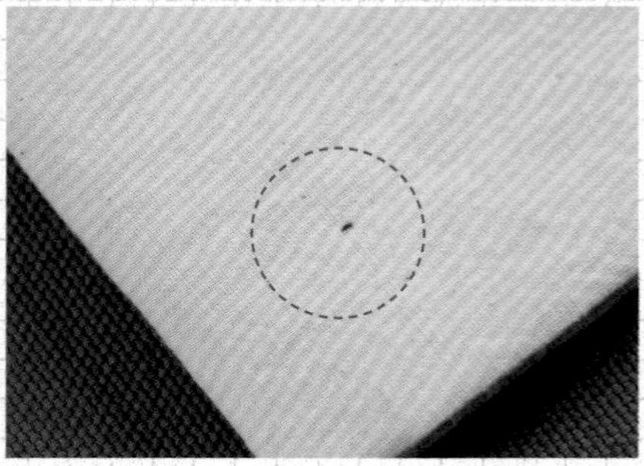

在裙襬正面就會看到縫線，所以每縫一針就要翻至正面看是否有出現針趾，若有即刻拆線。

b 斜針縫

細針，縫線同布料顏色，縫線單股線打結。

針法由右至左，應用在領口和袖口斜布條，褲（裙、衣）襬的三摺邊。

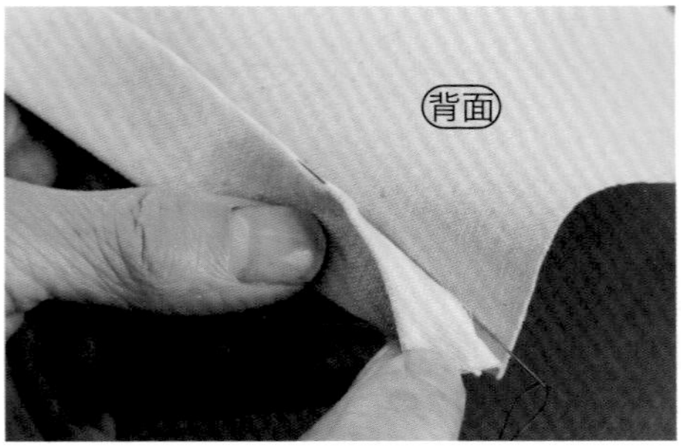
背面

①手縫針從裙襬的縫份摺邊背面入針，摺邊正面出針。

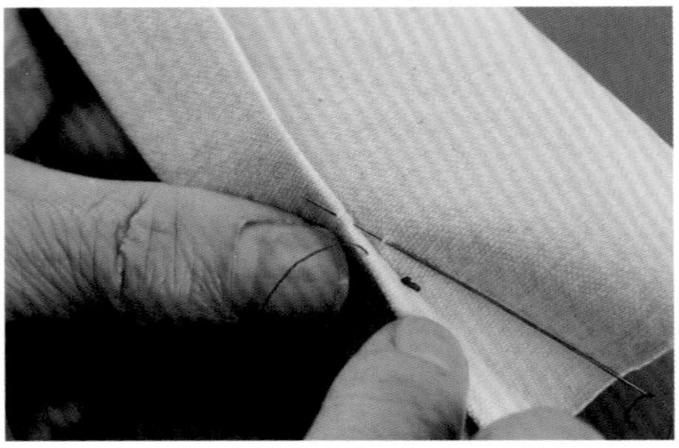

②再至裙襬布的正對面位置入針，僅挑1~2根線紗後出針，不拔針。

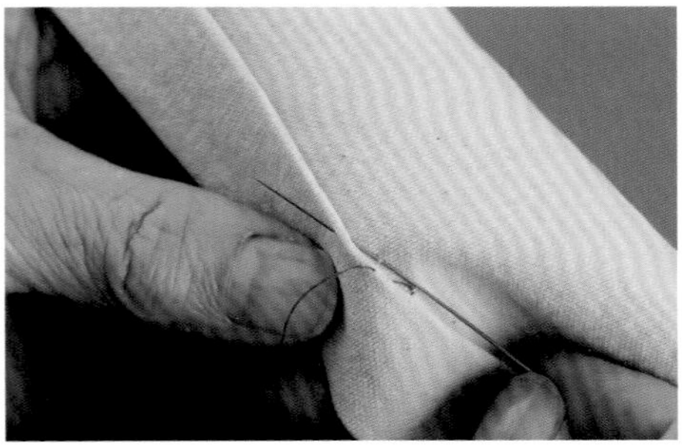

③再微斜至縫份摺邊上挑一針再拔針（約0.2cm），重複以上動作，每針的距離約0.5~0.7cm。

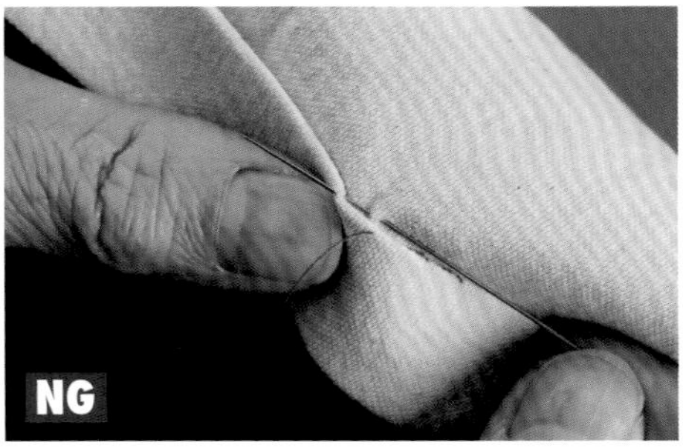
NG

挑太多線紗。

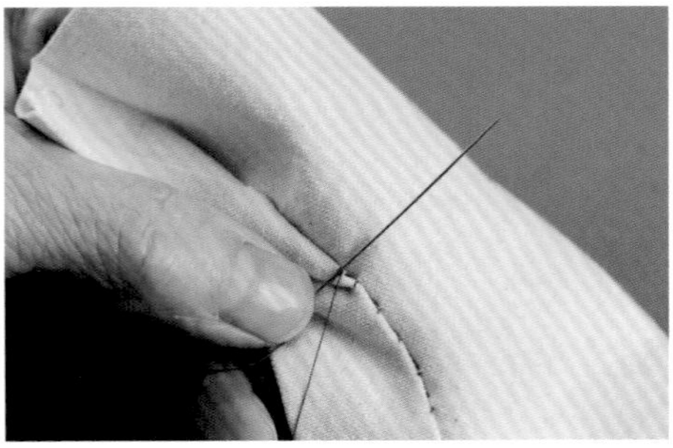

④在縫份摺邊的背面做打結收針。

背面樣

至正面，若看到縫線，表示挑裙襬布時挑了太多根線紗。
正面樣

c 藏針縫

細針，縫線同布料顏色，縫線單股線或雙股打結。
針法由右至左，應用在衣服綻開的修補，例如肩線。

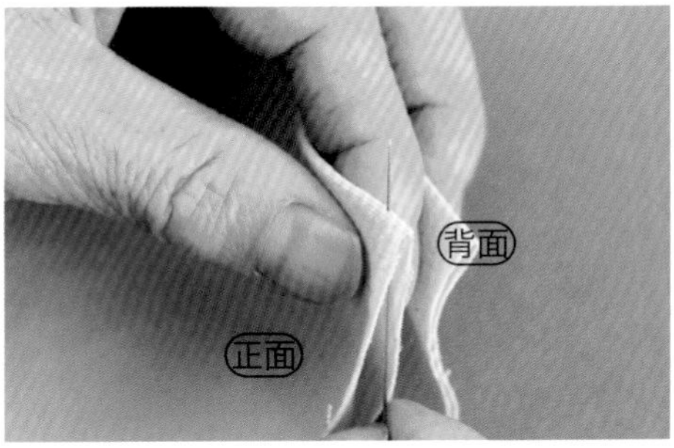

①將兩片布片抓齊，從隨意一片布片的摺邊入針出針。

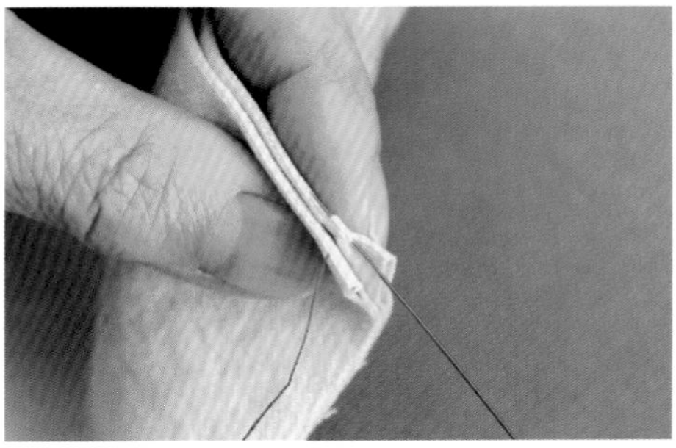

②再至另一布片的正對面入針再出針（約0.2~0.3cm）。

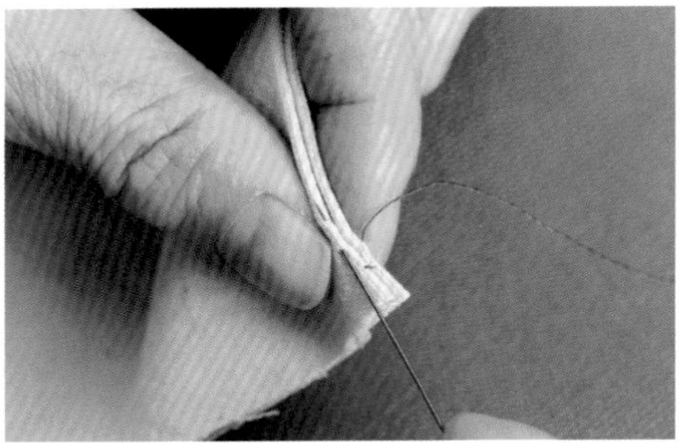

③再回到原來布片的正對面入針再出針（約0.2~0.3cm）。

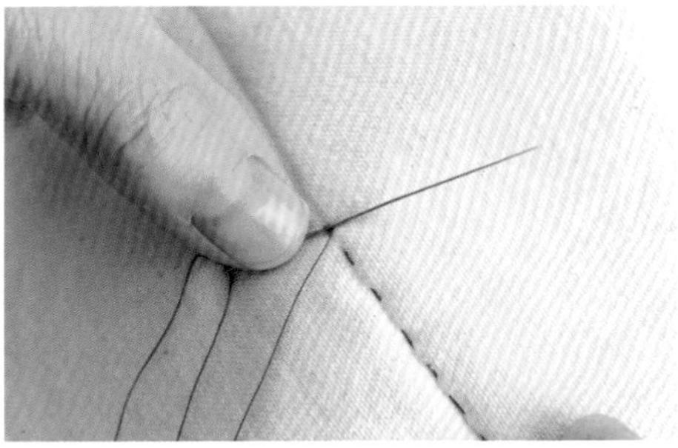

④重複以上動作，最後打結收針。

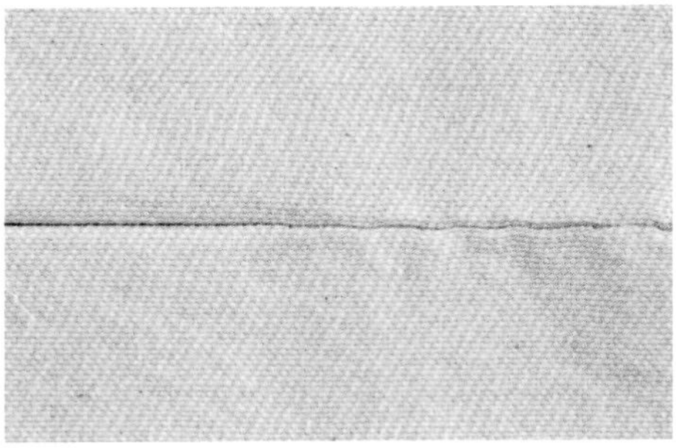

⑤至正面，撐開布片，看不到針趾。

d 隱藏式摺邊縫

細針，縫線同布料顏色，縫線單股線打結。

針法由右至左，應用在領口貼邊，褲（裙、衣）襬的二摺邊。

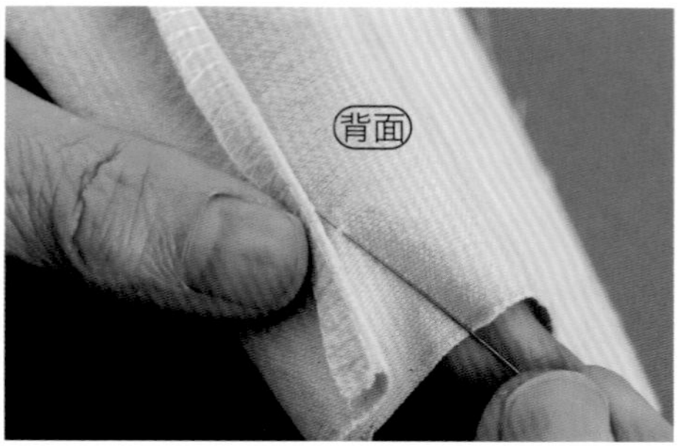

①布邊線往下摺，從裙襬布（高度和布邊的摺邊線一樣高的位置）挑幾根線紗入出針。

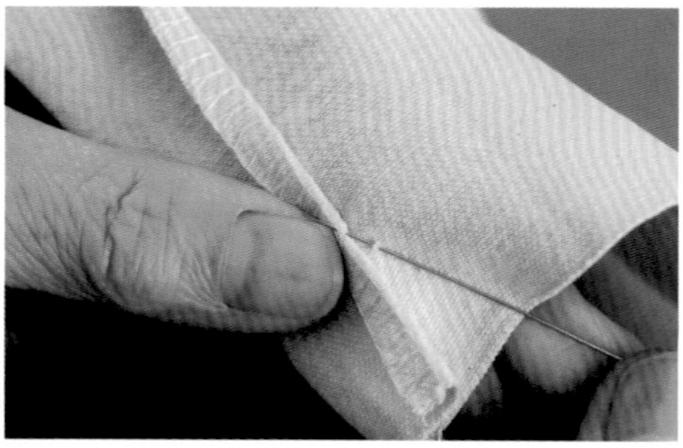

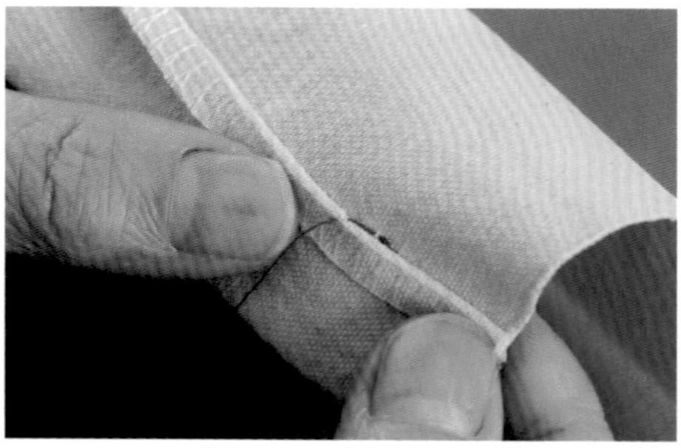

②不拔針，立即微斜至布邊線的摺邊上挑一針再拔針。

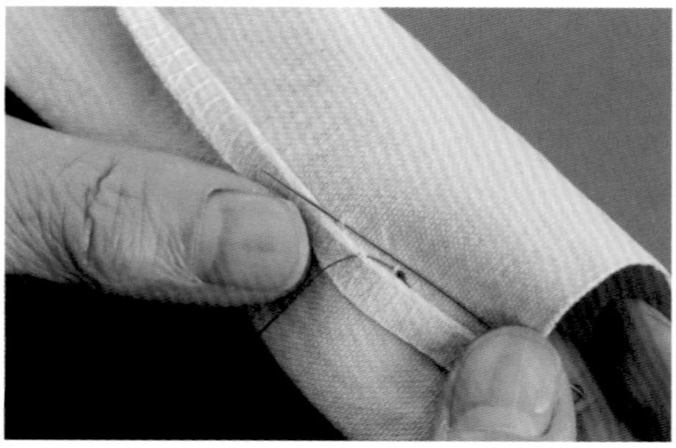

③再微斜至裙襬布上挑一針。

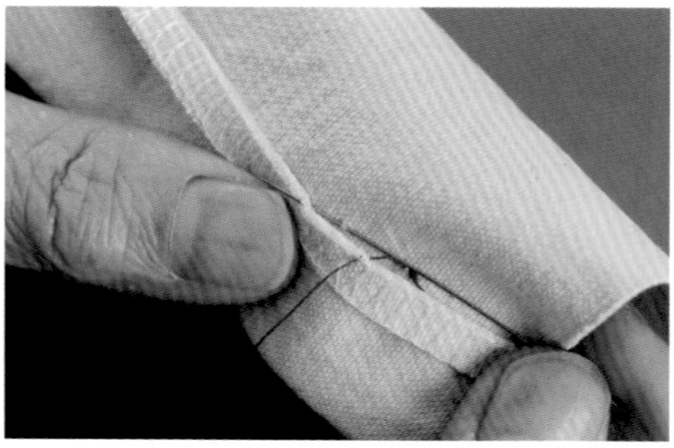

④重複以上動作，每針的距離約0.5~0.7cm。

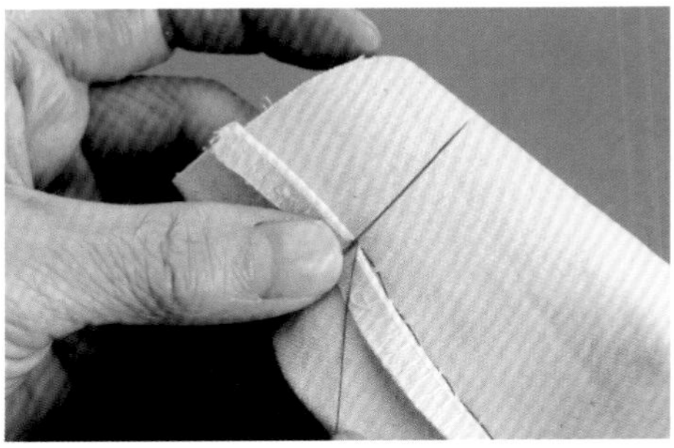

⑤在縫份和裙襬布的中間做打結收針。

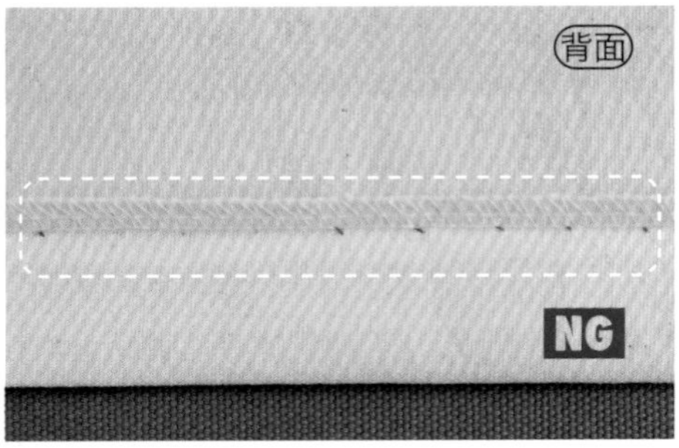

⑥在摺邊縫份上若有看一些針趾，代表挑布邊線的摺邊太大針。

⑦正面樣看不到針趾。

★隱藏式摺邊縫的完美縫法，在正面背面都看不到針趾。

STEP.8

F 關於彈性布料

車縫彈性布的車針和車線

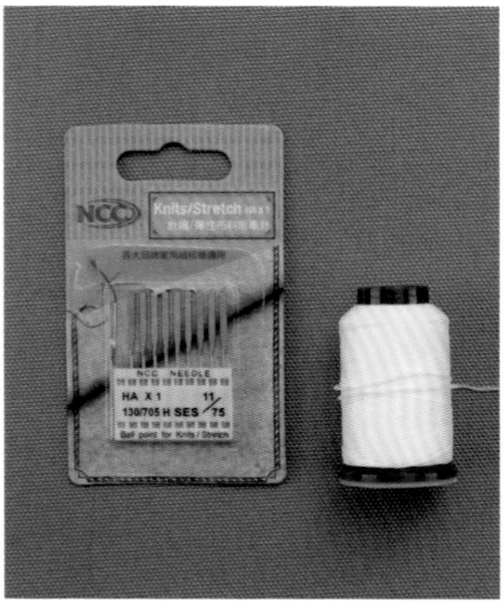

使用車縫彈性布的11號專用針，下線使用彈性線。

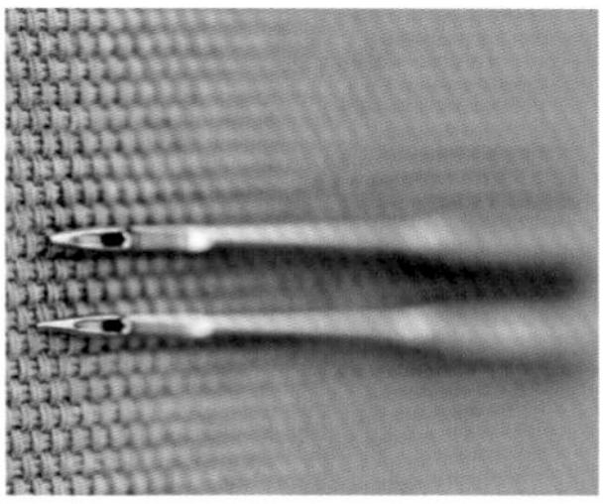

彈性布專用針（上）和普通布用針（下）比較，針眼較大，針頭略圓，能防止車縫彈性布的跳針狀況。

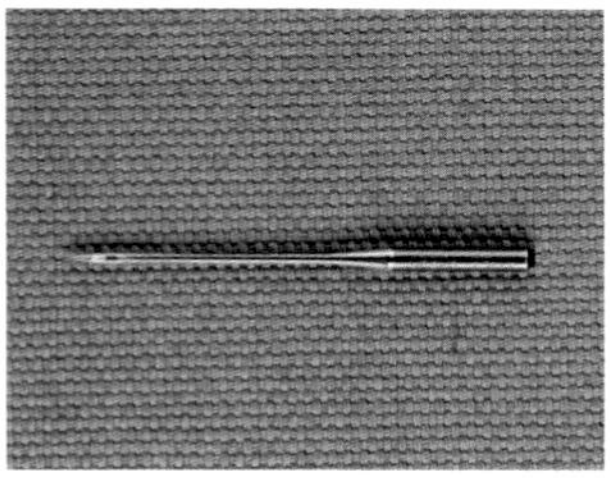

市售藍頭彈性布專用針。

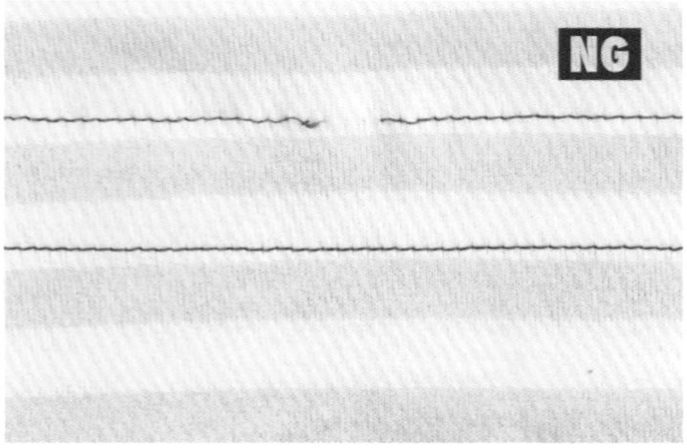

縫紉機下線使用彈性線，可避免彈性布車縫完後，撐開彈性布時車線斷掉。
如圖：上面縫紉機的下線沒有使用彈性線，所以會斷線。

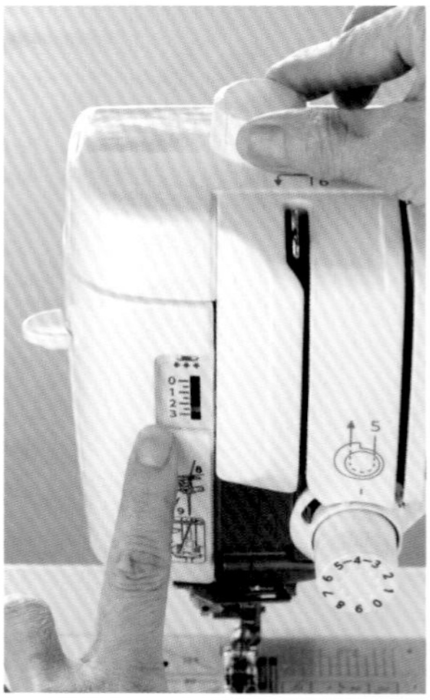

縫紉機壓布腳壓力調整至「①」。

★以上是縫紉機在車縫彈性布的環境，可以參考縫紉機的使用手冊。

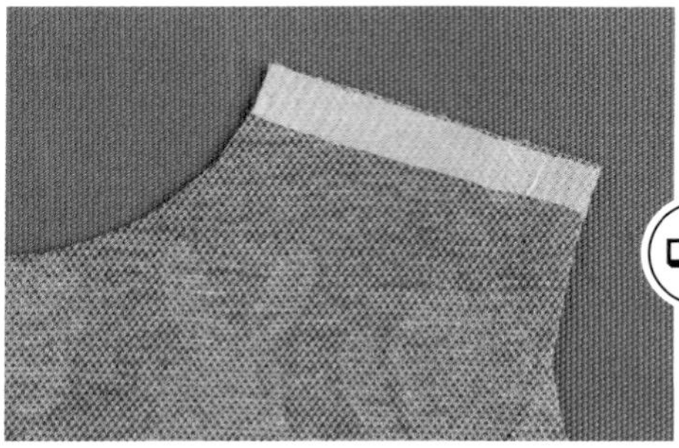

①上衣後片的肩線燙1cm寬的布襯，防止肩線斜線變形。

也有專為縫製衣服加強肩線、袋口等使用的牽條襯，剛好是1cm寬度。

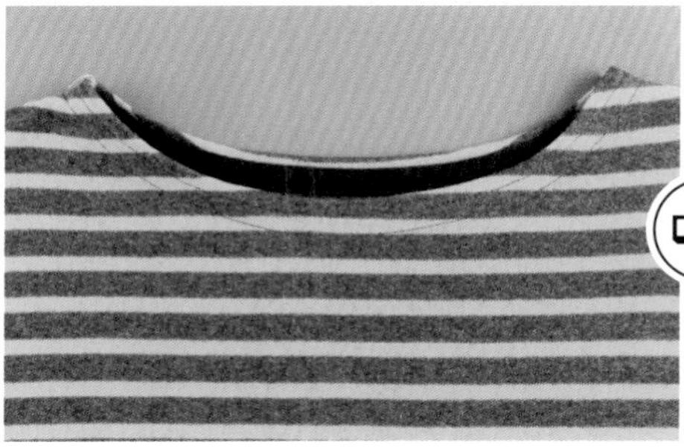

②使用1cm寬的棉織帶，當做彈性衣服領口的收邊。

1cm寬的棉織帶可應用在彈性衣服的領口，防止領口弧度變形。

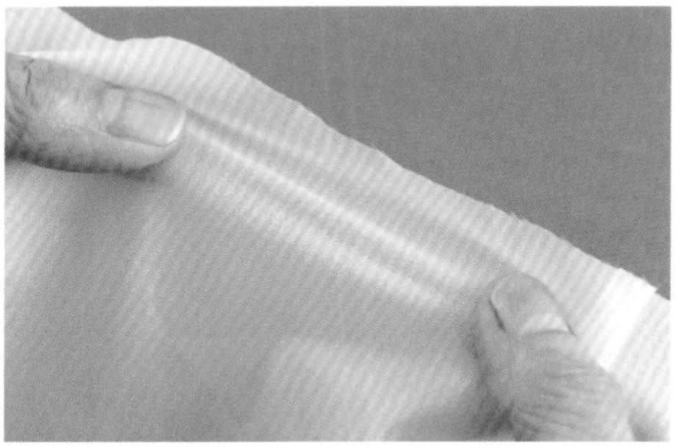

③彈性布建議用針織型的襯，具有較大的彈性。

④彈性衣縫製完成後，可以透過整燙，讓縫線更平順。

＊請參考P194。

STEP.8

G 有關褶的學問

單向活褶

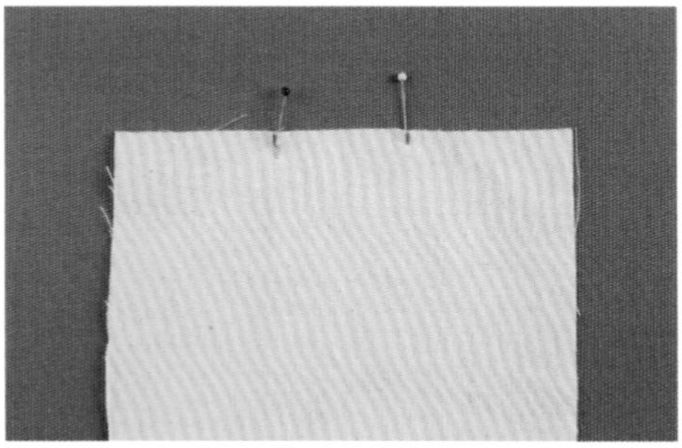

①在布的正面標示褶子的兩點記號。

②紅珠針往黃珠針方向摺。

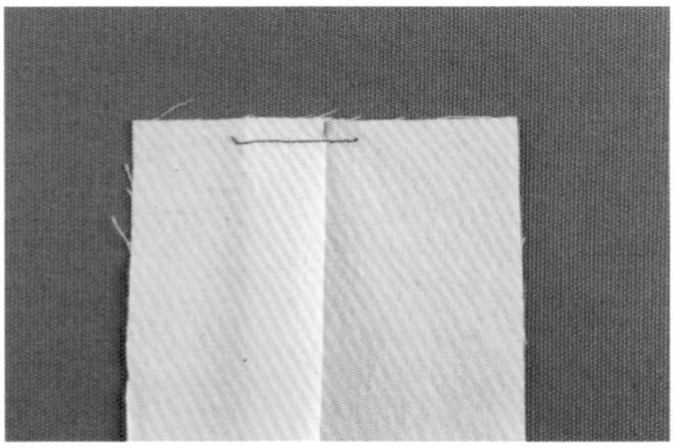

③車縫固定。

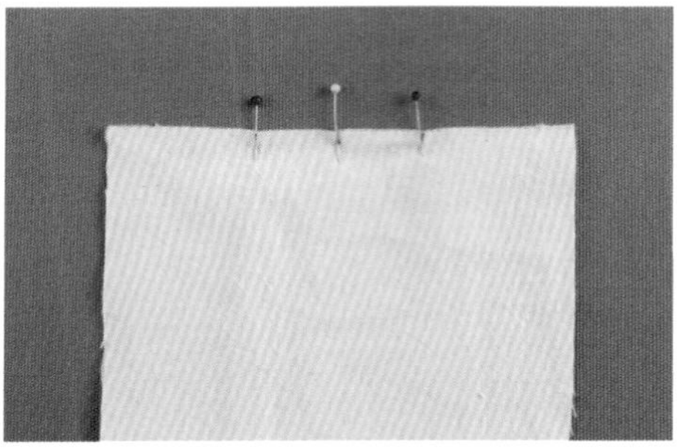

①在布的正面標示褶子的三點記號點。

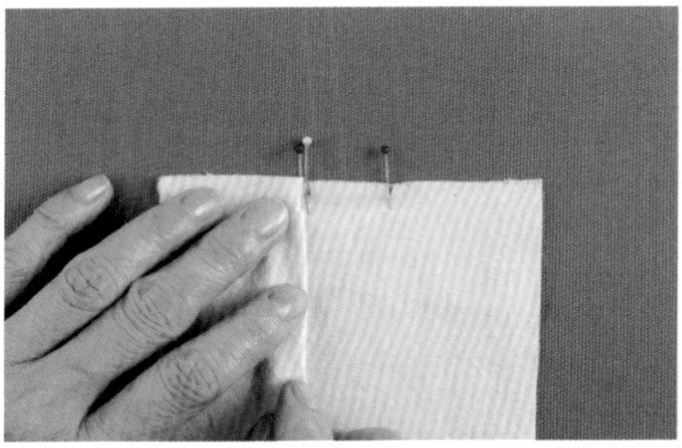

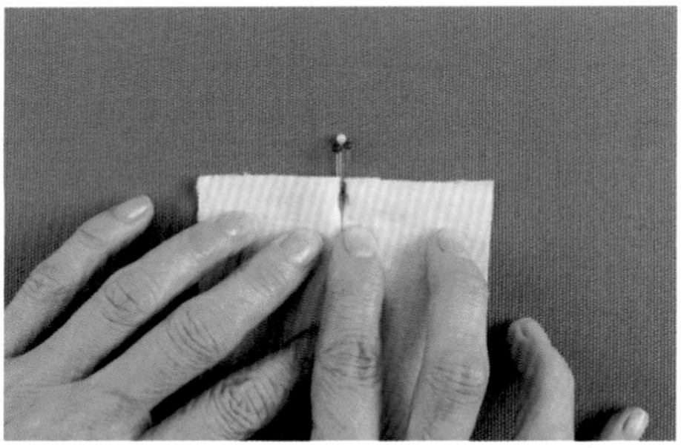

②紅珠針往黃珠針方向摺。

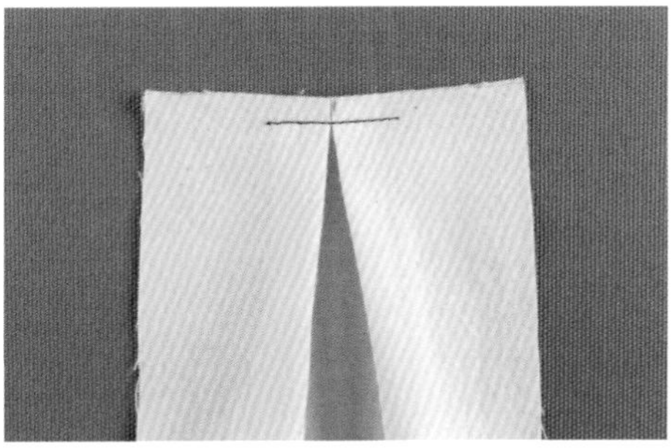

③車縫固定。

箱型固定褶（在背面車縫）

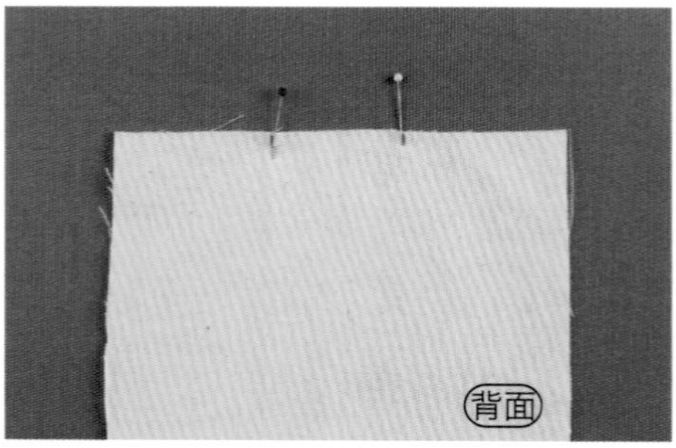

①在布的背面標示褶子的兩點記號。

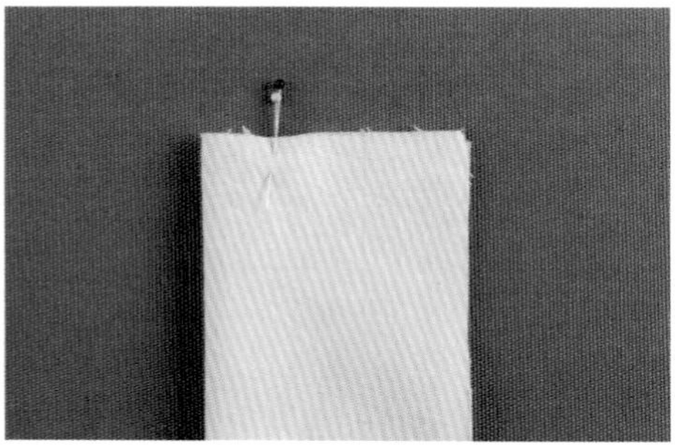

②布做摺疊，紅珠針往黃珠針重疊，畫出褶子的寬度及紙型上的車止點。

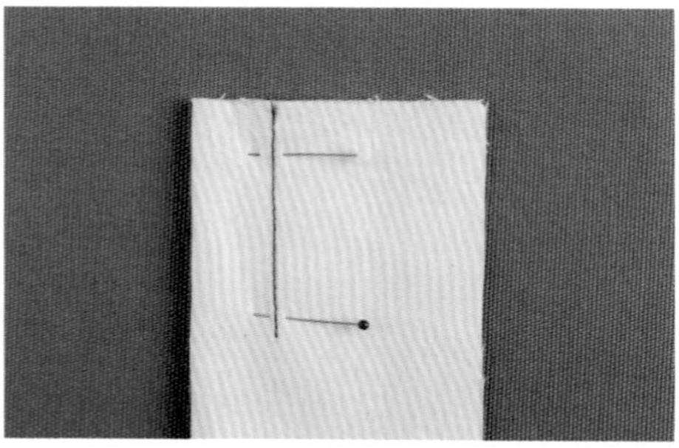

③在布的背面，從布的上緣車縫至車止點。

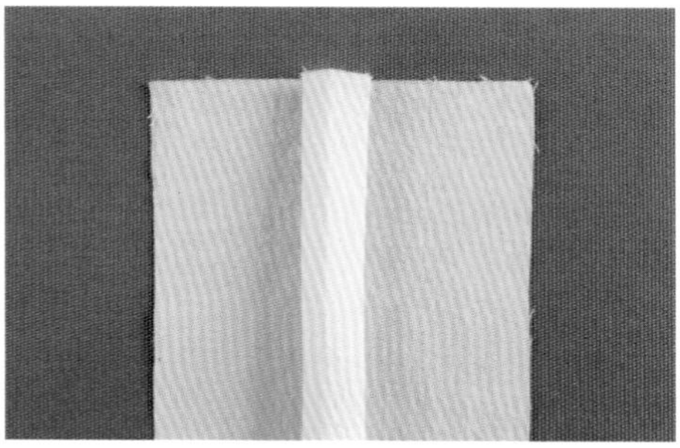

④攤開布，撐開褶子，並平均左右寬度，壓平整燙。

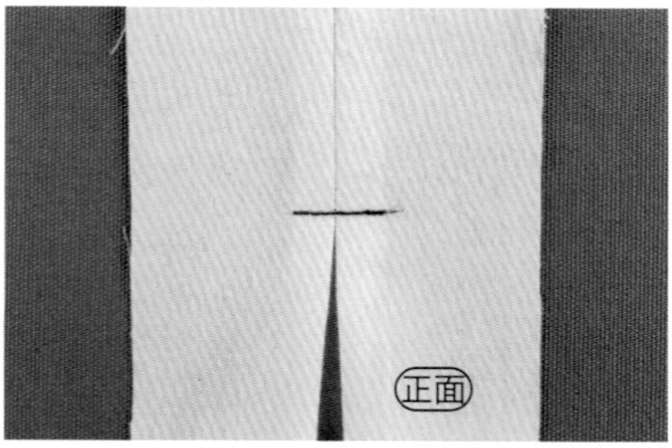

⑤在布的正面車止點位置，車縫一道車線，長度至少和褶子的寬度一樣。

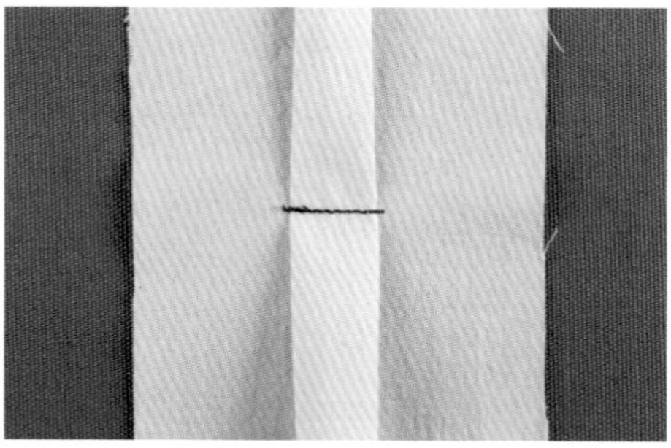

⑥背面樣。

尖褶如何車縫漂亮？

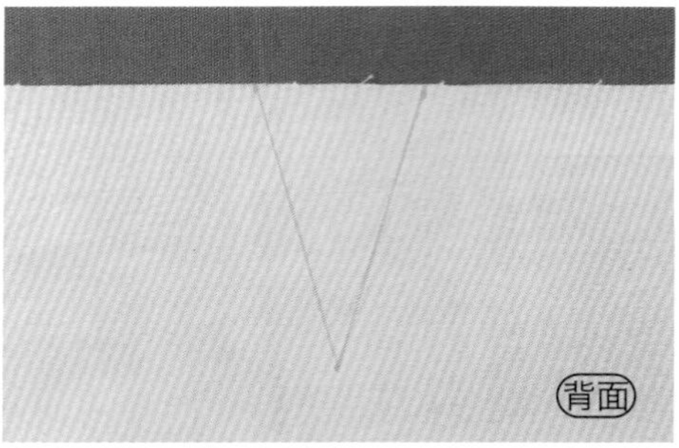

①在布的背面畫尖褶記號線。

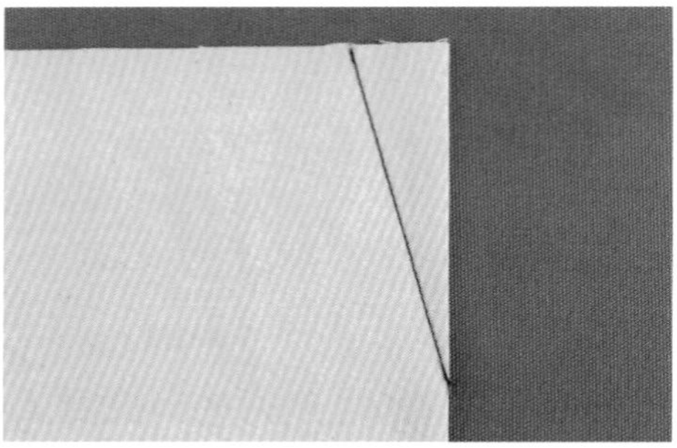

②尖褶對摺，上下兩條記號線重疊，依畫線車縫，這樣的方法是對的，只是還不夠完美。

完美車法

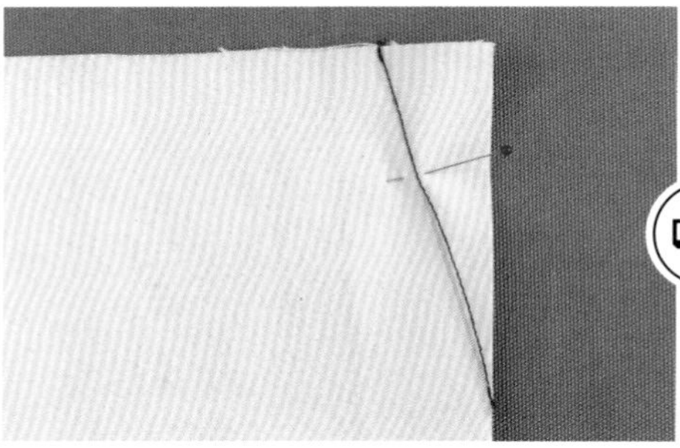

先依線車縫約1/3後（珠針處），開始往外（右）微偏離，呈略弧慢慢車縫至終點回針，回針針數不要太多。

圖中左邊是完美車法，終點線條較順；右邊終點則形成一個明顯的角。

另一種做出漂亮胸線尖褶的收尾法

除了依照上述完美車縫尖褶的方法，還有另一種做法，也能讓尖褶正面線條流暢美觀。

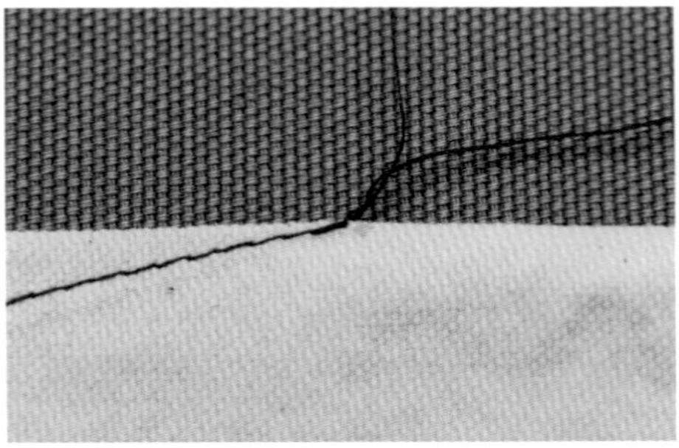

①胸線褶子終點僅回針約2針，最後留一小段車線。

★因為過多的縫車回針，會造成尖褶的末端點曲線僵硬。

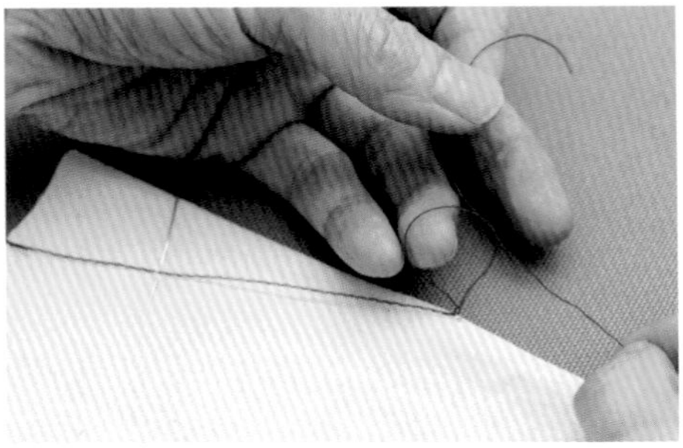

②再用手做線打結兩次。

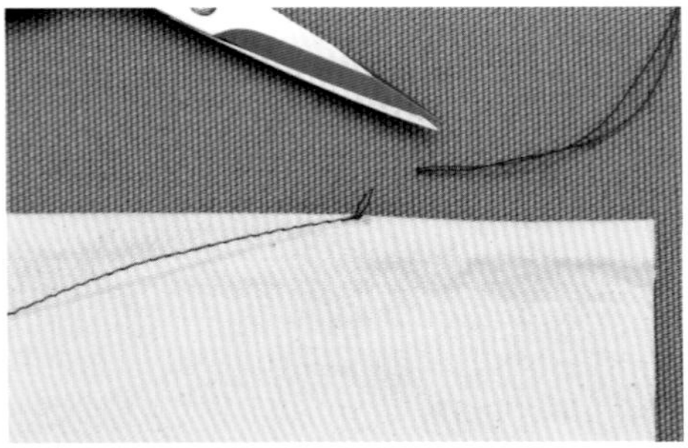

③剪去多餘的線。

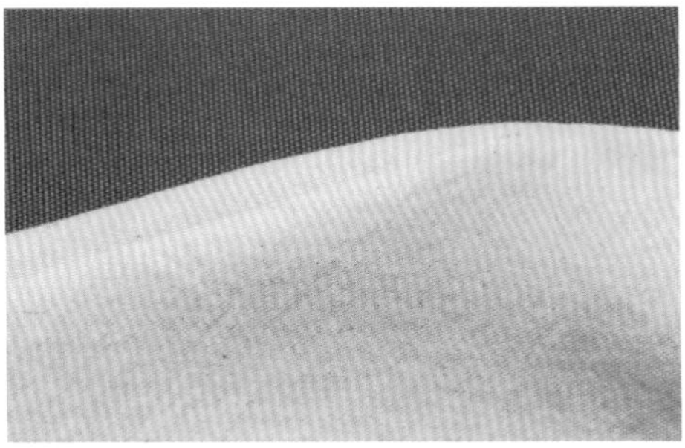

④完成完美的胸線褶子。

尖褶的倒向

胸線尖褶縫份倒向上。

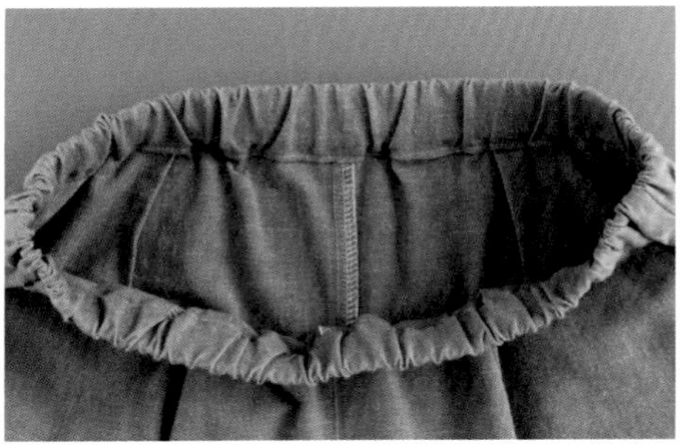
褲頭或褲管的尖褶縫份倒向中間。

厚布料的做法

一般布料尖褶不用剪開，但若是毛料厚布料款則需要剪開。

毛料布的尖褶從摺子中間剪開，縫份撥開。

拉細褶技巧通常用在裙片和上衣縫合

①上衣和裙片都標出中心記號點，縫紉機針目調至最大，車兩道頭尾皆不回、且不能重疊的車線，這兩道車線都要小於最後車縫的縫份（例如縫份1cm紫色畫線處），第一道車線離布邊0.5cm，第二道車線離布邊0.8cm，頭尾皆留一小段車線。

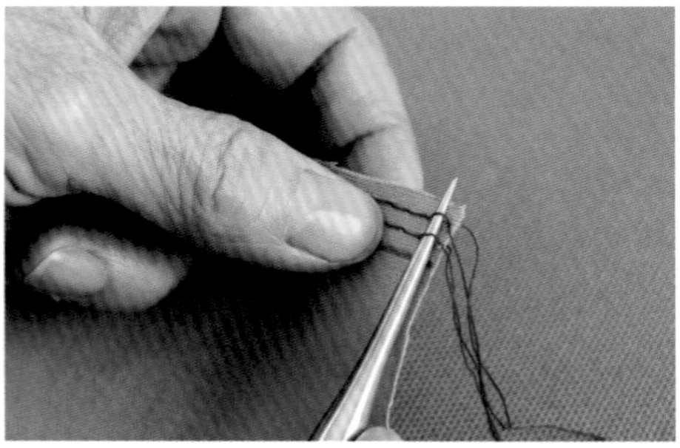

②用錐子分離四條車線。

③上下各兩條車線。

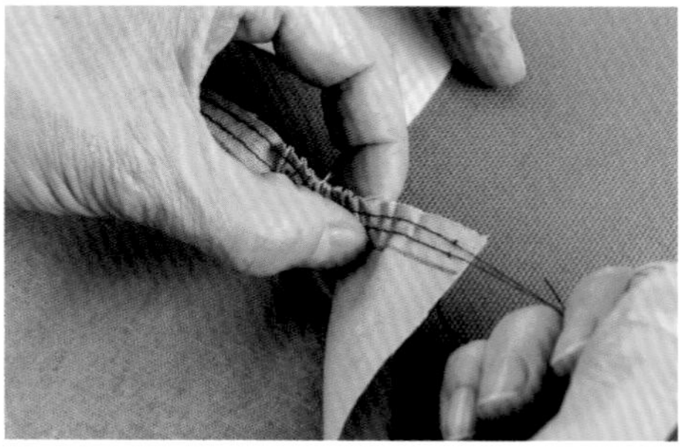

④一手拉動同一面的兩條車線，另一手推皺褶。

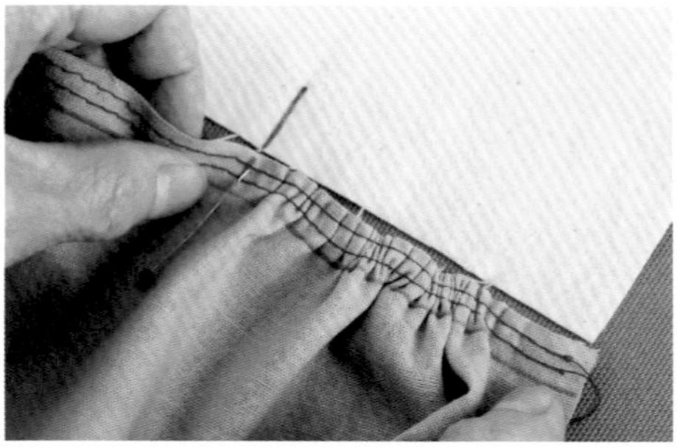

⑤重複動作，直到兩者的一半同寬。

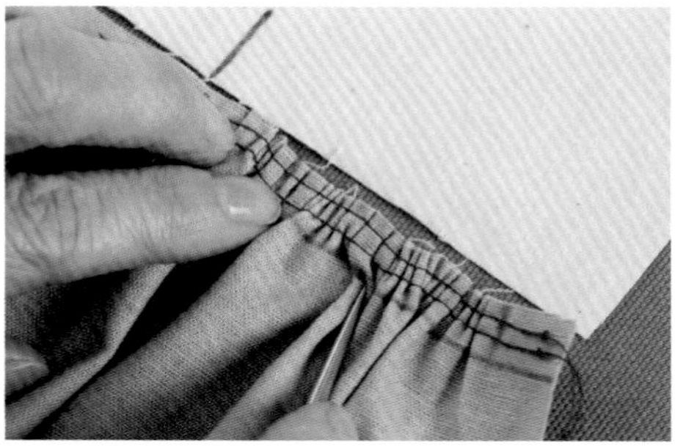

⑥用錐子協助撥弄皺褶平均，側邊約2cm不要有褶子；另半邊也是一樣的方法。

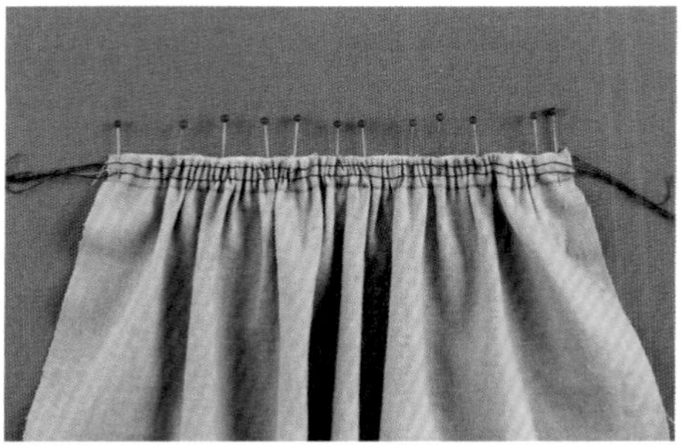

⑦確定裙片與上衣同寬後，裙子和上衣正面對正面用珠針固定。

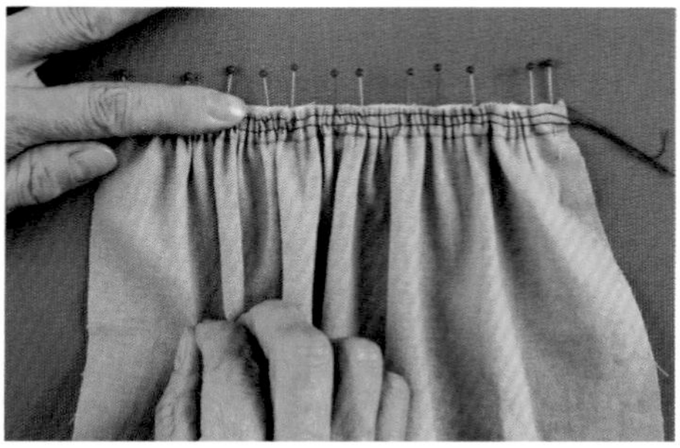

⑧固定後，一手壓住裙頭，另一手往裙襬方向拉，將歪斜的褶子拉正。

⑨車縫時，裙片朝上，這樣才可以留意褶子是否有歪斜的情況。

⑩如果是薄布料，車縫完後建議將一開始拉皺的兩道車線用錐子挑除。

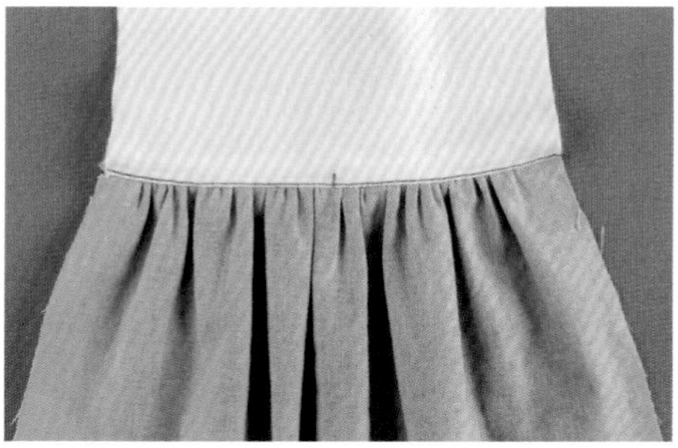

⑪在正面，縫份倒向上衣並整燙，以縫份0.1~0.2cm車縫壓線在上衣。

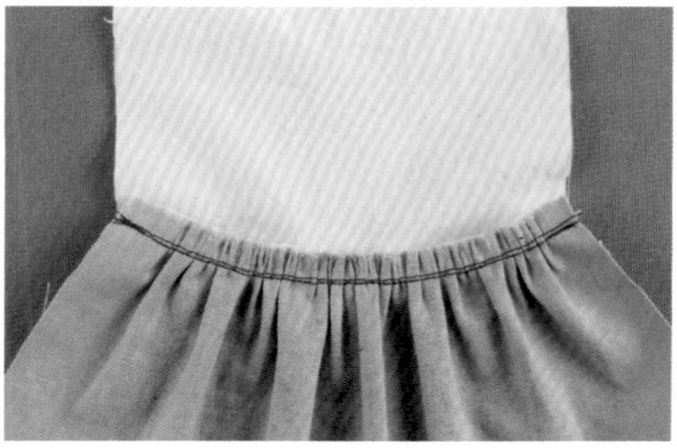

⑫背面樣。

固定車褶的縫份該如何拿捏？

固定車線最好靠近完成線。

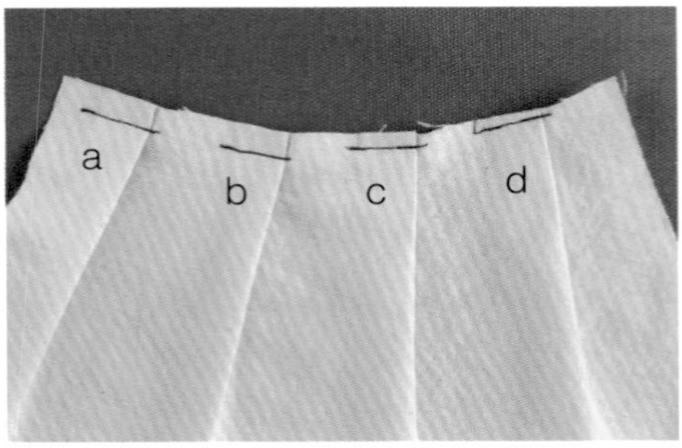

①以最後完成縫份1cm為例，如圖中四摺。

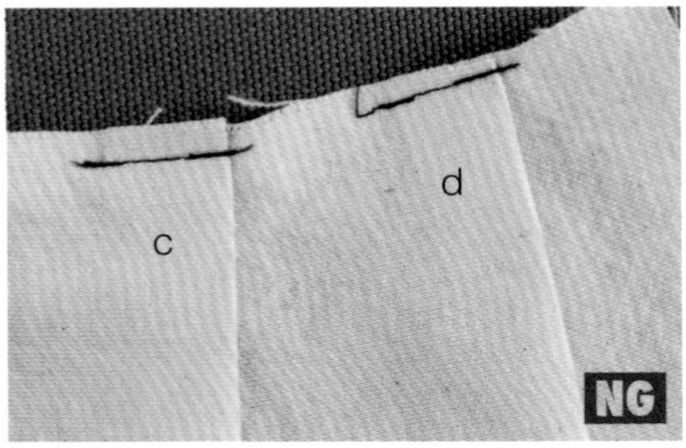

②c、d兩摺固定褶子縫份約0.3~0.5cm，這樣最後車縫時，褶子容易歪斜成散狀，如果是裙頭部位，裙頭布尺寸就會增大。

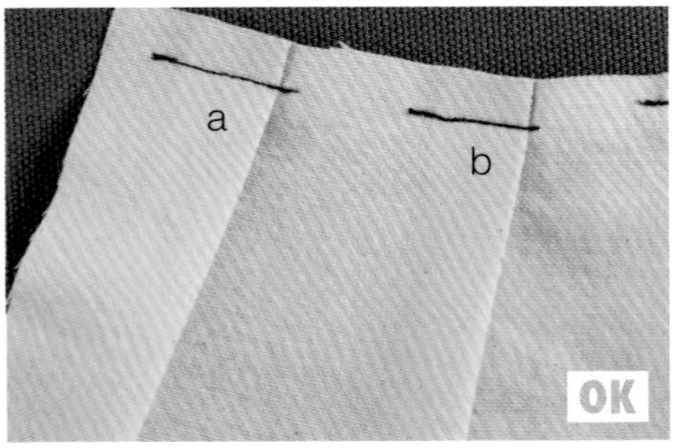

③a、b兩摺固定褶子縫份約0.8~0.9cm，靠近最後車縫的縫份1cm，褶子成筆直，裙頭尺寸較精準。

STEP.8

H

口袋的學問

在衣服外側的外口袋，該如何加強袋口的耐用度？

a 袋口來回針

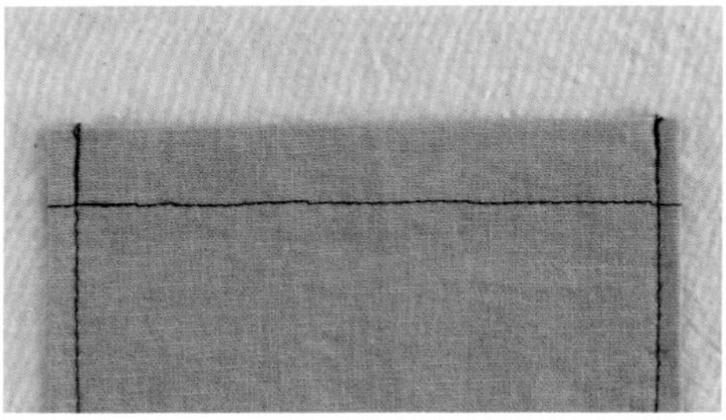

兩側袋口來回針可加強次數與針數。

b 兩側車三角

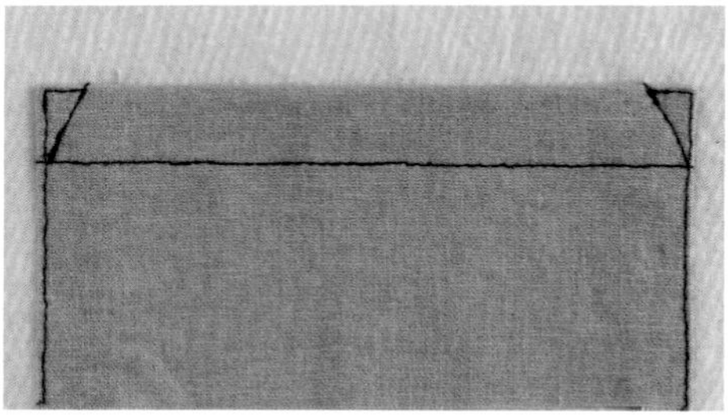

兩側袋口車縫寬度約0.7 ~1cm的三角形。

c 兩道車線

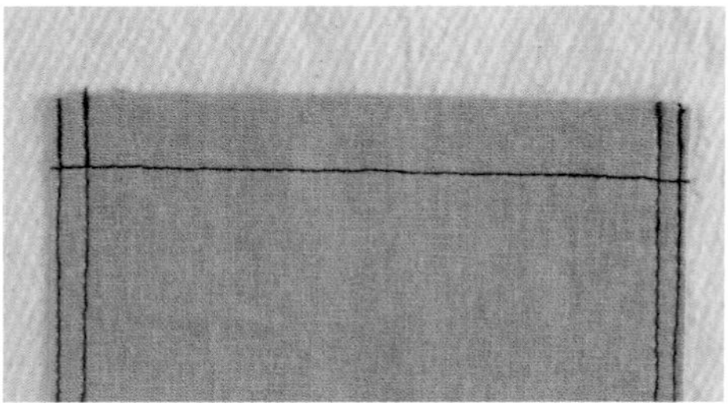

在口袋外圍車縫兩道車線。

如何製作有弧度的外口袋？

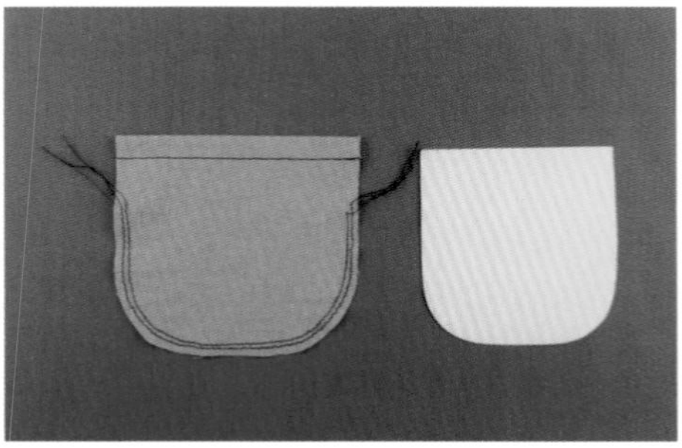

①用厚紙板做口袋紙型，剪一片比紙型四周都多1.5cm縫份的布，袋口往內摺1.5cm，離摺邊1cm車縫壓線。
縫紉機針目調整至最大，U型處車兩道頭尾皆不回針且不能重疊的車線，第一道車線離布邊0.5cm，第二道車線離布邊0.8cm，頭尾皆留一小段車線。

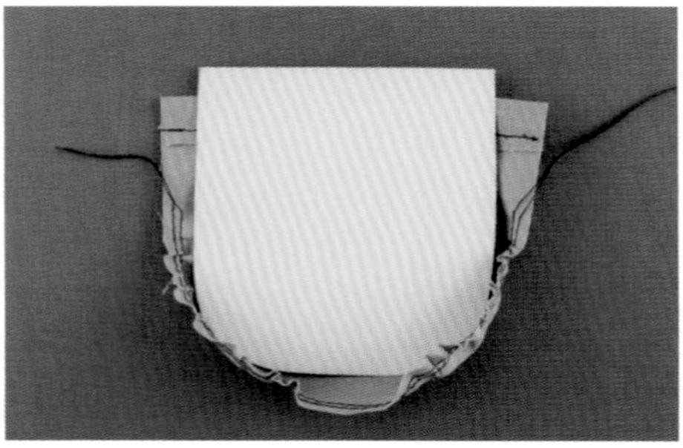

②口袋布背面朝上，微拉緊正面的兩條車線，口袋布略往內縮，放入紙型。

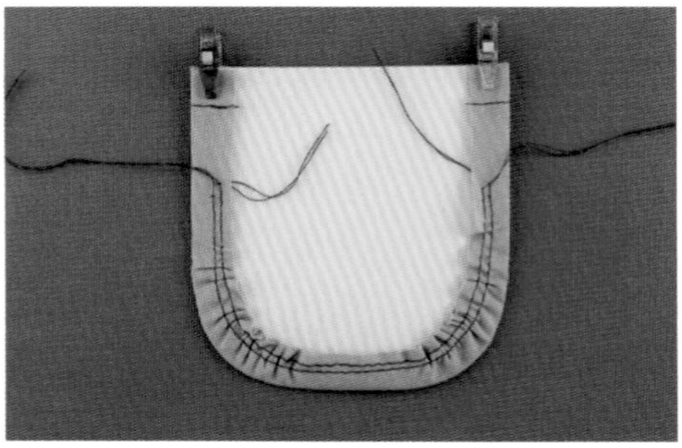

③布將紙型包住，強力夾夾住口袋和紙型的兩個端點，拉動車線並調整弧度處的皺褶。

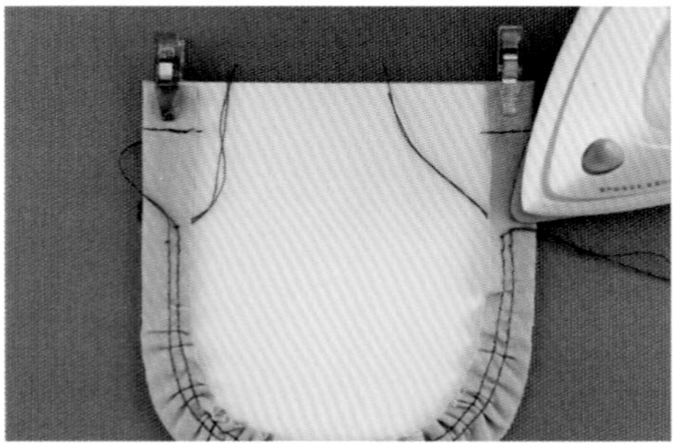

④熨斗整燙口袋邊緣，讓口袋形狀定型。

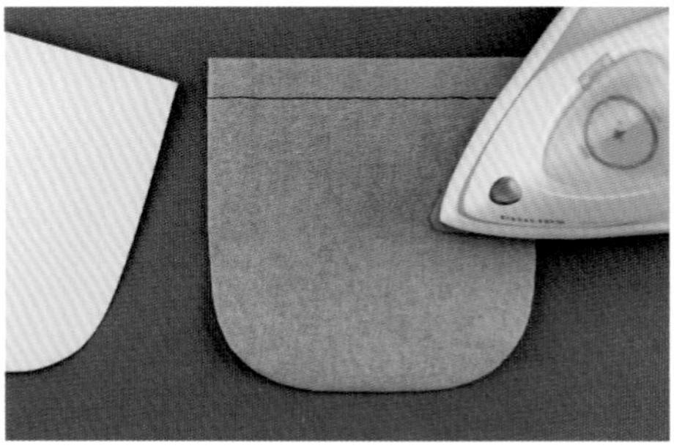

⑤確定口袋定型後，取出紙板，因為紙板有厚度，所以口袋要再加強整燙，這樣弧形口袋就成形了。

口袋種類

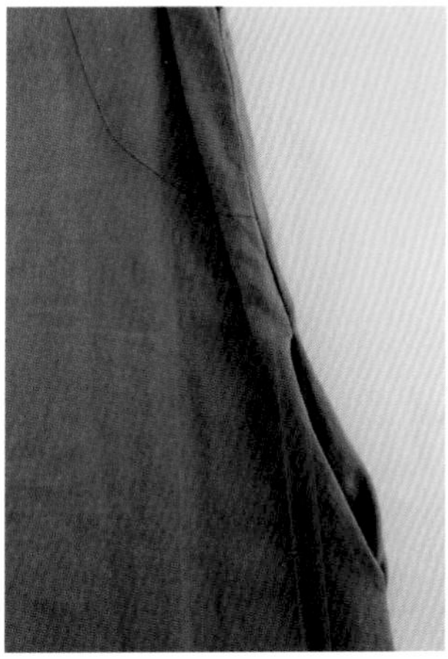

a 一體成形口袋

口袋和衣身一體成形沒有裁切車縫線，更加呈現衣款的質感，很多大衣、風衣都使用這種方法。

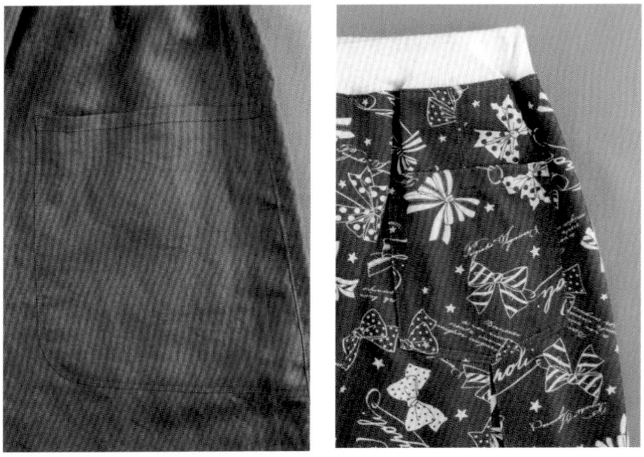

b 開放型口袋

常使用在活潑帥氣風格型的衣款。

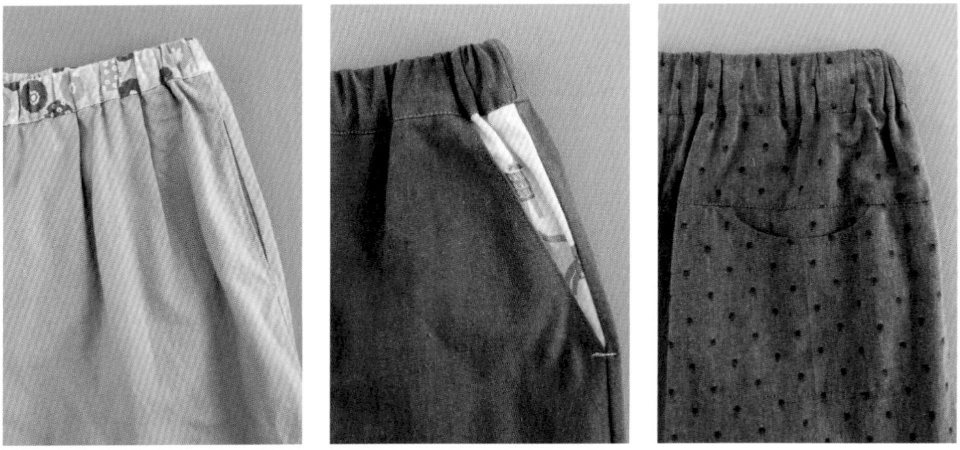

c 隱藏（半隱藏、完全隱藏）口袋

洋裝、褲裝、裙裝最常使用的口袋型。

STEP.8

1 斜布條和包邊的學問

領口和袖口的斜布條長度如何計算？

縫製衣服所需的斜布條，通常用在領口和袖口包邊，可以用捲尺繞衣服領口或袖口一圈，所得數字再加上重疊的縫份2cm，就是斜布條的長度。

★記得丈量時，尺要放鬆，斜布條可以多取一點長度。

斜布條寬度如何計算？

取決於是採用三摺或四摺包邊，以及縫份多少。

三摺包邊➡縫份×3+0.5cm
例如：1cm縫份，斜布條則3.5cm寬。

四摺包邊➡縫份×4+0.5cm
例如：1cm縫份，斜布條則4.5cm寬。
★多加0.5cm是考量布的厚度，若是毛料布，需要加0.7~1cm。

畫斜布條的工具

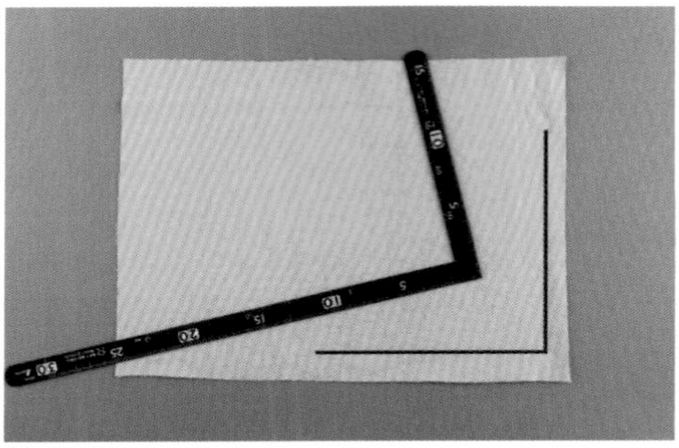

①用直角尺在布片上畫出直角，因為斜布條需要45度，角的兩邊要一樣長。

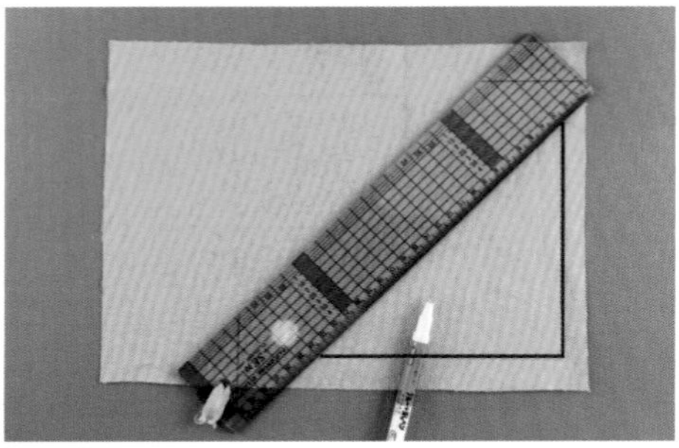

②畫出直角的斜邊，再用方格尺以斜布條需要的寬度，等距平行畫出多條斜布條。

斜布條接合

a 斜邊斜布條接合

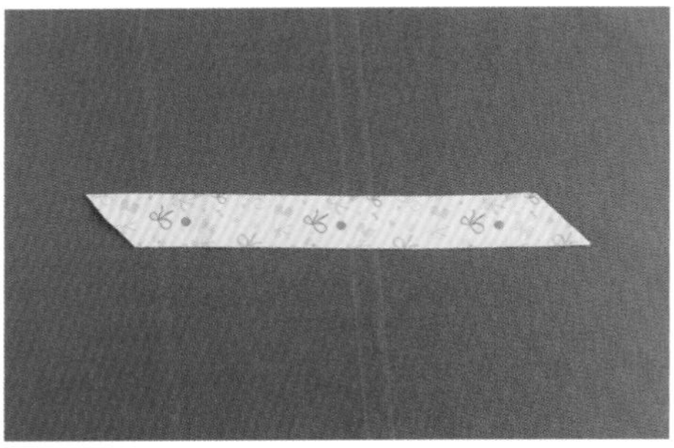

①裁剪出斜邊斜布條

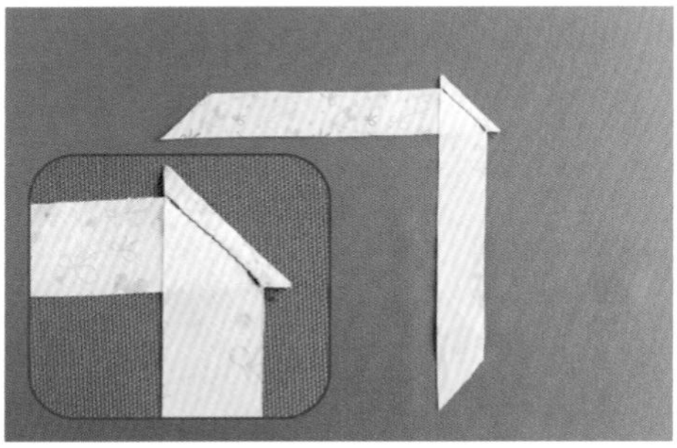

②兩條布條正面對正面斜邊重疊呈垂直狀，交叉點車縫至交叉點。

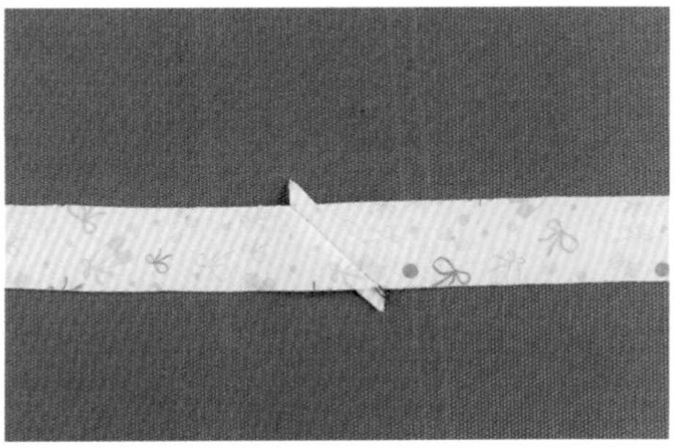

③縫份撥開。

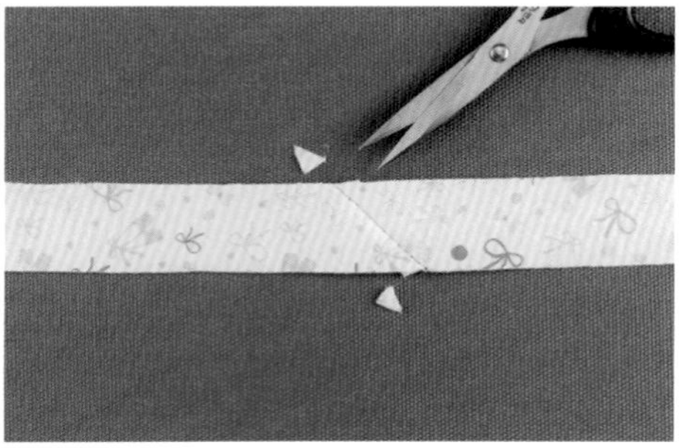

④布邊剪齊，完成斜布條的接合。

b 不規則邊的斜布條接合

①縫製衣服時，斜布條通常是最後裁剪，所以裁剪的斜布條兩端常會呈現不規則邊。

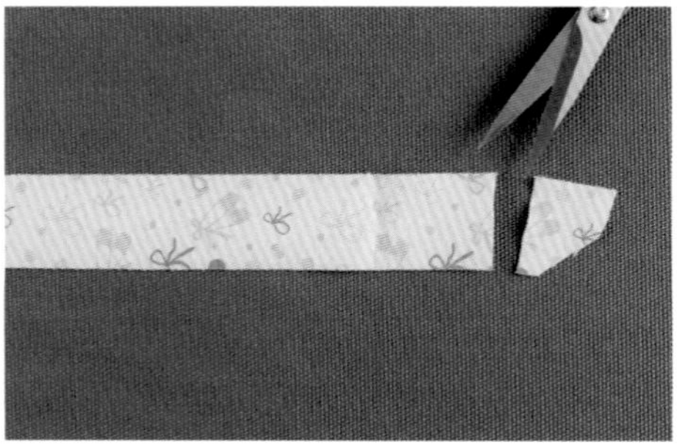

②斜布條兩端剪平剪正。

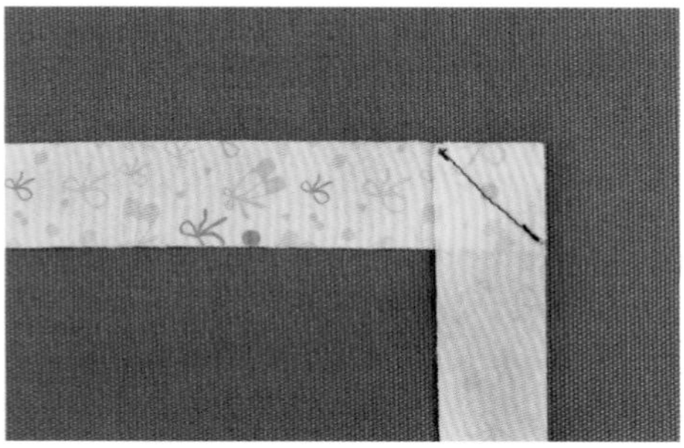

③兩條斜布條正面對正面呈垂直狀，重疊處由內斜至外車縫（可先畫線）。

④留縫份0.7cm，其餘剪掉。

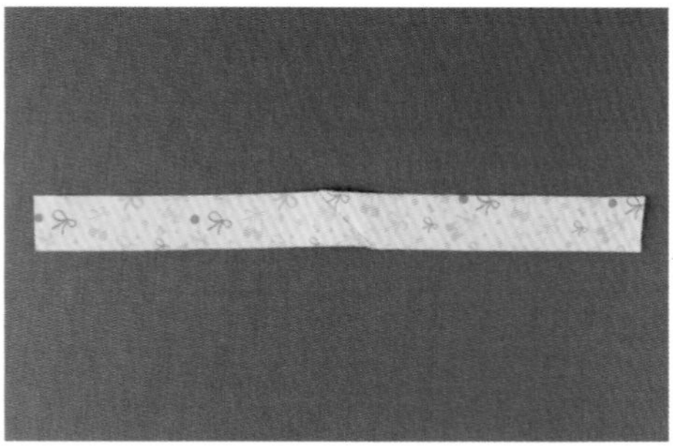

⑤縫份往兩邊撥開，完成斜布條接縫。

完美三摺包邊

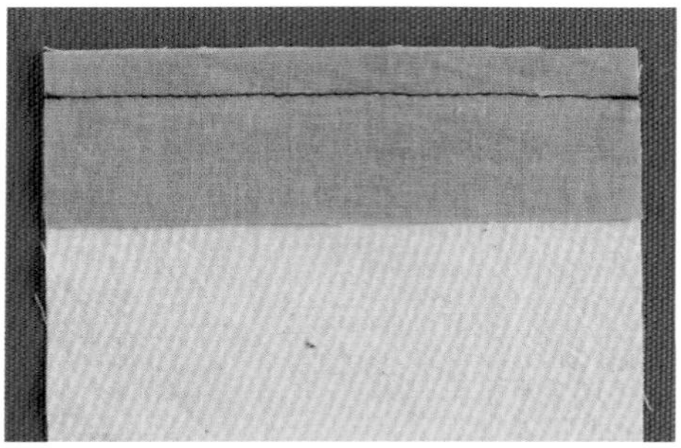

①布條和上衣領口正面對正面，縫份1cm車縫。

②在正面，布條和縫份皆往上，整燙車縫處。

③在背面，布條摺至前一道車縫線，整燙。

★此時布條三等份摺。

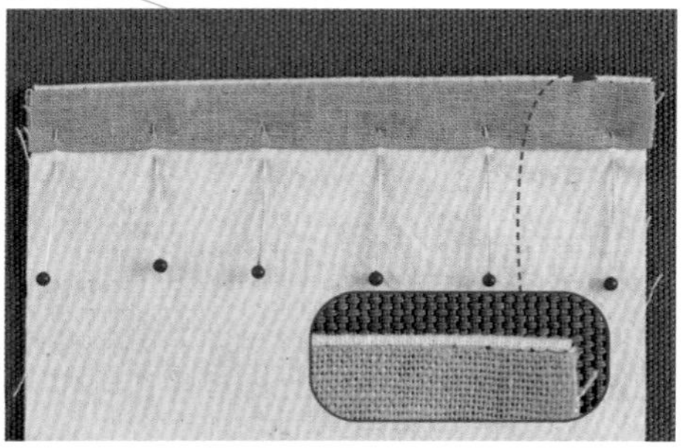

④在背面，整個布條往內摺，可以看見約0.1 cm的上衣，整燙。
珠針固定布條和上衣，珠針上下出入針跨在兩者的交界且針距小，背面朝上，離布條褶邊0.1cm車縫。

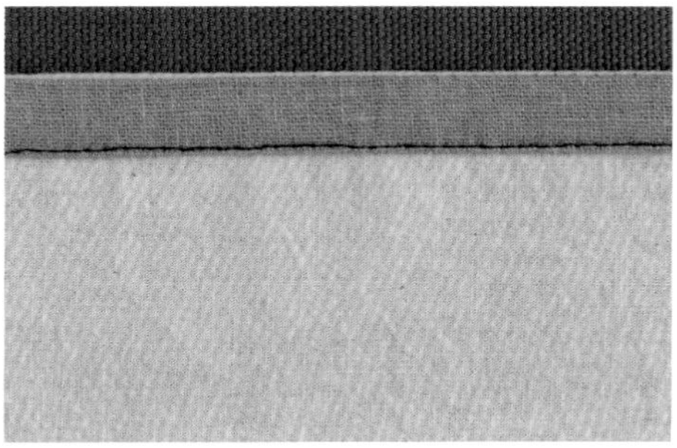

⑤背面樣。

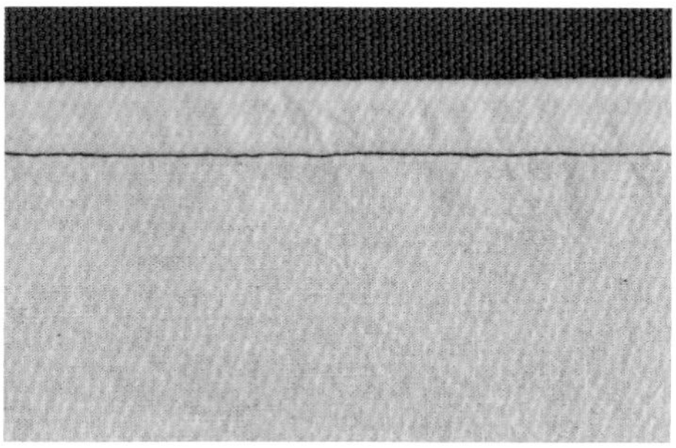

⑥正面樣。

＊應用：領口、無袖上衣的袖口。
＊布條寬度3.5公分。

完美四摺包邊

口訣：燙、別、看（邊車邊看）、摸（邊車邊摸）

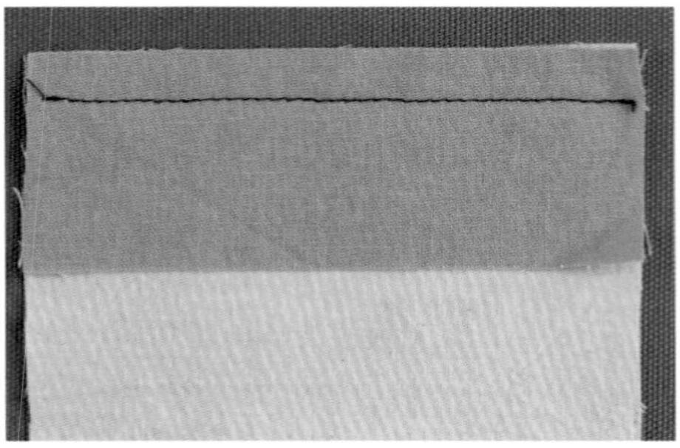

①裙和布條正面對正面，縫份1cm車縫。

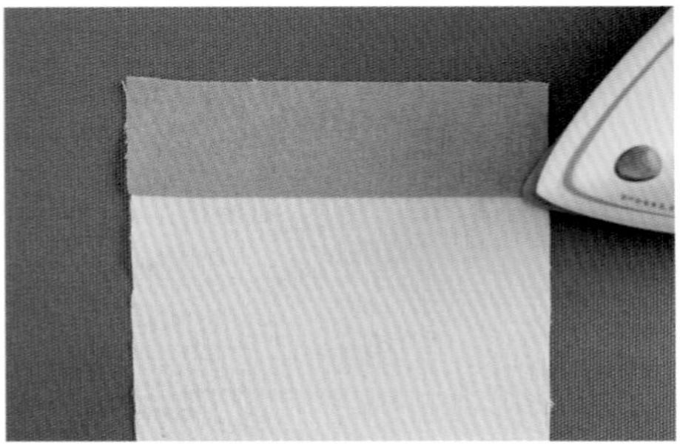

② 在正面，布條和縫份皆往上，整燙車縫處。

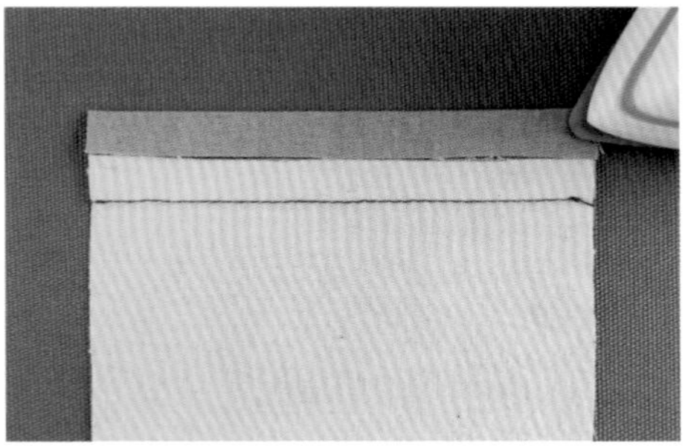

③在背面，布條往內摺1cm，整燙。

★此時布條四等份摺。

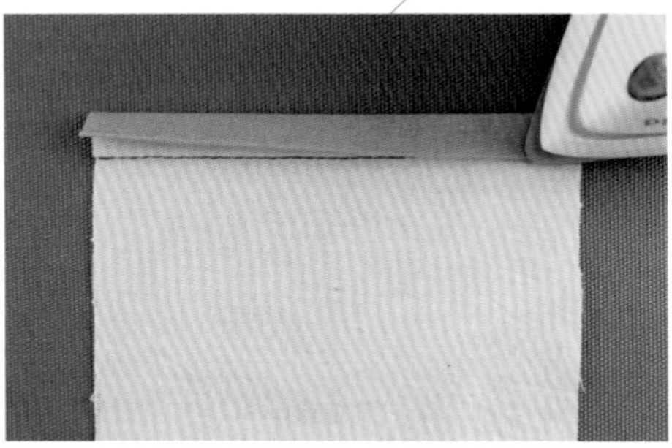

④在背面，布條再摺至前一道車縫線，超過（蓋過）車縫線0.1cm，看不見車縫線，整燙。

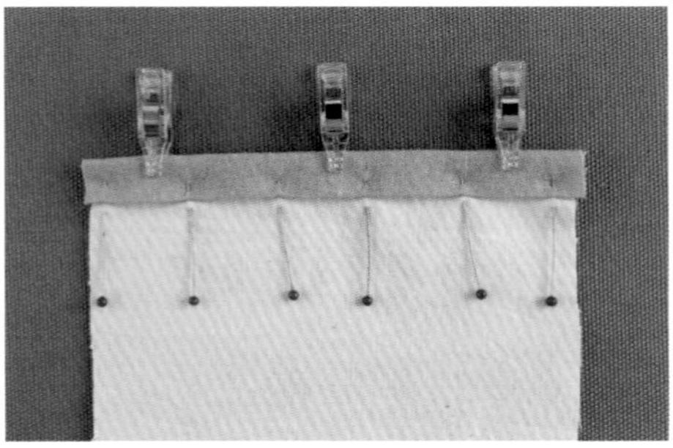

⑤在背面，珠針固定布條和裙，珠針上下出入針跨在兩者的交界且針距小，強力夾輔助固定。

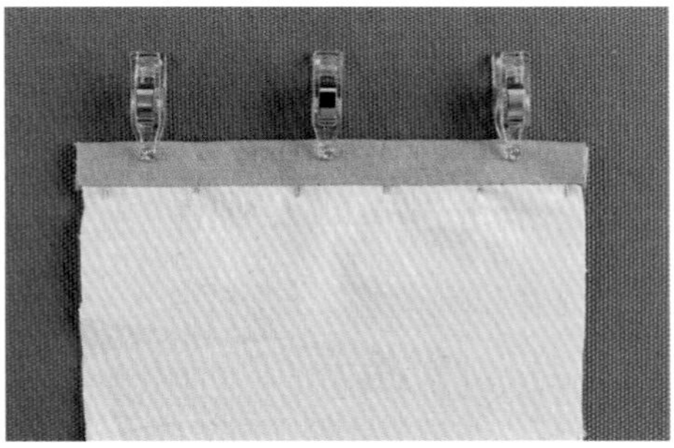

⑥正面樣。

＊應用：裙頭、褲頭、領口、袖口。
＊布條寬度4.5公分。

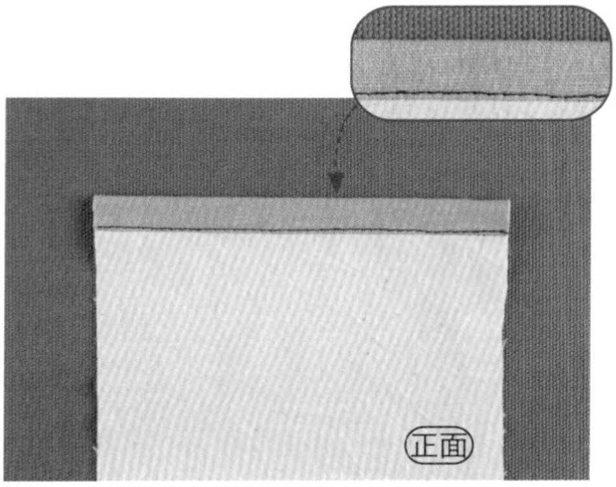

⑦車縫時，裙正面朝上，布條邊朝向縫紉機內側（右），離第一道車縫處0.1 cm車縫壓線，車縫一小段，就掀開背面看，若發現有珠針脫離，即時調整；左手在正面也同時邊車縫邊摸，隱約會摸到布條的第一道摺邊。所以記住「**燙→別→看（邊車邊看）→摸（邊車邊摸）**」， 就可完美車縫四摺包邊。

曲線包邊

a 外凸曲線

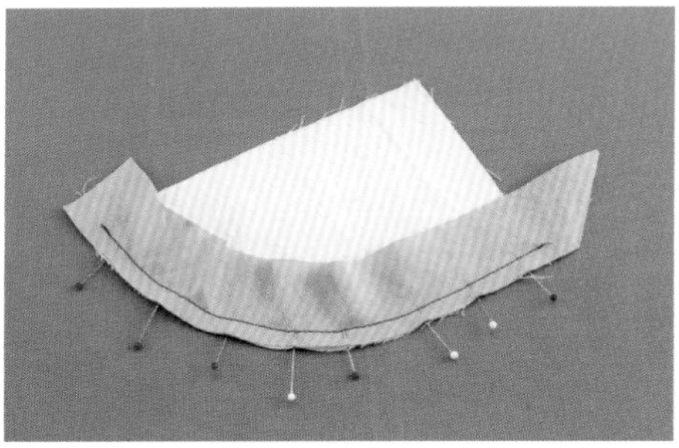

①斜布條微放鬆（因為有內外差的關係），用珠針固定，車縫。

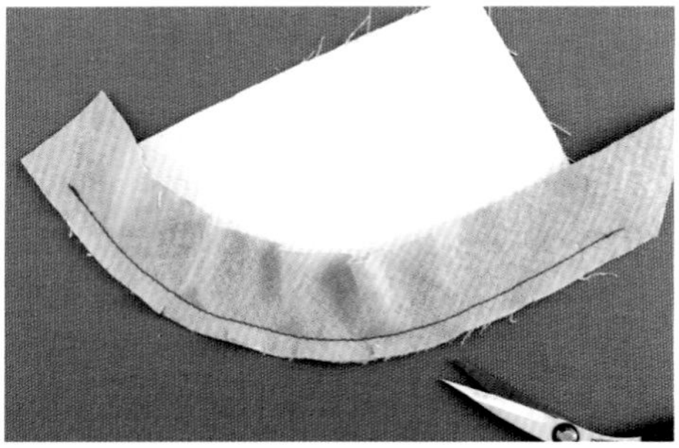

②弧處剪適當牙口，整燙。

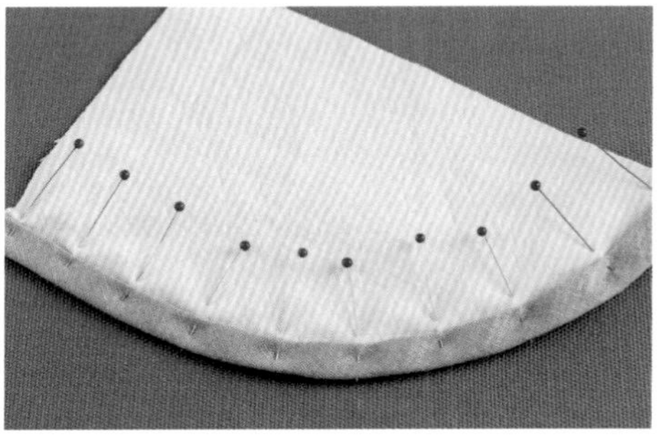

③用四摺包邊的方法，在背面，珠針固定。

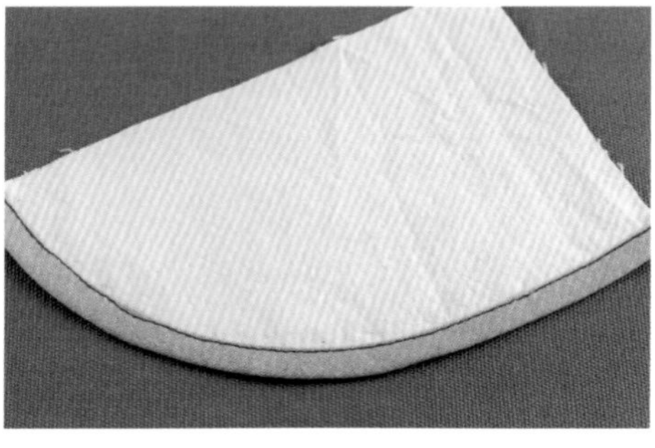

④從正面，離邊0.1cm車縫壓線。

b 內凹曲線

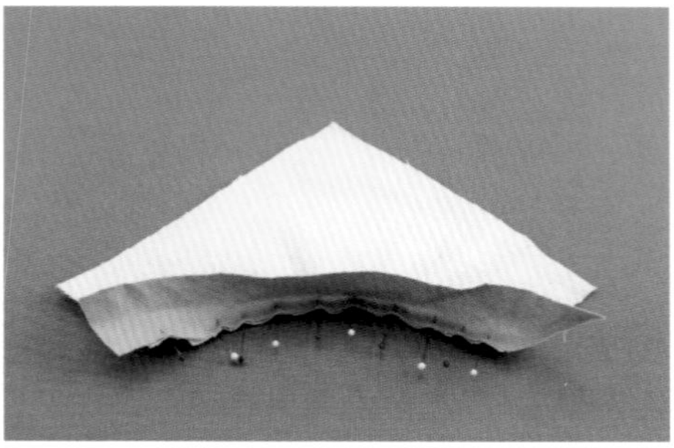

①斜布條微拉緊（因為有內外差的關係），用珠針固定。

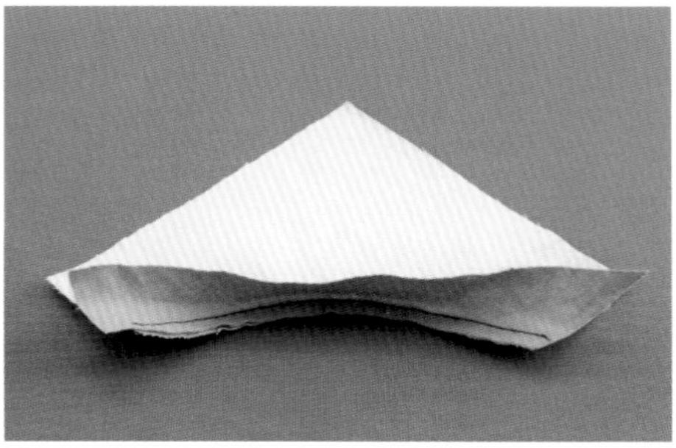

②車縫。

③弧處剪適當牙口，整燙。

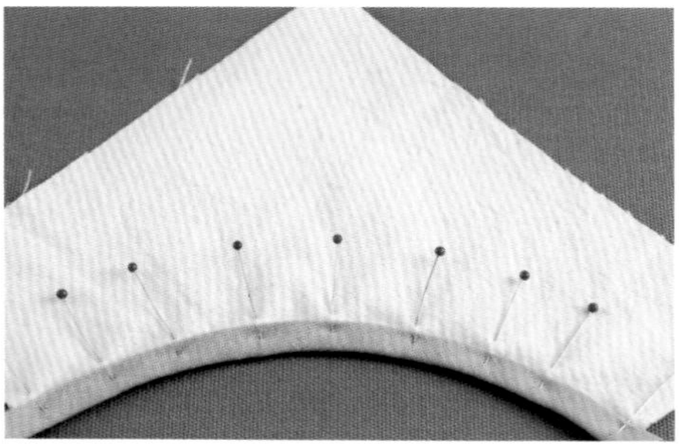

④用四摺包邊的方法，在背面，珠針固定。

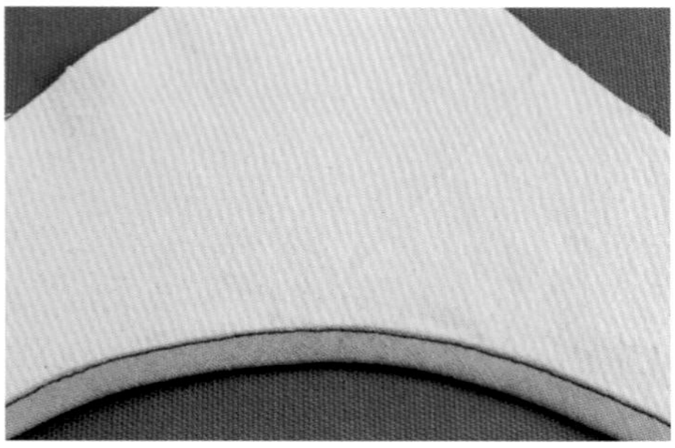

⑤從正面離邊0.1 cm車縫壓線。

POINT

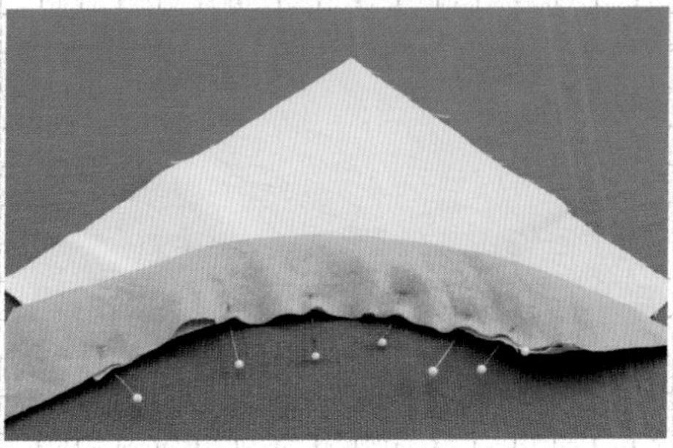

如果沒有微拉緊斜布條。

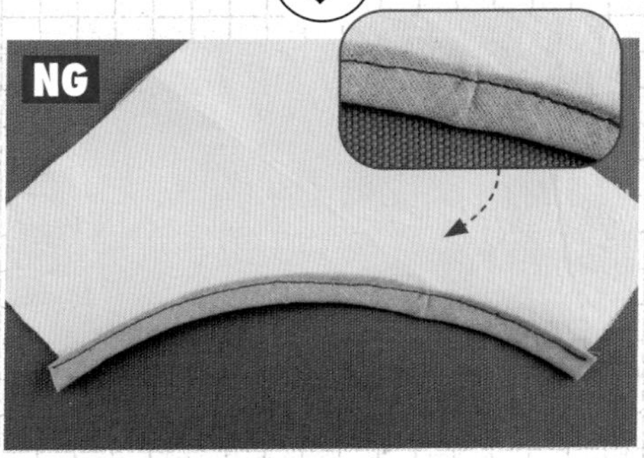

包邊背後會產生皺褶。

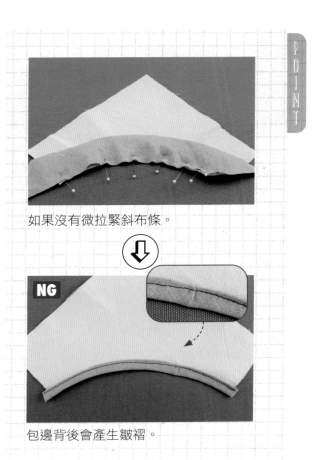

快速製作四摺包邊邊條

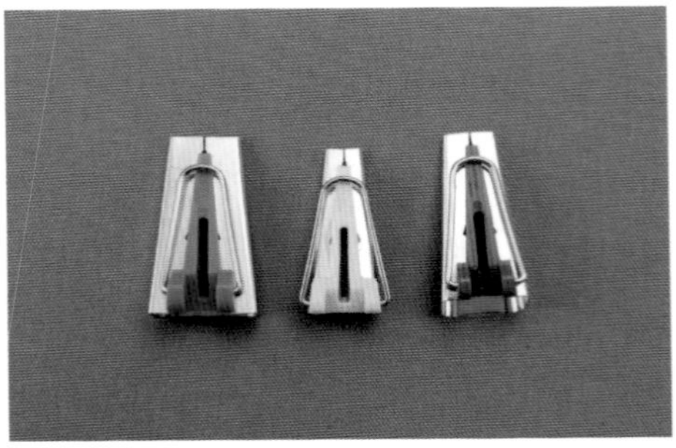

滾邊器可用來快速製作四摺包邊邊條，有各種尺寸：25mm、12mm、18mm（由左至右），在器具背後皆有標示。

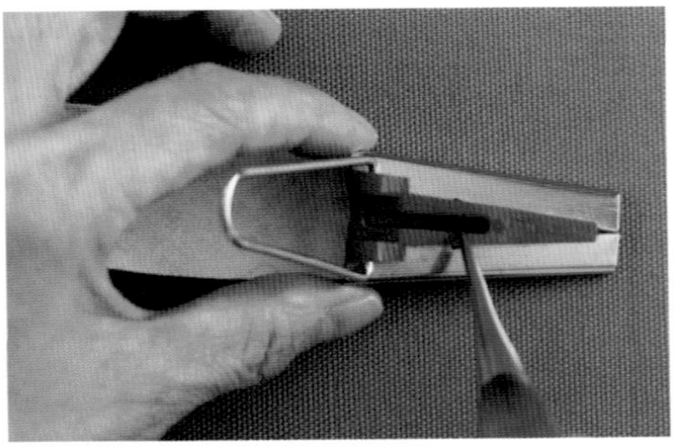

①滾邊器18mm，備斜布條3.5cm寬，布條前端微捲送進入口，錐子協助布條前進至出口端。

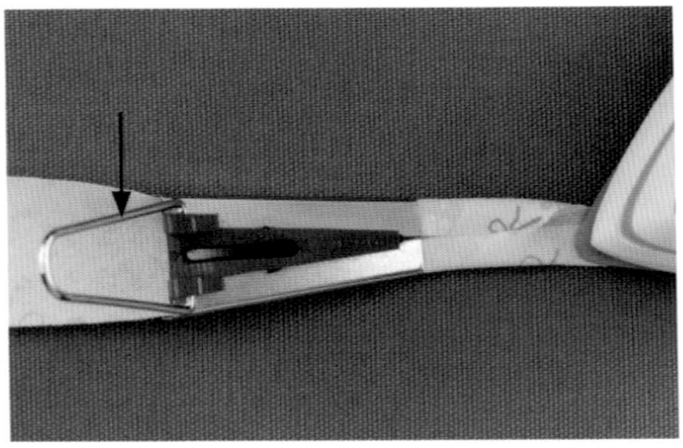

②出口端出現布條時，用錐子慢慢挑出，一手持熨斗燙，另一手勾住拉環（箭頭處），邊燙邊帶出布條。

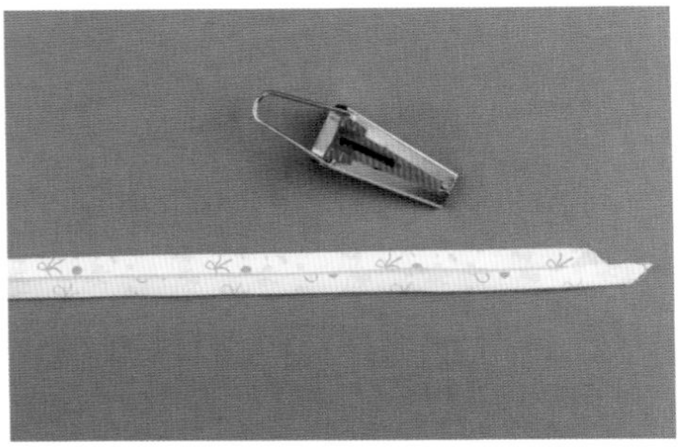

③快速完成製作四摺包邊邊條。

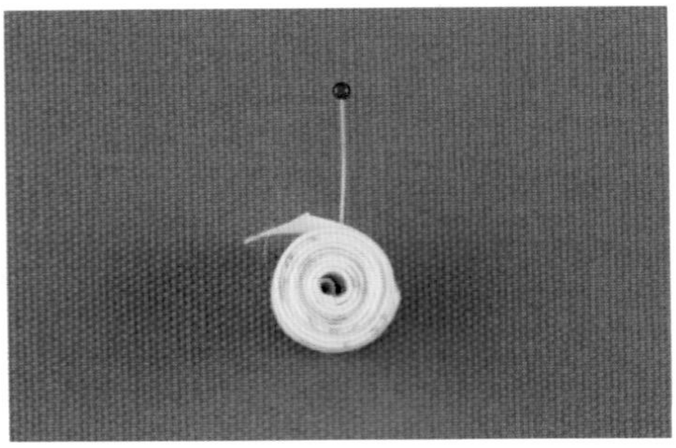

④若包邊條沒有要馬上使用，可以捲成捲狀，用珠針固定收納。

市面上也有販售各色的四摺包邊布條，可依需求直接選用。

STEP.8

J 布環和綁帶

製作布環的訣竅

①備一片斜布紋布片3.5×8cm。

②對摺，前端剪斜角，離對摺邊0.5 cm（也可以0.7cm）車縫，頭尾車縫皆呈喇叭狀。

★喇叭狀有利布環送進與拉出的作業。

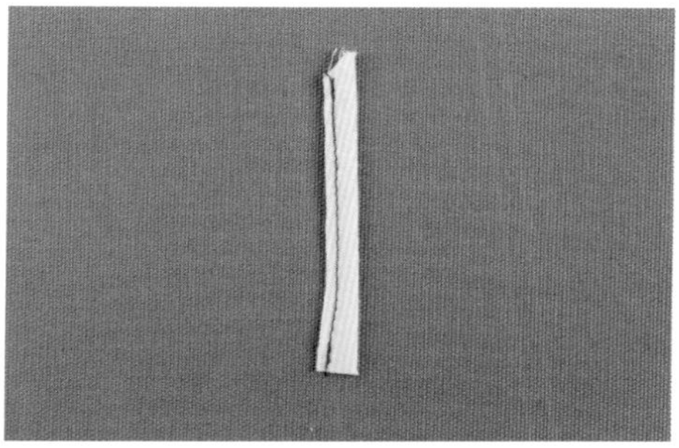

③離車線0.2~0.3cm，其餘剪去。

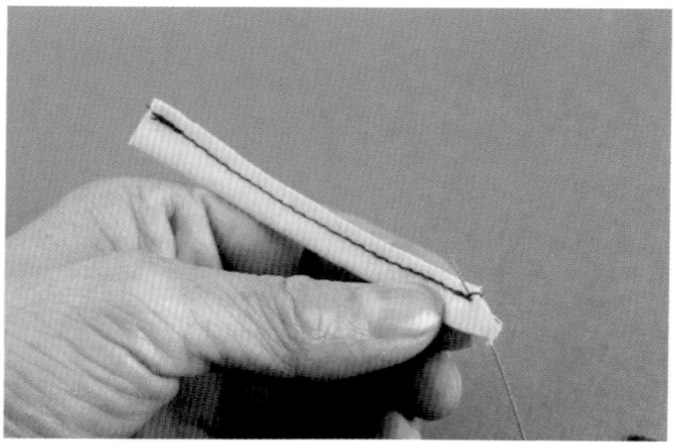

④備針和短線，線打結，針斜口內入針，縫線處出針。

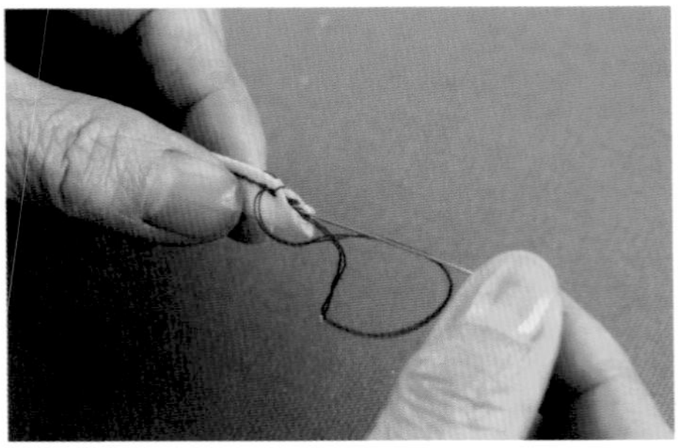

⑤針（孔）頭穿進布條裡面。

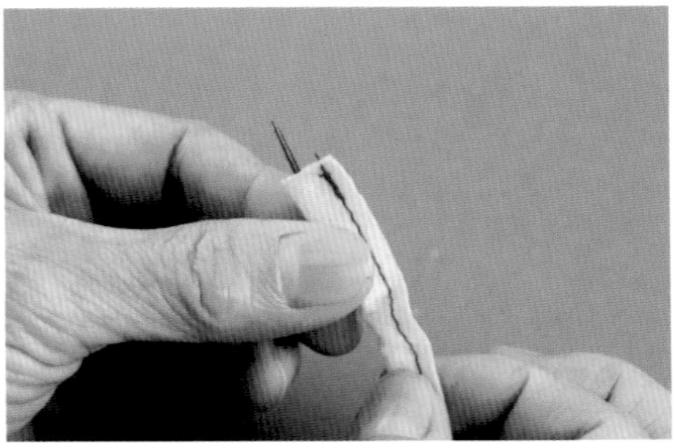

⑥針從布條的另一端穿出。

⑦用鑷子協助將入口的布邊推入。

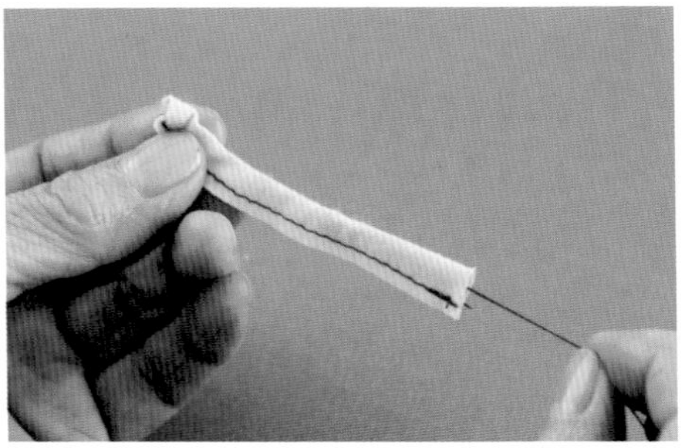

⑧小心慢慢拉動手縫線，將入口的布條牽引進入。

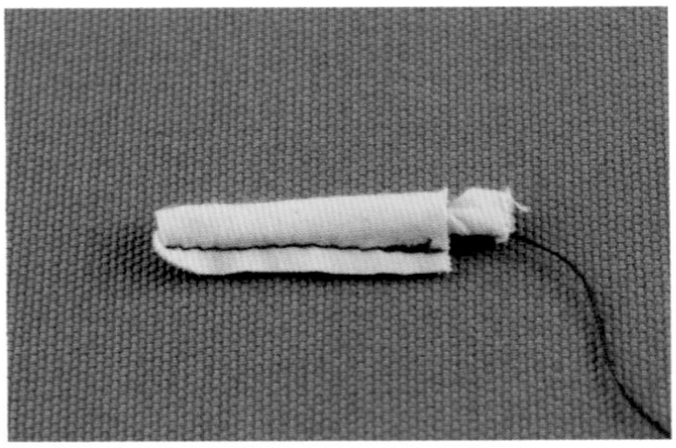

⑨慢慢牽引出布條至正面。

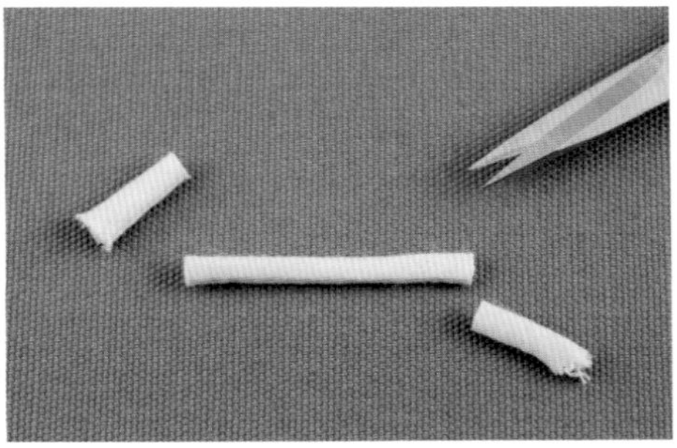

⑩完成翻面，剪去縫線，從中間剪下需要的布條長度。

a 端點包夾

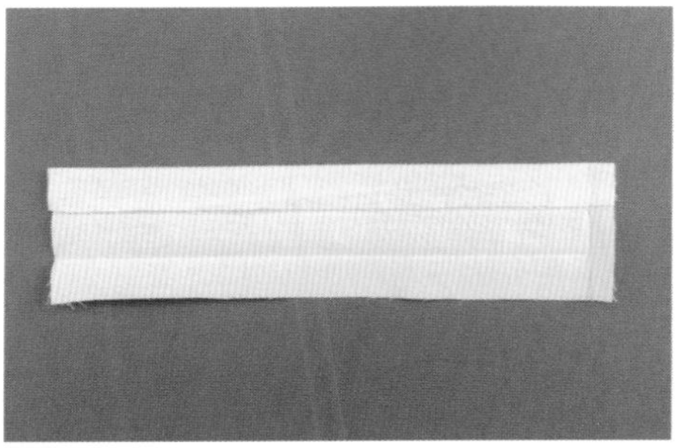

①短邊整燙四等份摺後展開，上緣先往內摺一等份。

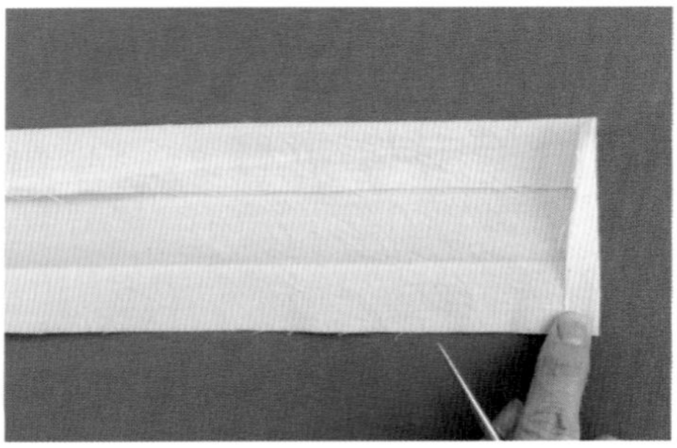

②長邊往內摺1cm，整燙。

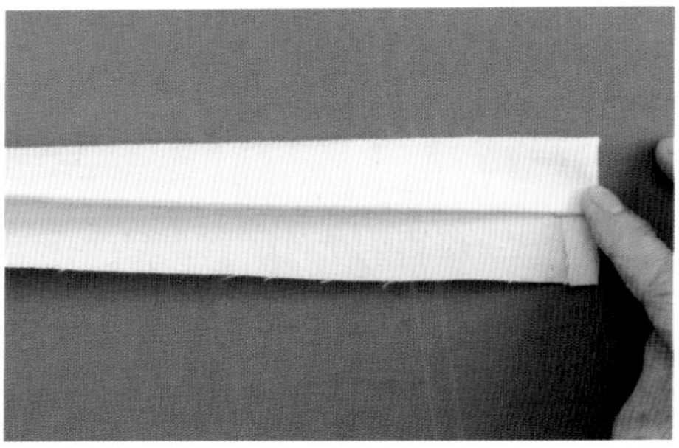

③上緣再往下摺一等份。

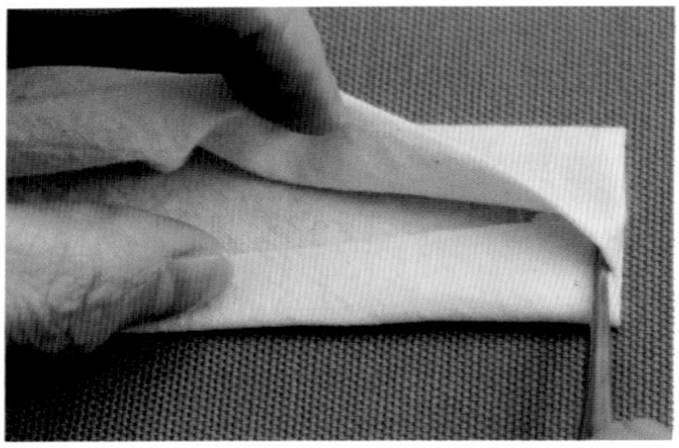

④下緣最後一等份往上摺入裡面，以錐子在末端協助整理布。

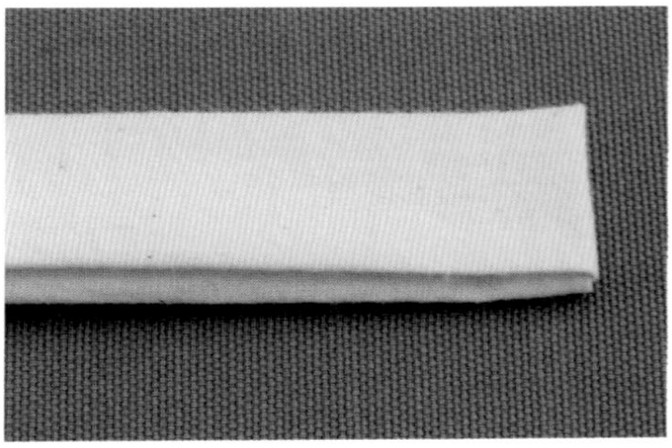

⑤摺好綁帶，即可進行車縫壓線。

b 最常見摺法

圖中右側（b）綁帶，是最常使用的四等份摺方法。

一端長邊往內摺1cm，短邊四等份摺整燙，這個方法是最常使用的，但車縫過程末端摺布容易外露。

STEP .9.

熨燙

配置前先熨燙布料平整，能使裁剪更準確；縫製過程中的熨燙縫份或貼襯，也能讓縫製更順利；當縫製完成後，最後的整燙則使成品更漂亮定型，可見熨燙作業在縫製衣服的過程中，真的是不可少的功夫。如果有一張工作檯專屬放置燙板和熨斗，會讓熨燙工作更方便更落實。

如何正確使用熨斗？

熨斗旋轉鈕上有標示熨燙不同布料適用的溫度。例如：毛料布適合中溫熨燙。

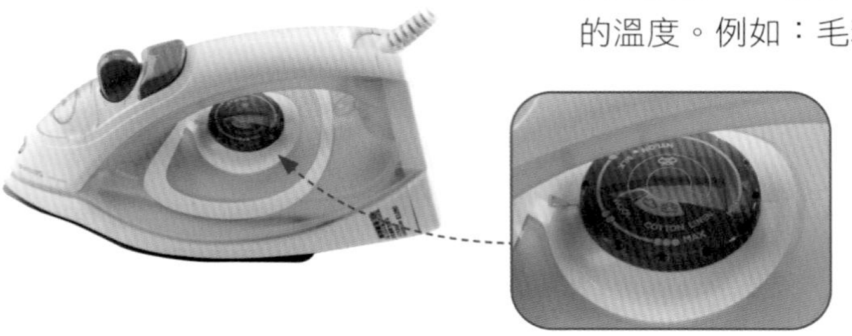

正確握法

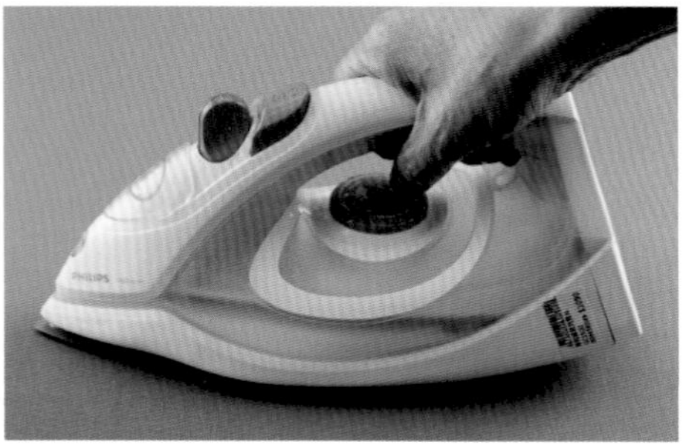

熨斗最常使用的部位是前端和腹部。握法是手握在握把中間偏後處，因後端比較重，這樣的握法比較穩，也較安全。

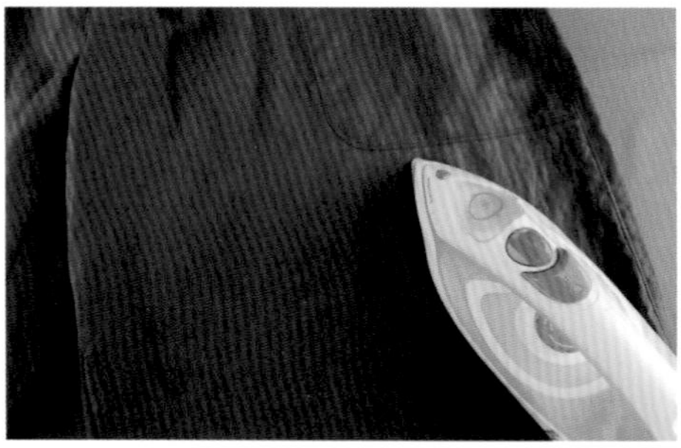

裁剪前及作品完成後會做整件大面積的整燙，這時即會用到整個熨斗面。

熨斗清潔

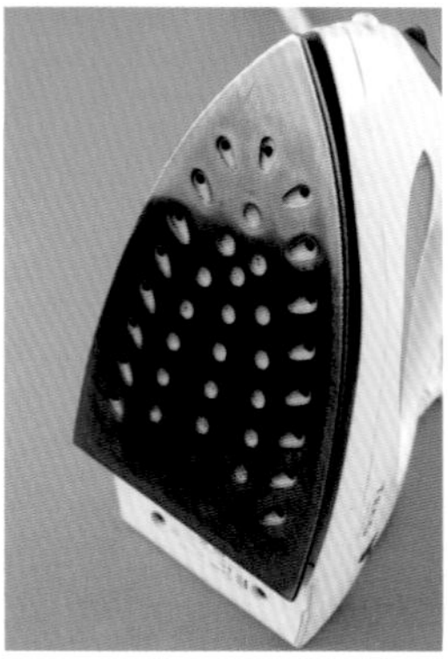

熨斗在長期使用下，表面或多或少會有布屑、焦痕或布襯的黏膠，若沒有定期清潔，會影響熨燙品質，尤其熨燙比較白或者素面的布料，布料容易產生污漬。

若發現黏膠，立即在表面噴水，熨斗加熱，在布上用力來回即可清除。但若日積月累的焦痕，則使用熨斗專用的清潔劑。

不佔空間的輕巧燙板

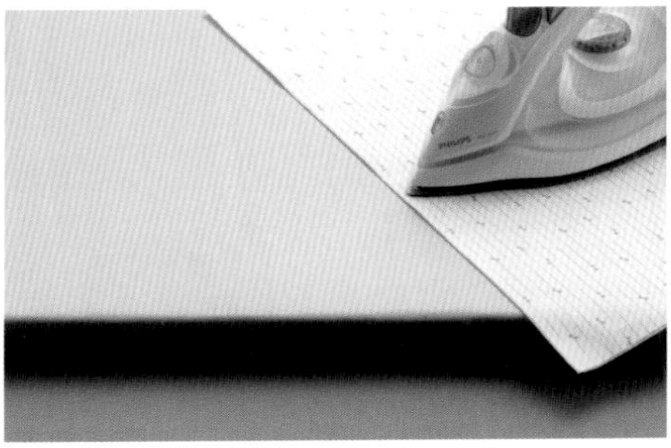

有厚度的燙板，表面上已經有一層耐燙材質保護，尺寸大約60cm×40cm，沒有支架，不占空間，方便收納，面積大，只需要一個檯面，燙衣服很方便。

用一塊喜歡的厚布包覆在燙板外，保持燙板表面的乾淨也是保護作品，既延長燙板的使用又可以讓整燙的心情更好

沒有燙板時的變通

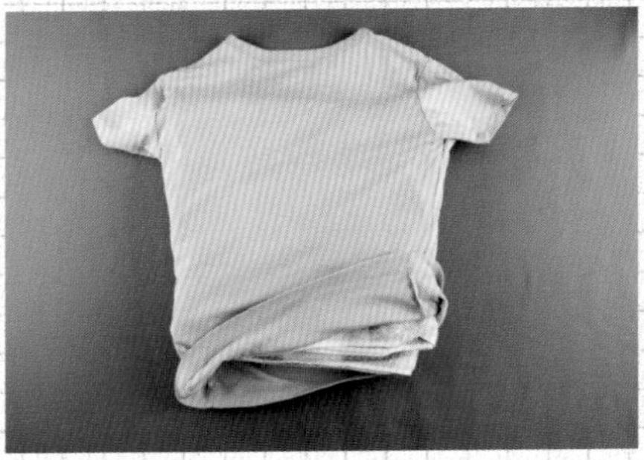

也可以DIY做一個臨時燙板，將舊浴巾摺疊工整，放進一件舊棉T裡，再用熨斗將棉T燙平整，就是一個臨時燙板。

簡易燙板布

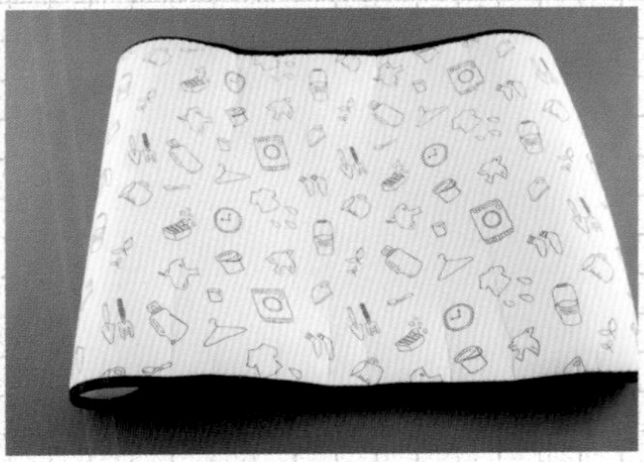

市面上也有簡易的燙板布，可以捲起收納，方便外出使用。

方便熨燙筒狀的燙馬

應用在整燙領口、袖口、褲管等筒狀物件。

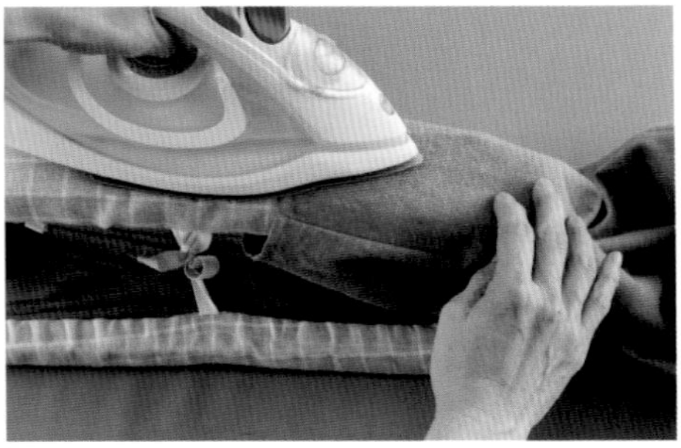

燙馬在熨燙袖子或褲管等筒狀物時非常好用。

幫助熨燙平整的噴霧器

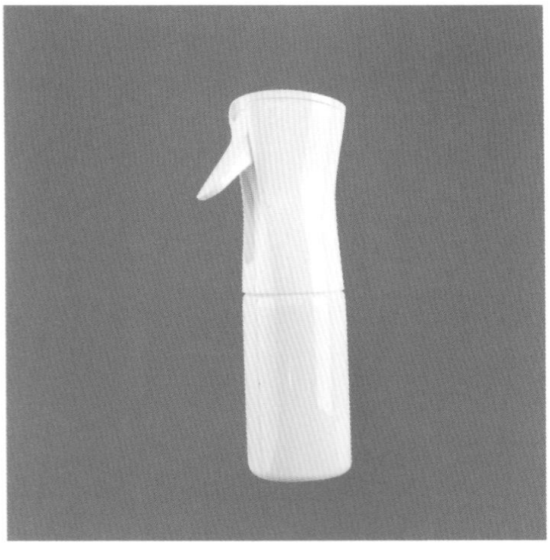

噴霧器的水珠霧狀細小平均，熨燙時，一邊在布料上噴水，可加速熨燙工作。

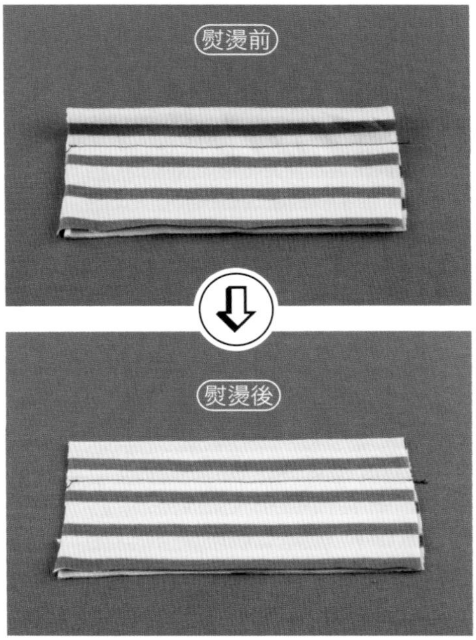

完成縫製彈性布後，以噴霧器微噴水，再用熨斗中溫整燙，車線會更平順。

保護布料高溫熨燙的墊布

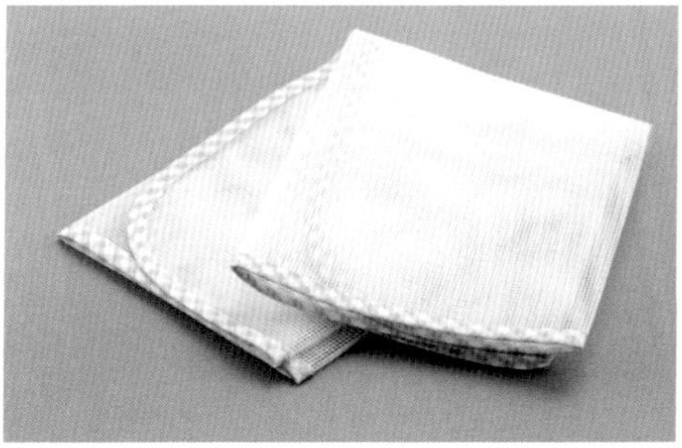

墊布為耐燙材質，整燙布料時，可蓋在布上防止布料因高溫受損，通常是用於毛料布或亞麻布上。

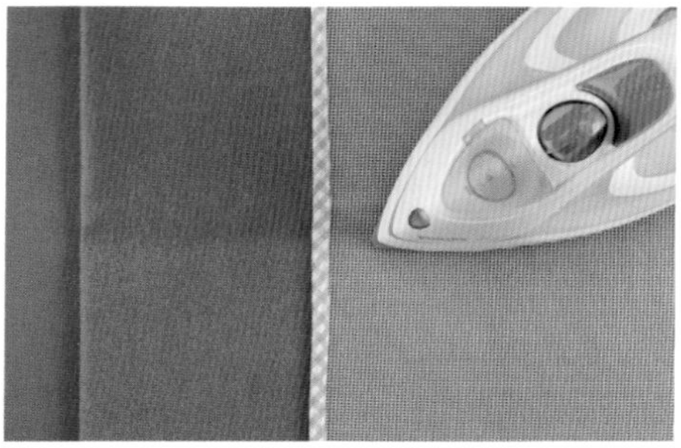

整燙毛料布時，在布上蓋墊布，保護布面上的毛。

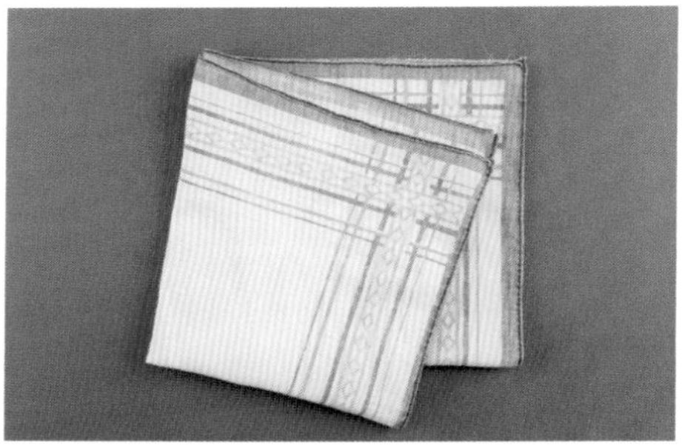

如果沒有墊布，也可以用舊手帕蓋在毛料布上代替墊布功能。

快速燙好衣襬縫份的熨燙定規尺

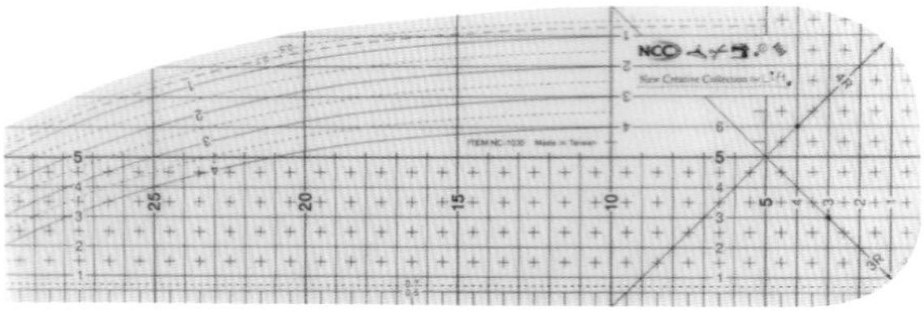

耐燙材質，有清楚的格狀尺寸標示，以及不同的弧邊，是快速熨燙衣（裙、褲）襬縫份的好幫手。

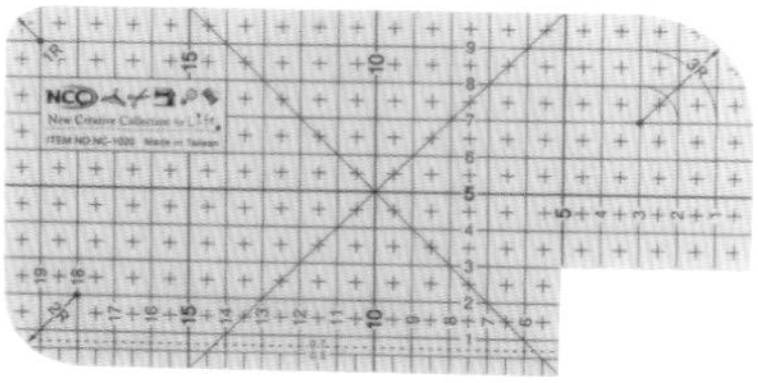

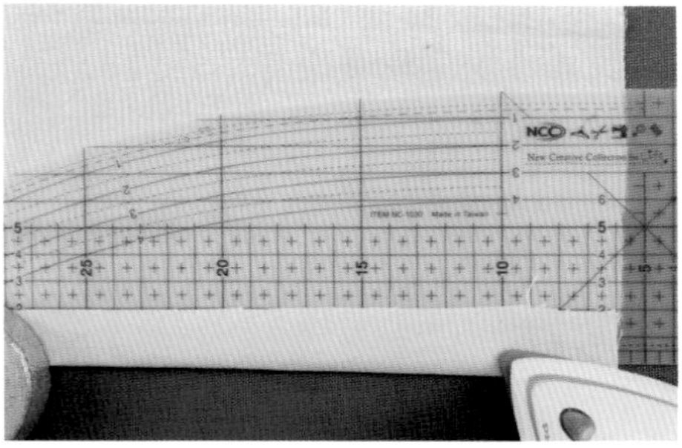

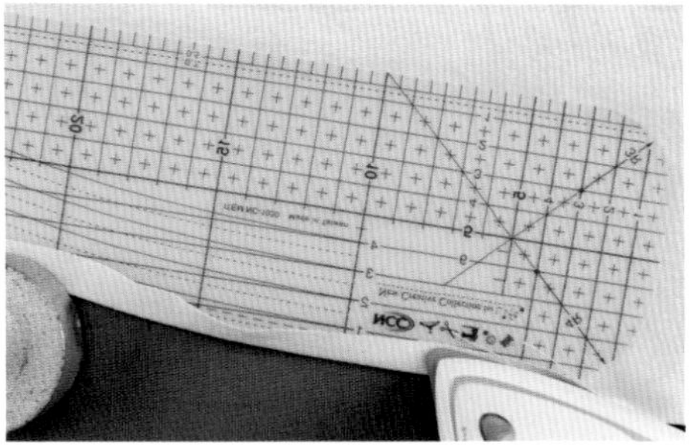

熨燙定規尺有尺寸之分，短的可用在熨燙褲管縫份，長的適合熨燙衣襬和裙襬縫份，像方格尺一樣，尺上有各種刻度，能滿足不同的縫份需要。

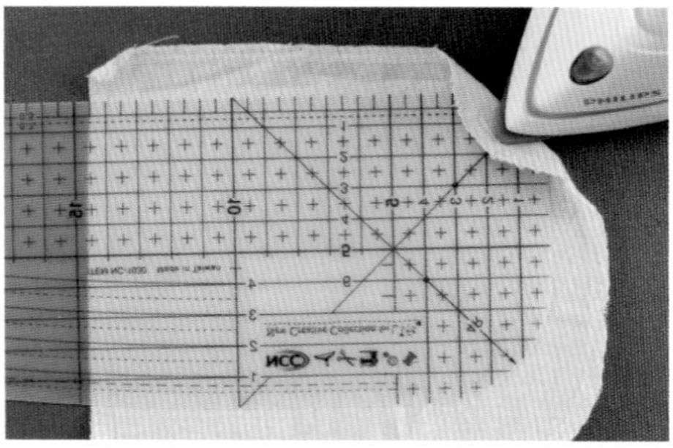

尺的邊緣有直有弧，弧度可應用在口袋的製作，一手摺縫份緊貼著定規尺，另一手拿熨斗，熨斗前端緩緩前進整燙，方便又快速。

基本熨燙縫份的方法

a 直線

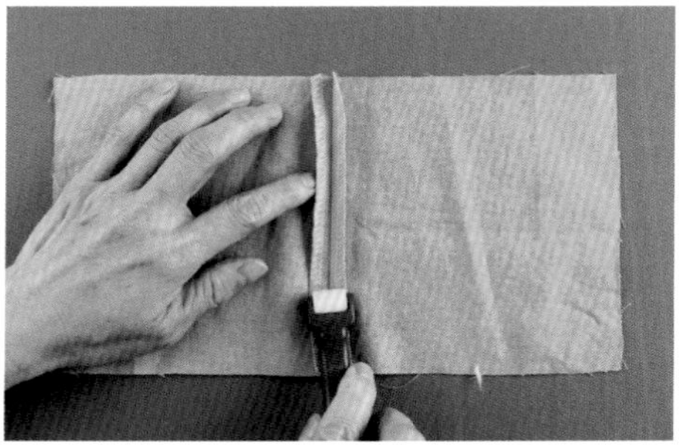

①整燙前，可先用滾輪推開縫份，以利整燙。

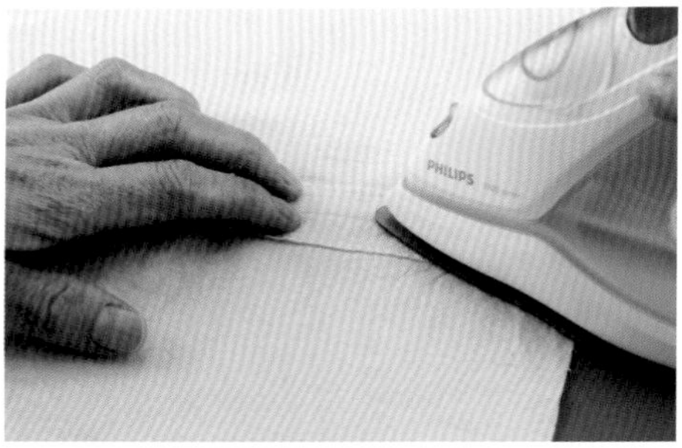

②熨燙縫份標準動作：一手持熨斗，另一手以中指和食指當前導，把縫份撇開，熨斗前端再慢慢往前燙。

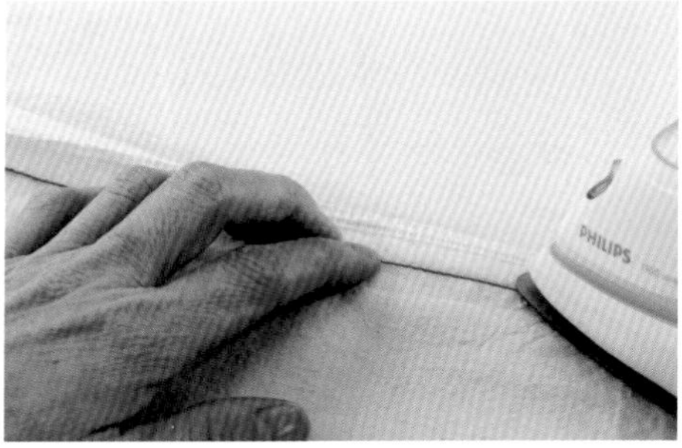

③如果縫份是無法左右撥開的，則輪流燙車縫線的兩邊。

b 曲線

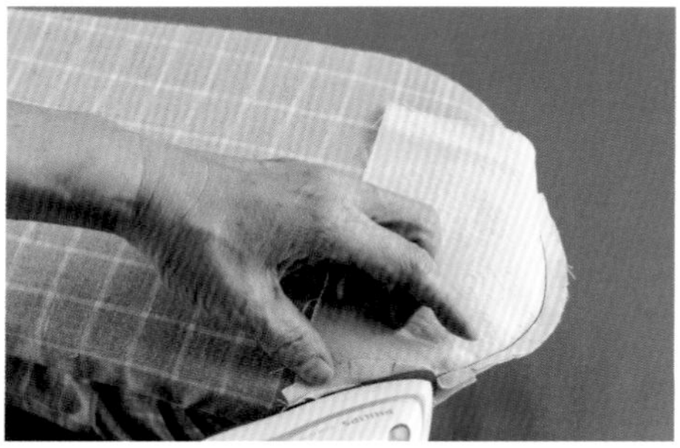

①外凸曲線先剪牙口，再用燙馬的邊緣熨燙外凸曲線的縫份。

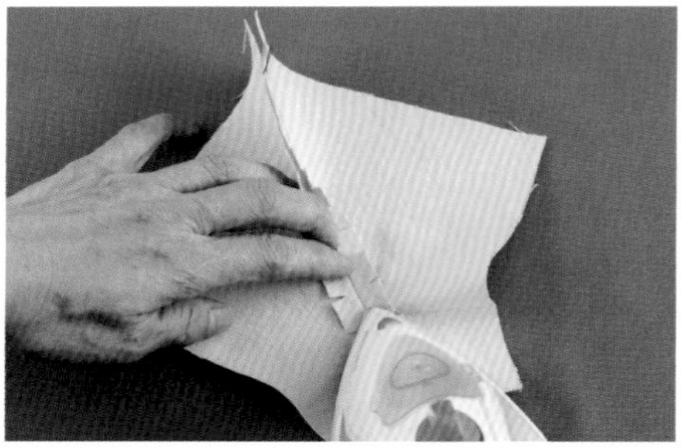

②內凹曲線先剪牙口，在燙板上熨燙內凹曲線的縫份。

利用厚紙板消滅熨痕、整燙完美直角

若直接在素布背面熨燙尖褶的縫份，容易讓布的正面產生熨痕，可以在褶子下方放厚紙板，就能解決這個問題，還能把褶子的末端整燙漂亮。

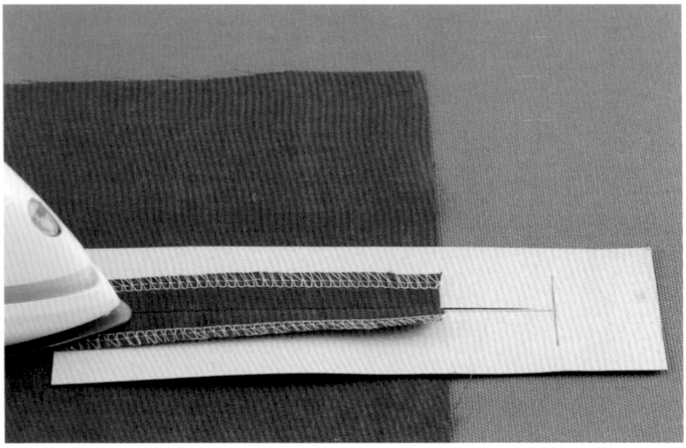

準備一厚紙板如圖，中間剪T字型做為墊底，熨燙左右撥開的縫份時，就不會產生熨痕。

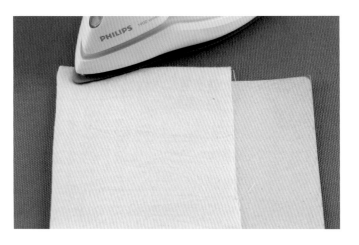

整燙直角時，也可以置入厚紙板撐出角度，讓直角更漂亮。

有關襯的學問

a 布襯（芯、接著襯）種類

布襯背面有膠粒，透過熨斗加熱產生黏性，冷卻後即可黏著在布料背面。有不同種類，可依布料的適用性來選擇。

紡織型：有布紋方向性，較常用。

針織型：應用在針織布料或T恤肩部處防止拉長變形（本書使用的洋裁襯）。

不織布型：沒有方向性，應用在帽子或刺繡花樣。

b 貼布襯的好處

- 加上布襯能讓作品更加有型，防止衣物變形，增加物件的厚度與硬度，常用在領子、袖口、前襟、裙頭、褲頭。
- 或是為了保護布料不被拉伸，更容易車縫，例如：縫製彈性T、開釦眼等。

c 燙襯的溫度

凡是化學纖維或人造纖維都不耐（長時間）高溫，所以建議熨斗以「中溫」熨燙。

d 燙襯的方法

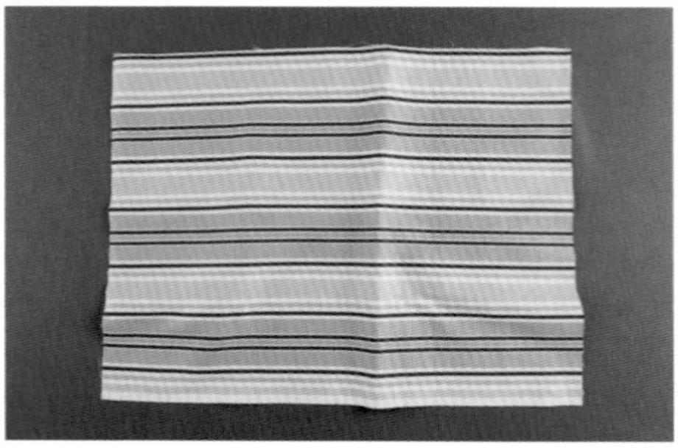

①布需先整燙平整，不能有摺痕。

②襯的膠面朝上，布料背面朝下，布料蓋在布襯上。

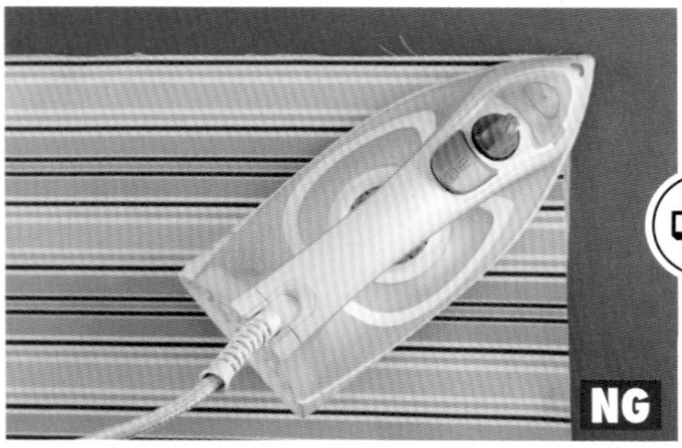

③千萬不可以斜角來回方式燙襯，要以水平或垂直按壓方式。

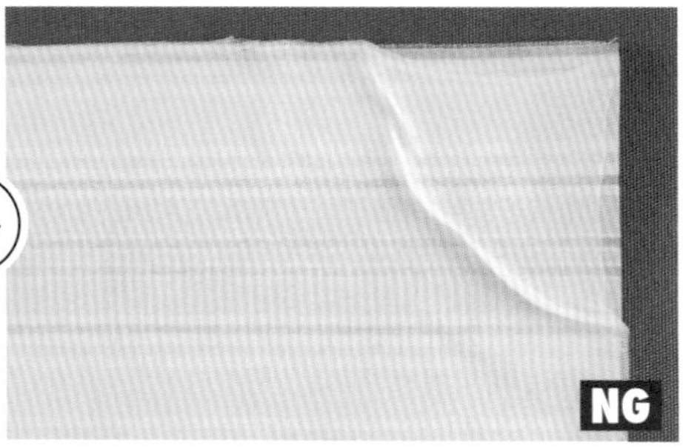

如果熨斗以斜角或來回燙襯的方式，會產生布歪斜或背面的襯摺疊。

④成功完成燙襯。

e 燙襯失敗時怎麼處理？

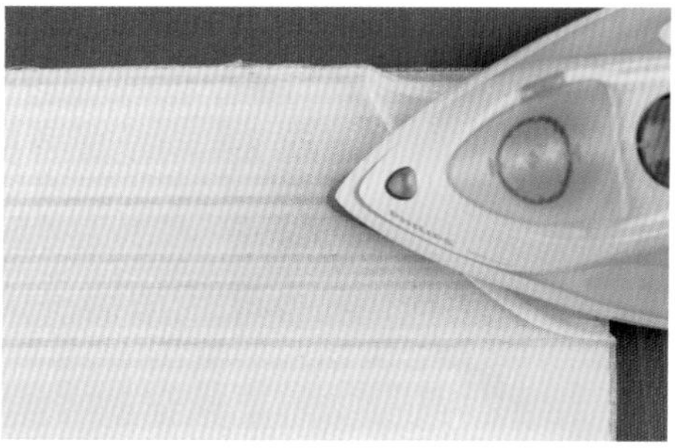

①熨斗調中溫，在燙襯失敗的地方加熱。

★圖方向是為了示意清楚；正確方式熨斗應從正面加熱。

②趁有熱度的狀態，就可以輕易將失敗處的布襯撕開，如果無法撕，熨斗再燙，千萬不可勉強撕襯，反而會讓布料變形。

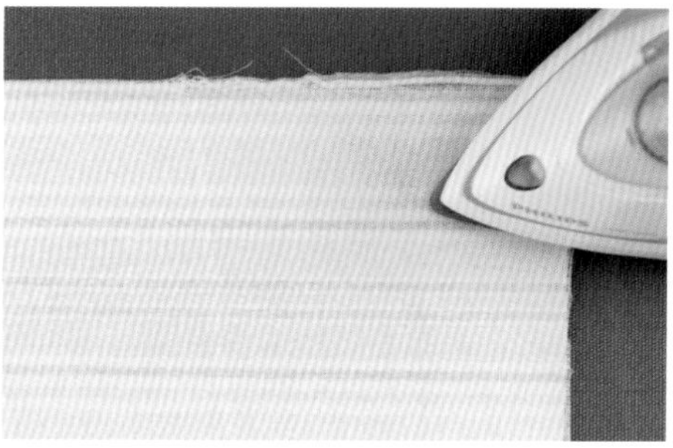

③將失敗處的布襯撕開後，整理布襯，重新再熨燙即可。

POINT

如圖，裙頭布燙襯失敗，布的正面會產生小的浮凸。

解決方法➡

以熨斗加熱，完全撕掉整塊布襯。取一塊不要的布蓋在裙頭布的背面，熨燙，透過加熱使殘膠附著在不要的布上也順便整燙裙頭布，重新裁剪一片布襯，再次裙頭布燙襯。

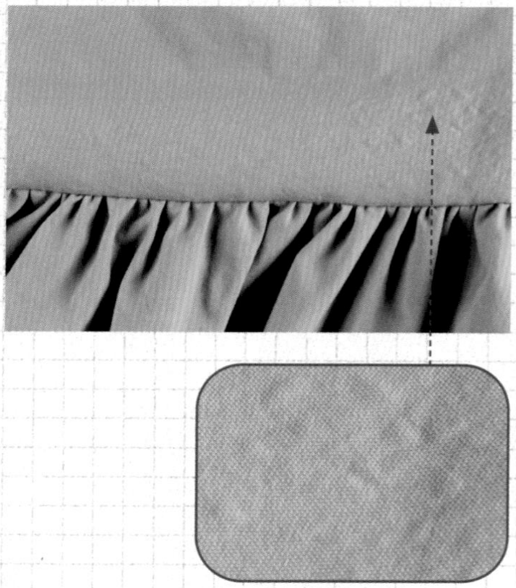

f 如何熨燙不好剪的小片布襯？

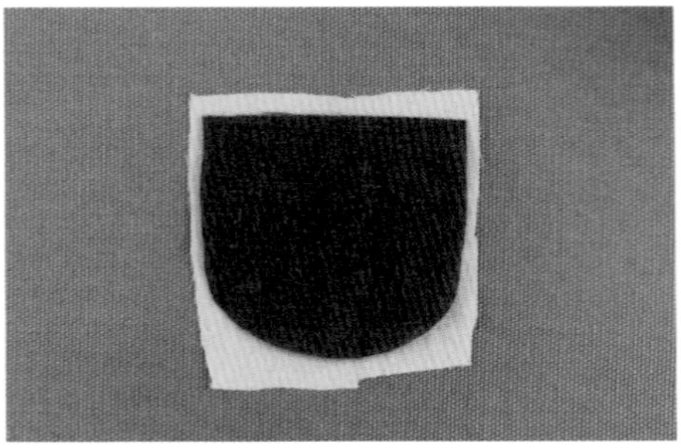

①如圖，開釦的U型貼邊小布片要燙襯，為了操作方便，可剪出比布片稍大一點的布襯。

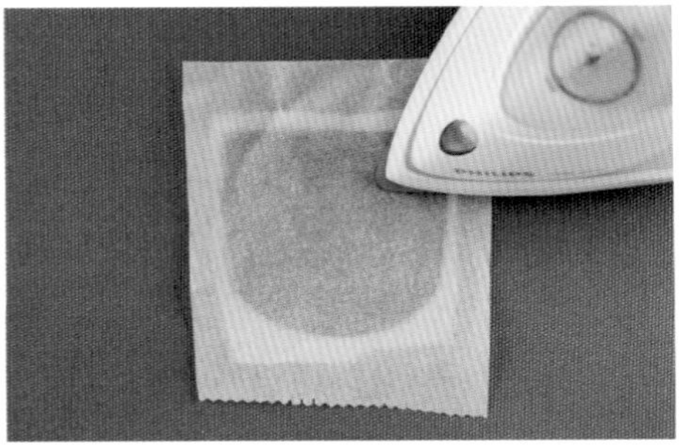

②燙襯時，上方先蓋一張大於布襯的烘焙紙（或是一塊布），就可以放心燙襯，不必擔心多餘的布襯膠會黏到熨斗。

★烘焙紙的好處是耐高溫，半透明能方便看到下方熨燙範圍。

STEP .10.

鈕釦 拉鍊 鬆緊帶

鈕釦、拉鍊、鬆緊帶都是衣服很重要的配件，如何在這些配件的製作上下功夫，雖是小小細節，都是影響作品完美的關鍵之一。

STEP.10

A 鈕釦

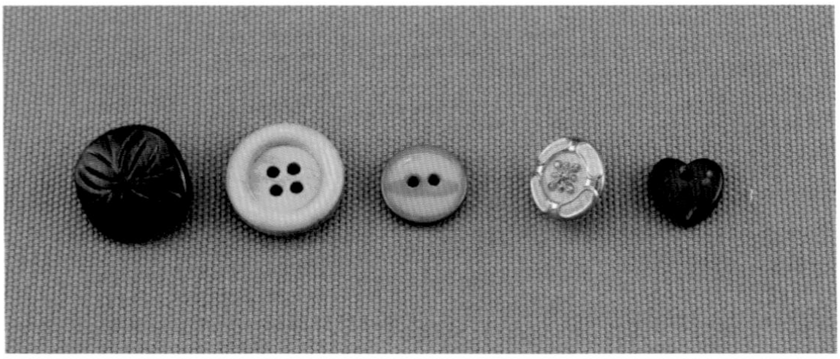

鈕釦有各式各樣的材質、形狀與顏色，但可大致分為有孔和有腳兩者類型。（圖中左一和右二是有腳的）

如何製作釦眼？

a 外送至服裝材料店

外送服裝材料店前，先以消失筆標出鈕釦的位置，如果家裡已有現成鈕釦，需將鈕釦帶至材料店，讓店家知道釦眼的尺寸，通常一個釦眼費用約2元起跳（視釦眼大小）。如果布料太厚或者是特殊材質，也建議直接請服裝材料店開釦眼，效果會比較好。

b 多功能縫紉機開釦眼

以下要介紹的是以多功能縫紉機開釦眼，首先縫紉機需要有「開釦眼的壓布腳」。

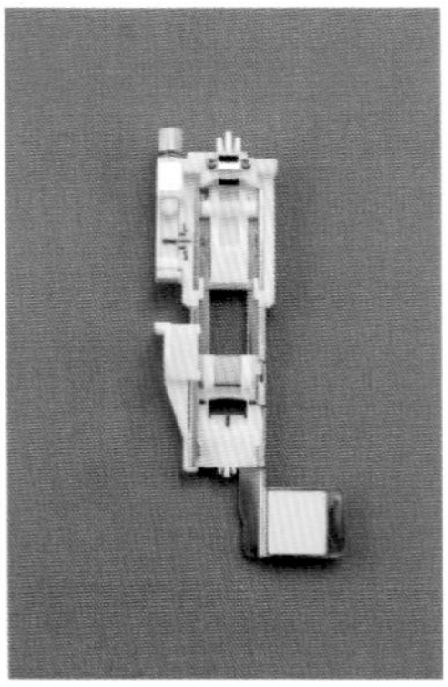

「開釦眼壓布腳」是多功能縫紉機的標準配備。

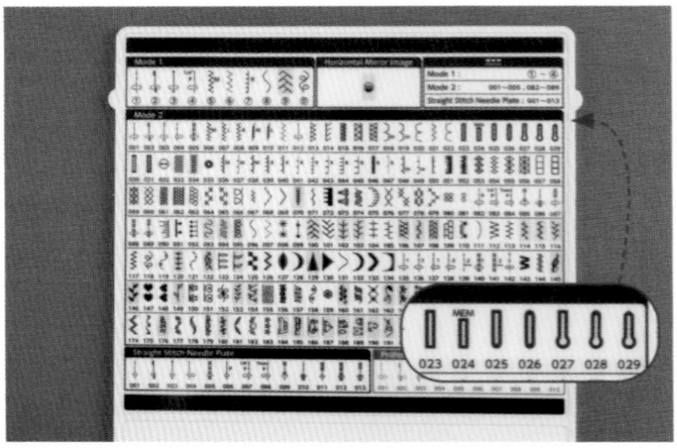

縫紉機也會提供各式的釦眼參考。

如何決定釦眼大小？

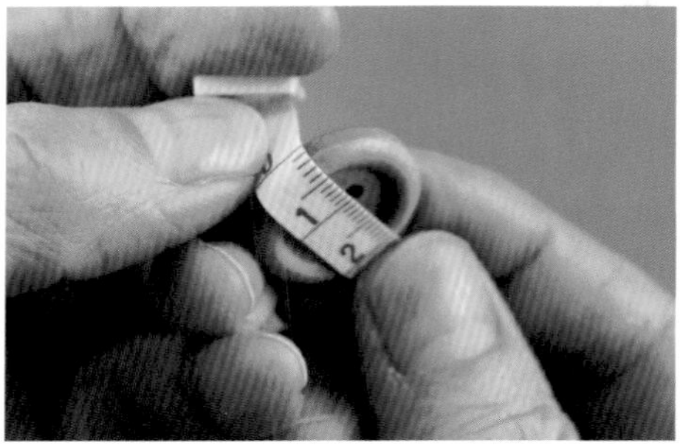

用捲尺量鈕釦的直徑加上厚度。

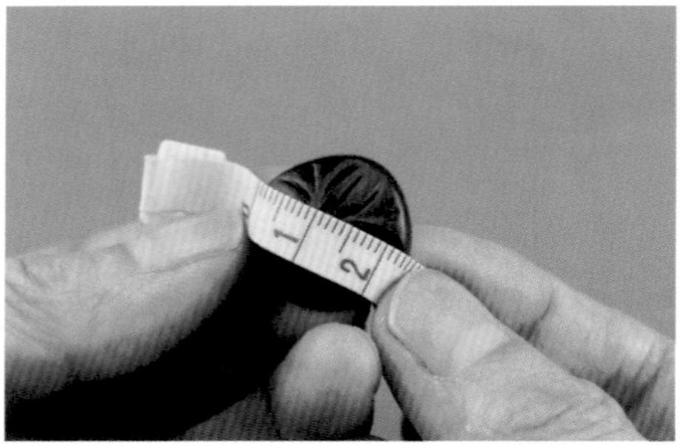

四角形的鈕釦，用捲尺從對角量到對角。

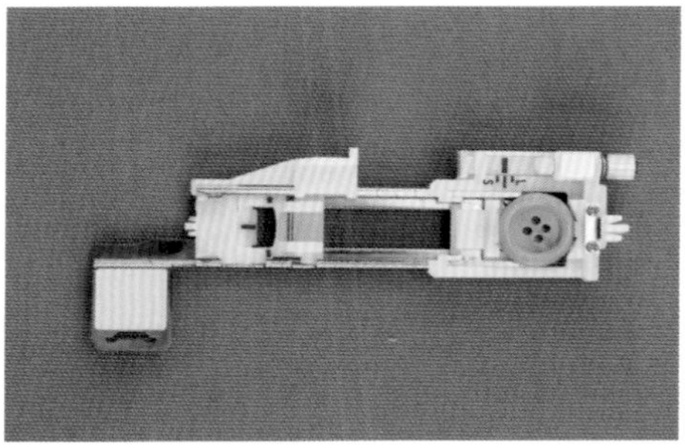

如果自己以縫紉機開釦眼，可由壓布腳上的釦盤來決定釦眼大小。將選擇好的釦子放在釦盤上，車縫釦眼時縫紉機即可自動判定釦眼的大小。

如何劃開釦眼？

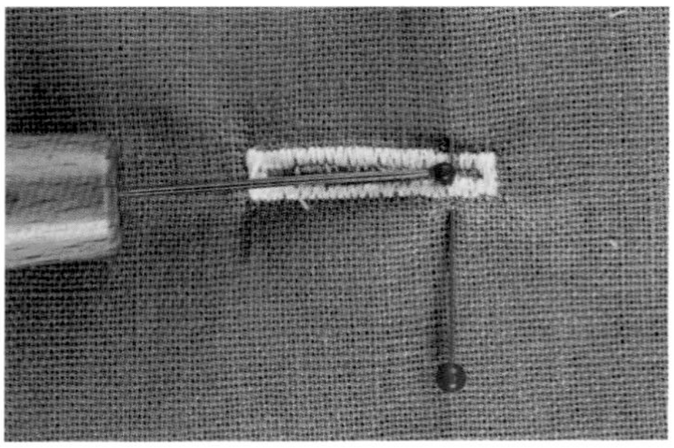

釦眼車好後，用拆線刀劃開釦眼，末端離0.3cm先用珠針擋住，以防用力過猛劃出範圍。

★釦眼不要全部劃開，使用久了，就會漸漸撐大。

如何決定開釦眼記號的位置？

（這裡指的是開釦眼時，縫紉機要在哪裡下第一針。）

＊每款縫紉機的設定不同，所以要先知道所使用的縫紉機開釦眼的路徑，才能標示開釦眼的位置。

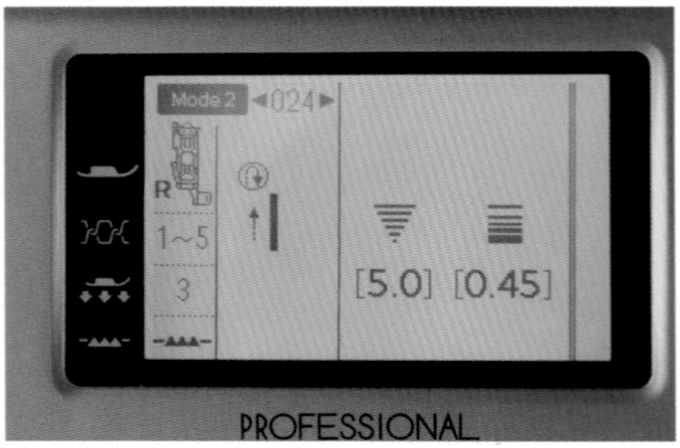

縫紉機畫面顯示由左下方往上開始車縫釦眼，再至右上方往下車回，所以標開釦眼位置就要以釦眼下方為基準。

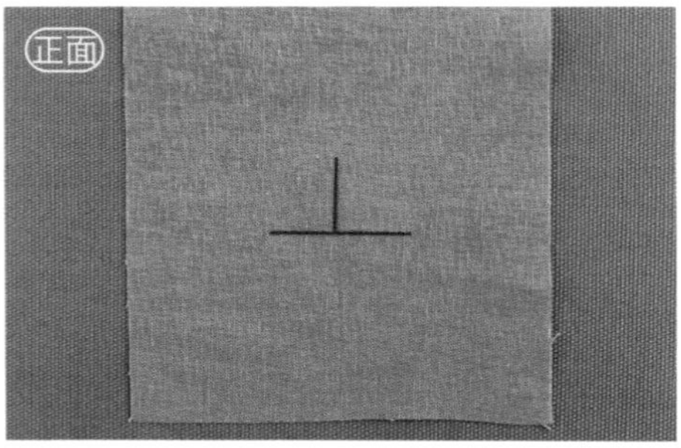

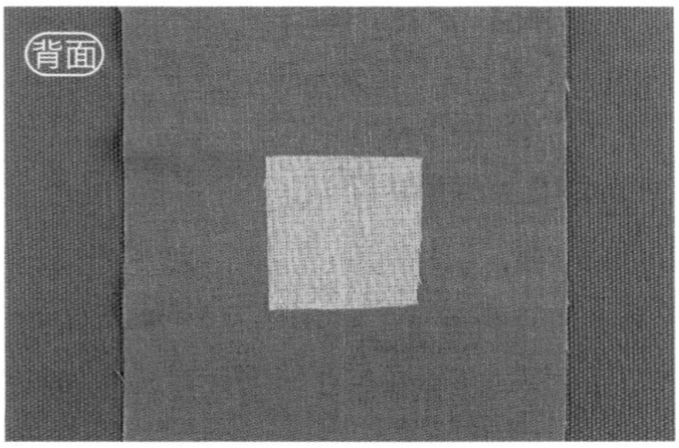

①在布的正面標示開釦眼位置，布的背面於釦眼位置燙布襯，加強釦眼的耐用度。

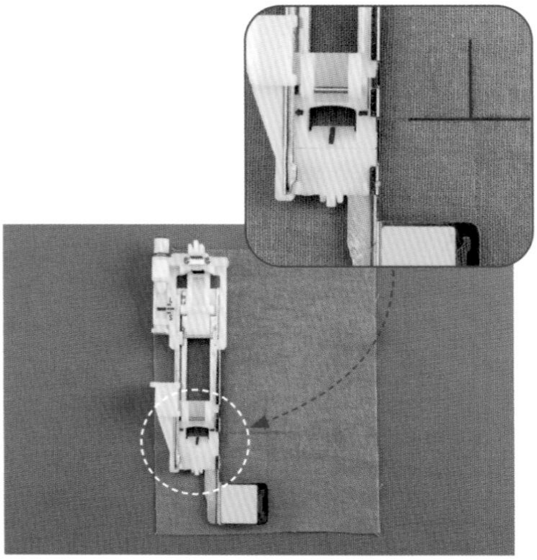

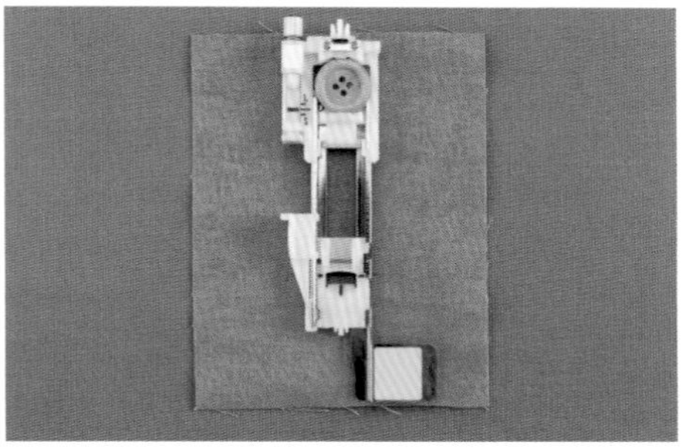

②釦眼壓布腳的針槽會有下針縱橫基準標示，布上的釦眼記號對準壓腳的縱橫基準，建議布上的開釦眼記號畫長一點且明顯，否則當布移至壓腳下時，就看不到記號。

細窄的吊帶如何完成漂亮的釦眼車縫？

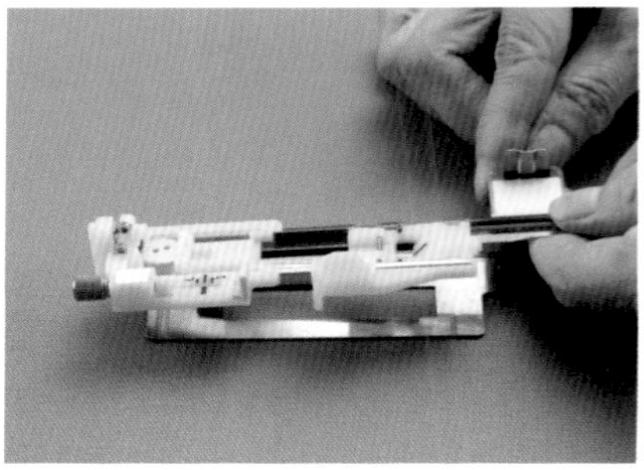

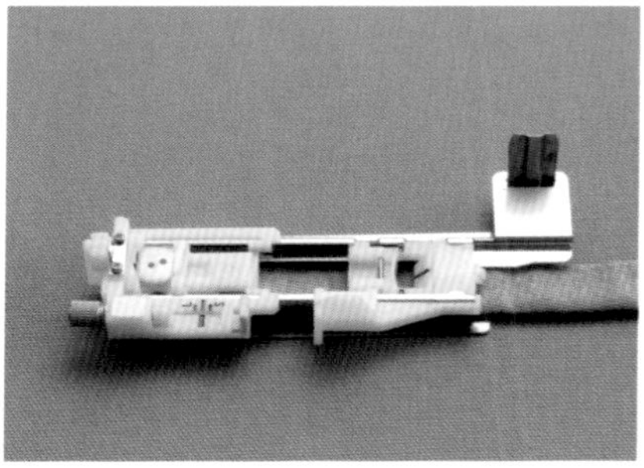

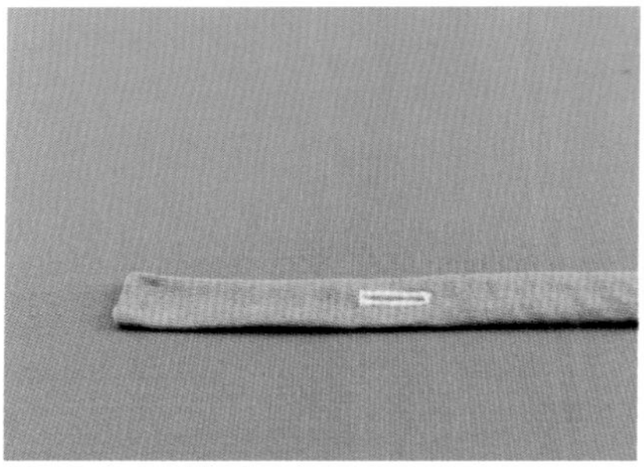

有些釦眼壓布腳配有安定板，套在壓腳下方，可將細窄的布條放在中間，穩定車縫釦眼，通常應用在吊帶裙的吊帶上。

如何判斷做直向或橫向釦眼？

如果覺得衣款受力方向是橫的，則做橫向釦眼；受力方向是直的，則做直向釦眼。通常外套會開直向釦眼，因為布料重量較重，如果開橫向，釦眼框會被往下拉。有些襯衫領子第一顆會做橫向的，其他顆則為直向。

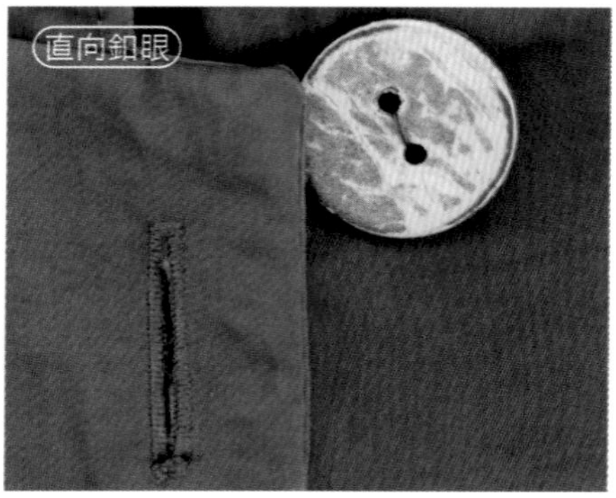

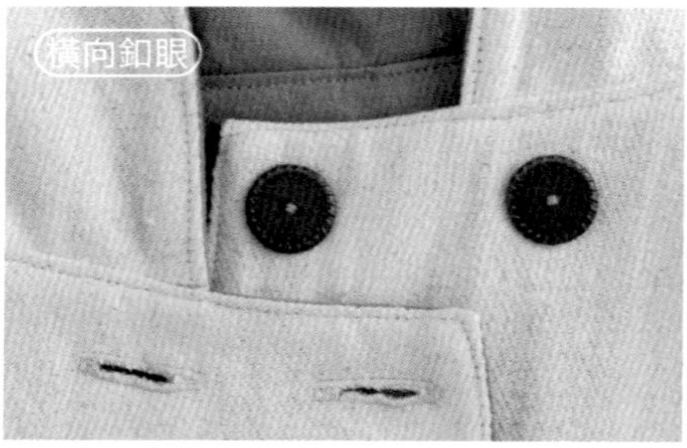

各種釦子的縫法

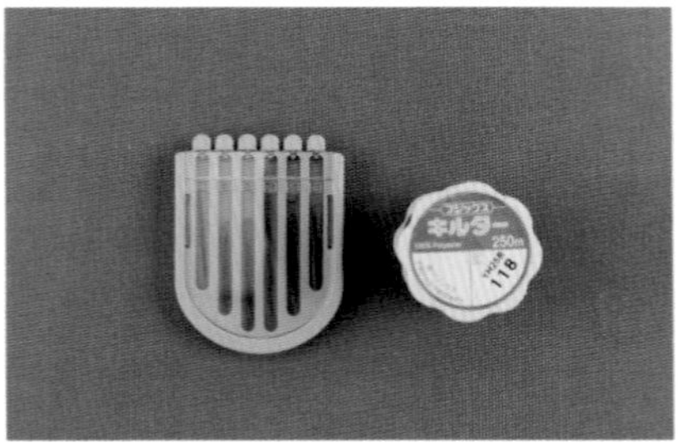

縫釦子記得要用手縫線，較耐用。

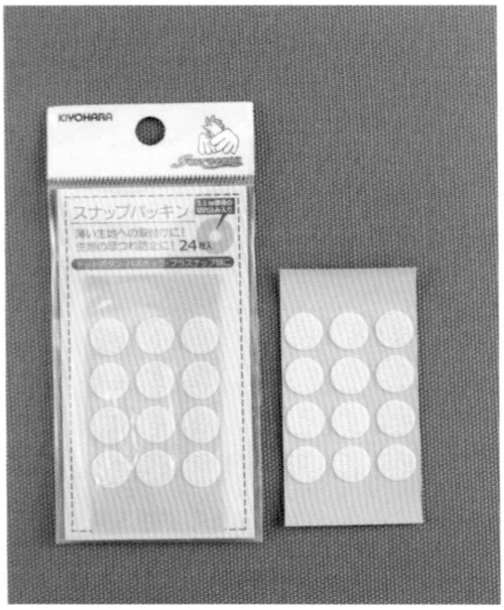

市售的不織布釦子墊片可應用在薄布料縫釦子時，墊在釦子後方增加耐用度。

a 有孔的鈕釦

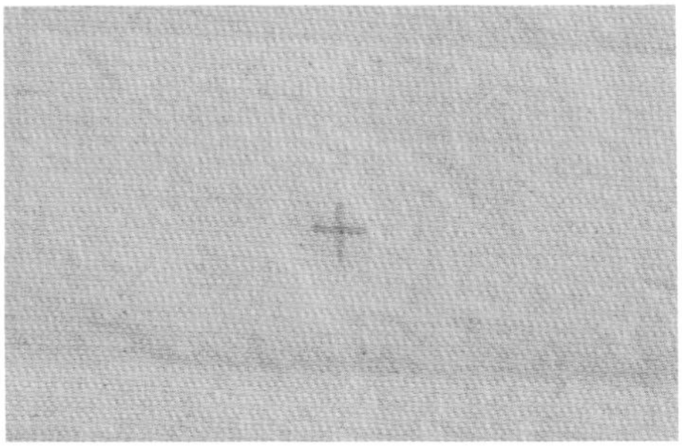

①在布正面的鈕釦位置做「＋」記號。

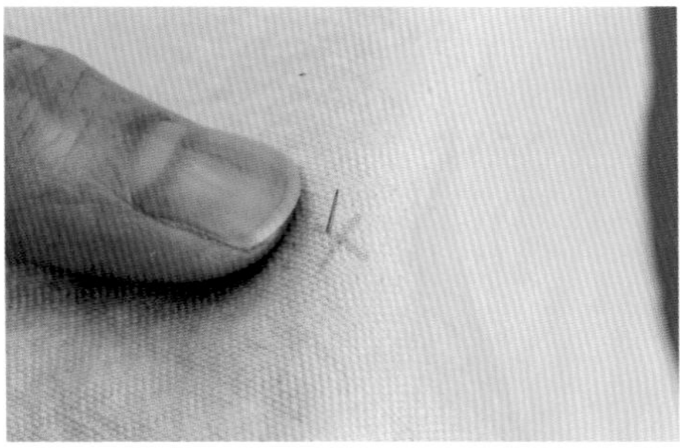

②針從布的背面入針，正面中心點偏左出針。

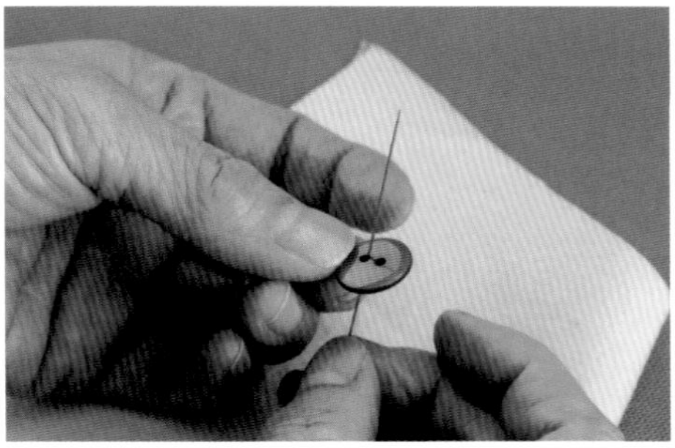

③針穿出鈕釦的孔。

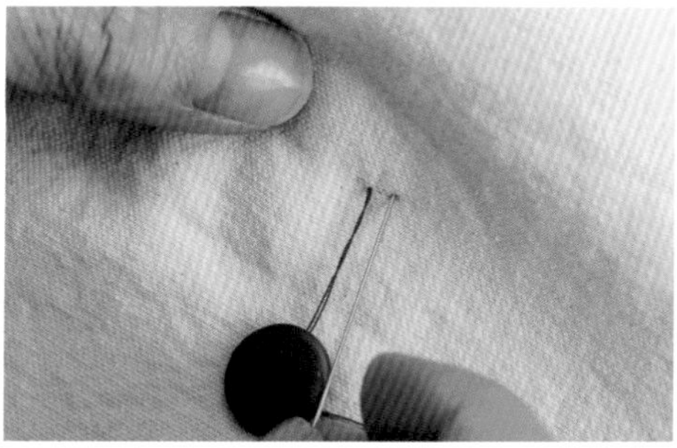

④再穿進另一個孔，然後從中心偏右入針至布的背面。

⑤不要拉緊，留約0.5cm的鬆份，確認鈕釦面的縫線是否平整，重複動作來回縫3~4次。

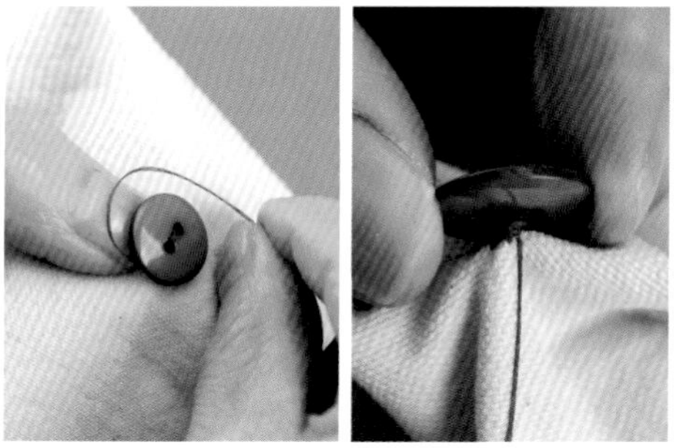

⑥最後一次，把針穿出在鈕釦和布之間，做纏繞狀約4次。

★以上動作稱為「纏釦腳」。

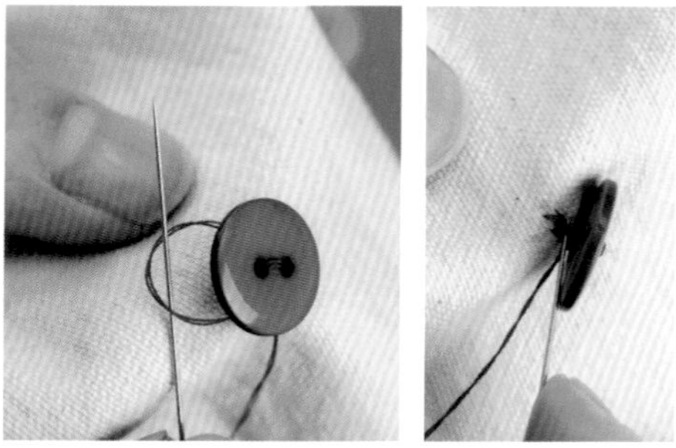

⑦最後一次線不要拉緊，形成一個環狀，針入環內，收線拉緊，再入針至布的背面。

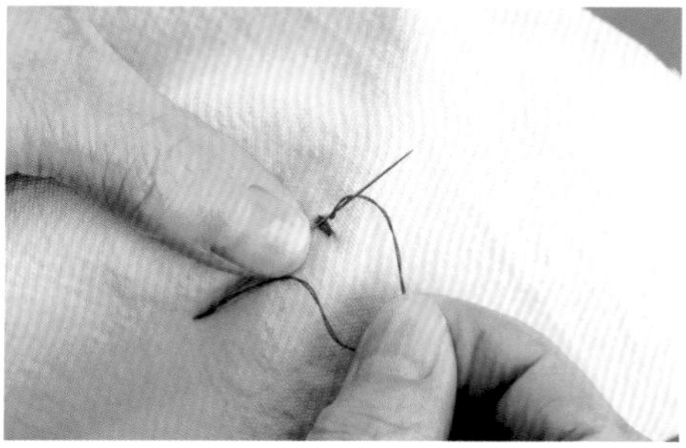

⑧針壓在出針處，用手縫線纏繞針數次，拔針，完成打結，剪線。

⑨完成。

b 有腳的鈕釦

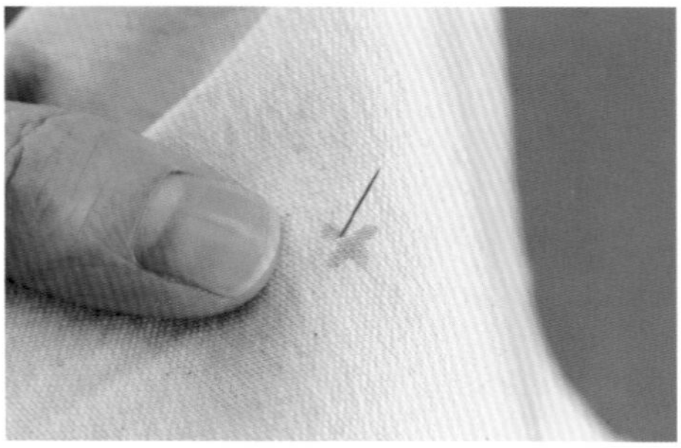

①在布正面的鈕釦位置做「＋」記號，針從布的背面入針，正面中心點偏左出針。

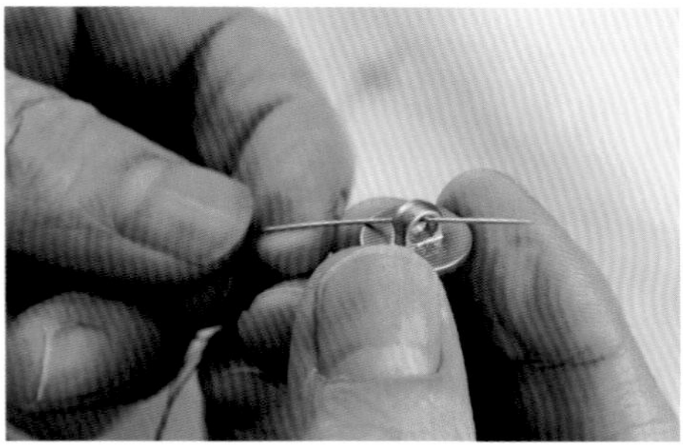

②針穿進鈕釦的腳。

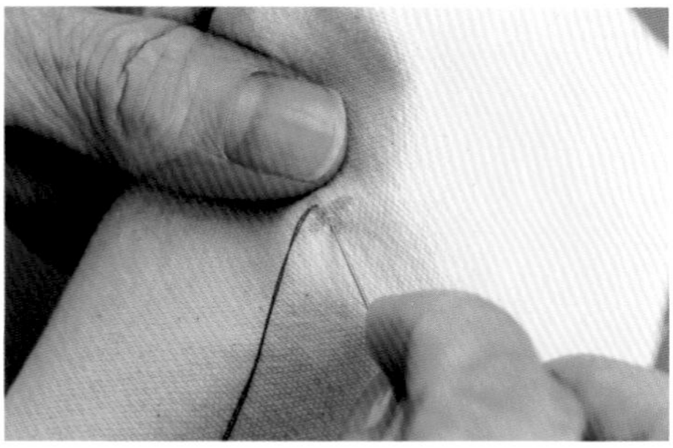

③中心偏右入針至布的背面。

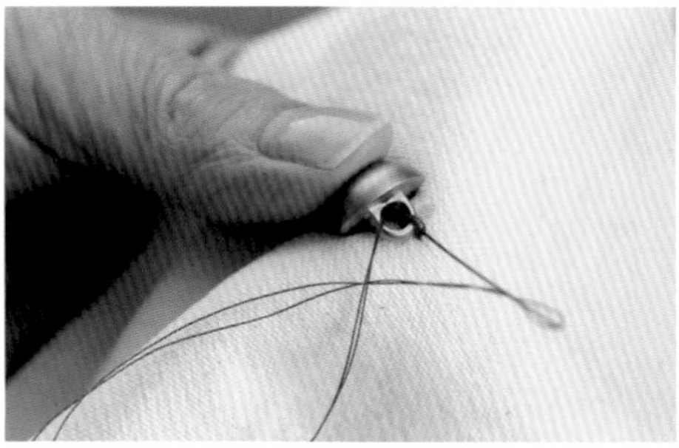

④重複動作來回縫3~4次，縫線拉緊。

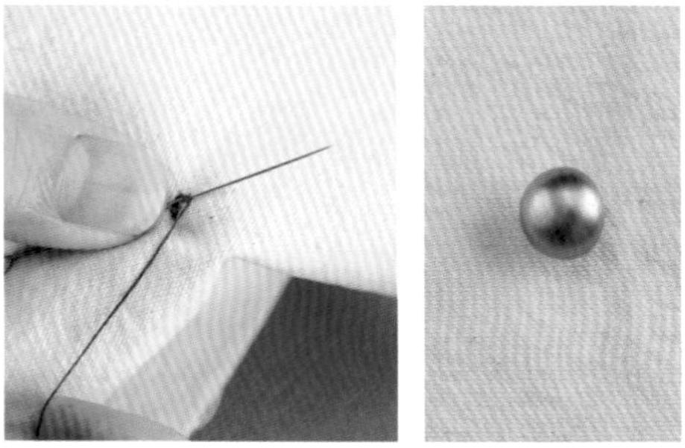

⑤入針至布的背面，線打結（參考P209），剪線。

⑥完成。

c 支力釦

釦子的布背面有一顆小釦子，作用是為了保護布料，這個小鈕釦稱為「支力釦」。

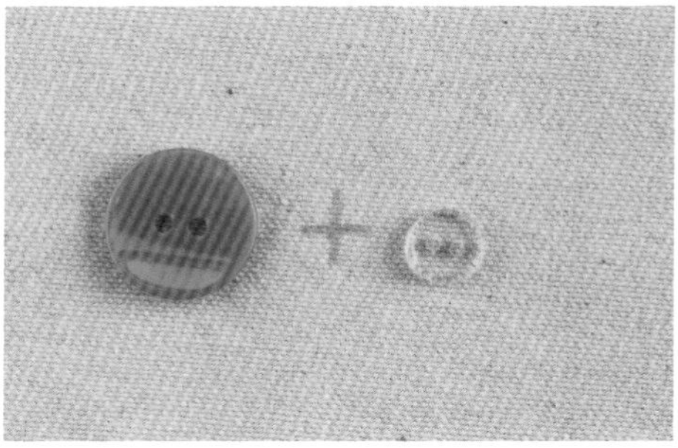

①鈕釦位置做「＋」記號。

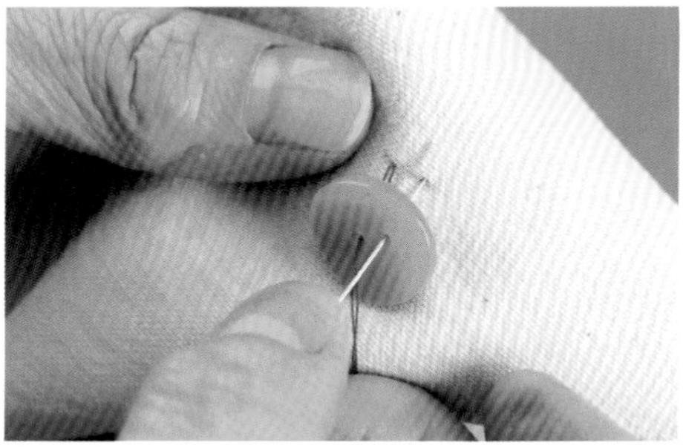

②針從布的背面入針，正面中心點偏左出針，針穿出鈕釦的孔，再穿進另一個孔，從中心偏右入針至布的背面。

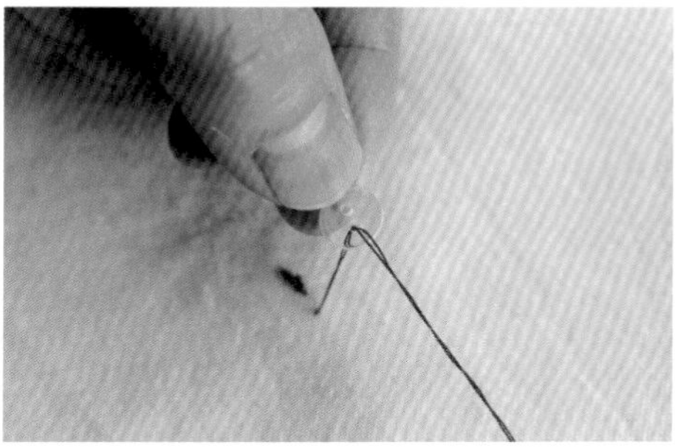

③布的背面，針入支力釦的孔。

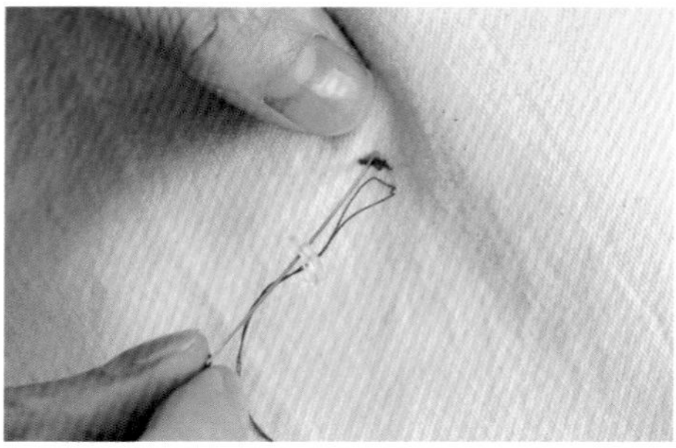

④針再入出另一個孔，然後從布入針至布的正面。

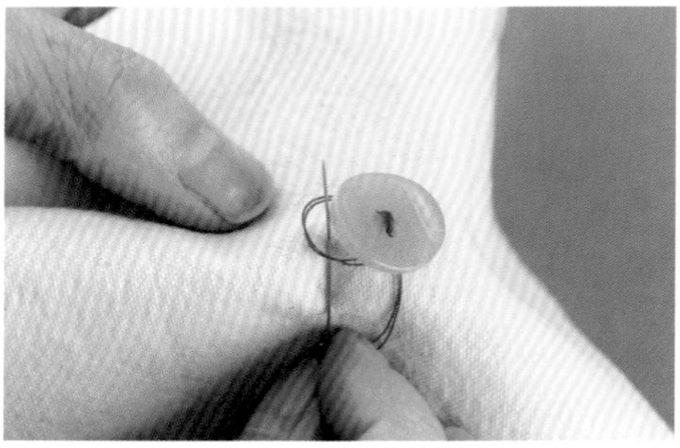

⑤基本上就和縫鈕釦一樣，只是布的背面多了支力釦，也是來回縫3~4次，在表面的大鈕釦纏腳，最後一圈套進線圈內，然後在大鈕釦旁再挑一針，打結（參考P209），剪線。

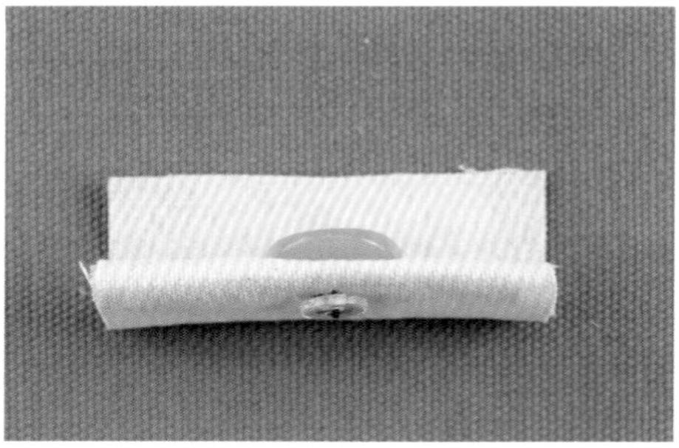

⑥完成。

d 暗釦

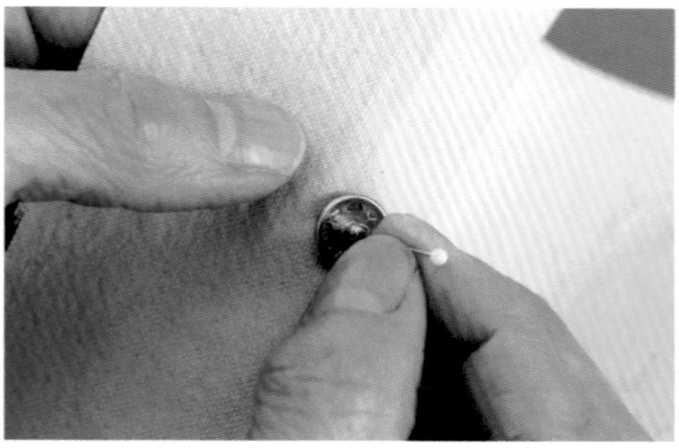

①在布的記號點位置放上凸釦，可用珠針固定。

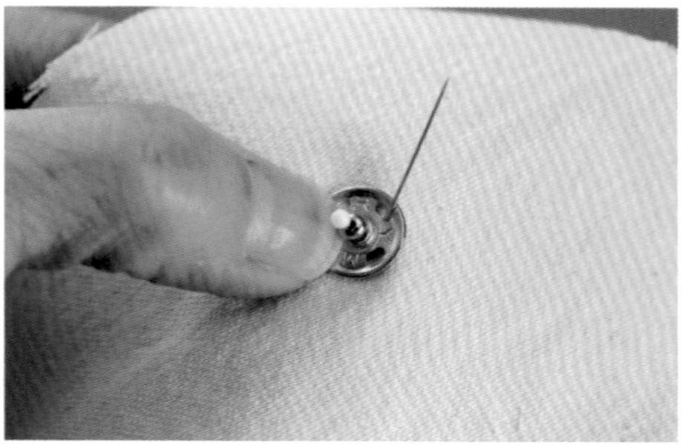

②針從布的背面入針，正面的任意一孔內出針。

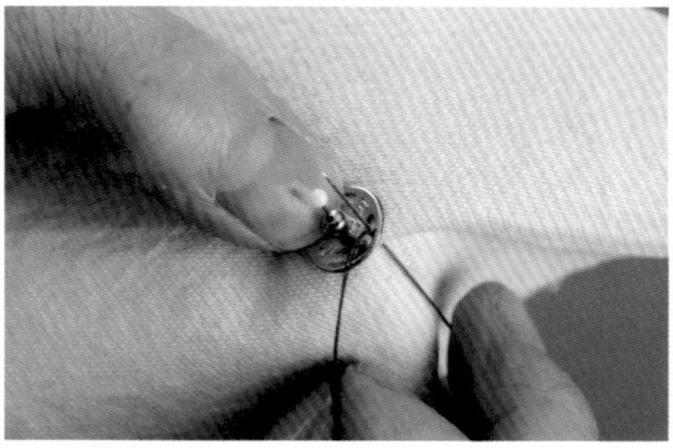

③跨過孔，在孔外挑布入針再回到同一個孔內出針，重複動作3~4次。

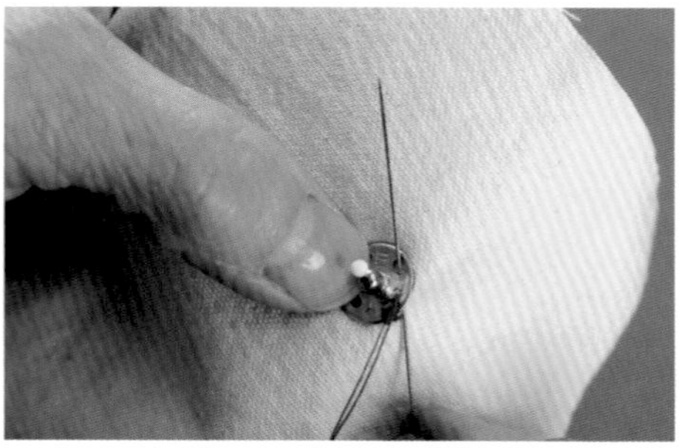

④針入針至背面，立即再從下一個孔內出針。

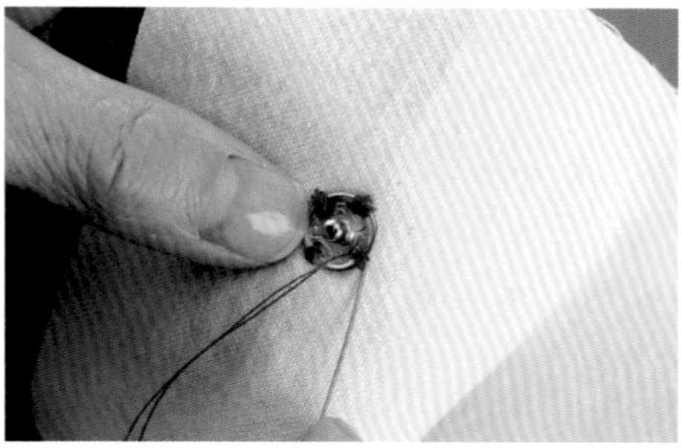

⑤相同的動作，縫完四個孔，最後一針入針至背面。

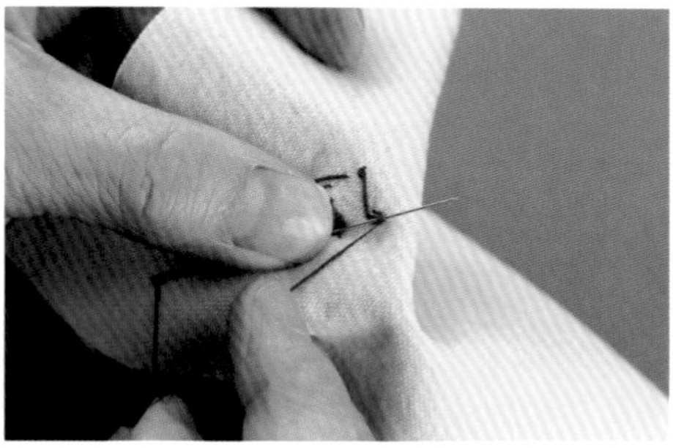

⑥打結（參考P209），完成縫凸釦。

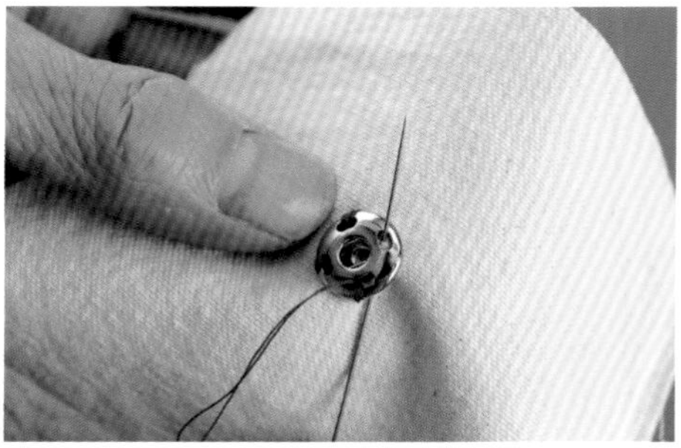

⑦相同方法，縫凹釦。

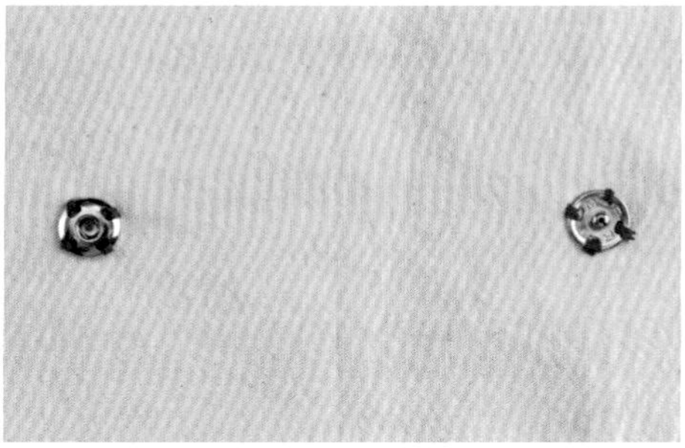

⑧完成凹凸釦。

⑨釦合。

衣服完成了，但找不到適合的鈕釦，怎麼辦？

自製包釦，讓衣服更有整體感。

利用小碎布可以做出很多花色的包釦，賦予衣款細節更多特色。但包釦較有厚度，不適合縫在衣服背後，因為躺著時會不舒服。

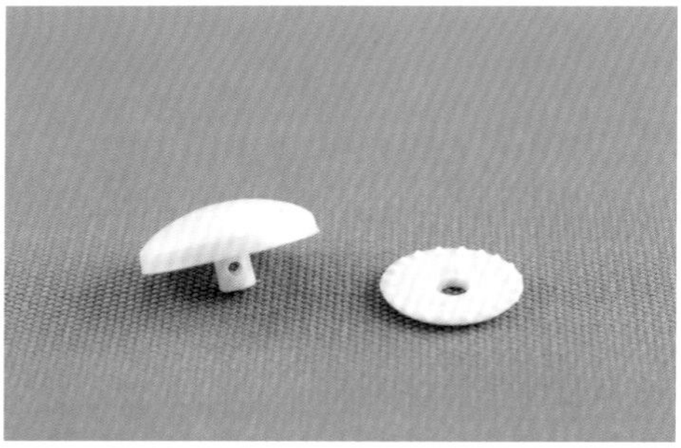

①準備包釦材料：釦子和蓋片。

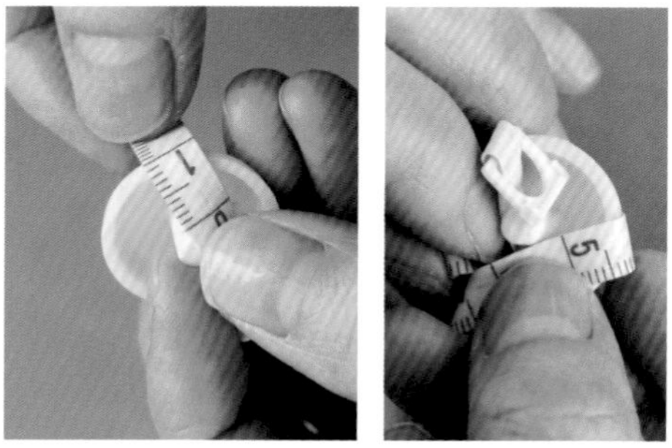

②用捲尺繞釦子一圈（釦面至釦腳），釦腳的粗度不要量，用布大約是包釦直徑的1.8倍。

③如果沒有使用捲尺的話，可以備好大約尺寸的小布片，將布片摺成四等份狀。

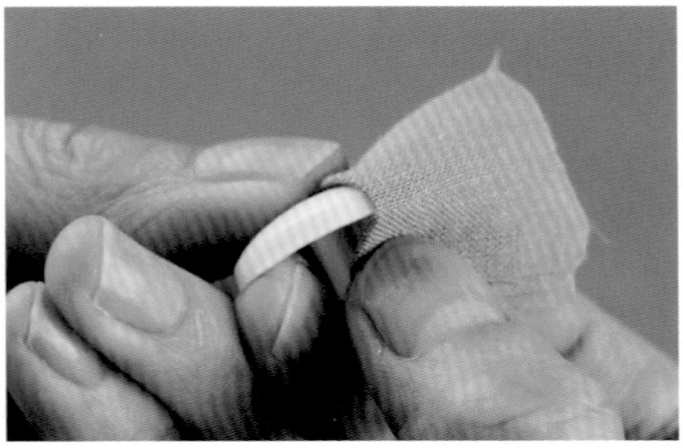

④用手將布的中心點壓在釦子面的中心，另一手將布往下包覆至釦腳，掐住位置點，在布上製造掐痕。

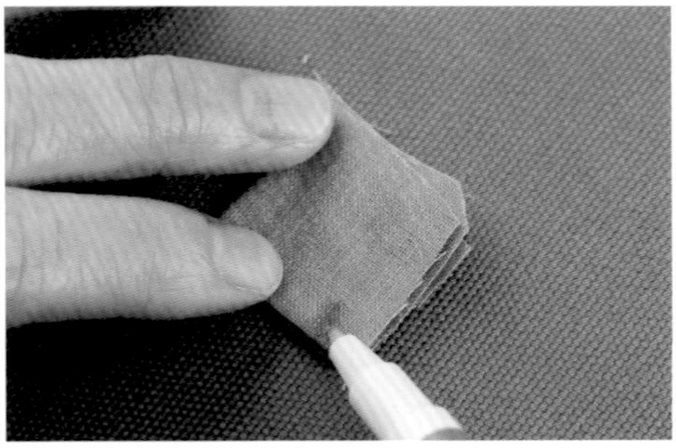

⑤在掐痕處做記號點。

⑥依著記號點的相同高度，標出一個弧面。

⑦剪刀依著記號點剪。

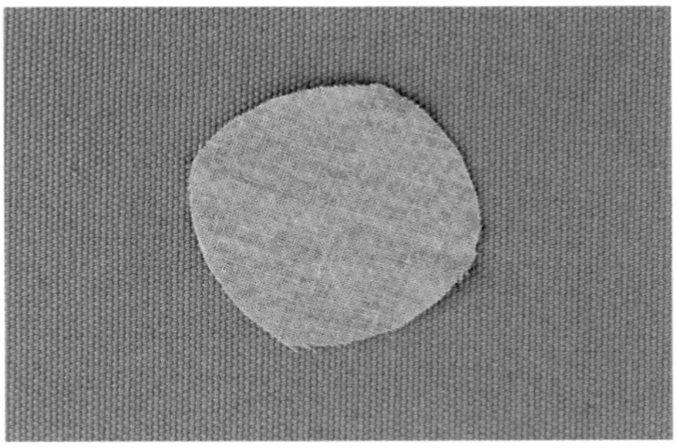

⑧展開布片，不需任何量測工具即快速得到一塊略圓的布。

⑨手縫線離布邊緣0.3cm上下平針縫（第一針回針縫）。

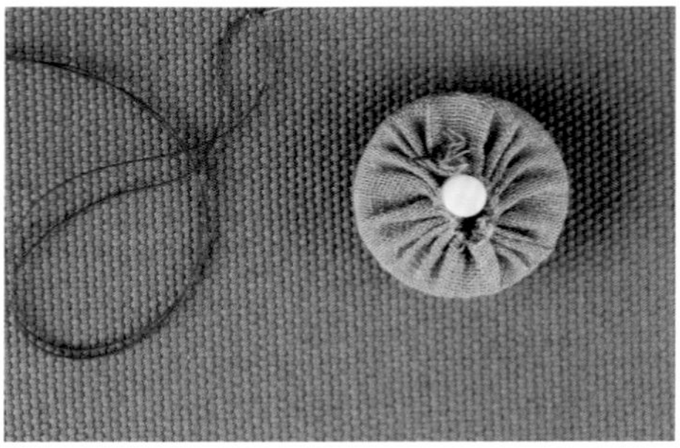

⑫拉緊，打結，剪線。

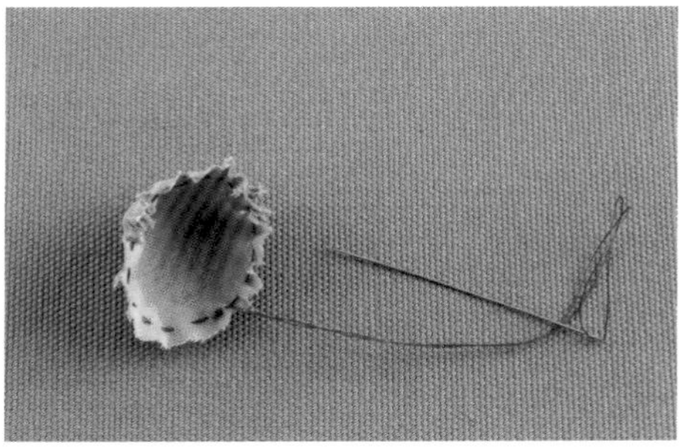

⑩縫一圈，微拉緊。

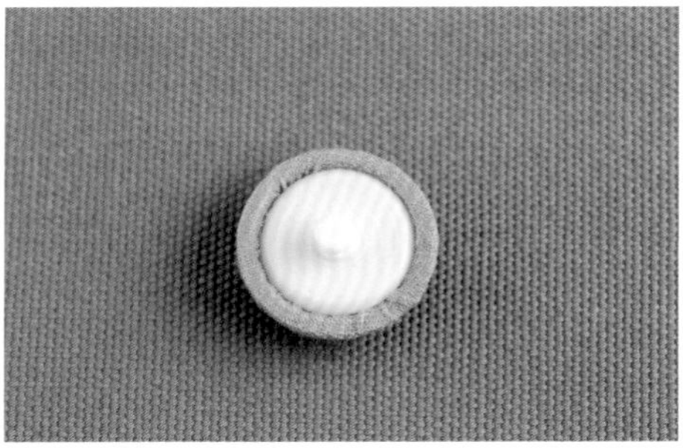

⑬蓋片有爪子的面朝下，用力扣緊。

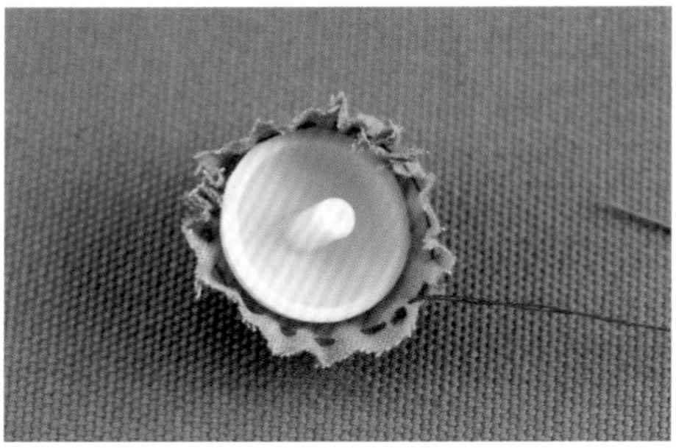

⑪放入釦子。

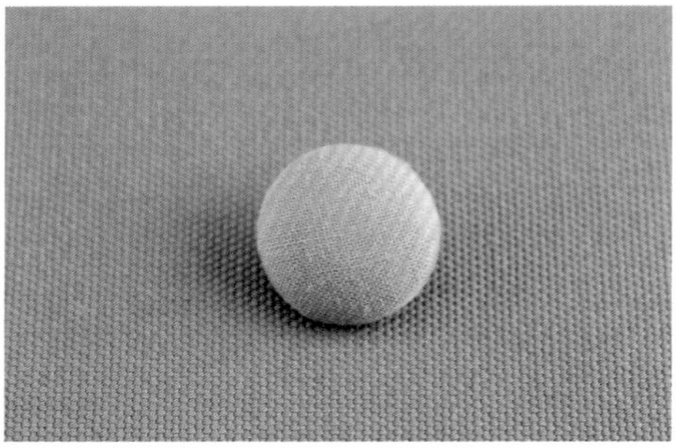

⑭完美完成包釦，如果布片取太大，釦子邊緣會產生小皺褶。

POINT

如果想要取可愛的圖案，可製作透明板，方便決定布片的裁剪位置。

STEP.10

B 拉鍊

縫製衣服常用的拉鍊

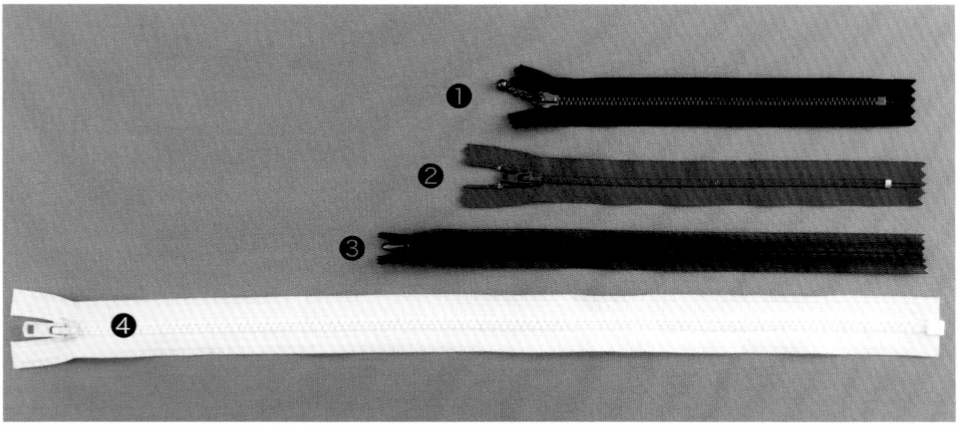

①金屬拉鍊應用在褲、外套。

②尼龍拉鍊應用在褲、裙。

③隱形拉鍊應用在褲、裙、上衣、洋裝。

④全開拉鍊應用在夾克外套。

前置準備

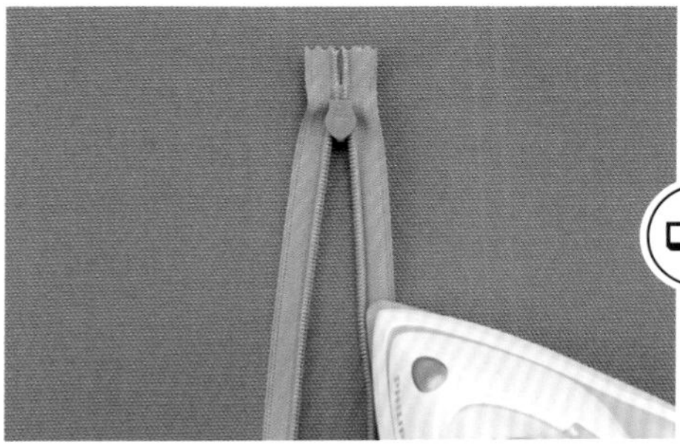

①備一條比拉鍊口長約5~7cm的隱形拉鍊。
先將拉鍊布面燙開，不燙也可以，但如果前置作業先燙開，車縫時會較省時。
在拉鍊背面，熨斗調中溫，前端推開深入拉鍊齒。

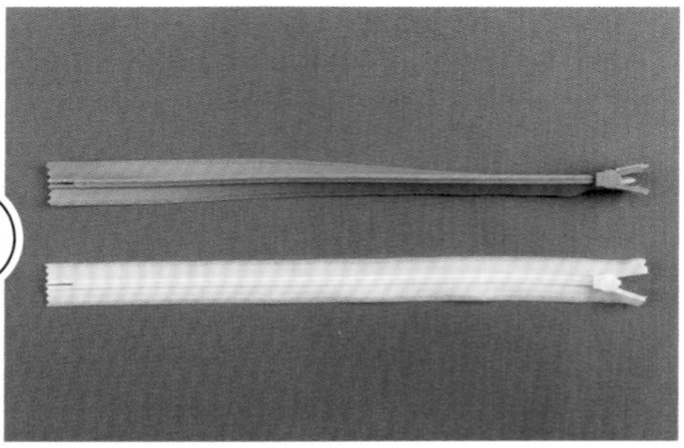

上：拉鍊有事先燙開，拉鍊齒立起。
下：沒有燙過的拉鍊。

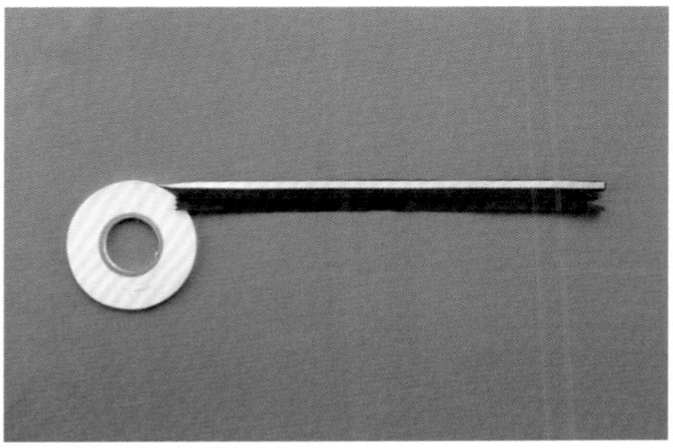

②準備縫紉用5mm雙面膠帶。隱形拉鍊閉合後看不見，這是和一般拉鍊最大的不同，女性衣款常用。

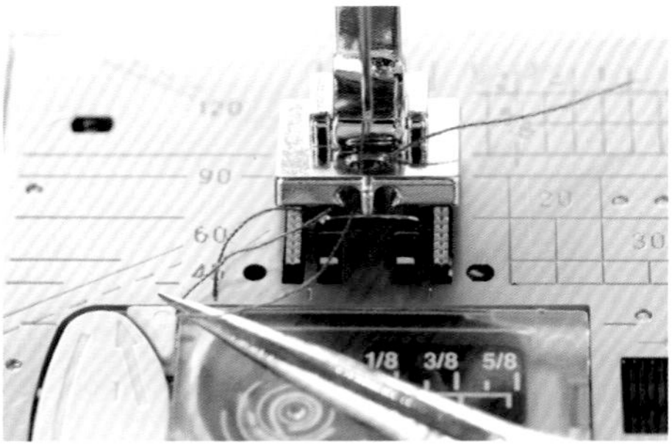

③縫紉機更換隱形拉鍊壓布腳，縫紉機備好上下車線，引下線；用錐子將上線挑至壓腳的針孔下方，上下線一起拉至壓腳下且壓腳正後方備用。

開始車縫

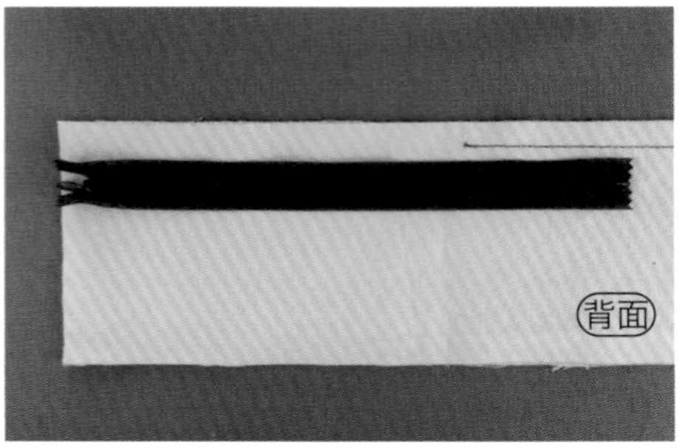

①兩片布正面對正面縫份1cm，車縫拉鍊口（拉鍊口比拉鍊少5~7cm）以下的布。

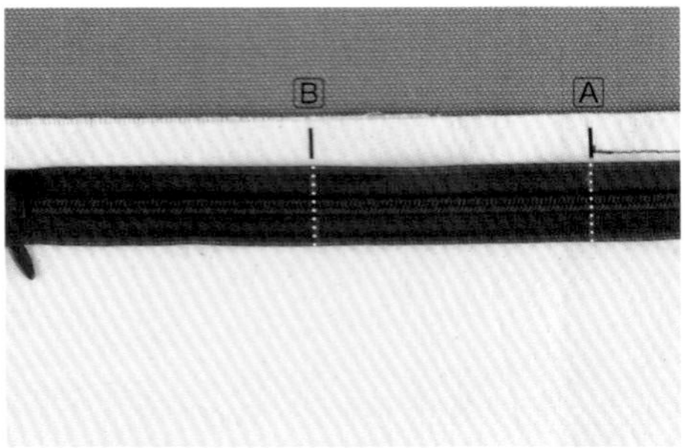

②拉鍊背面兩側標出車止點（A）及拉鍊口的中間記號點（B），布的背面也在相對位置標記號點，以利縫合時能互相吻合。

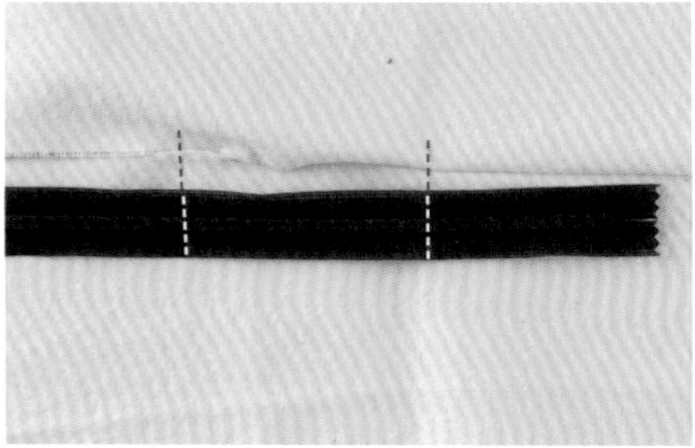

③布的正面也要標記號點。

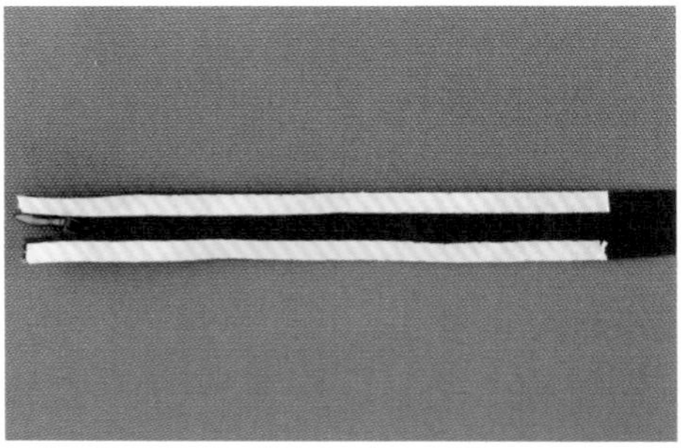

④拉鍊正面（車止點以上）貼縫紉用5mm雙面膠帶。

★因為縫製過程會反覆拉拉鍊，所以要用寬版膠帶，較牢固。

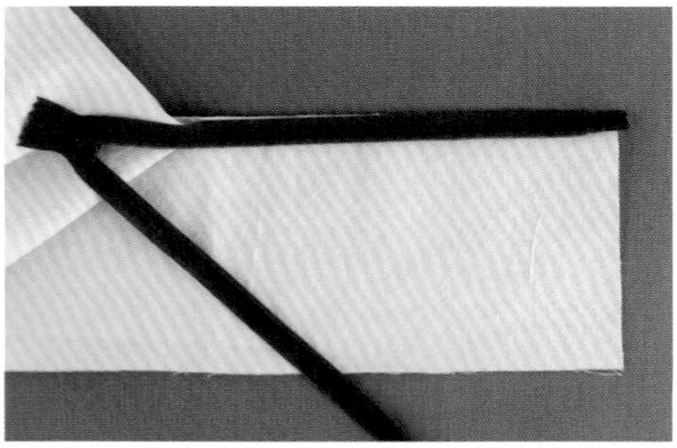

⑤撕掉右側拉鍊的膠帶背膠，和布正面依著記號點貼合。

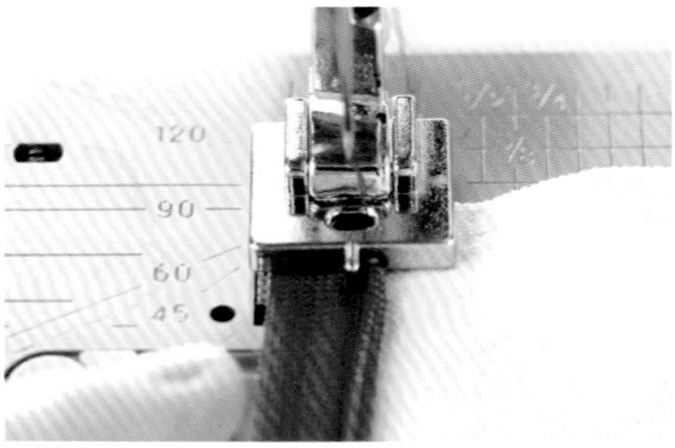

⑥隱形拉鍊放進壓腳的右邊溝槽，齒貼著壓腳前端的擋板，車縫前進時，擋板會推開齒，讓縫線更往內。

★車縫隱形拉鍊時，拉鍊需要拉開至拉鍊底。

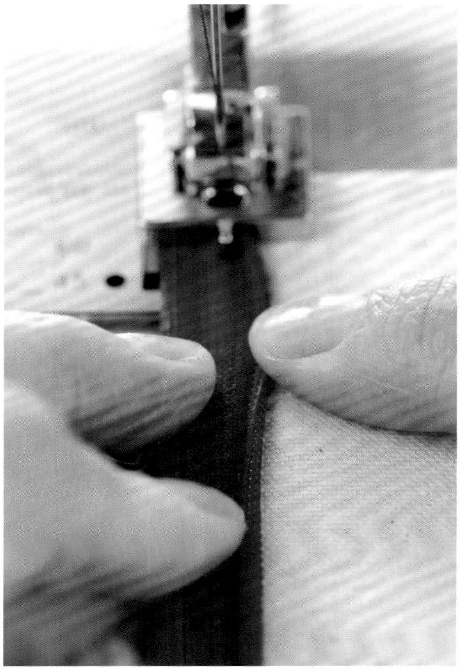

⑦若事前有整燙拉鍊，擋板會很容易推開齒，如果事前沒有整燙，這時需要靠手協助撥開。

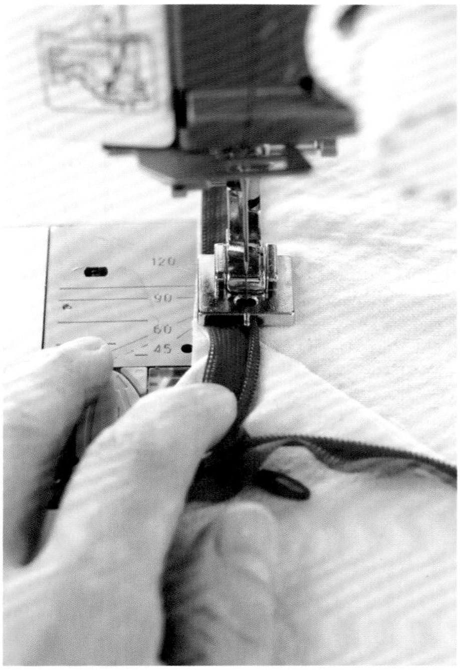

⑧車縫至車止點，縫紉機做回針，完成右側。

⑨拉鍊拉上，左側拉鍊撕開膠帶背膠。

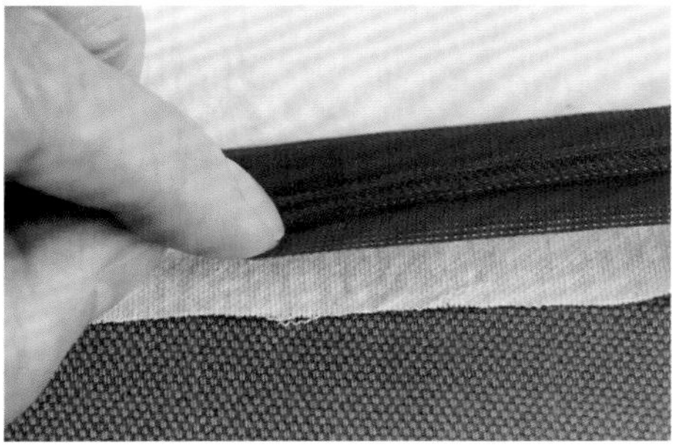

⑩記號點對齊，和布的正面對正面貼合。

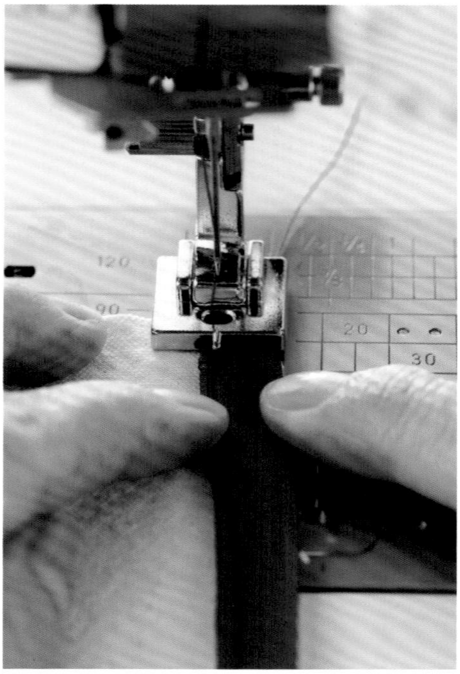

⑪拉開拉鍊至底，放進壓腳的左邊溝槽。

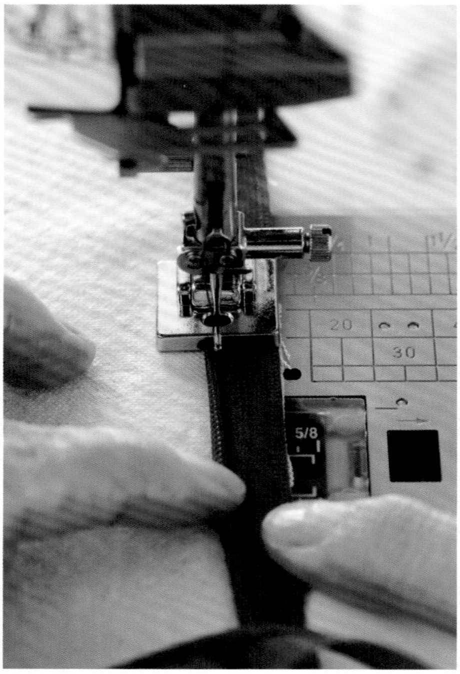

⑫相同方法完成左側車縫。

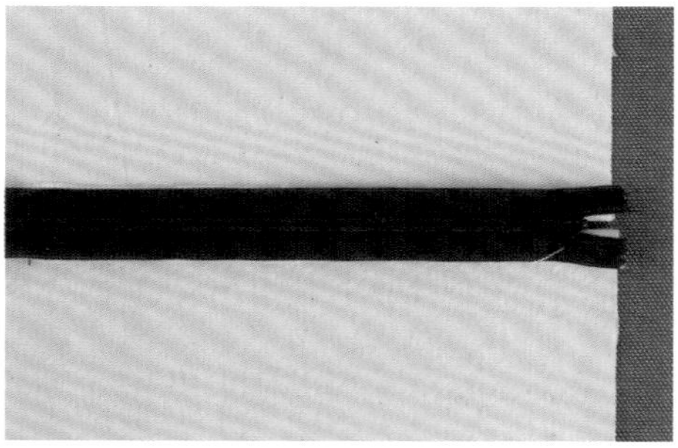

⑬小心的將拉鍊頭拉至正面。

＊請參考P254。

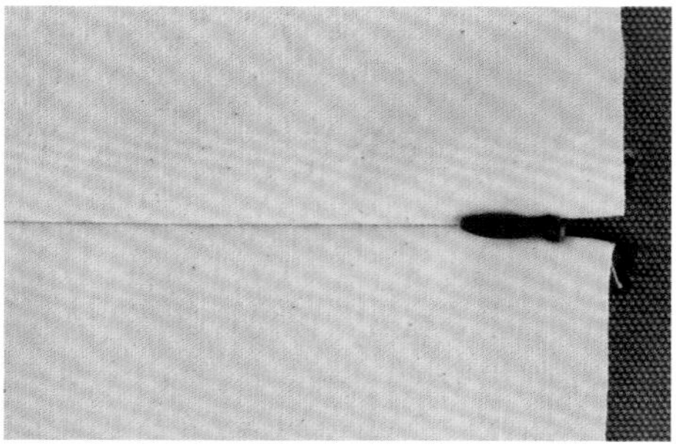

⑭正面看不到拉鍊，完成。

前置準備

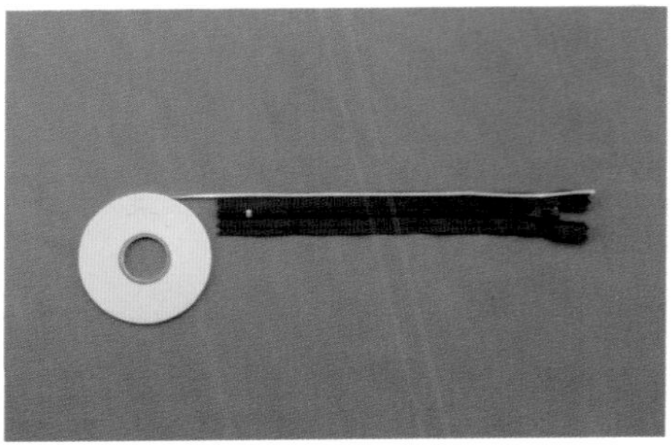

備縫紉用2mm雙面膠帶。
雙面膠帶建議購買寬度2~3mm，車針不會留下殘膠（若車針有殘膠，車縫時會有大小針趾現象）。

開始車縫

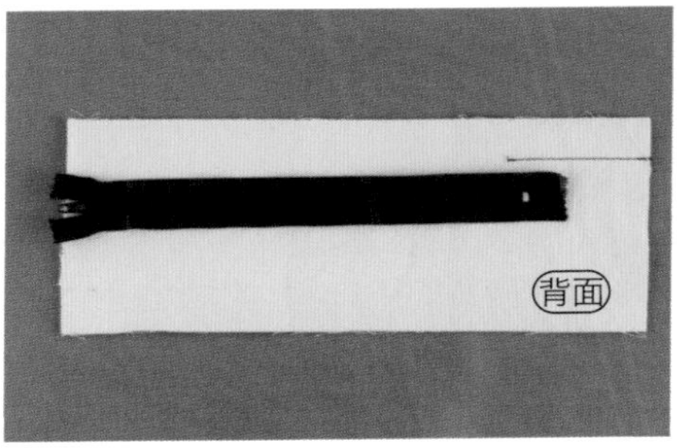

①兩片布正面對正面縫份2cm，車縫拉鍊口（拉鍊口比拉鍊少2~3cm）以下的布。

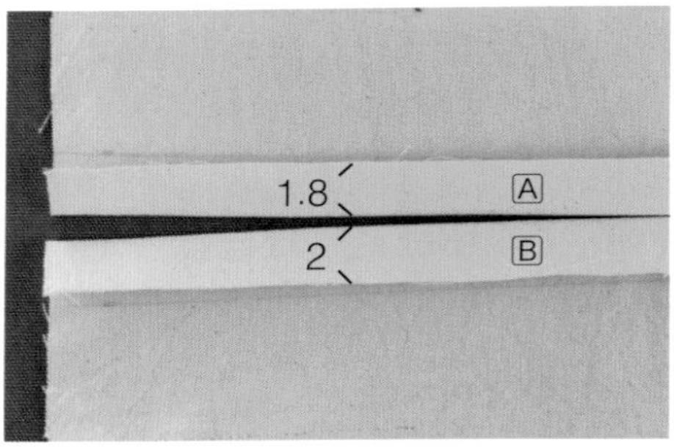

②燙開縫份，畫面A邊往內燙1.8cm，B邊往內燙2cm。

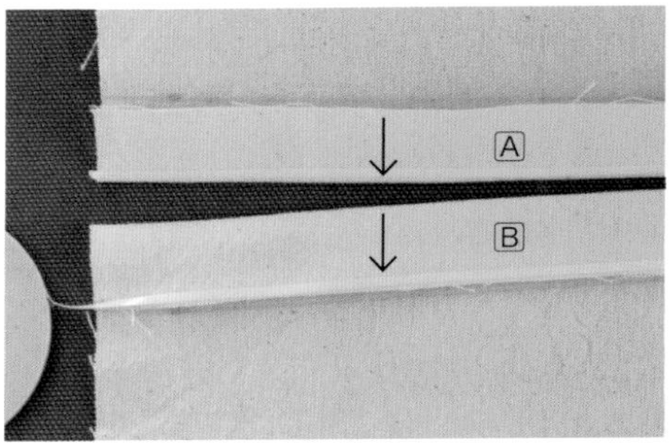

③A邊依著摺邊貼縫紉用2mm雙面膠帶，B邊依著布邊貼縫紉用2mm雙面膠帶。

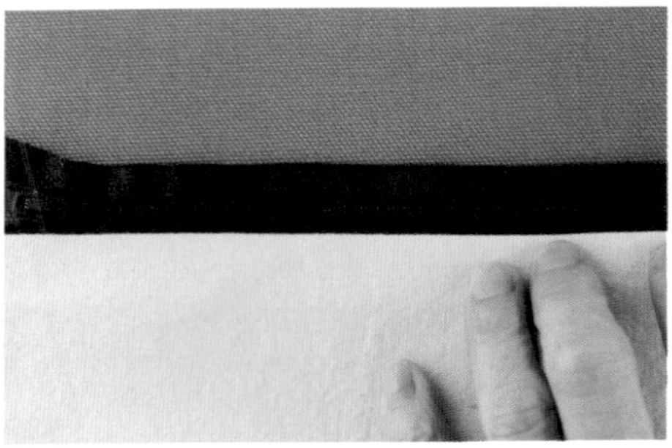

④在正面，拉鍊左邊先和A邊貼合（摺邊離拉鍊齒約0.5cm）。

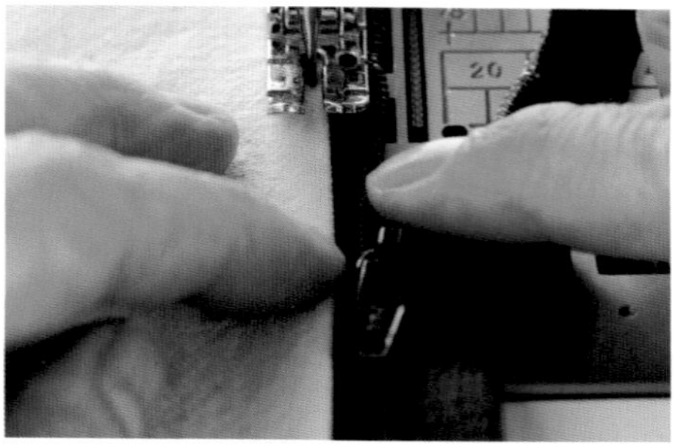

⑤A邊離摺邊0.2cm車縫壓線，車縫過程隨時可以拉動拉鍊頭。

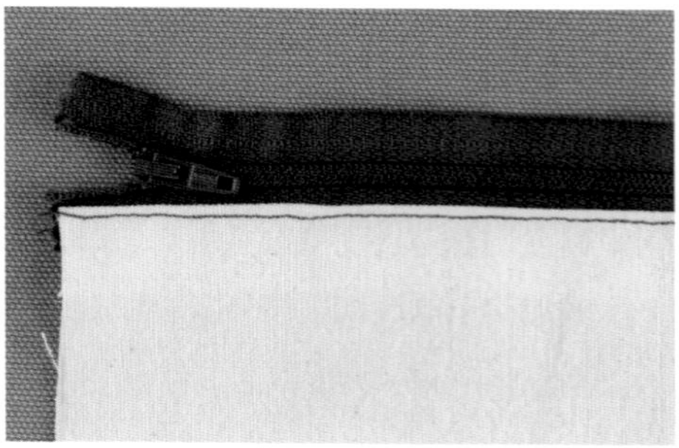

⑥完成A邊。

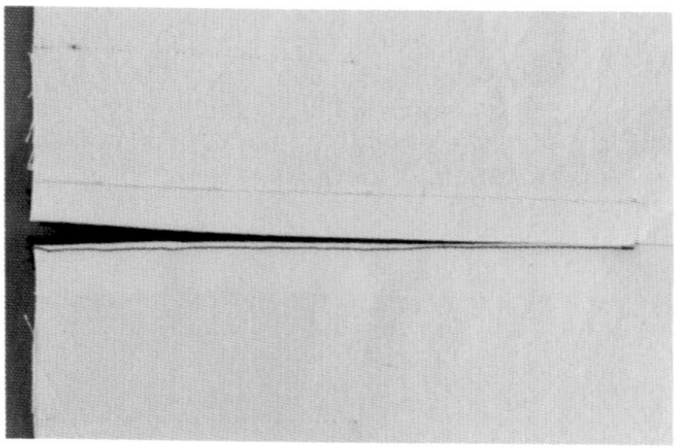

⑦在B邊的正面，離摺邊1.2cm畫L記號線。

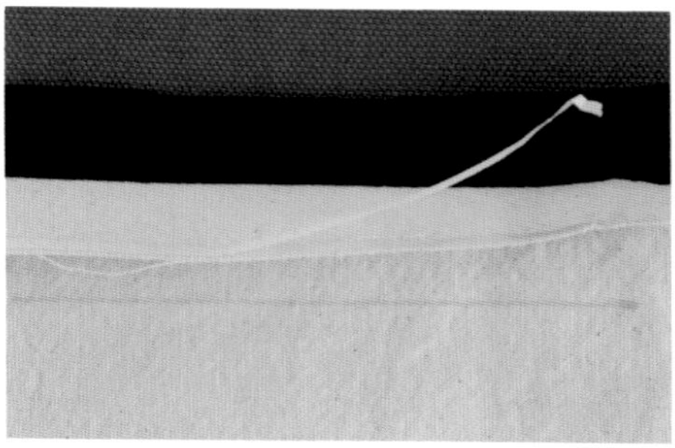

⑧撕開B邊的膠帶。

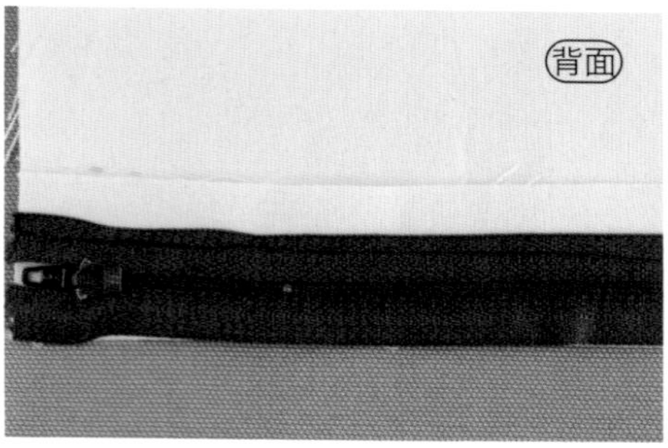

⑨和拉鍊的右邊正面貼合（拉鍊布邊和B邊布邊對齊）。

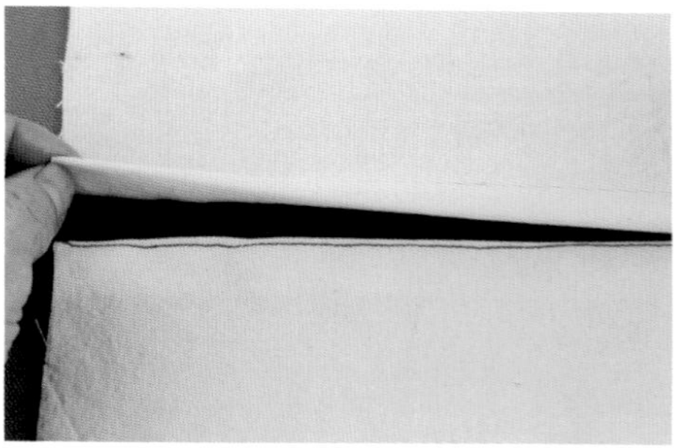

⑩貼合後的正面樣。

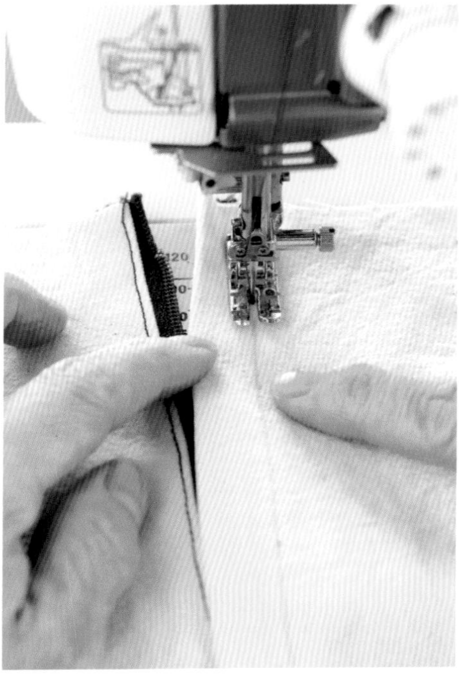

⑪拉開拉鍊，依著畫線車縫L記號線，完成B邊。

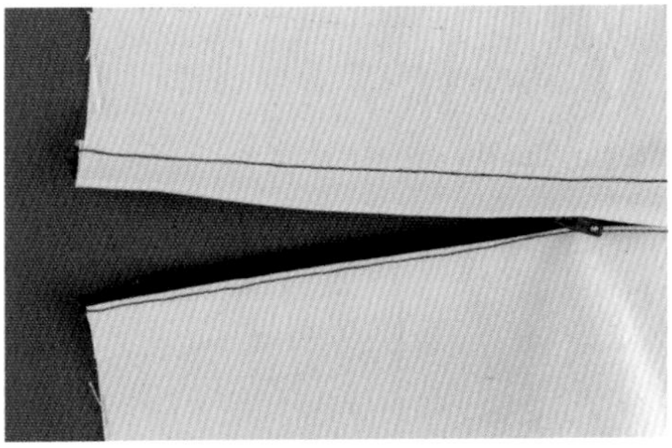

⑫完成一般拉鍊車縫。

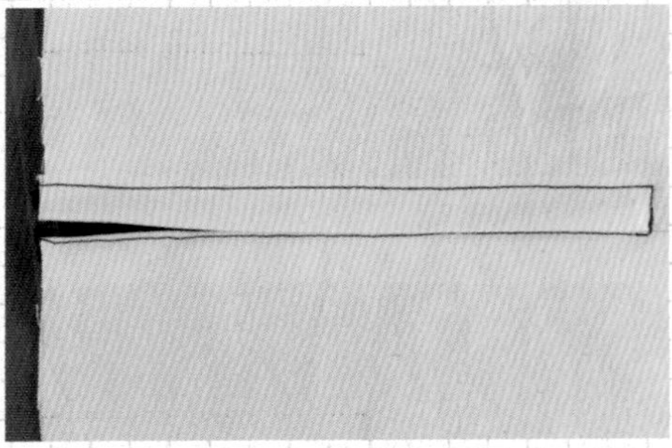

這種方式稱作「右脇拉鍊車法」，是很常見的拉鍊車法，如果是「左脇拉鍊」則剛好是縫製過程方向都相反。

STEP.10

C 鬆緊帶

各種尺寸的鬆緊帶

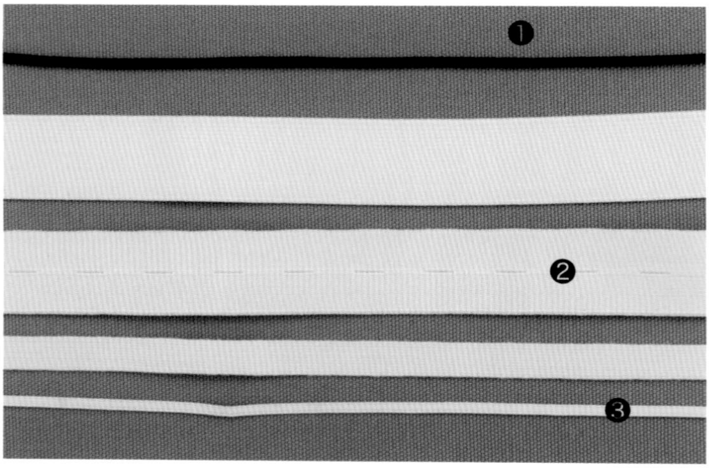

①圓線狀鬆緊帶適合做口罩邊繩用。
②有釦洞，適合褲、裙腰間可調節。
③適合嬰兒敏感肌膚用，或袖口較細緻處。

各種鬆緊帶的穿繩工具

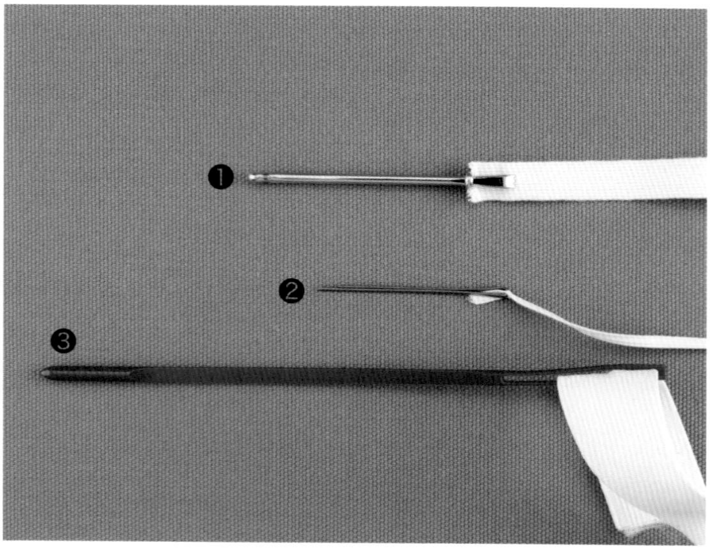

①爪子型穿繩器，過程較容易鬆脱，適合穿繩距離短的狀況。
②髮夾，適合管道空間窄時使用。
③塑膠型穿繩器，材質柔軟，適合穿繩距離長使用。

a 翻面

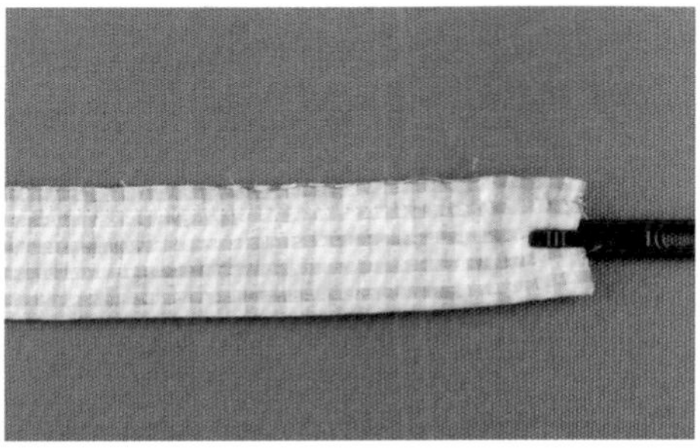

①返裡器穿入管道布，前端夾片夾住管道布的布片。

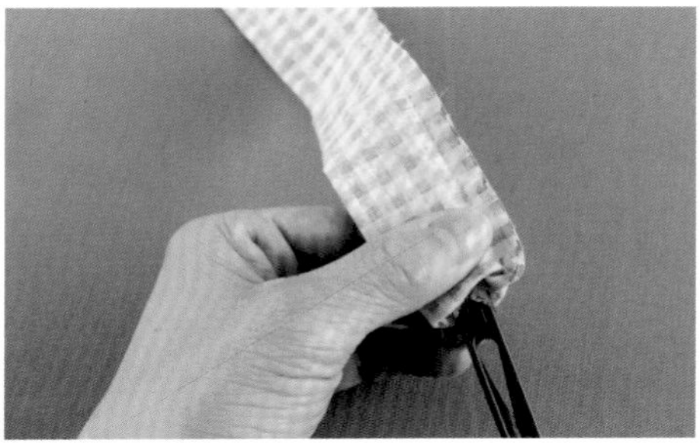

②返裡器慢慢往內推，另一手送布。

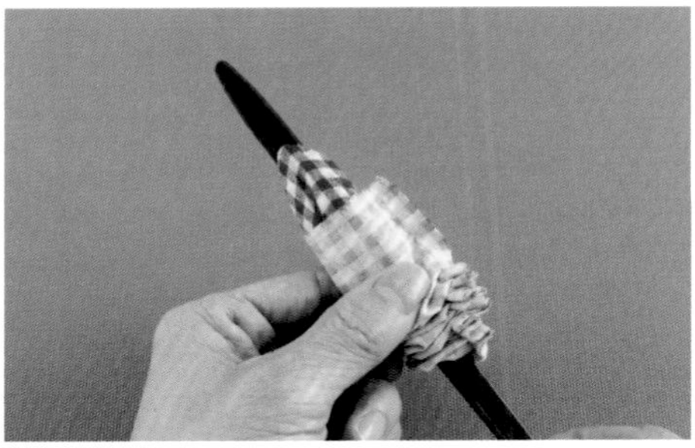

③返裡器將布帶至正面。

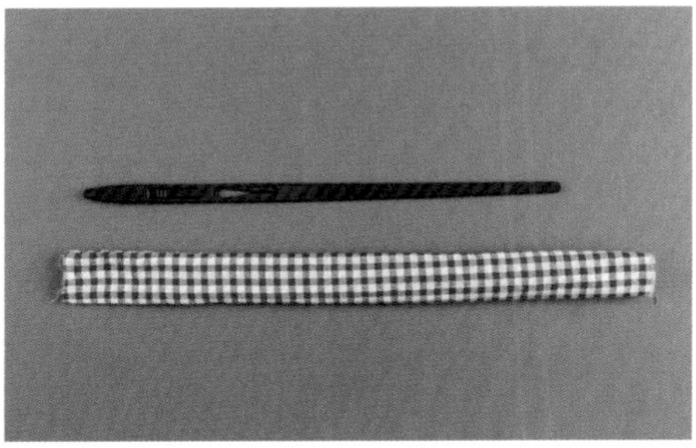

④完成翻面。

b 穿鬆緊帶

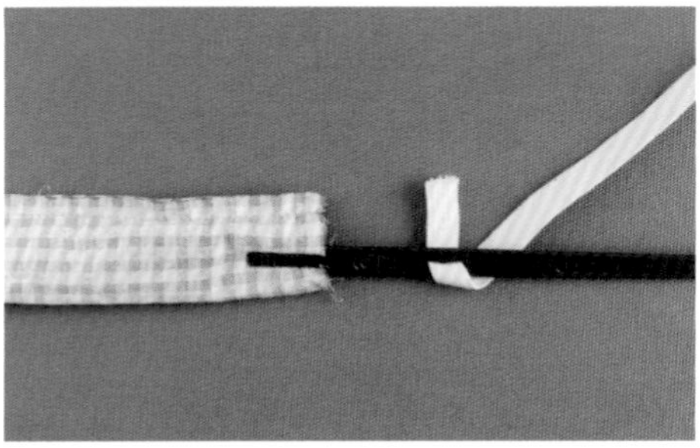

①返裡器前端夾片後方的洞孔可掛上鬆緊帶。

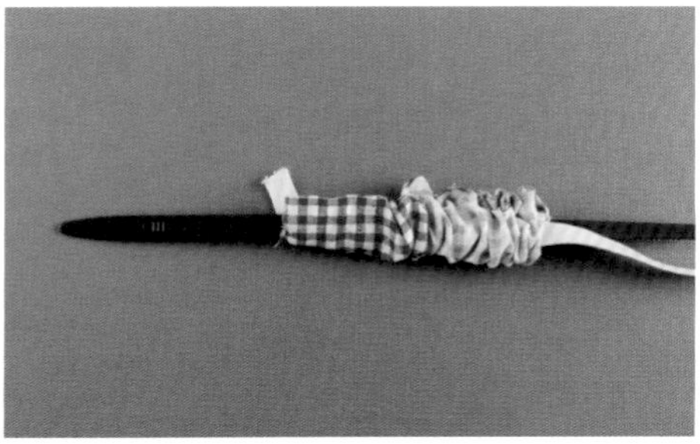

②翻至正面也順便將鬆緊帶入管道內。

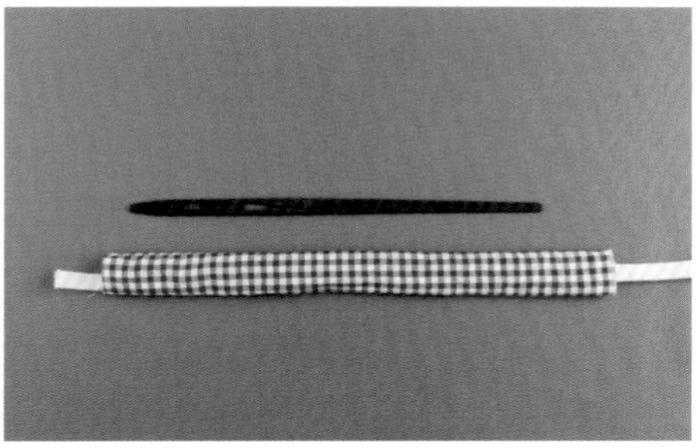

③快速完成翻面和穿鬆緊帶兩項工作。

如何解決惱人的褲頭鬆緊帶翻轉問題？

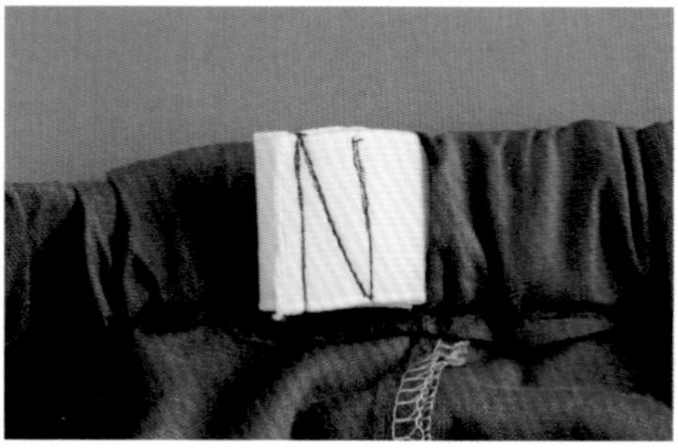

①完成穿鬆緊帶工作後，請先確認鬆緊帶無翻轉，鬆緊帶頭尾重疊2cm，珠針固定，車縫N字型。

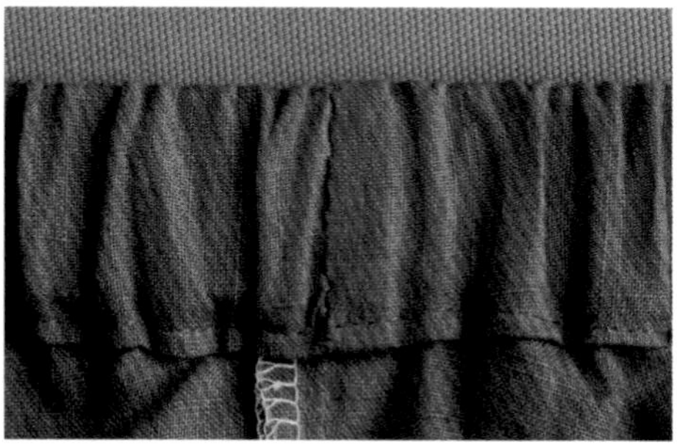

②將鬆緊帶置入穿入口內，兩個穿入口以藏針縫針法縫合。

＊藏針縫針法請參考P161。

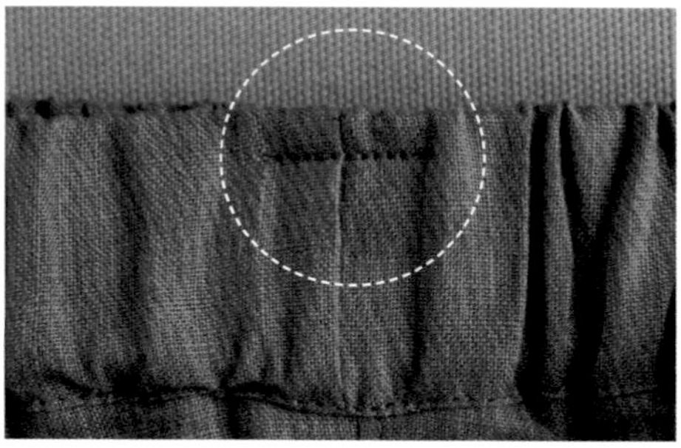

③往左右兩側拉褲頭布約5-7次，在兩側的穿入口上緣車縫約2cm的車線，可防鬆緊帶翻轉，如果覺得仍會翻轉，可用相同方法在前後褲頭中間也車縫約2cm的車線，即完成。

如何測量鬆緊帶與腰圍（手臂）的尺寸？

用捲尺繞腰圍（手臂）一圈時，留一根手指頭在內可移動的空間（以防過緊），得到尺寸×0.8～0.9（鬆緊帶彈性），再加上4cm鬆緊帶接合縫份。

例如：得到尺寸為90cm
鬆緊帶長度➡
90×0.8~0.9=72~81+4=76~85cm

但每個人對鬆緊帶的緊度需求不同，尺寸可先多留一些，待試穿後慢慢修改，找出最適合自己的尺寸，記錄下來，這樣以後就有參考依據了。

‧‧優雅圍裙款背心裙

背心裙是我的最愛
輕鬆或優雅　有很多不一樣的穿搭
寬版的肩帶和裙間的寬褶
呈現成熟優雅風
亞麻布材質
自然垂墜　舒適自在
忙碌的日子
在路邊的森林小憩
是幸福的

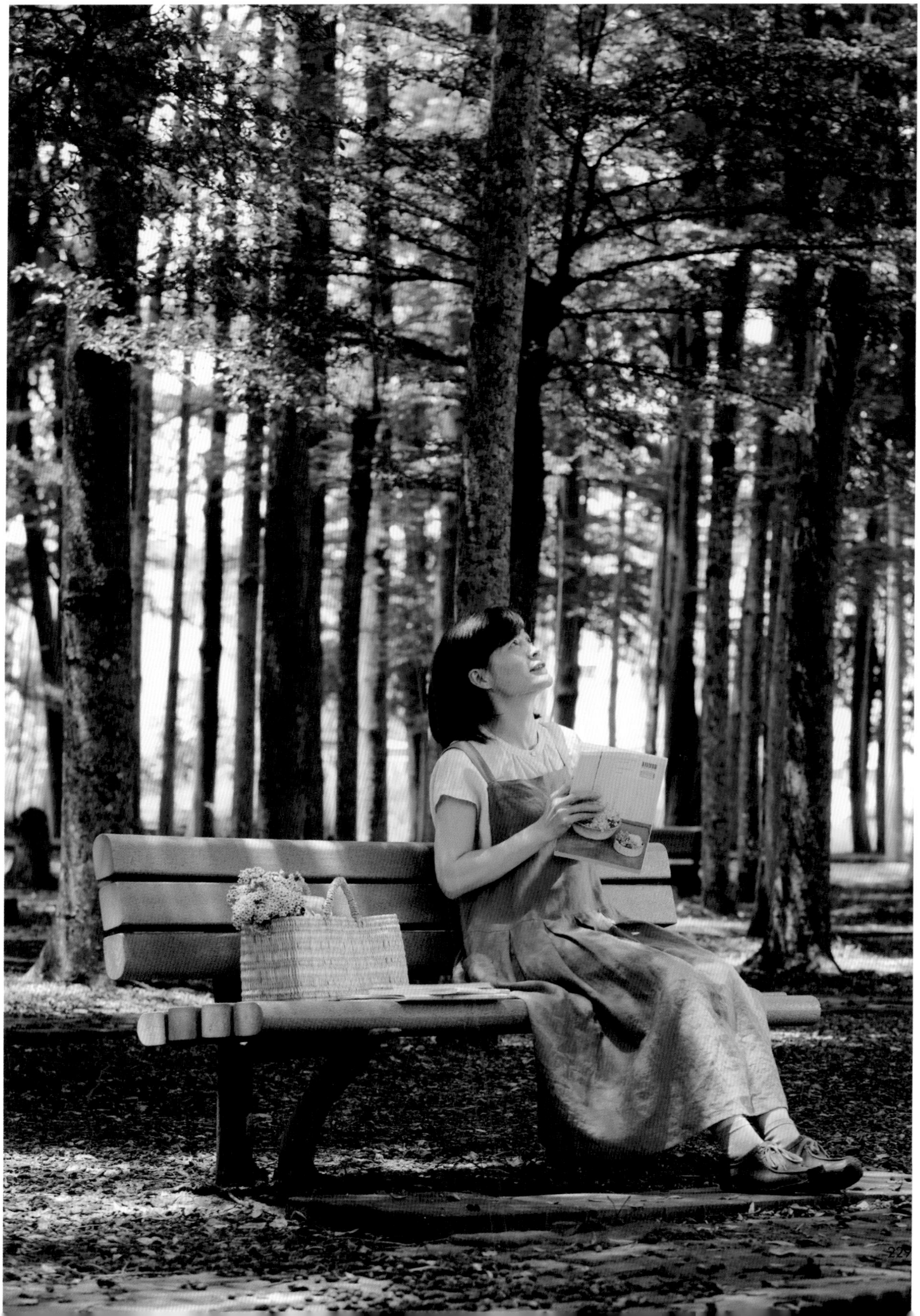

ITEM 01 優雅圍裙款背心裙

適合布料材質

棉（亞）麻布

裁剪注意事項

裙外擴型，裙襬縫份需內縮

本作品可隨需求調整

裙子長度，吊帶長度。

用布量與其他材料

用布量（110cm幅寬）	7.5尺（M尺寸）	
袋口布 （已含1cm縫份）		17×7↕cm 二片
袖斜布條（已含0.7cm縫份）	S	19×2.5 cm 四條
	M	20×2.5 cm 四條
	L	21×2.5 cm 四條
	XL	22×2.5 cm 四條

作品完成尺寸

單位：cm	S	M	L	XL
胸寬（單面）	29	30	30	30
腰圍	94	98	102	106
衣長（含吊帶）	129	130	131	132

裁布圖

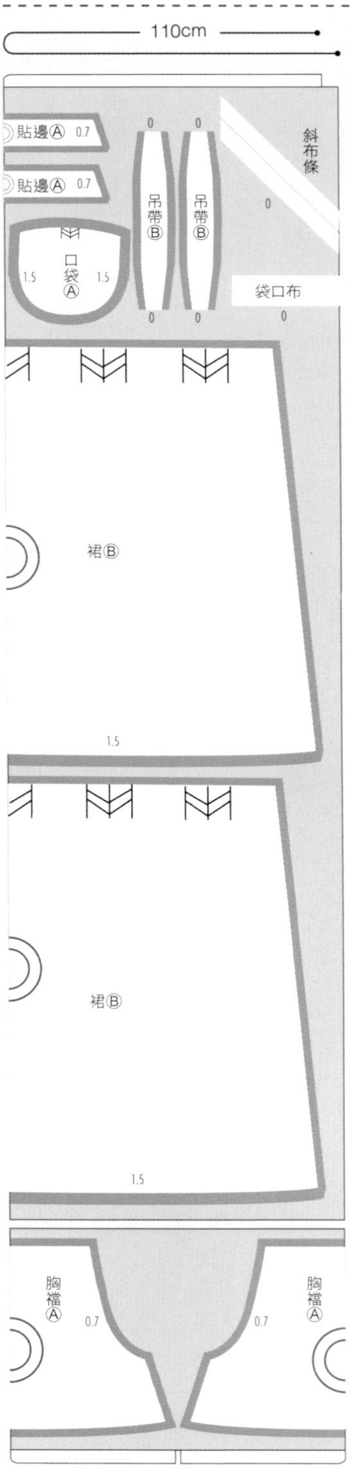

★紙型未標示裁布外加縫份處皆需外加1cm，對摺線處和其他用布則不外加。

學習重點

1.弧形外口袋製作。

2.領口貼邊。

3.斜針縫針法。

P.228・ 實物大型紙 AB 面 ・ S、M、L、XL

裁縫的順序

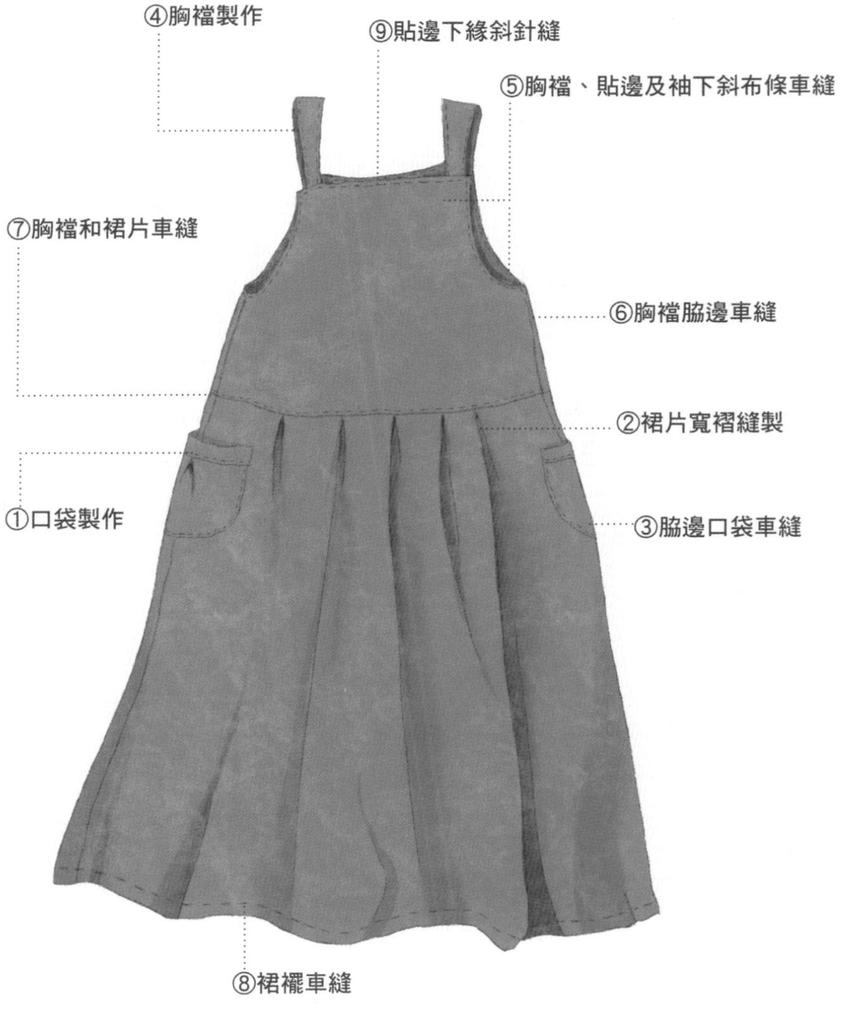

簡易改版型方法

從胸襠前片和後片的中心線平行外加或內減，做1.5cm以內的微幅調整，裙褶的寬度也需要隨著增減。

1 口袋製作

①口袋U型車布邊。

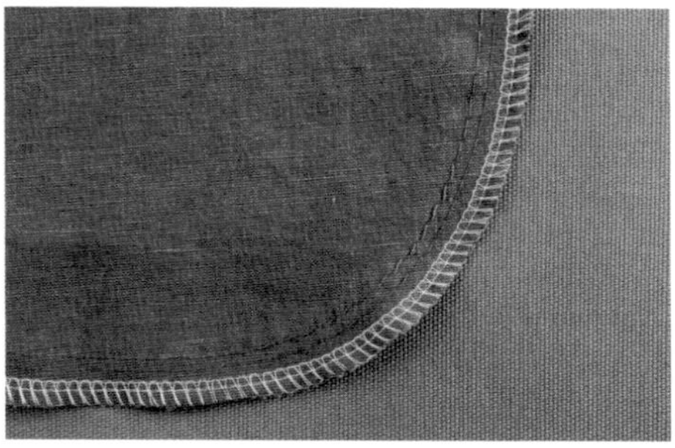

②弧形口袋製作，車拉皺車線。

＊製作弧形口袋請參考P176。

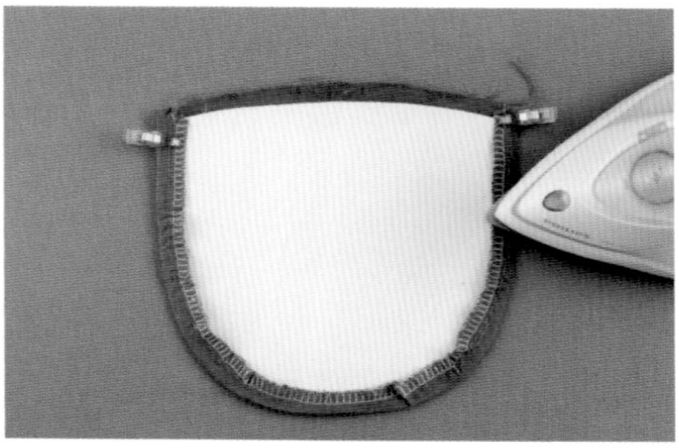

③熨斗整燙口袋型狀。

④袋口依紙型上的打褶標示。

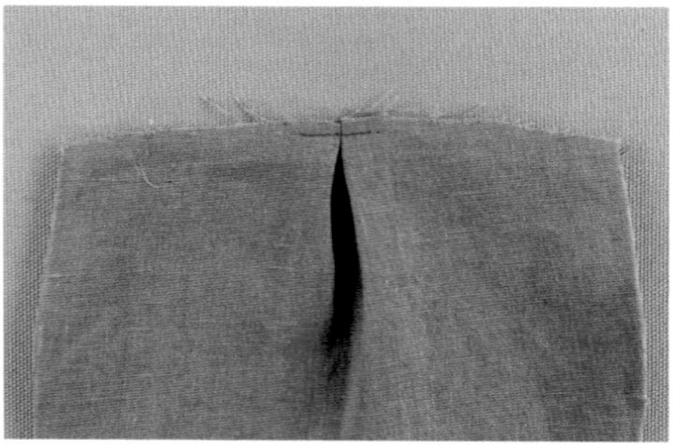

⑤紅珠針往黃珠針摺疊，縫份0.7cm固定褶子。

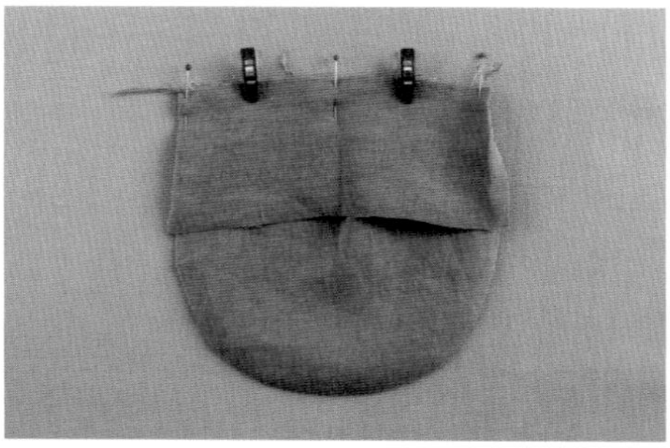

⑥袋口布和口袋正面對正面，袋口布的兩側往下摺1cm包住口袋，珠針和強力夾固定。

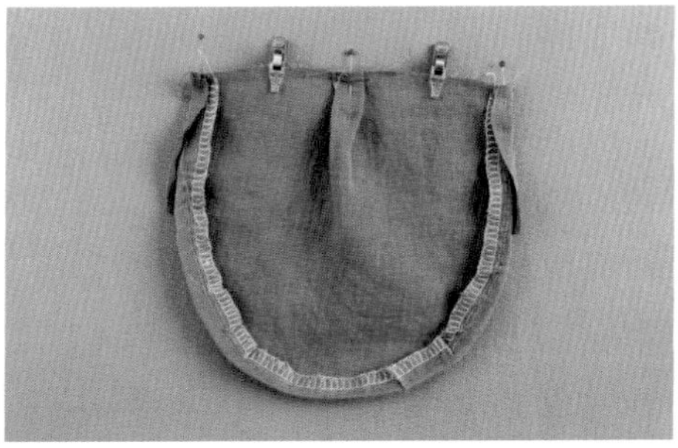

⑦背面樣。

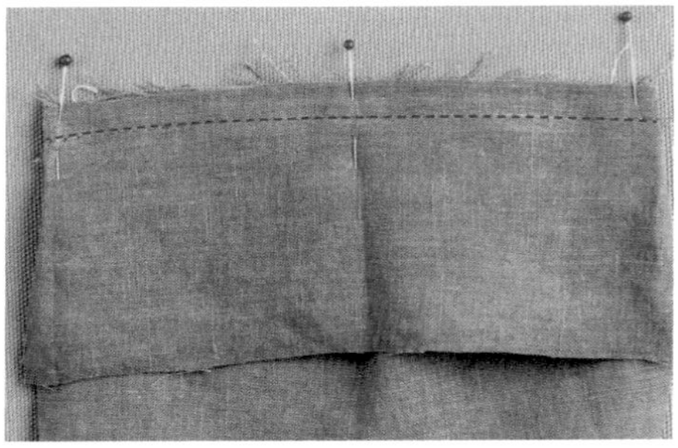

⑧車縫。

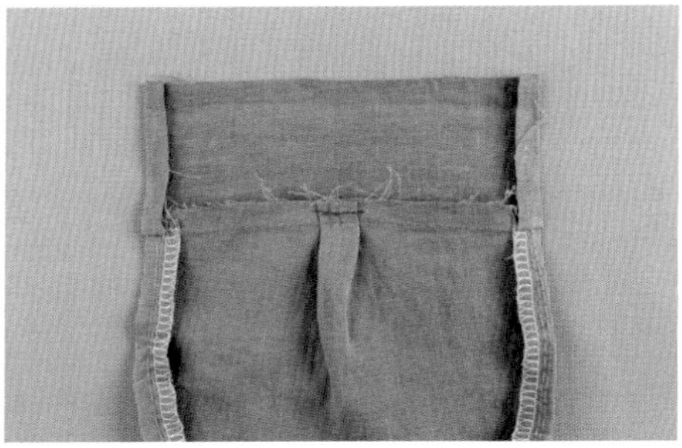

⑨袋口布往上攤開，背面朝上，袋口布兩側1cm往內。

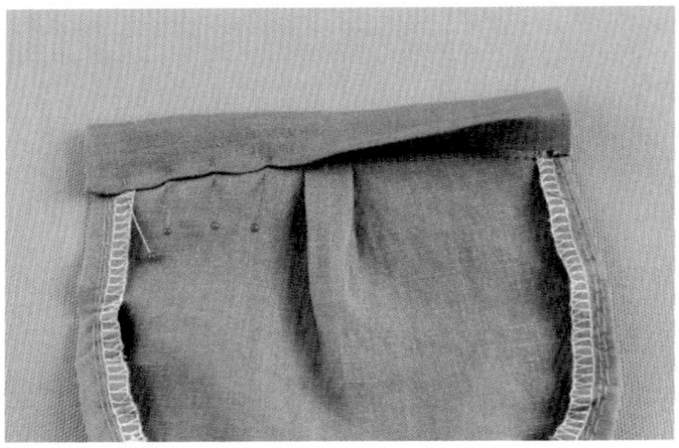

⑩袋口布往下摺1cm，再往下摺至超（蓋）過前一道車縫線0.1cm，珠針固定。

＊四摺包邊方法請參考P182。

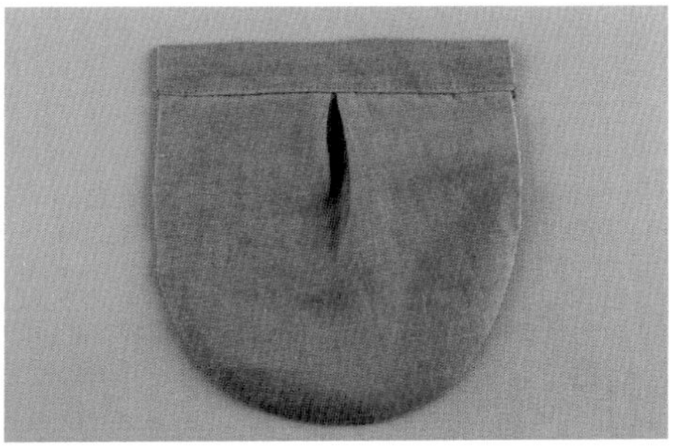

⑪正面朝上，離車縫線0.1cm車縫壓線在袋口布上。

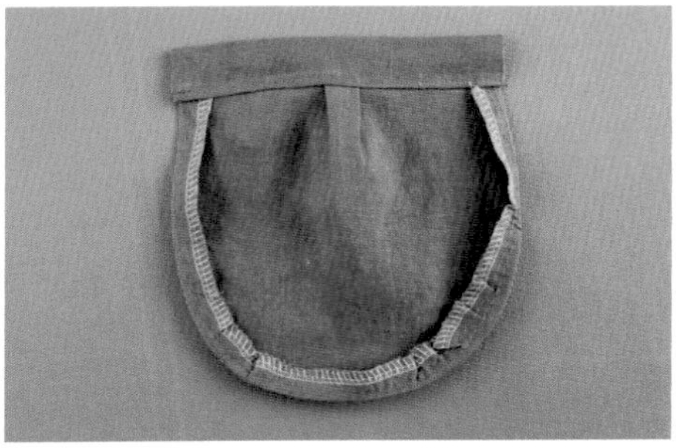

⑫背面樣。

2 裙片寬褶縫製

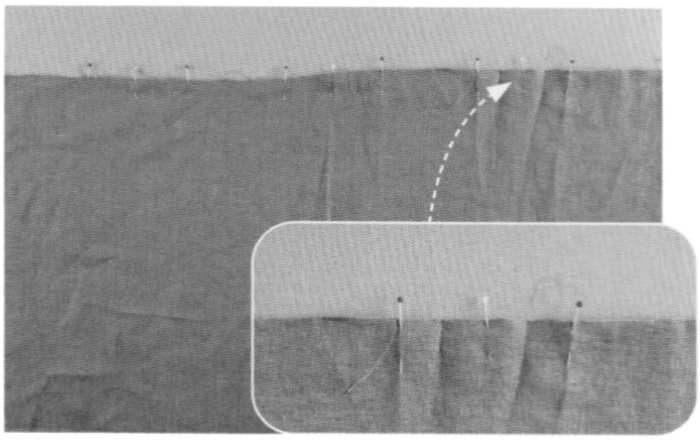

①裙片依紙型標示出褶的位置。

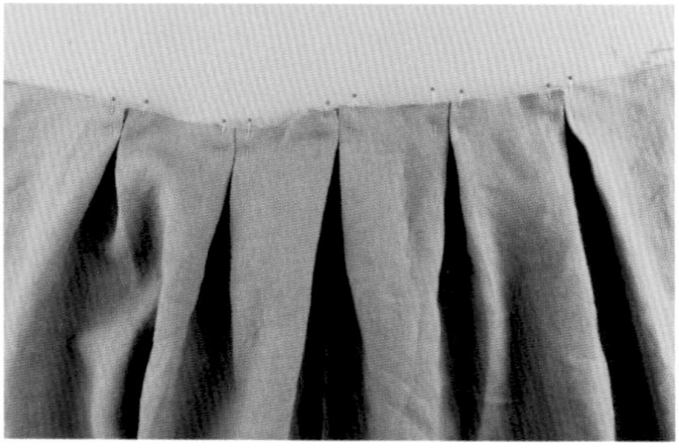

②紅珠針往黃珠針摺疊，兩兩相對一組，共計五組，珠針固定。

3 脇邊口袋車縫

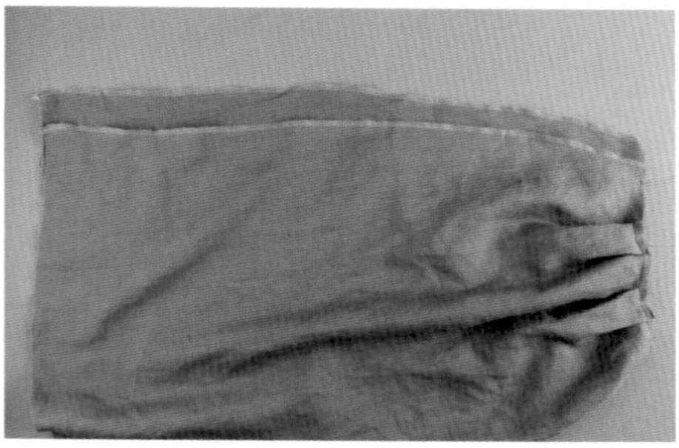

①兩片裙片的脇邊都各自車布邊。

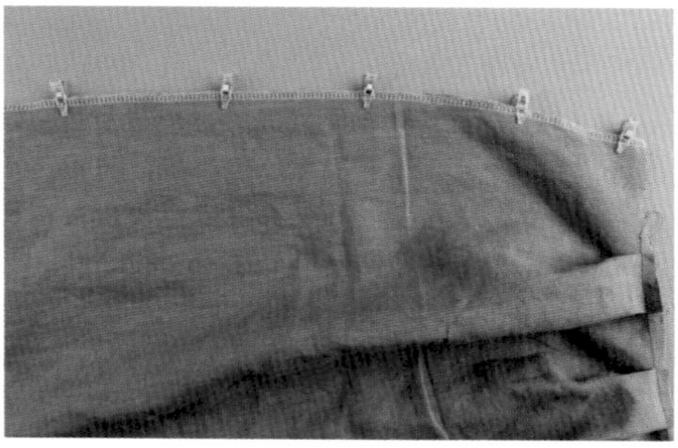

②兩片裙片正面對正面，強力夾固定兩片裙片的脇邊。

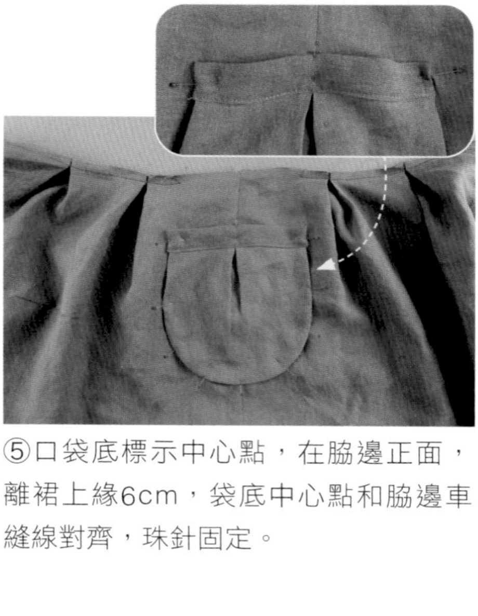

⑤口袋底標示中心點，在脇邊正面，離裙上緣6cm，袋底中心點和脇邊車縫線對齊，珠針固定。

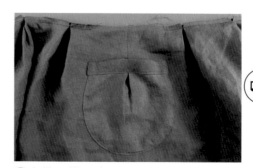

⑥車縫口袋U型。

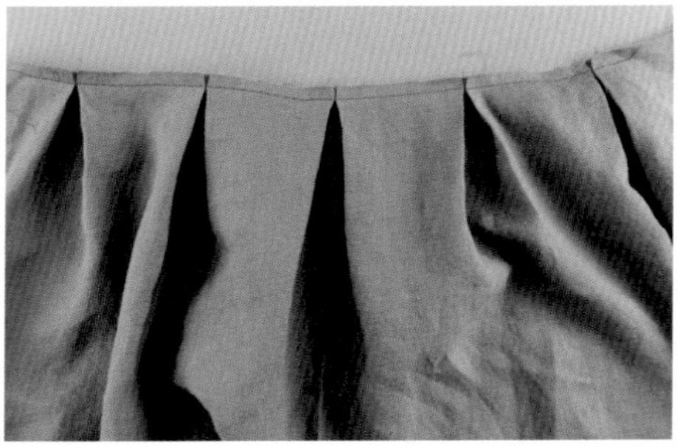

③縫份0.8cm車縫固定褶子；另一裙片也是相同方法。

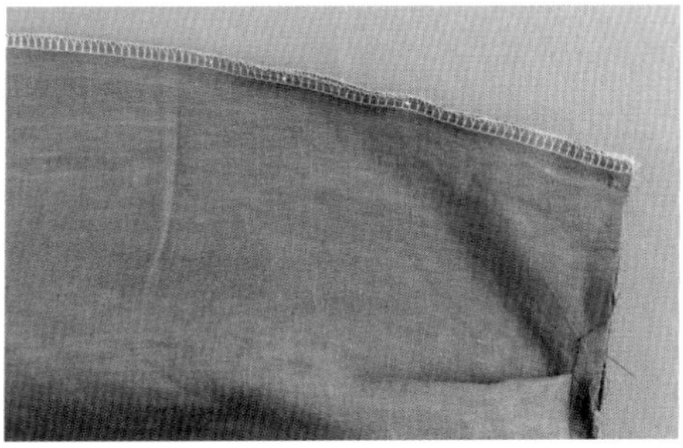

③車縫脇邊。

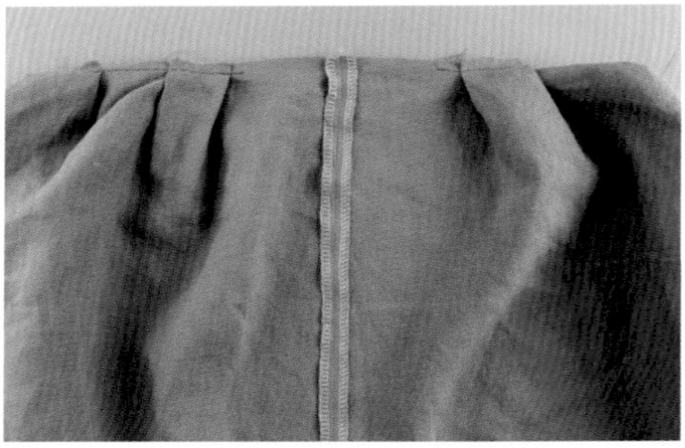

④在背面，脇邊縫份撥開，整燙。

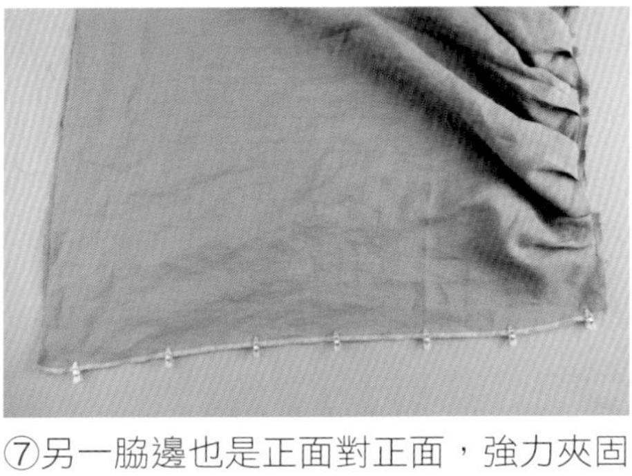

⑦另一脇邊也是正面對正面，強力夾固定，車縫脇邊。

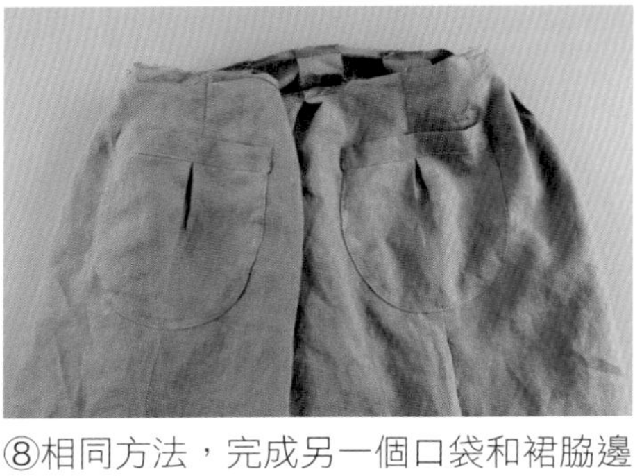

⑧相同方法，完成另一個口袋和裙脇邊的車縫。

4 胸襠製作

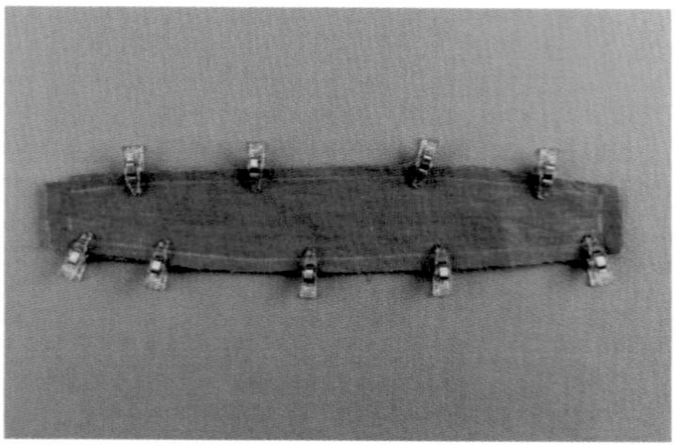

①四片吊帶布，兩片一組，正面對正面，強力夾固定。

②車縫兩長邊。

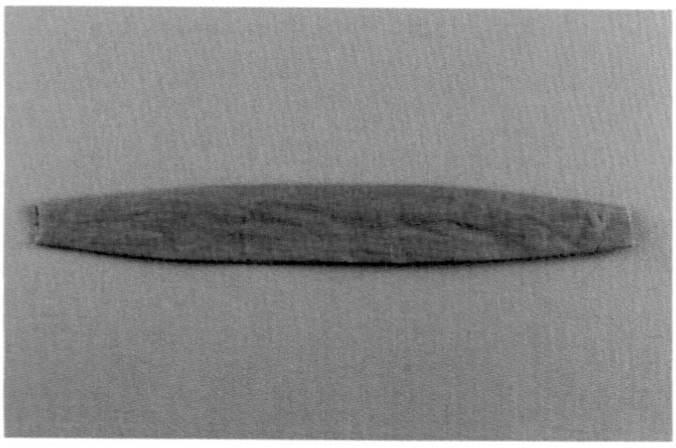

③用翻面工具將吊帶翻至正面，整燙。

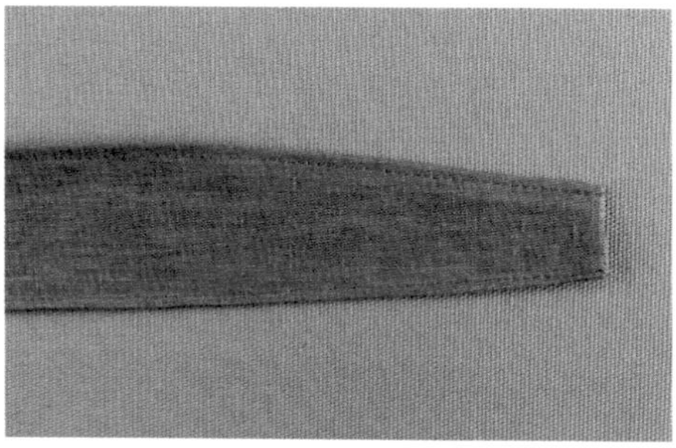

④兩長邊離邊0.2cm車縫壓線，另一組也是相同方法。

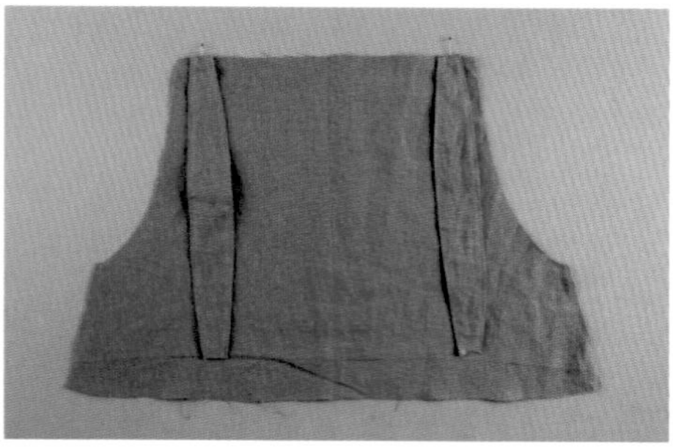

⑤取一片胸襠布，正面朝上，放上兩條吊帶，端點外側離襠布側邊1cm，珠針固定。

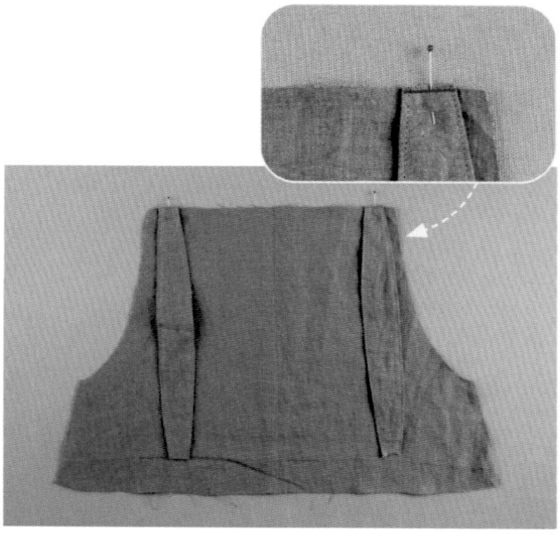

⑥離胸襠上緣布邊0.7cm車縫固定吊帶。

⑦再取另一片胸襠布，兩片胸襠布正面對正面（如圖），相同方法將兩條吊帶的另一端和另一片胸襠以珠針固定。

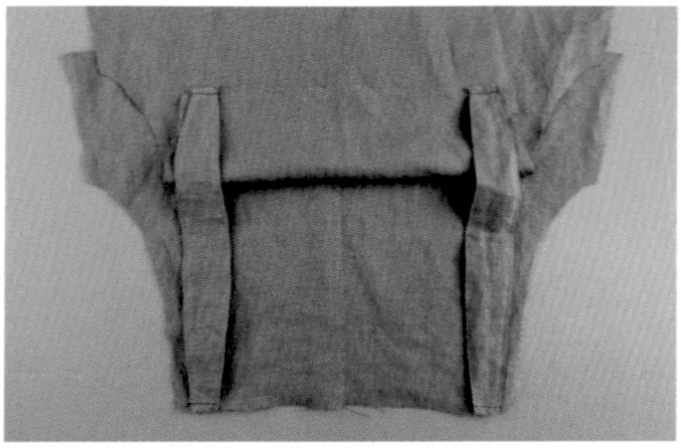

⑧相同方法0.7cm車縫固定吊帶，兩條吊帶和兩片胸襠布完成樣。

5 胸襠、貼邊及袖下斜布條車縫

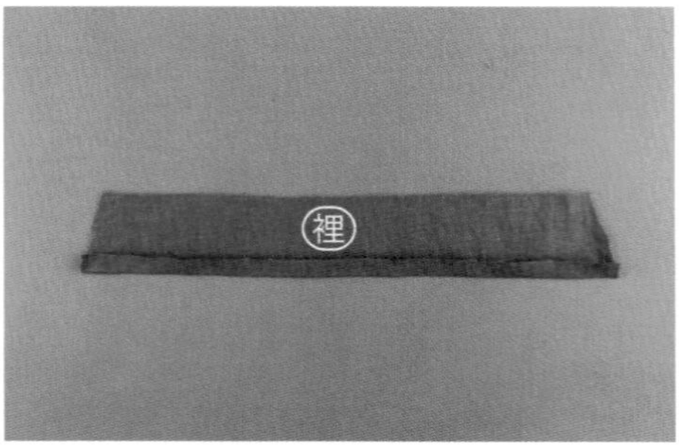

①胸襠貼邊布下緣往裡摺1cm。

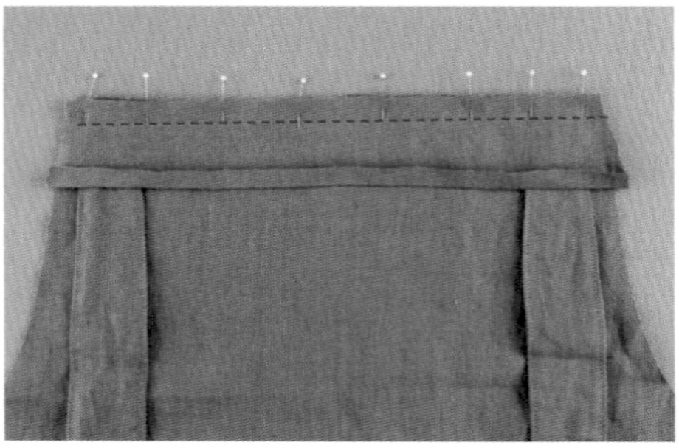

②貼邊布上緣和胸襠正面對正面，珠針固定兩者，並車縫。

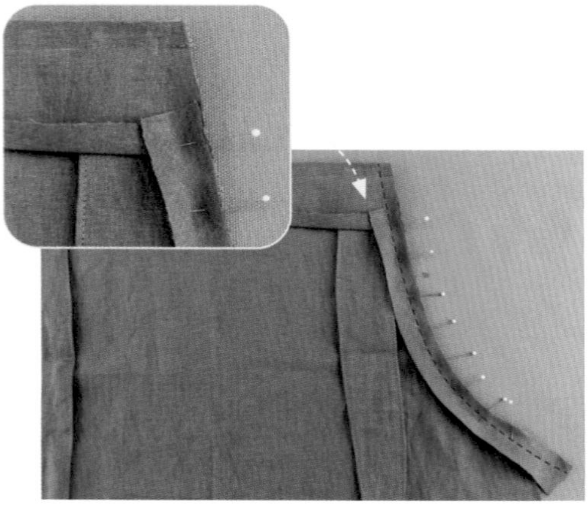

③斜布條正面朝下，放在貼邊布上，並且重疊約1~1.5cm，沿著袖下，珠針固定，縫份0.7cm，從貼邊布上緣車縫至袖下。

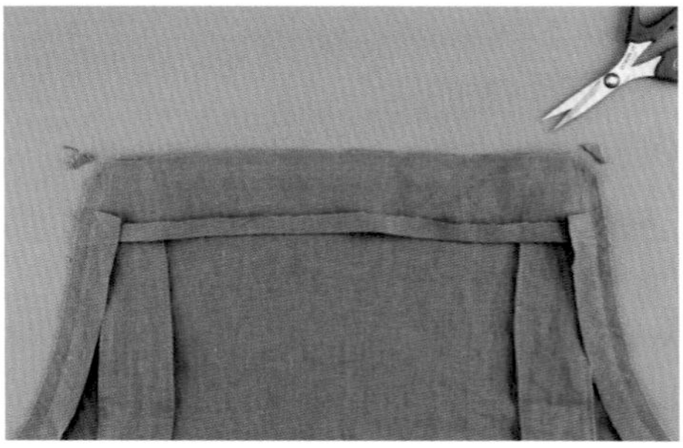

④貼邊布兩端剪去角。

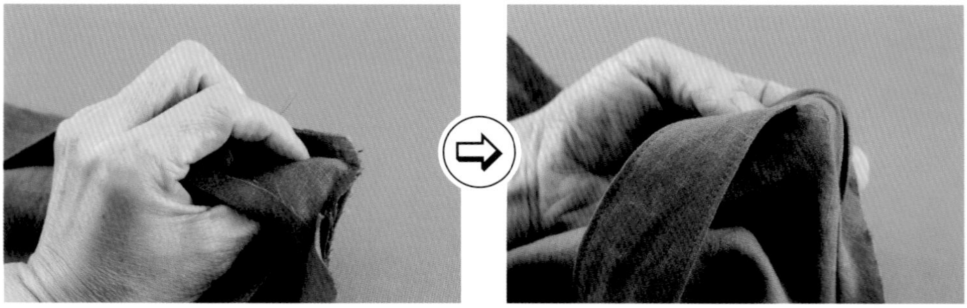

⑤翻出角。

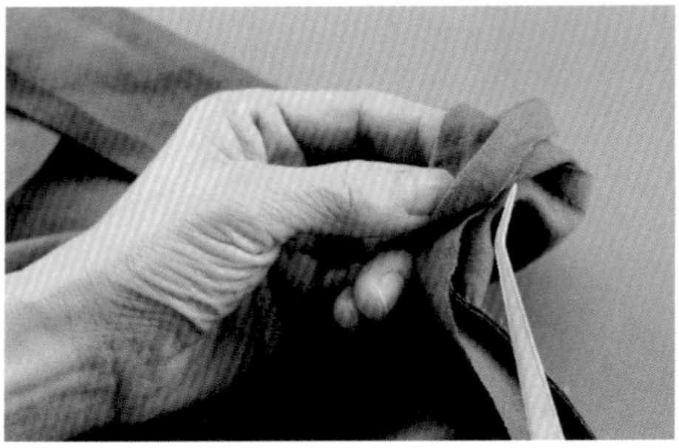

⑥再使用鑷子將角理順。

＊整理漂亮的直角請參考P150。

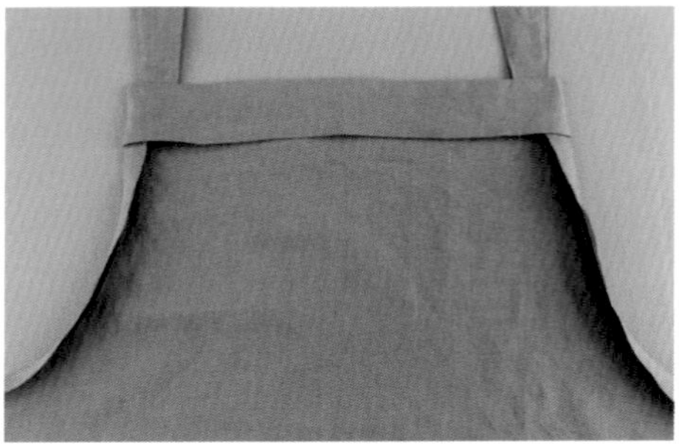

⑦另一邊也是相同方法，袖下線弧處剪適當牙口，整燙，斜布條往裡面摺。

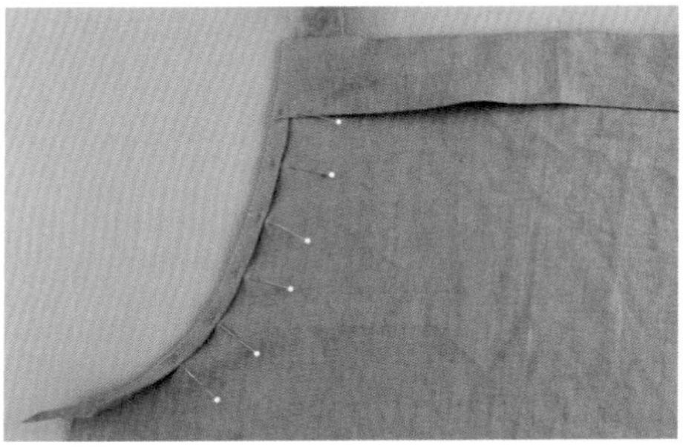

⑧斜布條再摺進布條內，珠針固定。

＊三摺包邊方法請參考P181。

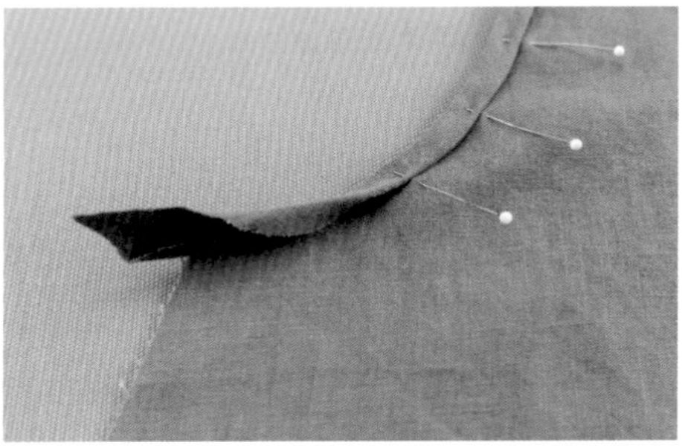

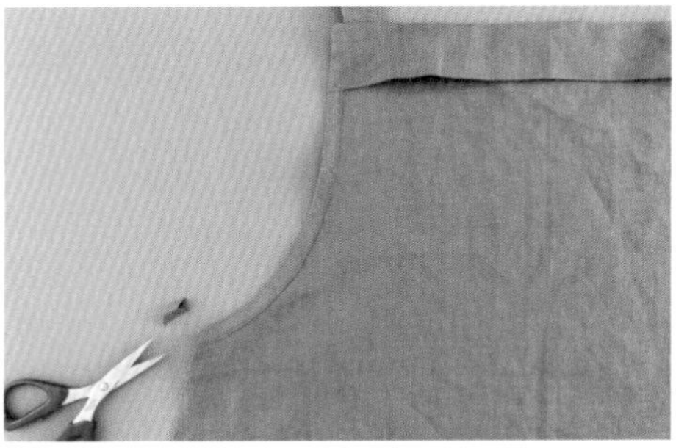

⑨裡面朝上，離摺邊0.1cm車縫壓線，再順著脇邊斜度，將多餘的斜布條剪去。

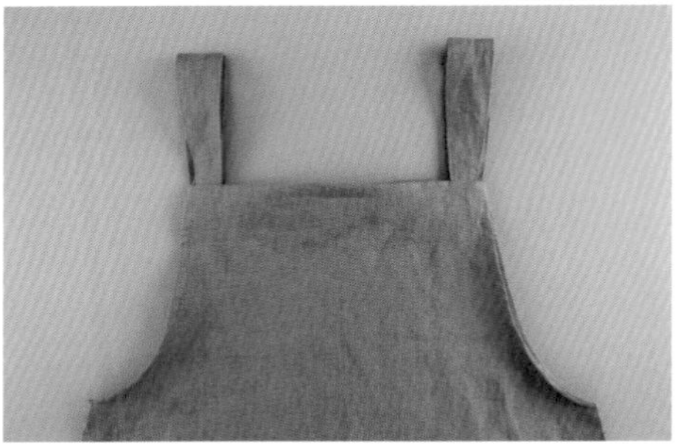

⑩完成四邊的袖下斜布條包邊工作。

6 胸襠脇邊車縫

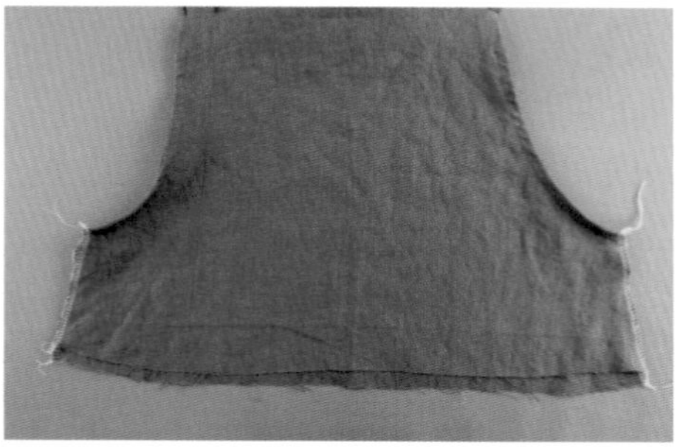

①胸襠四邊脇邊各自車布邊。

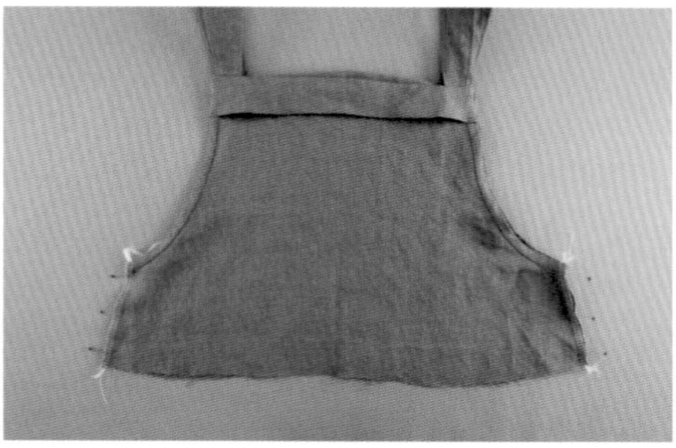

②兩片胸襠布正面對正面，珠針固定脇邊。

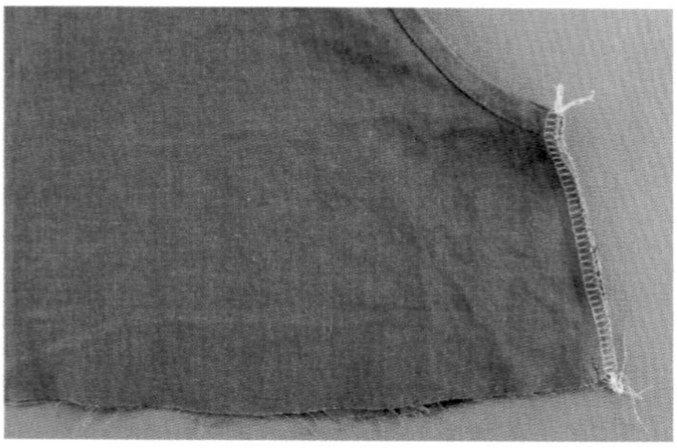

③車縫脇邊。

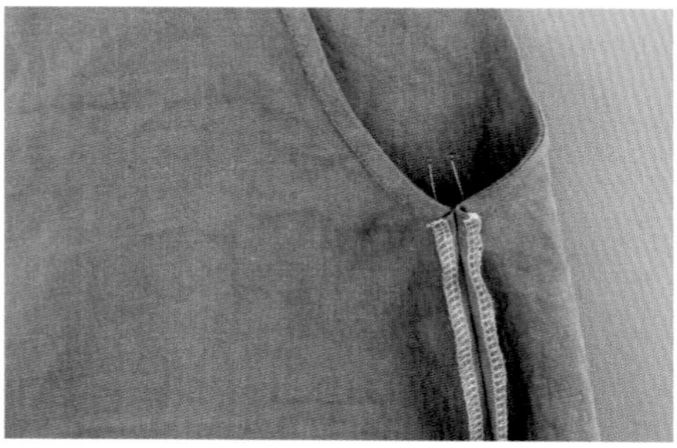

④脇邊縫份撥開，整燙，在腋下處將多餘的布邊車線置入縫份下方，用珠針固定縫份。

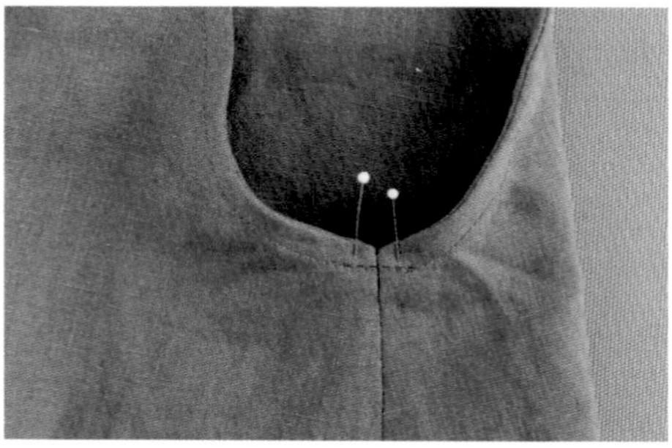

⑤從正面横向車縫一道約2cm的車線，不僅固定縫份，還將布邊線包覆在縫份內。

7 胸襠和裙片車縫

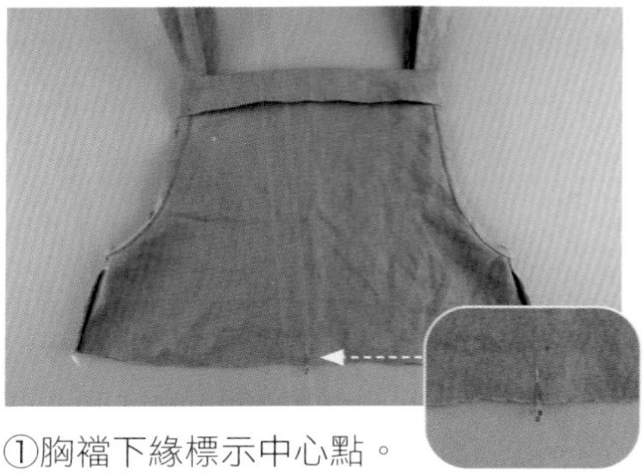

①胸襠下緣標示中心點。

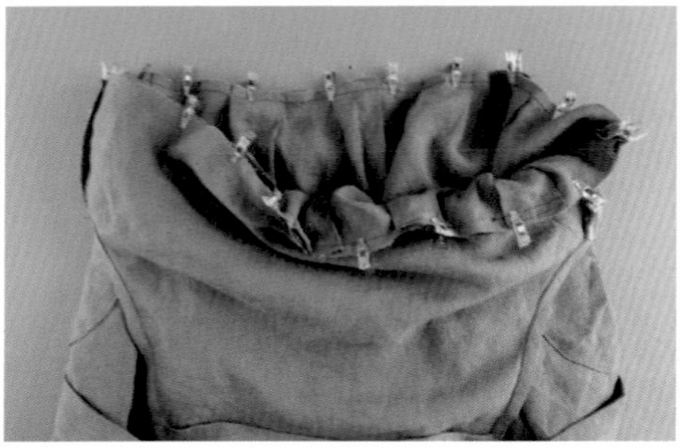

②裙片正面朝外，上緣標示中心點；胸襠背面朝外，兩者正面對正面（胸襠套住裙片），中心點對齊（本作品無前後之分），強力夾固定腰圍一圈。

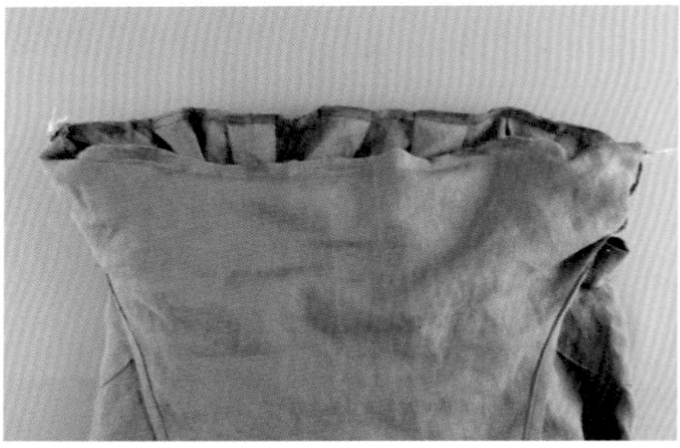

③車縫一圈。

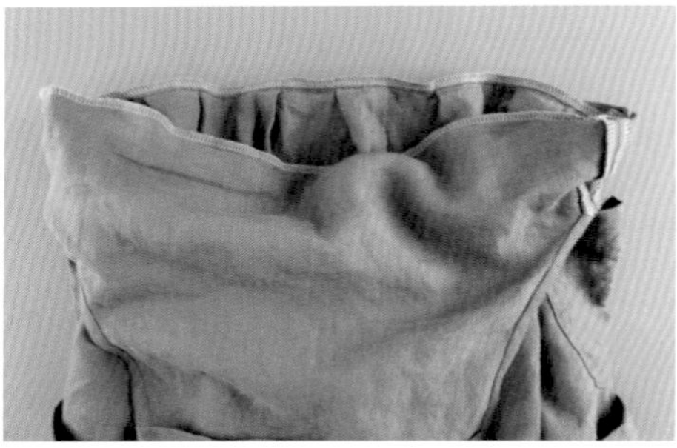

④腰圍車布邊，縫份往胸襠倒，整燙。

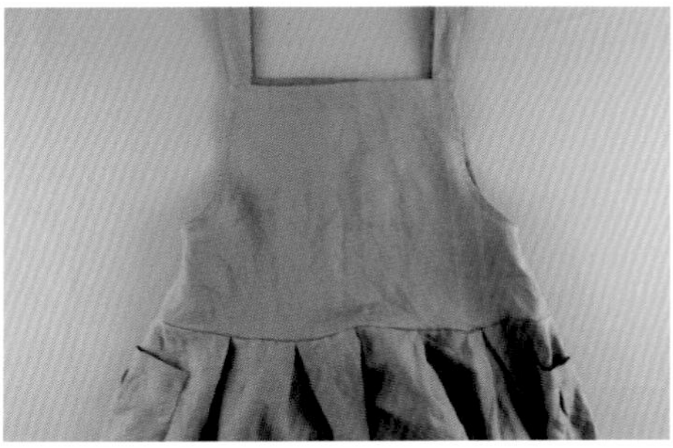

⑤正面樣。

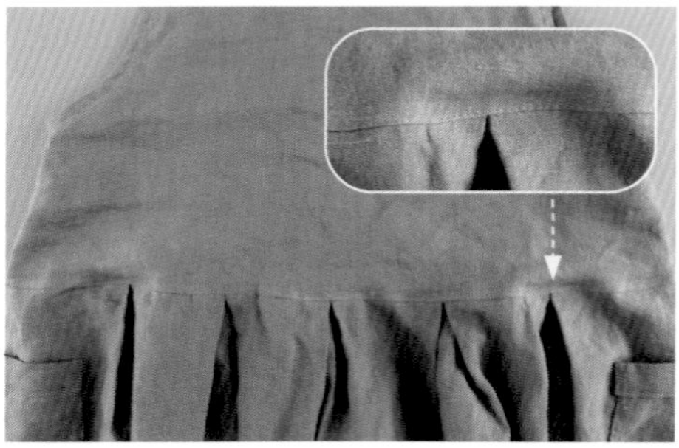

⑥在正面，離腰圍車縫線0.1cm，車縫壓線在胸襠上。

8

裙襬車縫

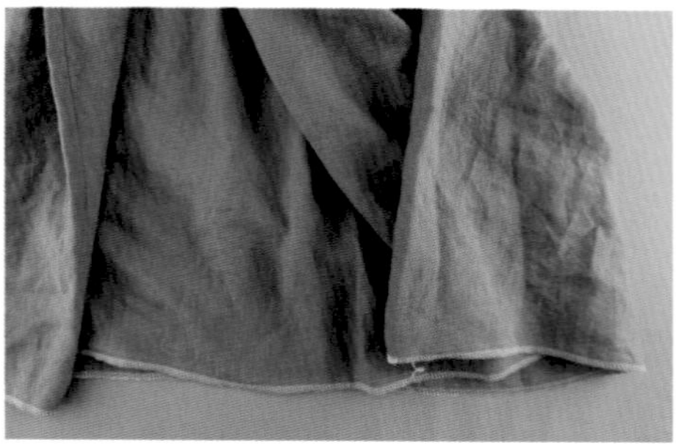

①裙襬車布邊。

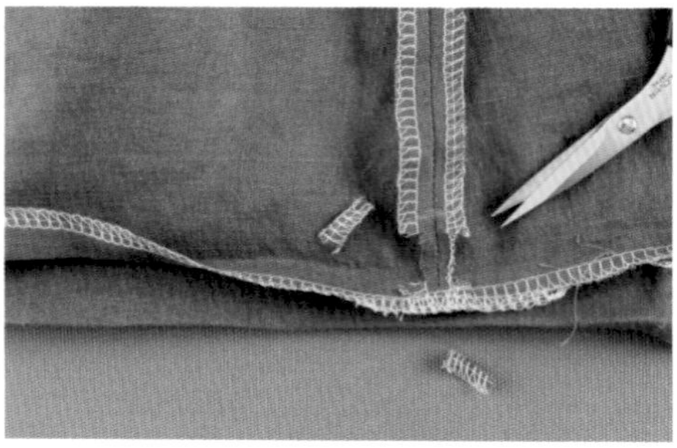

②降低裙襬角的厚度，可提升裙襬的柔軟度，將裙襬脇邊的縫份剪去0.5×2.5cm的小布片。

＊請參考P153。

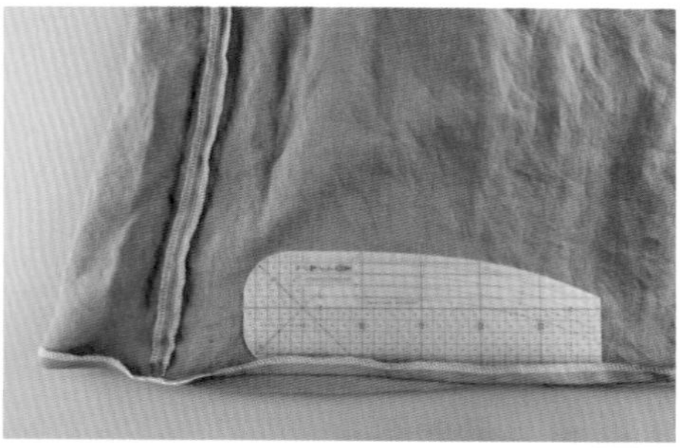

③裙襬往內摺1.5cm一摺，可使用耐熱的熨燙定規尺，節省整燙時間；珠針固定裙襬縫份。

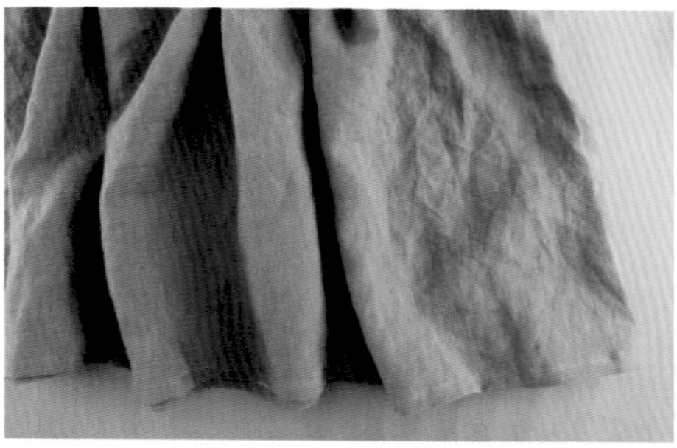

④裙正面朝上，離褶邊1cm車縫一圈。

9 胸襠貼邊下緣斜針縫

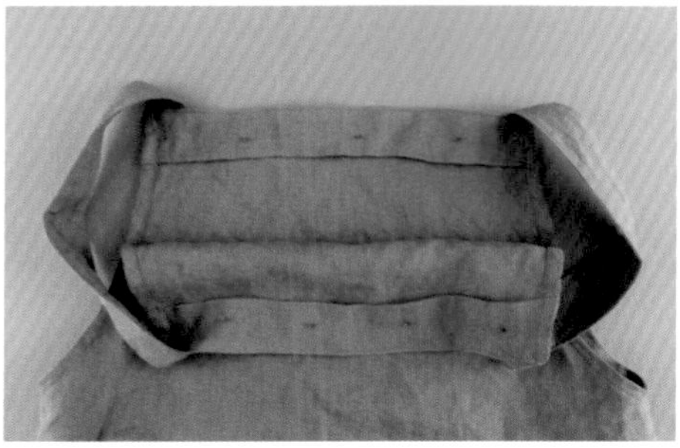

①裡面朝上，胸襠貼邊理順，用珠針固定胸襠和貼邊。

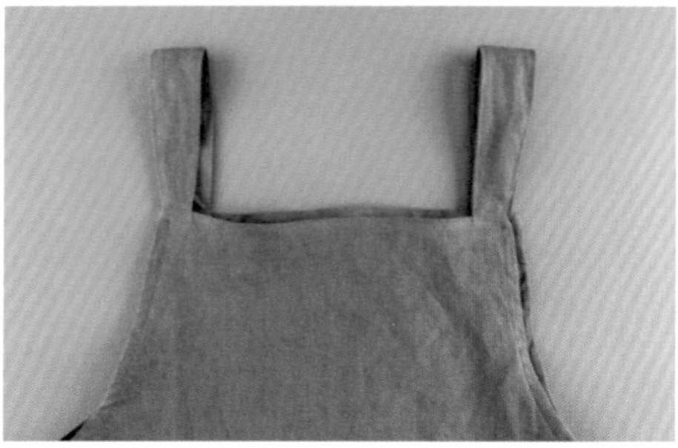

②以斜針縫針法將貼邊下緣和胸襠固定，斜針縫完成後，正面樣，看不到針趾。

＊斜針縫針法請參考P160。

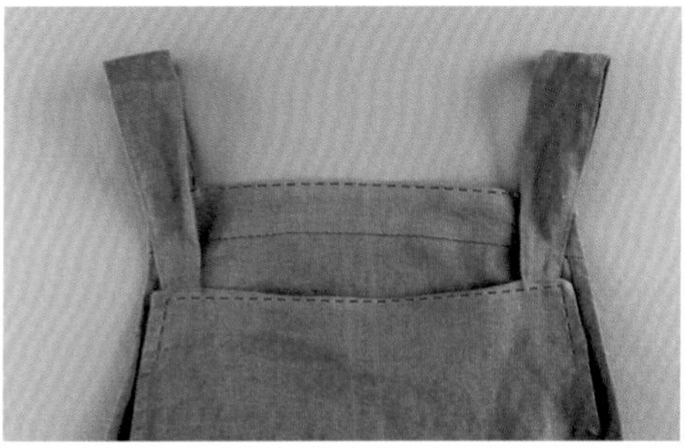

③最後，車縫壓線貼邊上緣ㄇ型，完成。

231

‥隱形拉鍊A字蓬裙

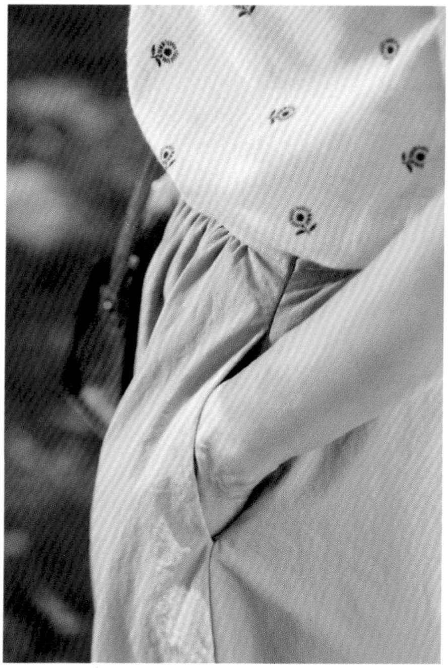

加襯的前裙頭
搭配正式上衣
將上衣紮入顯得有精神
鬆緊帶的後裙呈現輕鬆感
搭配不需紮入的休閒上衣也很隨性
側邊以隱形拉鍊
衣款質感更加分
午后的商店街
少了喧鬧
多了點慵懶

ITEM 02 隱形拉鍊A字蓬裙

適合布料材質

風衣布、棉麻布、亞麻布

裁剪注意事項

裙外擴型，裙襬縫份需內縮。

本作品可隨需求調整

裙子長度

裁布圖

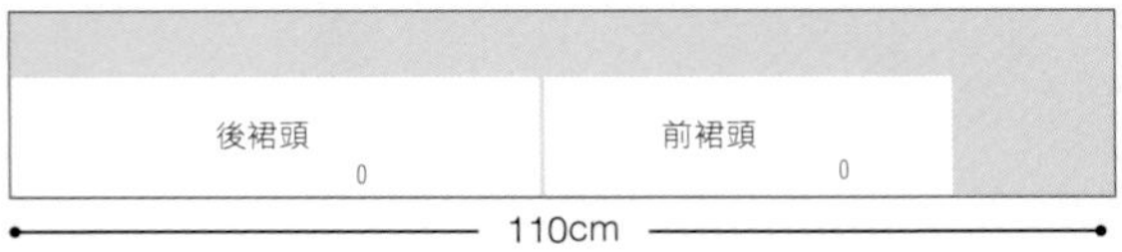

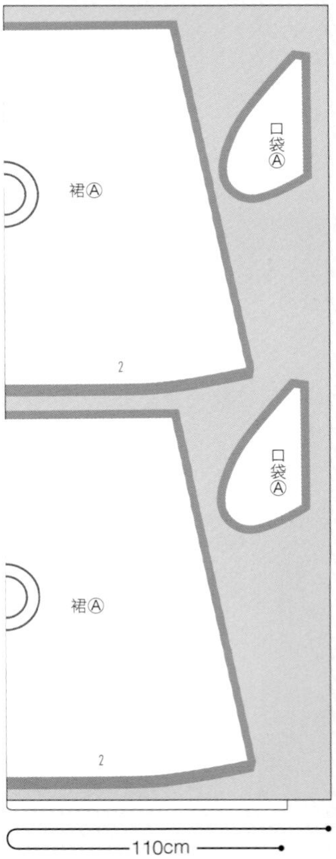

★紙型未標示裁布外加縫份處皆需外加1cm，對摺線處和其他用布則不外加。

用布量與其他材料

用布量（110cm幅寬）	6.5尺（M尺寸）	
前裙頭布（已含1cm縫份）	S	32×11↕cm 一片
	M	35×11↕cm 一片
	L	38×11↕cm 一片
	XL	38×11↕cm 一片
後裙頭布（已含1cm縫份）	S	50×11↕cm 一片
	M	50×11↕cm 一片
	L	55×11↕cm 一片
	XL	55×11↕cm 一片
鬆緊帶	S	3cm寬×36cm 一條
	M	3cm寬×38cm 一條
	L	3cm寬×40cm 一條
	XL	3cm寬×42cm 一條
隱形拉鍊	30cm 一條	

作品完成尺寸

單位：cm	S	M	L	XL
腰圍	69	75	80	82
臀圍	132	132	144	144
裙長	76.5	76.5	76.5	76.5

★腰圍含鬆緊帶尺寸。

學習重點

1.隱形拉鍊縫製。

2.側邊內口袋縫製。

3.裙後鬆緊帶裙頭縫製。

P.244・ 實物大型紙 A 面 ・ S、M、L、XL

裁縫的順序

1 內口袋和前裙車縫

簡易改版型方法

如果想要裙子更蓬蓬的感覺可以從裙片的中心線平行外加1~2cm，後裙中心線外加的尺寸可以比前裙多2cm，裙頭布也要隨著增減。

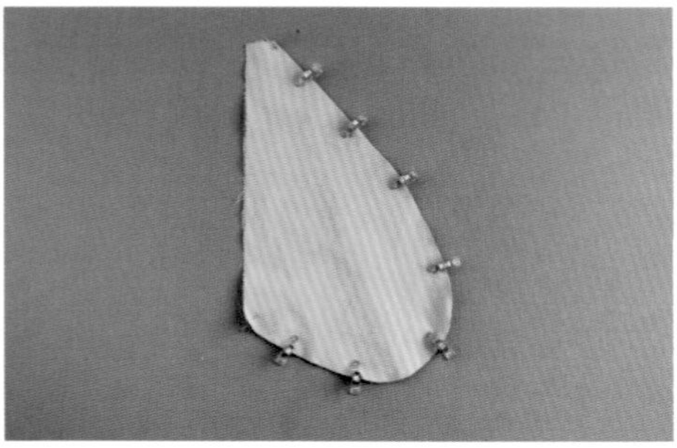

①四片內口袋，兩片一組，正面對正面，弧度處用強力夾固定。

②車縫弧度處。

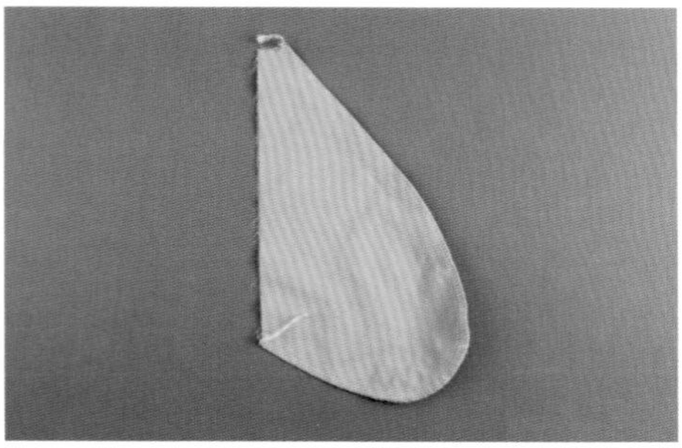

③弧度處車布邊

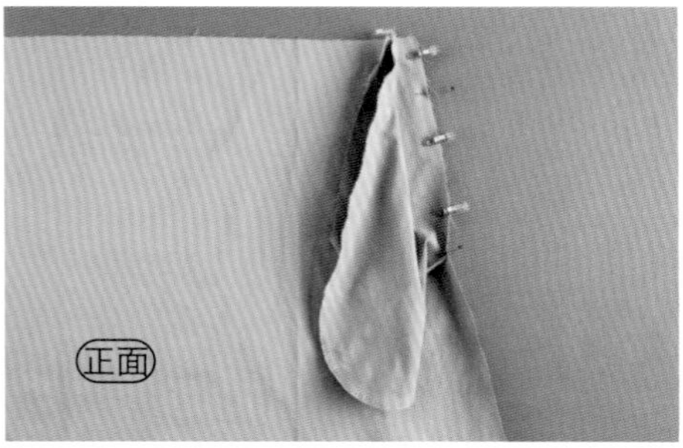

④前裙正面朝上，口袋的背面朝上（袋口朝下），取外側的口袋布和裙布左脇邊強力夾固定，依紙型標示袋口位置AB兩點。

⑤車縫袋口（AB之間）。

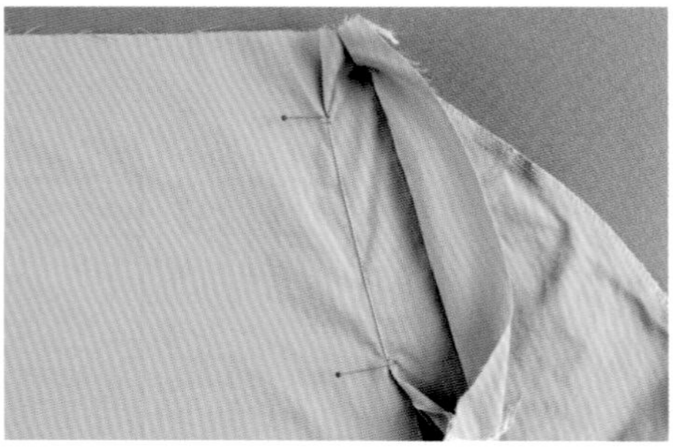

⑥縫份倒向口袋，離車縫線0.2cm，車縫壓線（壓線長度：在A點往下0.2cm，B點往上0.2cm之間）。

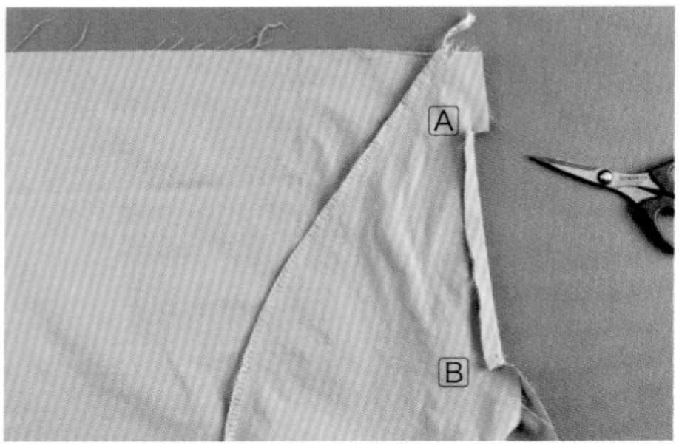

⑦剪刀對著AB各橫向剪一刀（裙和口袋），深度約0.8~0.9cm。

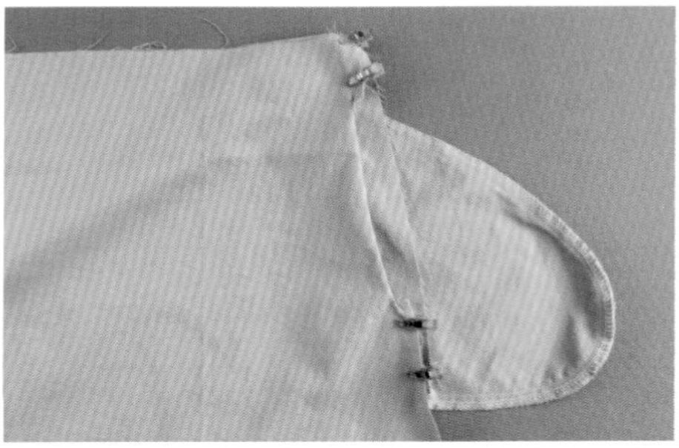

⑧將A點上方（A上）和B點下方（B下）的口袋布拉至正面，理順，強力夾固定裙布和A上、B下。

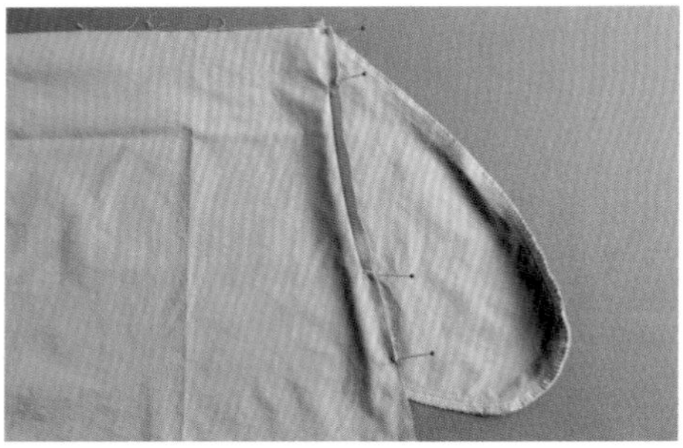

⑨後口袋布也一起以珠針固定A上和B下兩段。

★布邊確定拉齊，此步驟會影響隱形拉鍊的縫製。

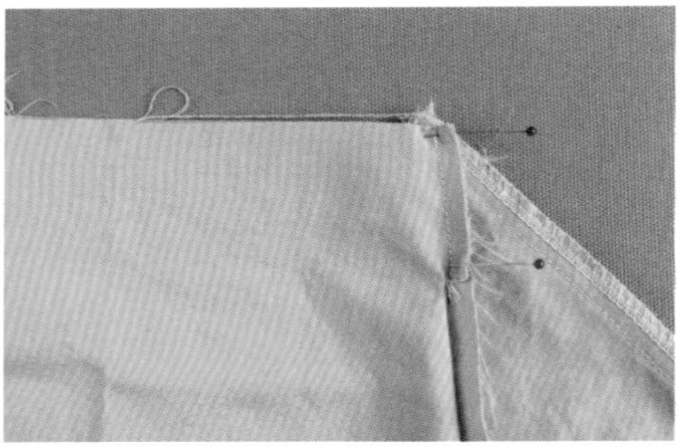

⑩縫份0.7cm車縫固定A上（裙，口袋布2片）。

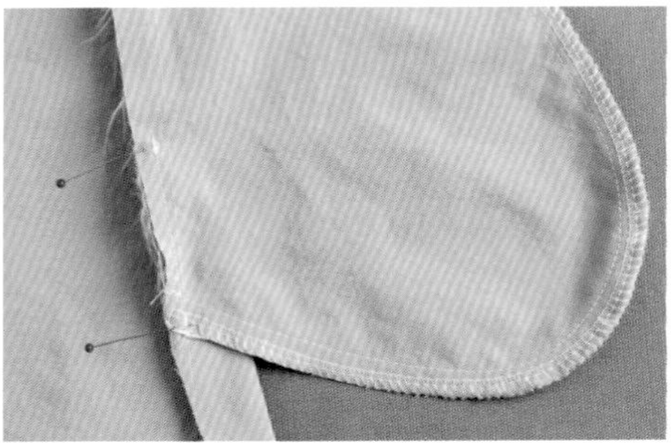

⑪縫份0.7cm車縫固定B下（裙，口袋布2片）。

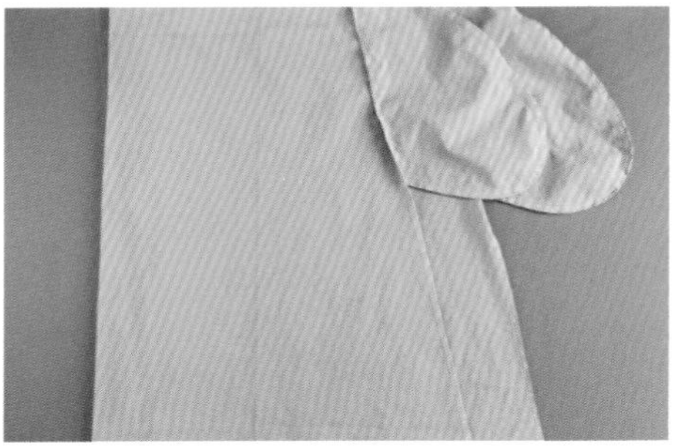

⑫相同方法車縫前裙的右側口袋，然後前裙兩脇邊車布邊，留意袋口勿車到。後裙兩脇邊也車布邊。

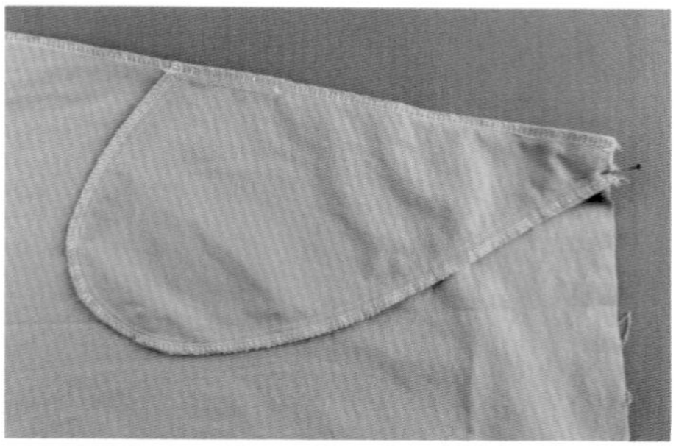

⑬口袋上緣和前裙頭以珠針固定。

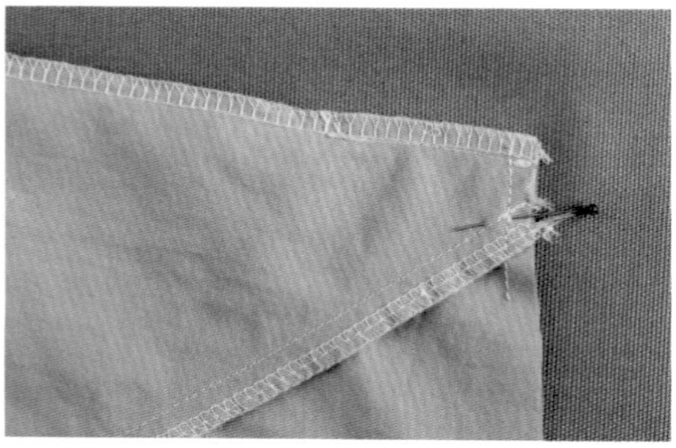

⑭縫份0.7cm車縫固定。

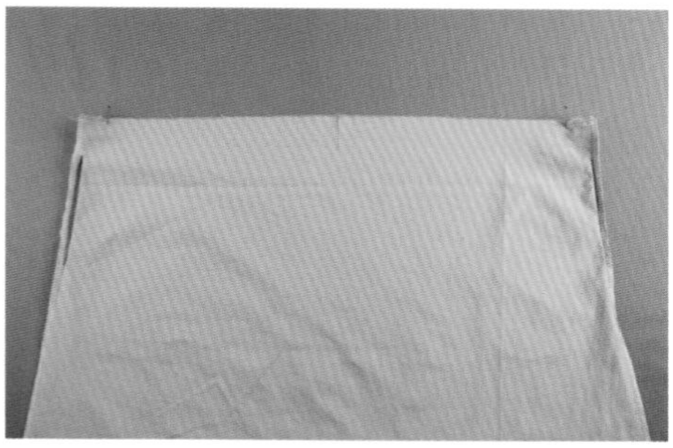

⑮內口袋和前裙車縫完成正面樣。

2 前後裙和裙頭布車縫

①前裙頭布一半燙布襯（不含縫份）（A邊）。

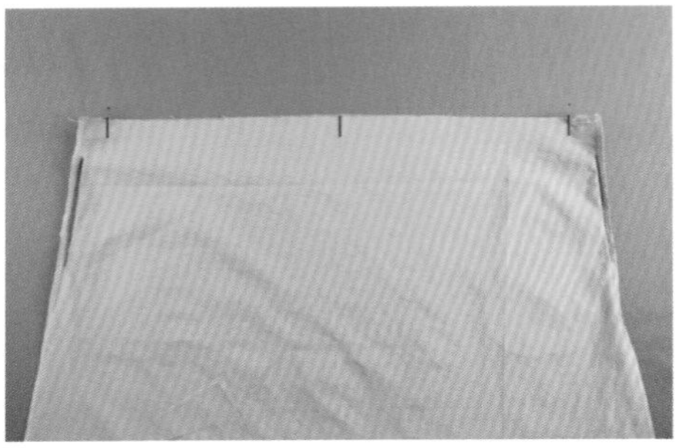

②前裙上緣正面標示中心點，且依紙型標示拉皺範圍。

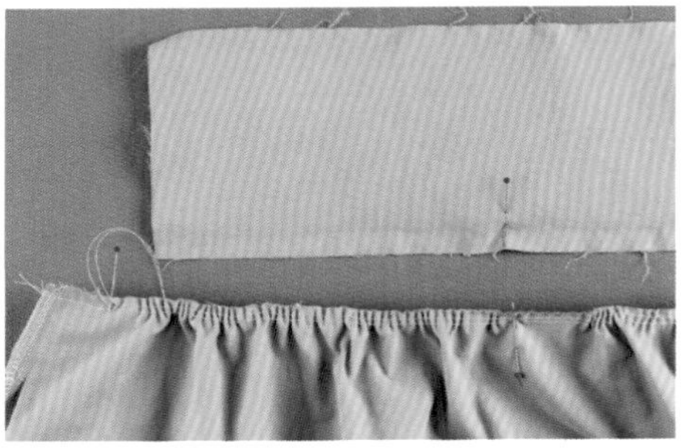

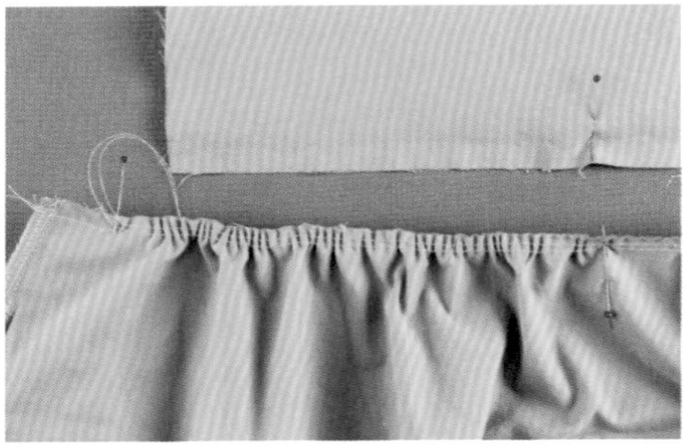

③前裙頭布A邊標示中心點，前裙車縫拉皺車線，拉動車線，調整裙布，使兩者長度一致且中心吻合，平均皺褶。

＊拉皺方法請參考P172。

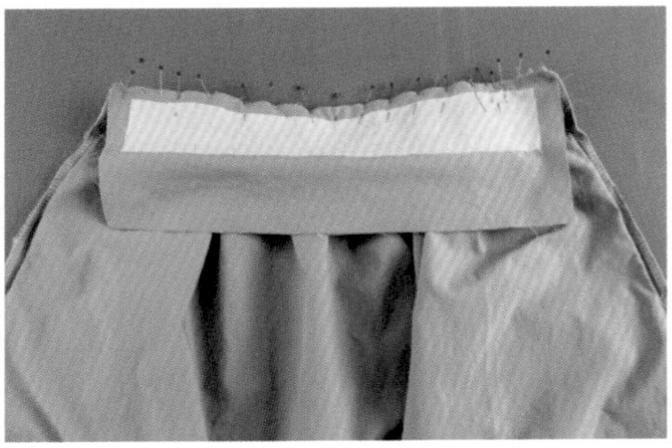

④裙片和裙頭布兩者正面對正面，珠針固定。

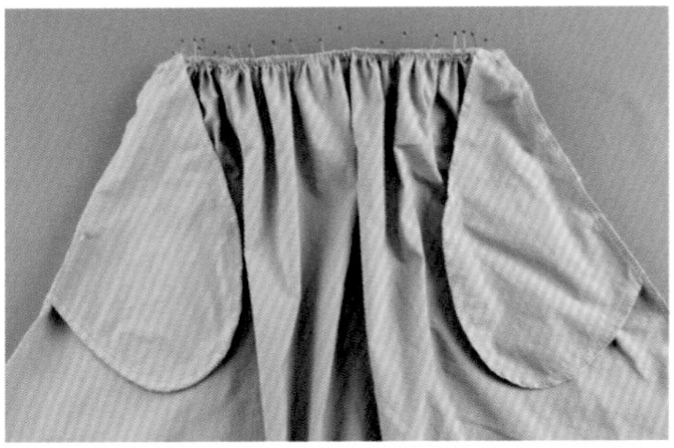

⑤背面樣；車縫。車縫時，建議這個面向朝上，可以清楚掌握皺褶情形。

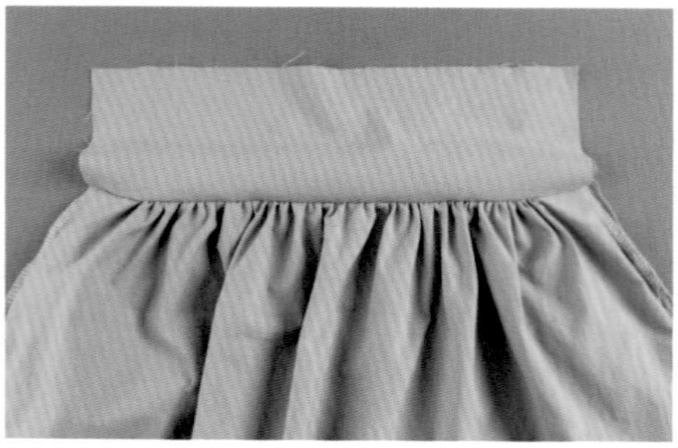

⑥正面完成車縫樣。

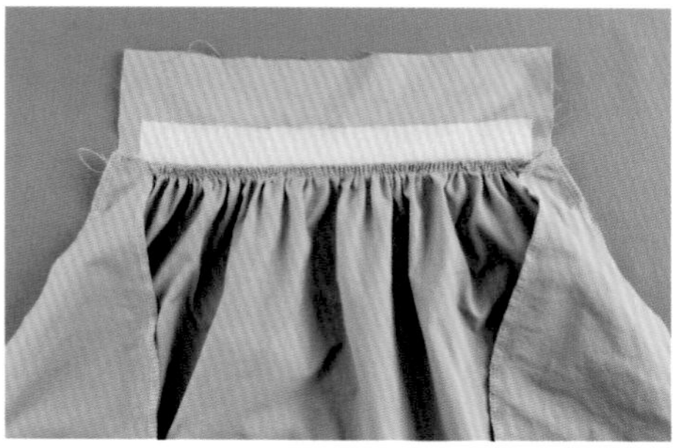

⑦背面完成車縫樣。

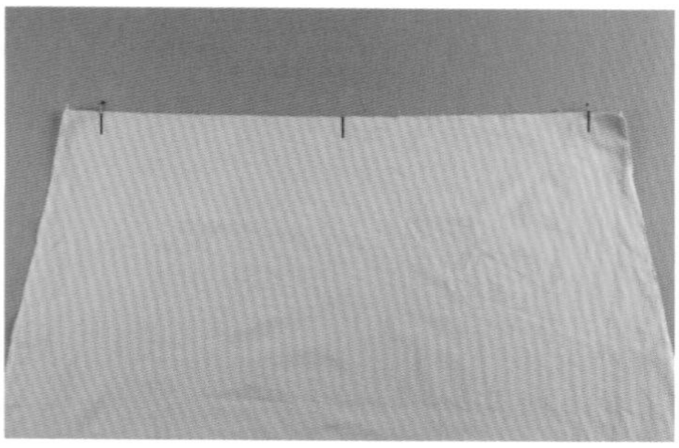

⑧後裙上緣正面標示中心點，且依紙型標示拉皺範圍。

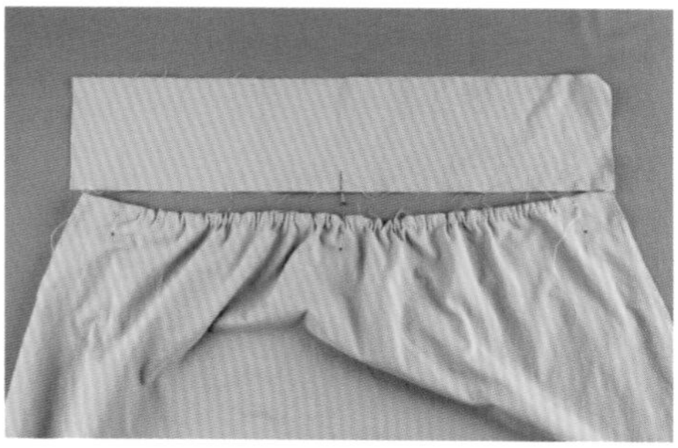

⑨後裙頭布標示中心點，後裙車縫拉皺車線，拉動車線，調整皺褶，使兩者長度一致且中心吻合，平均皺褶；和前裙相同方法完成後裙和裙頭布車縫。

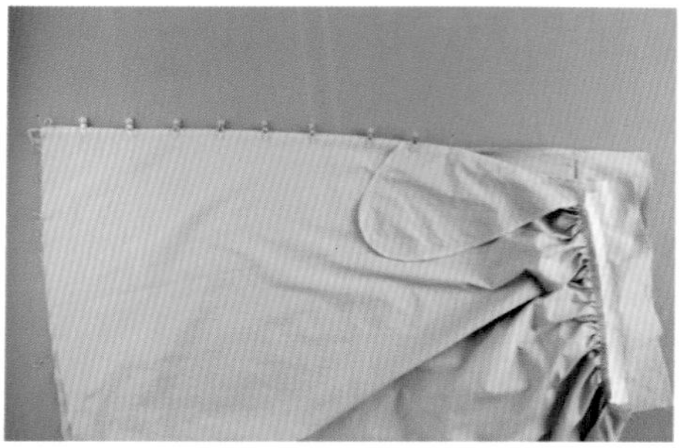

①前裙和後裙正面對正面，前裙左側依紙型標示拉鍊止點，強力夾和珠針固定前後裙拉鍊止點至裙襬。

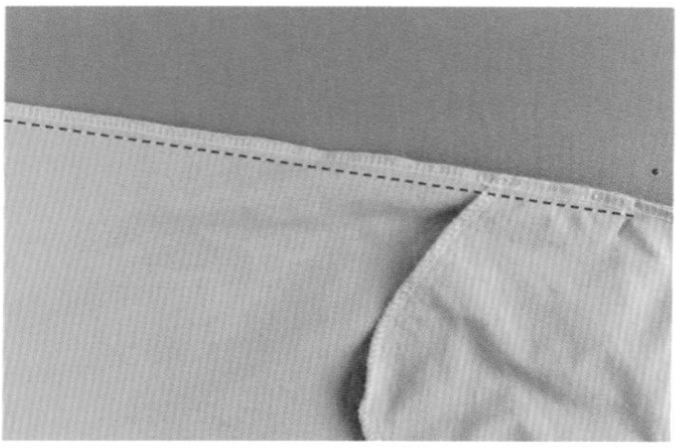

②車縫止點至裙襬。

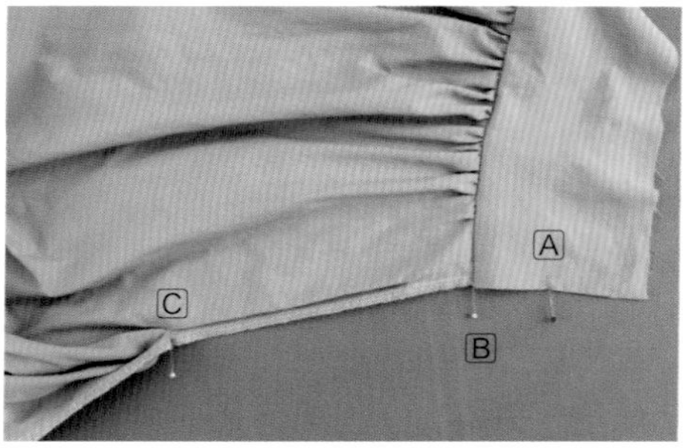

③前裙左側正面，標ABC三點（A離B4.5cm，B：裙頭布和裙片車合點，C：拉鍊止點）。

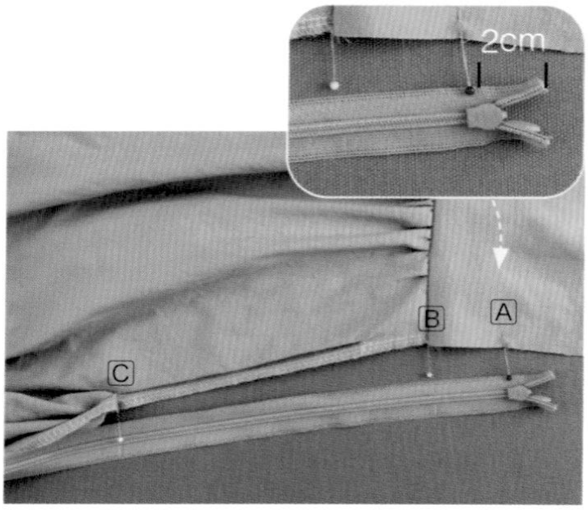

④隱形拉鍊背面兩側，從拉鍊布面三角端往下2cm點對齊A點，依著裙的ABC三點做記號。

＊隱形拉鍊先整燙，請參考P217。

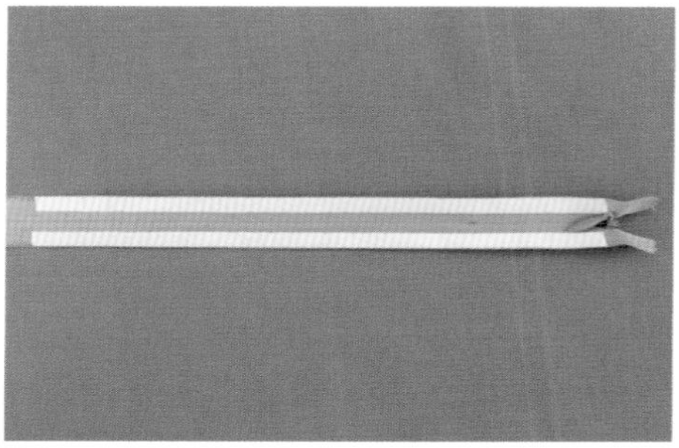

⑤拉鍊正面兩側，從A至C黏貼手藝用5mm雙面膠帶。

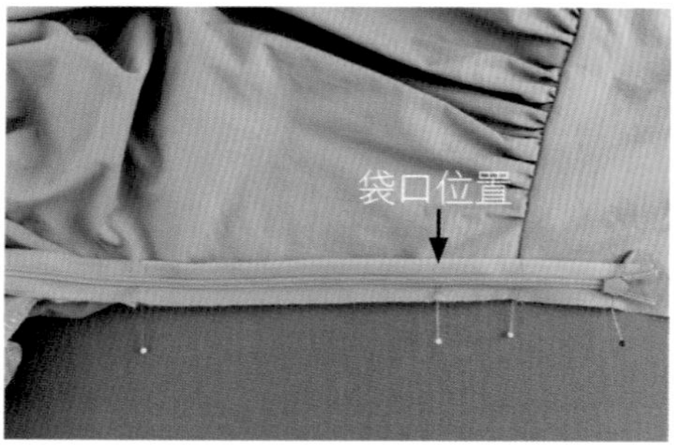

⑥撕掉拉鍊左側膠帶背膠，依著前裙正面ABC三點貼合。

★貼合時，拉鍊拉上；車縫時，拉鍊須拉至拉鍊底，拉開時，若兩者容易剝離，可以珠針略固定，但車縫時珠針需卸掉。

★袋口的位置點也請做記號，車縫至該點時，可避免車縫到袋口。

＊隱形拉鍊在穿者左側。

⑦縫紉機更換隱形拉鍊壓布腳車縫拉鍊，完成右側拉鍊車縫。

＊隱形拉鍊縫製方法，請參考P218。

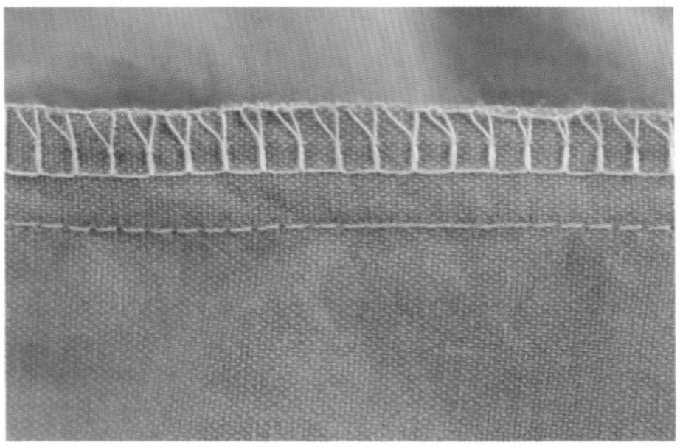

⑧背面樣。

⑨貼合右側拉鍊和後裙正面，相同方法車合。

⑩完成兩邊拉鍊車縫後，從裙裡將拉鍊頭往上拉動，並且拉至正面。

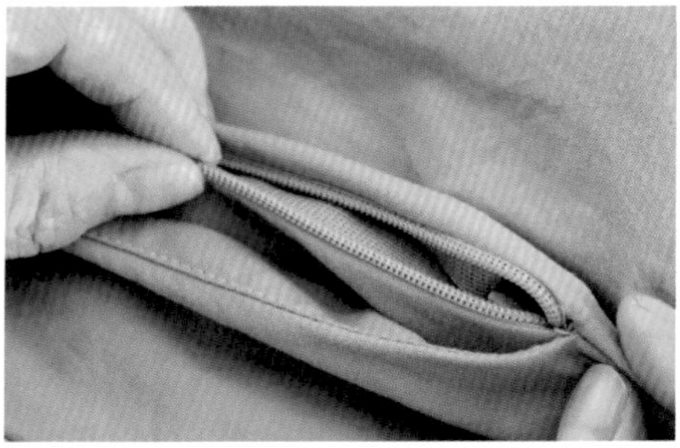

⑪開始會有點困難，所以請慢慢調整，勿太用力。右手試著拉住布及拉鍊尾端，左手邊整理布，邊嘗試拉。

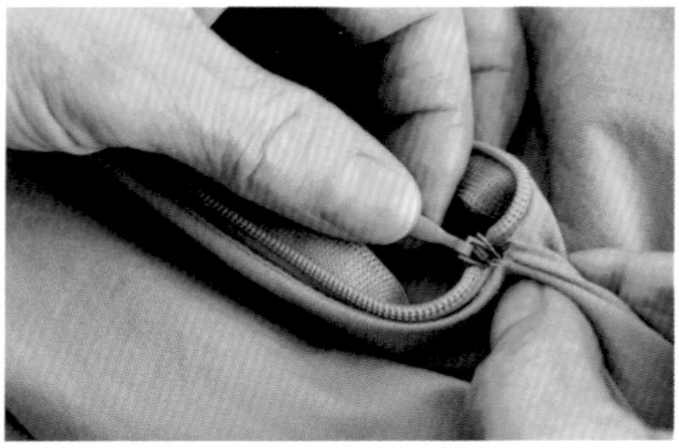

⑫有時可能因為最後回針車縫太多針趾，所以卡住，試著挑掉一針，即可解決。

⑬拉鍊頭拉出。

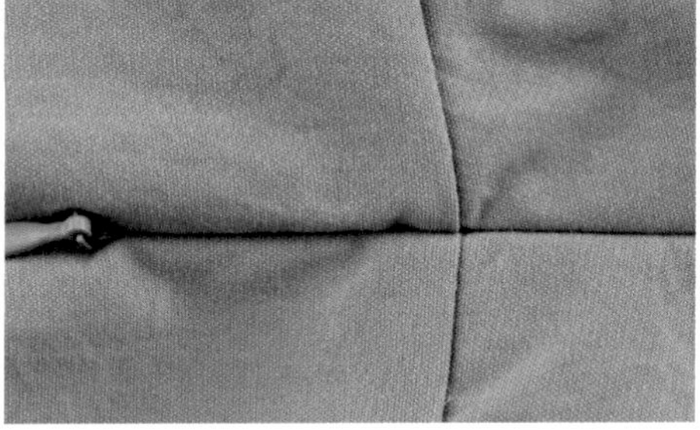

⑭裙兩側的裙頭布車縫點有完美對齊，這都是因為前面標註記號點及貼合膠帶工作用心的結果。

4 前後裙右脇邊車縫

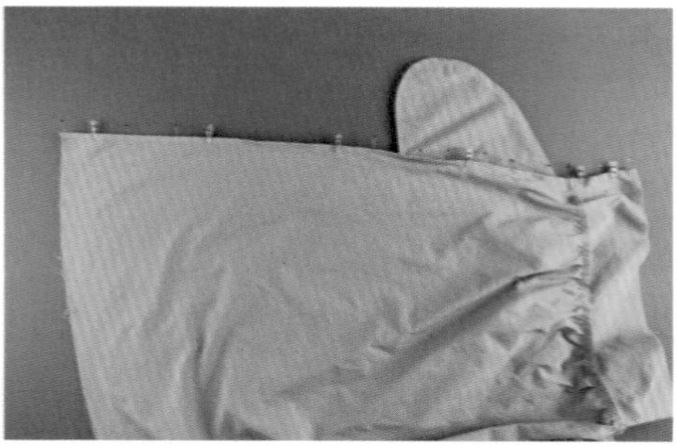

①前裙和後裙正面對正面，右脇邊強力夾和珠針固定，兩者的裙頭布車縫線對齊。

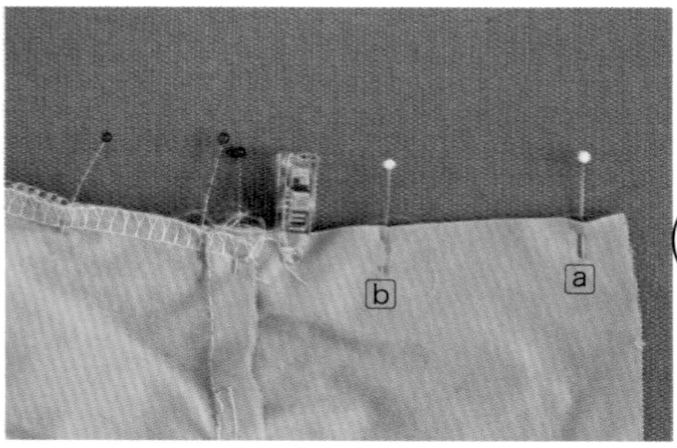

②從裙頭布開始標示1cm（a），再離4.5cm（b）。

5 裙頭布車縫

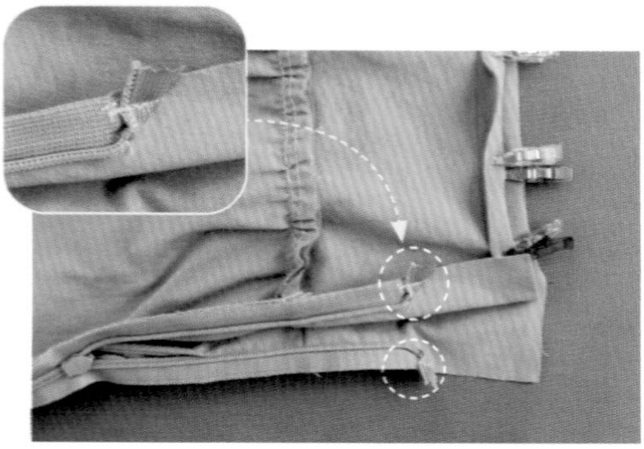

①拉鍊頭兩側的2cm往裙的布邊方向斜摺，和布邊縫份0.7cm車縫固定。裙頭布往下（裡）摺1cm（A邊），拉鍊頭上方的4.5cm部分往內側摺1cm。

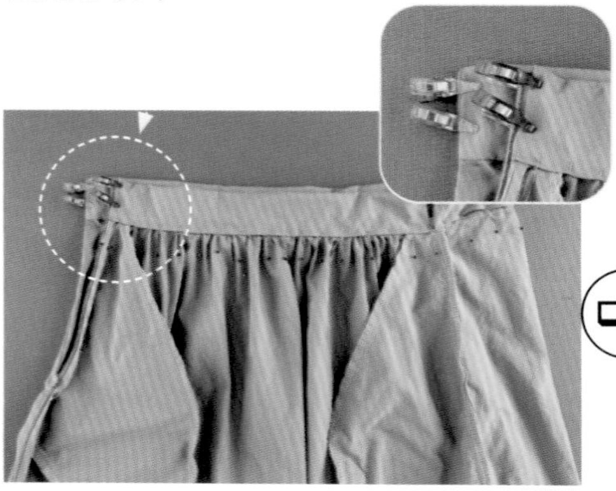

②裙頭布A邊再摺至裙和裙頭的車縫線，需蓋（超）過車縫線0.1cm，珠針固定。

＊四摺包邊方法請參考P182。

＊圖中圈選強力夾處，裙頭布不要離拉鍊太近（離約0.5cm），太近會影響拉鍊順暢。

6 裙襬車縫

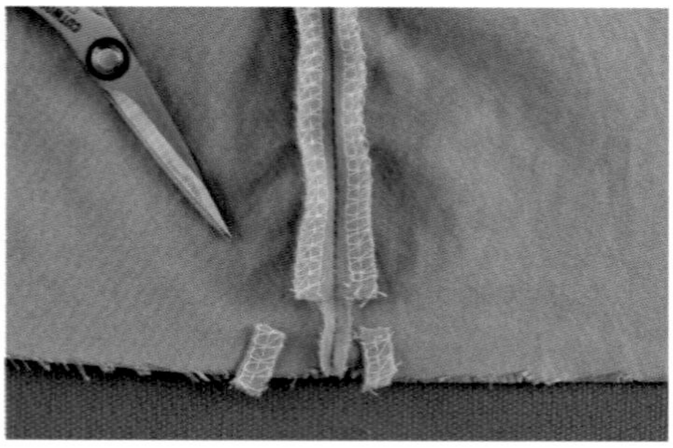

①降低裙襬角的厚度，可提升裙襬的柔軟度，將裙襬脇邊的縫份剪去0.5×3cm的小布片。

＊請參考P153。

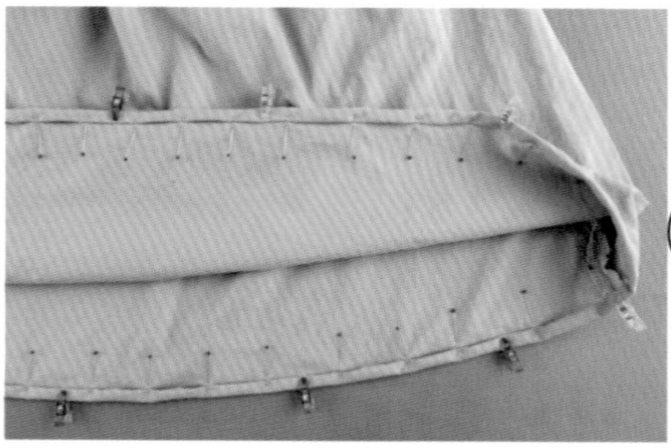

②裙襬往內摺1cm，再摺1cm一摺，珠針固定。

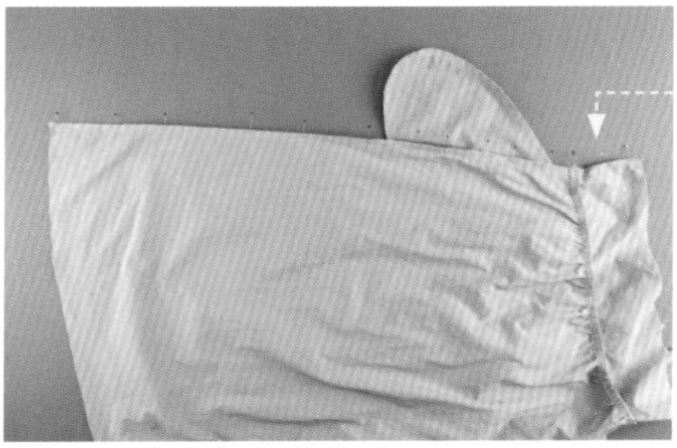

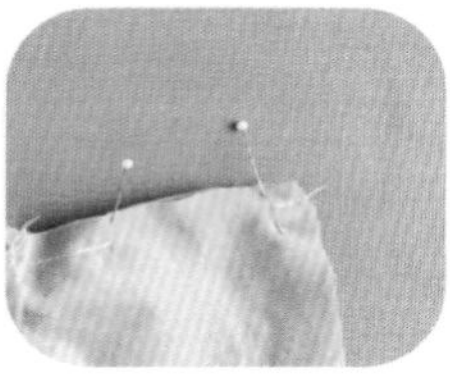

③除ab（白色珠針）之間4.5cm不車，其餘車縫至裙襬。

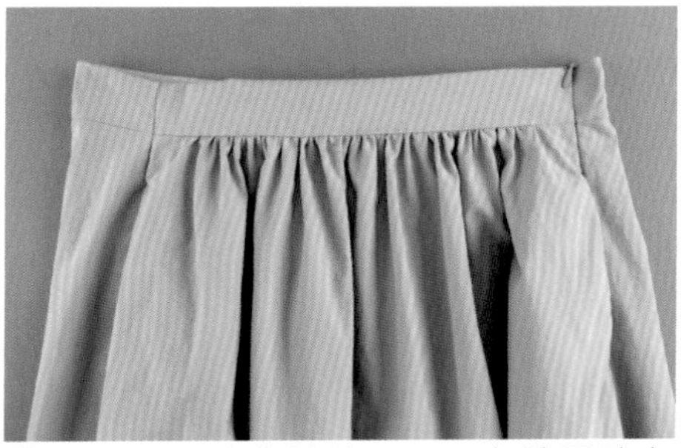

③至正面，離車縫線0.2cm車縫壓線在裙頭布上，留意勿車縫到隱形拉鍊。

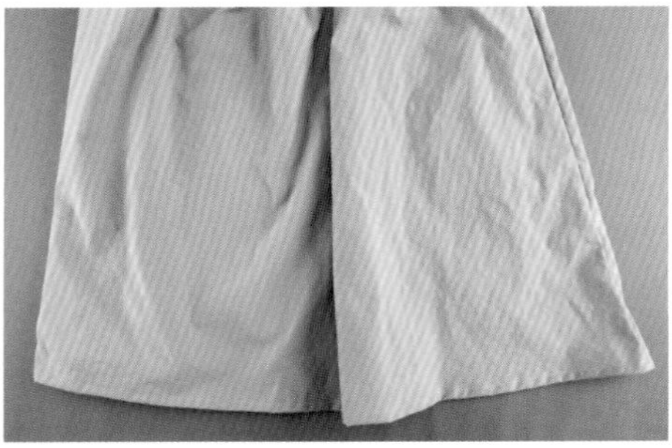

③裙裡面朝上，離褶邊0.1cm車縫一圈。

7 後裙頭鬆緊帶製作

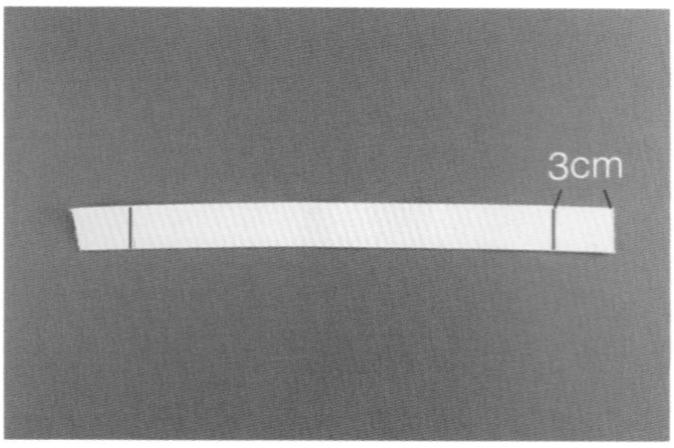

①備鬆緊帶38cm（M尺寸），頭尾兩端3cm標示記號線。

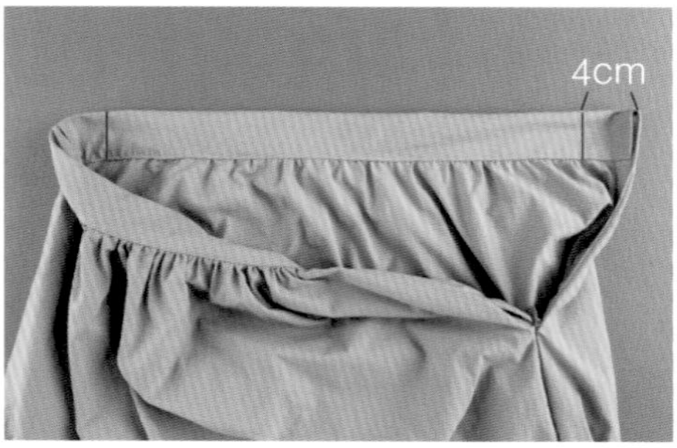

②後裙頭兩側離邊4cm標示鬆緊帶車縫記號線。

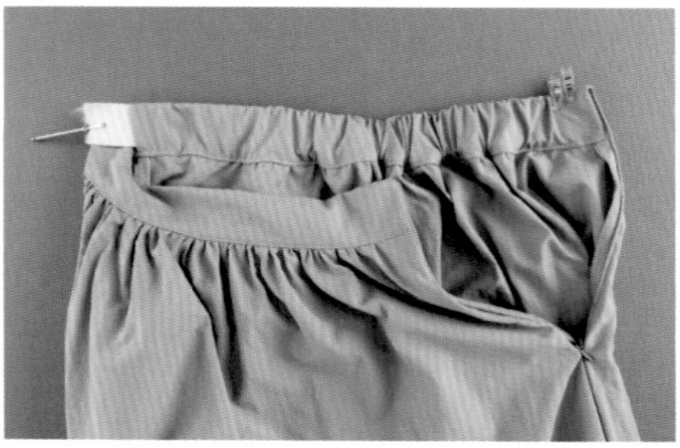

③用穿繩工具穿入鬆緊帶，起始端鬆緊帶在裙頭布內約離穿入口1cm，即可用強力夾和珠針固定。

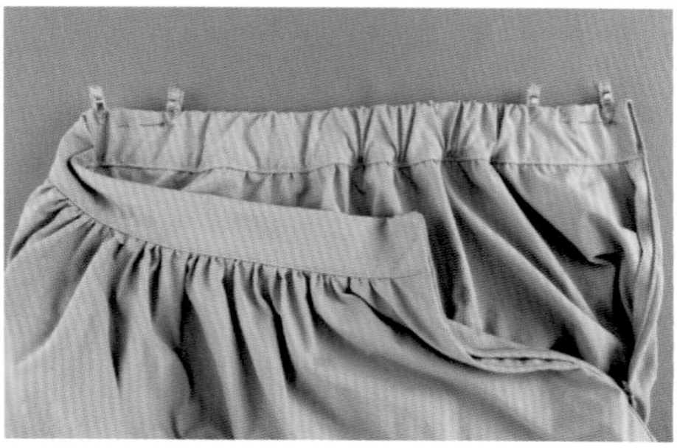

④另一端也是離口1cm，用強力夾和珠針固定。

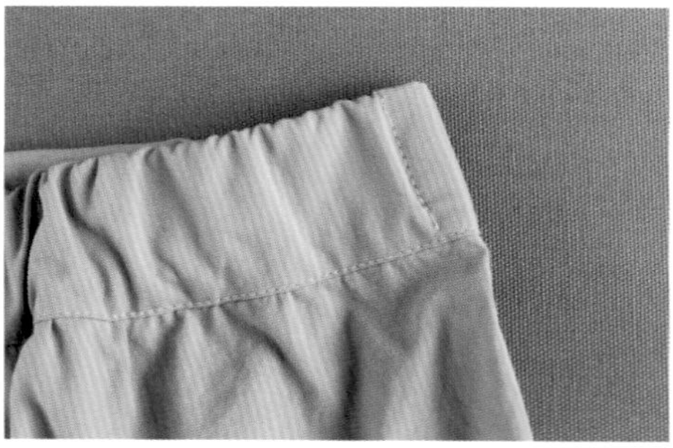

⑤依鬆緊帶車縫記號線車縫，固定鬆緊帶。

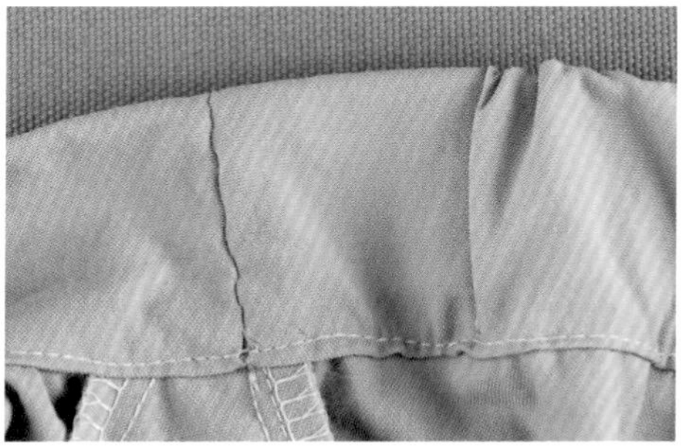

⑥藏針縫針法縫合兩個鬆緊帶穿入口。

＊藏針縫針法請參考P161。

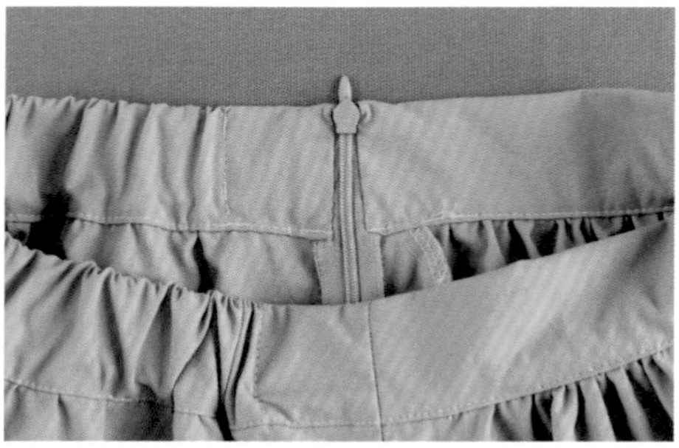

⑦藏針縫針法縫合裙頭的隱形拉鍊4.5cm部分（留意布不要太靠近拉鍊）。

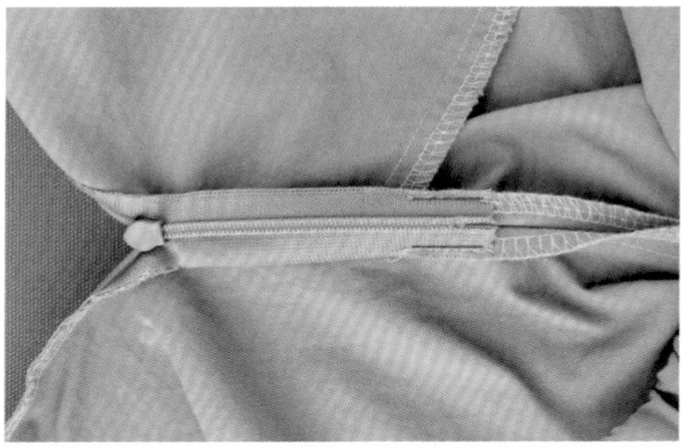

⑧拉鍊的尾端車縫約2cm固定在裙的脇邊縫份上，完成。

‧‧領口蝴蝶結法式袖上衣

法式小袖是酷夏最佳設計
適合不敢穿無袖的人
加上領口柔軟的蝴蝶結
增添更浪漫的法式情調
想要輕鬆有個性
也可讓綁帶自然垂墜
黃昏時刻
微風徐徐
在花園的手作
是難得的偷閒時光

ITEM 03

領口蝴蝶結法式袖上衣

適合布料材質
薄棉（亞）麻布、雙層紗布

本作品可隨需求調整
綁帶長度、衣襬長度

用布量（110cm幅寬）
4.5尺（M尺寸）

作品完成尺寸

單位：cm	S	M	L	XL
胸圍	104	104	107	111
衣長	59	59	61	62.5

裁布圖

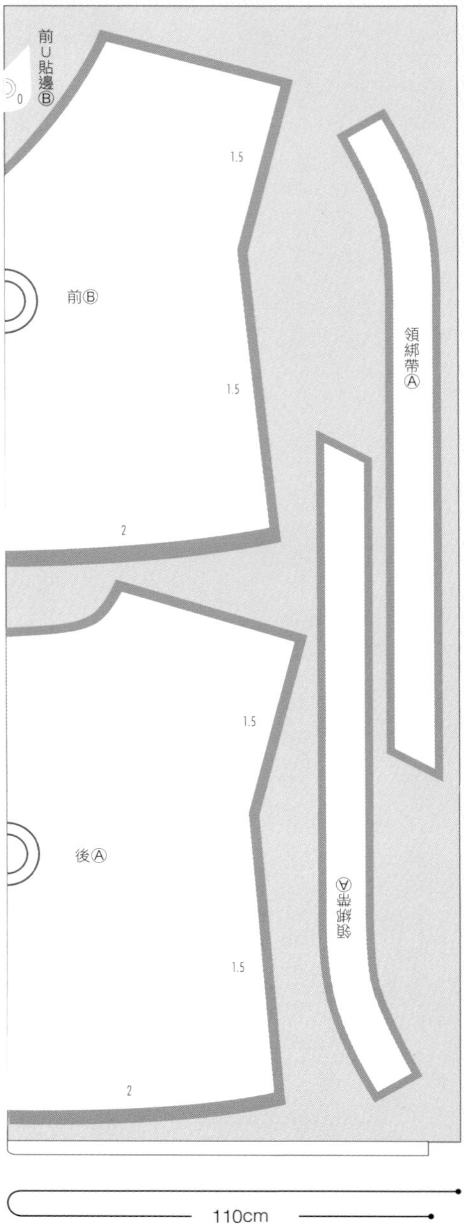

★紙型未標示裁布外加縫份處皆需外加1cm，對摺線處和其他用布則不外加。
★此排布方法，布無圖案方向性。

學習重點

1.領口綁帶車縫。

2.前領口U型貼邊。

3.千鳥縫針法。

P.260・ 實物大型紙 AB 面 ・ S、M、L、XL

裁縫的順序

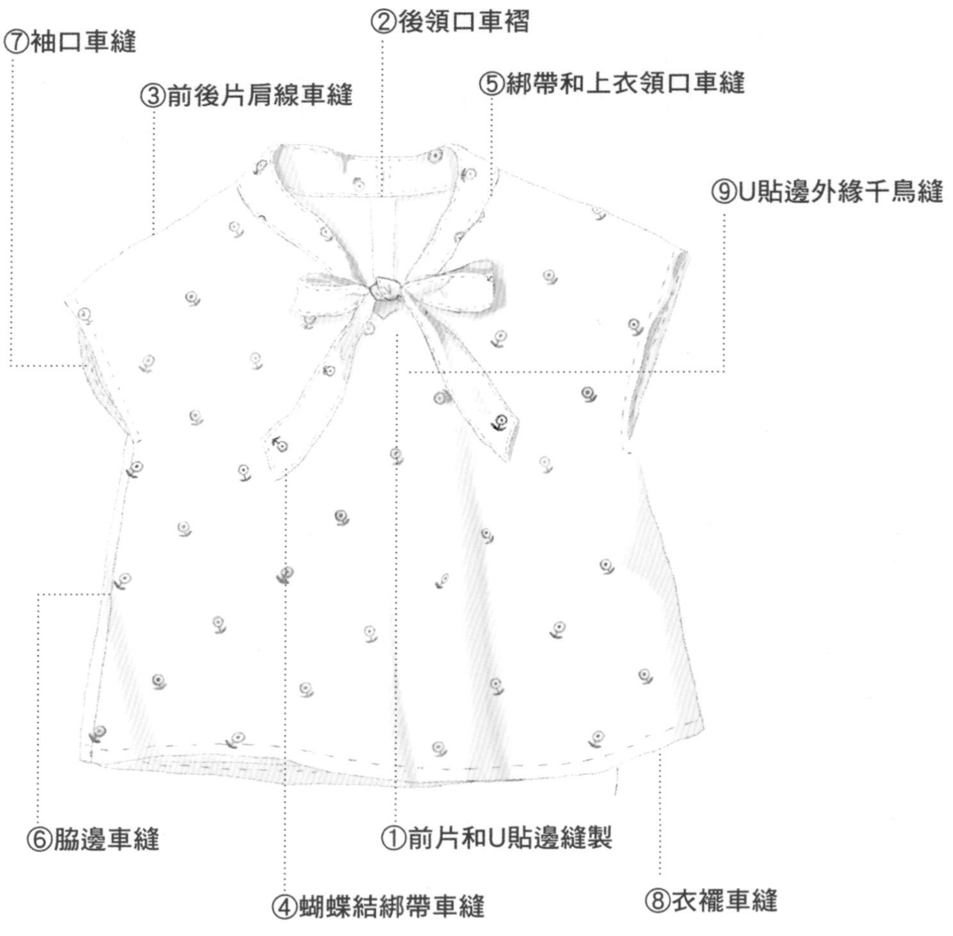

簡易改版型方法

從前片和後片的中心線平行外加或內減，做0.7cm以內的微幅調整。

1 前片和U貼邊縫製

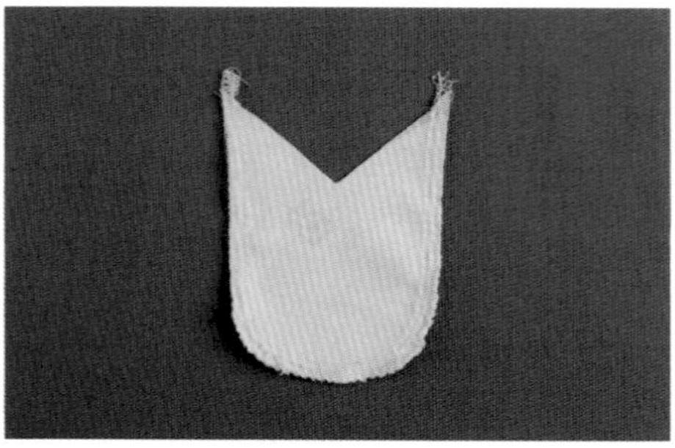

①依紙型裁剪前領口的U貼邊布，燙上襯，U型車布邊。

②正面樣。

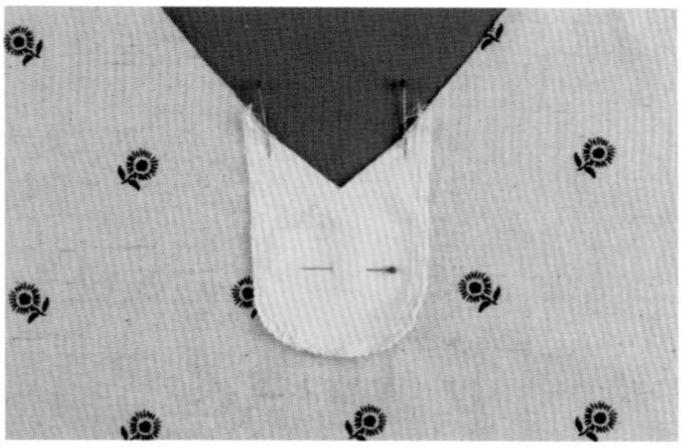

③U貼邊依紙型標示和前片領口的合印點，珠針固定。

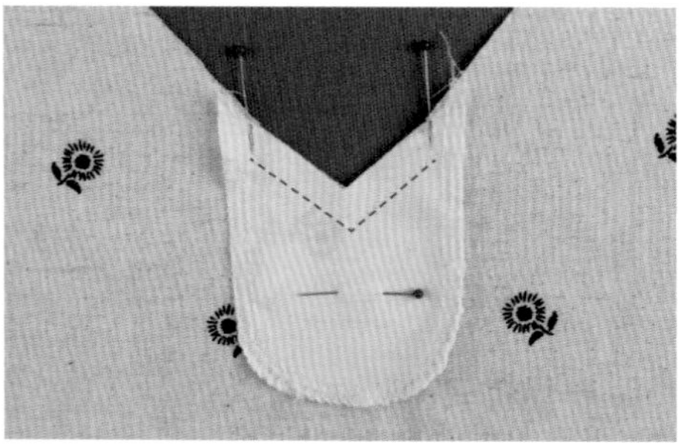

④車縫兩個合印點間的V處。

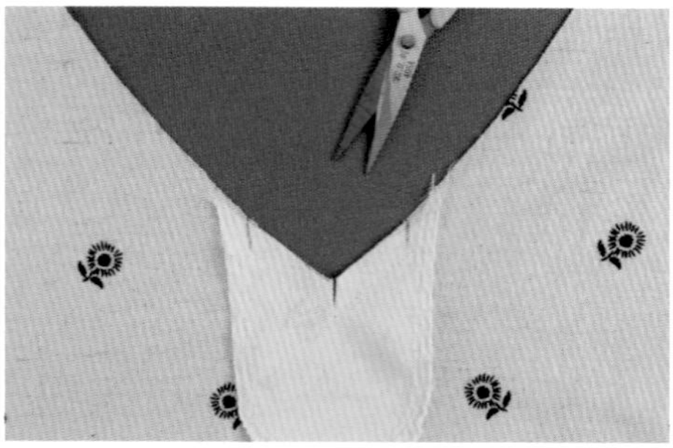

⑤小剪刀剪兩個合印點及中心點，共計三刀牙口，牙口深度約0.8~0.9cm。

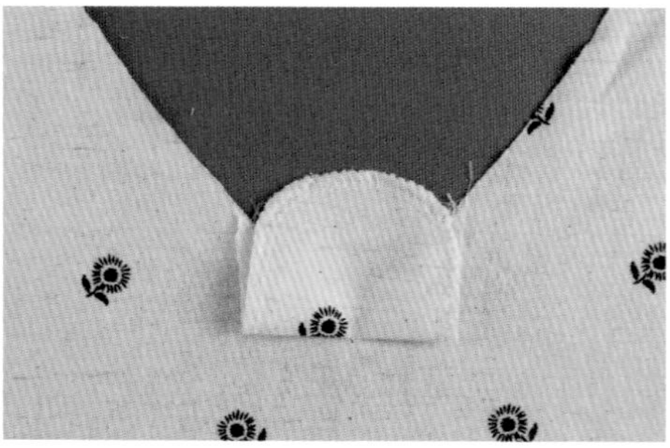

⑥將U貼邊布翻至前片的背面。

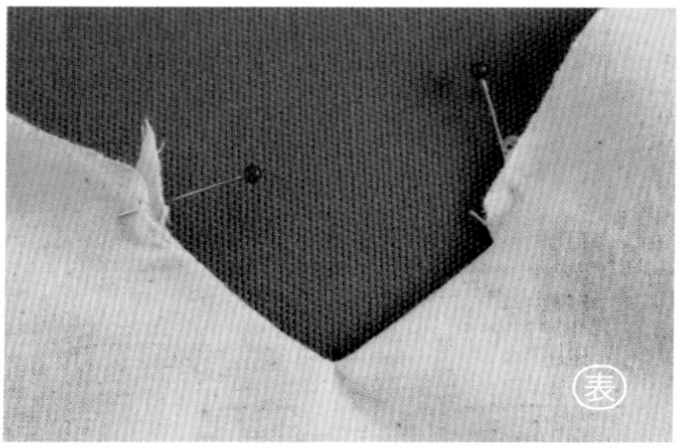

⑦因為合印點有剪牙口，所以可將合印點外側的U貼邊及領口布整理拉出，理順後，珠針固定。

★兩點合印點若無法理順，代表上個步驟的剪牙口深度不夠，請將貼邊布翻回背面再補剪。

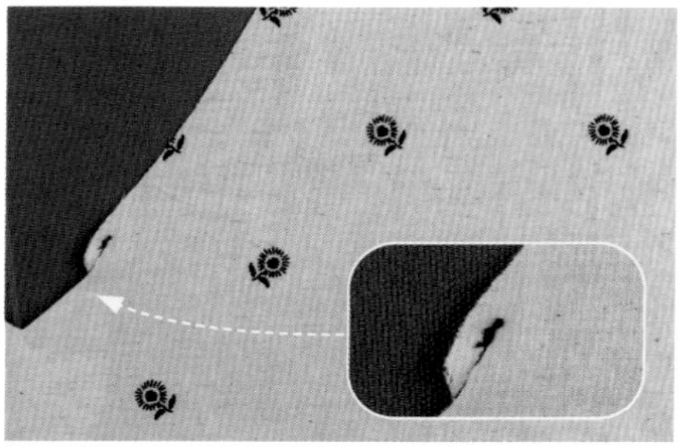

⑧縫份0.7cm車縫固定兩者。

2 後領口車褶

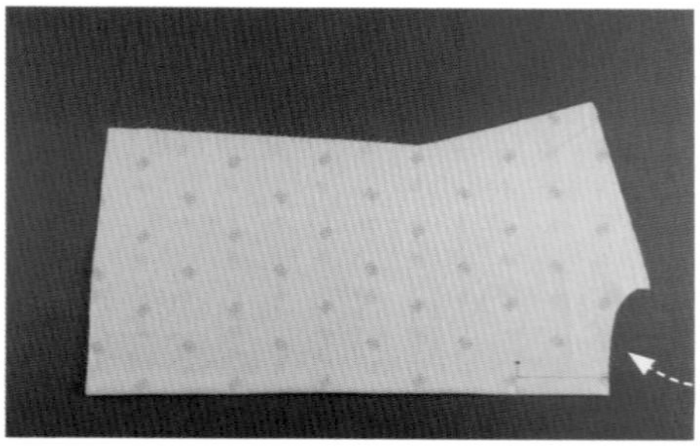
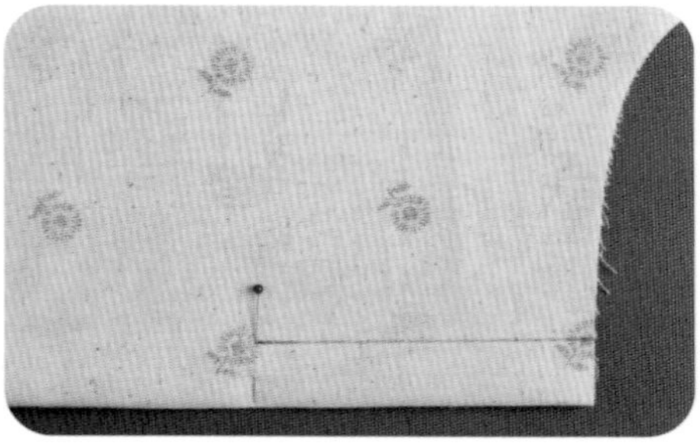

①上衣後片正面對正面對摺，整燙，依紙型標示後領口背面的車褶記號，珠針固定。

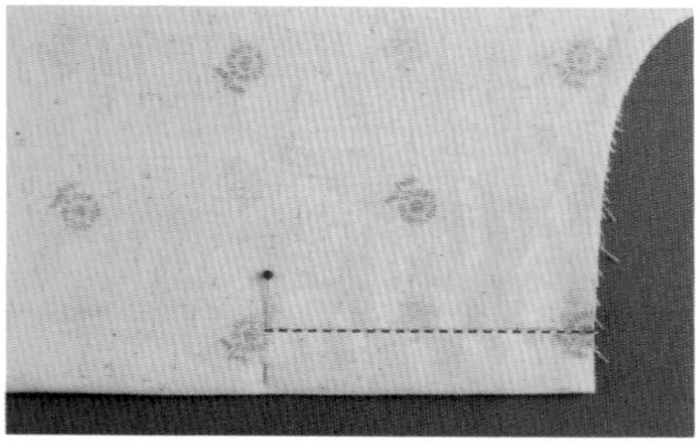

②依畫面車縫。

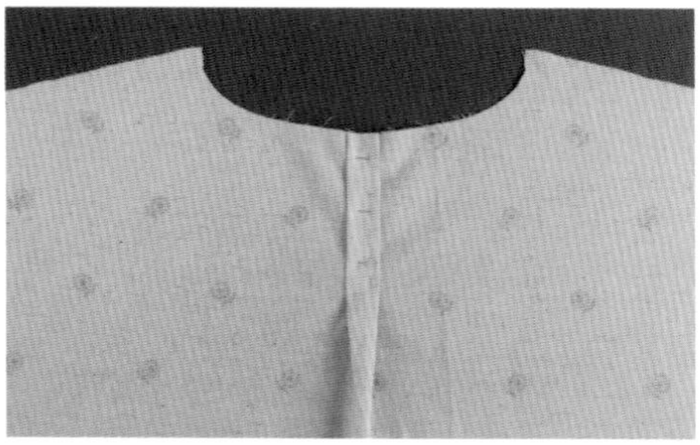

③將車褶壓扁整燙後，用珠針固定。

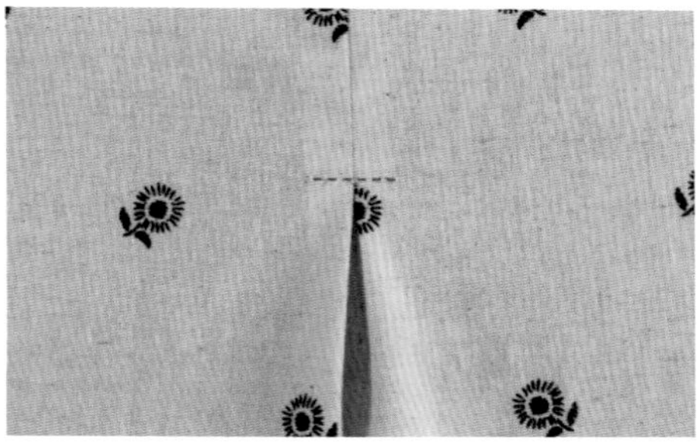

④在正面，褶下方車縫止點處橫向畫一道2cm的記號線，依畫線車縫。

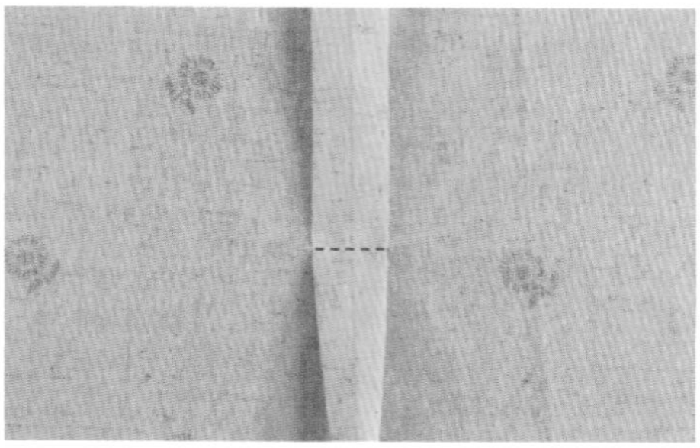

⑤背面樣。

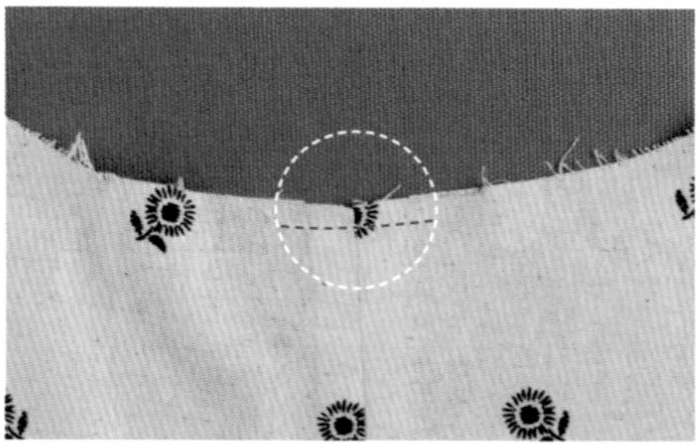

⑥領口的褶子部分離邊0.7cm車縫固定。

3 前後片肩線車縫

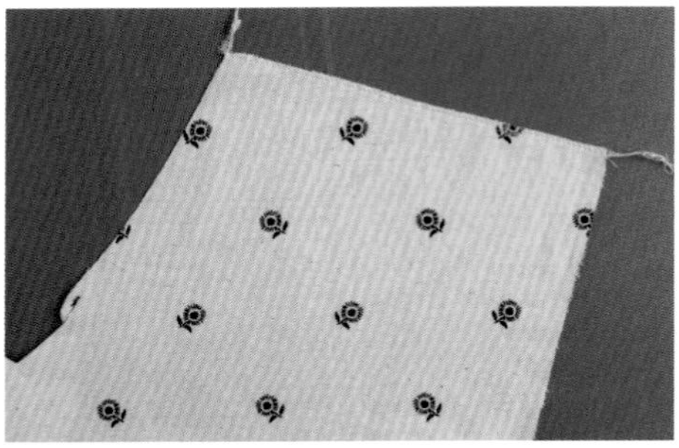

①前後片肩線各自車布邊。

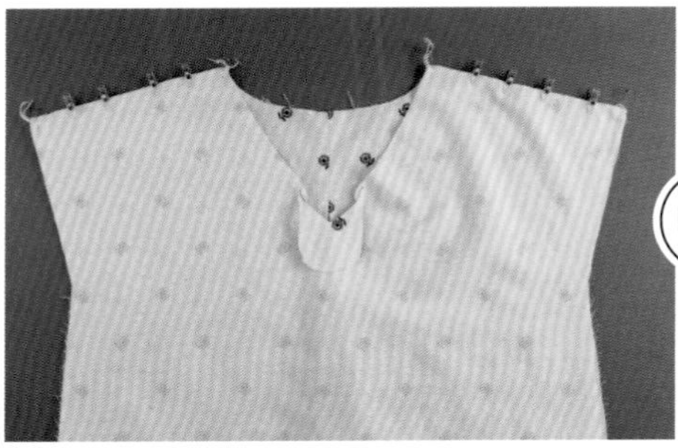

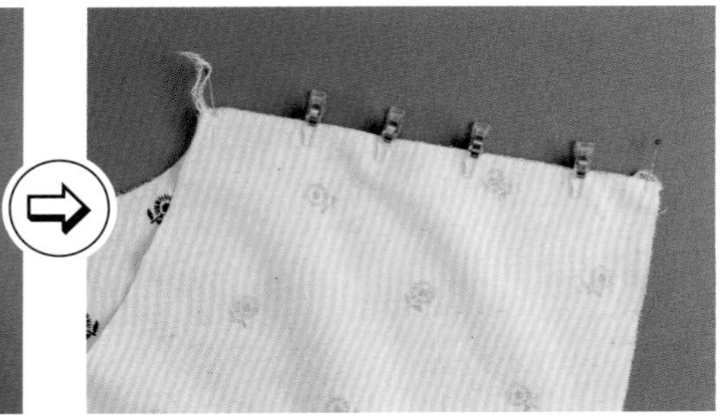

②前後片正面對正面，強力夾固定兩者肩線。

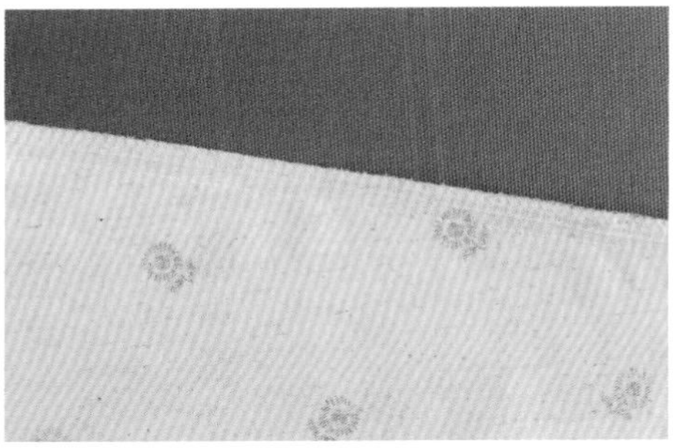

③車縫肩線。

4 蝴蝶結綁帶車縫

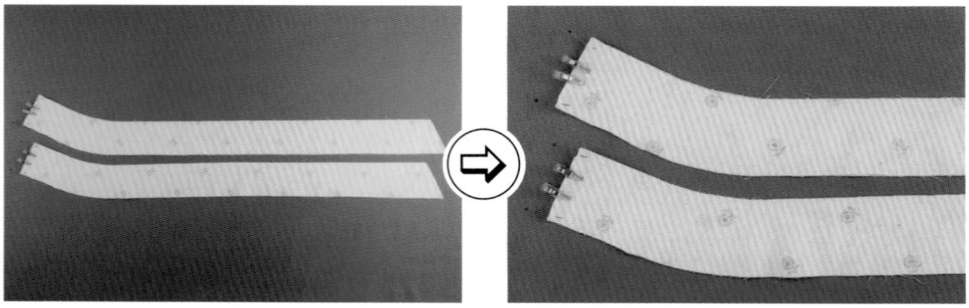

①綁帶布兩片一組，正面對正面，後中心強力夾固定。

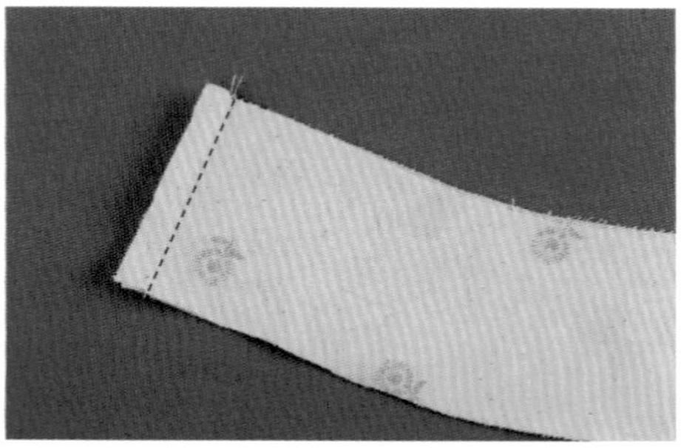

②車縫後中心。

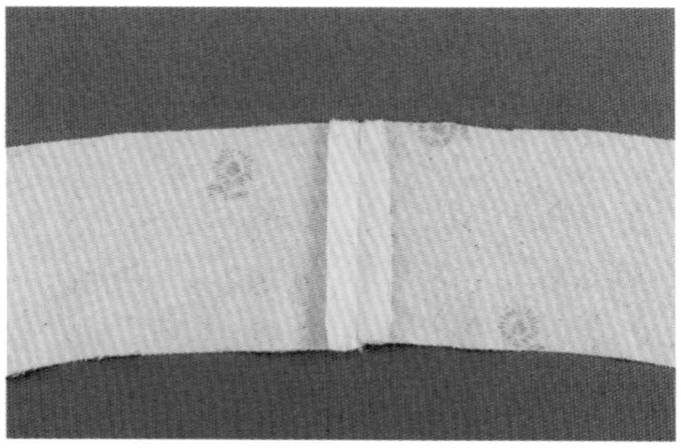

③縫份撥開。

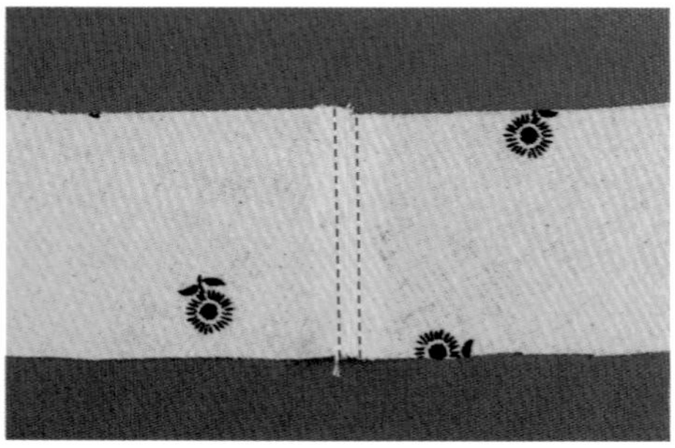

④在正面，離車縫線左右各0.2cm，車縫壓線。

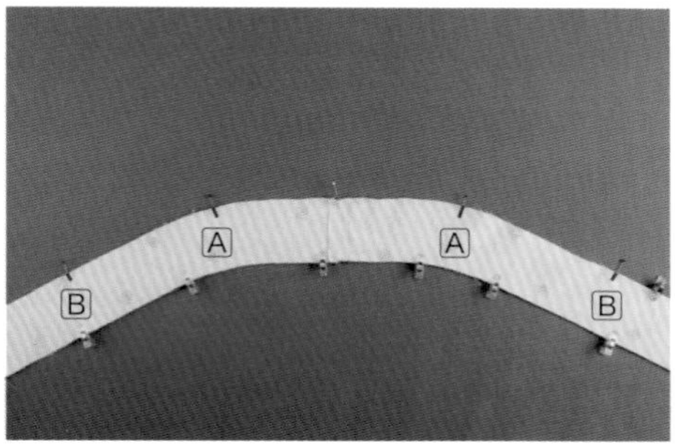

⑤兩組正面對正面，強力夾固定；依紙型在綁帶的背面標示肩（A）及前領口U貼邊（B）的合印點，左右共計四點。

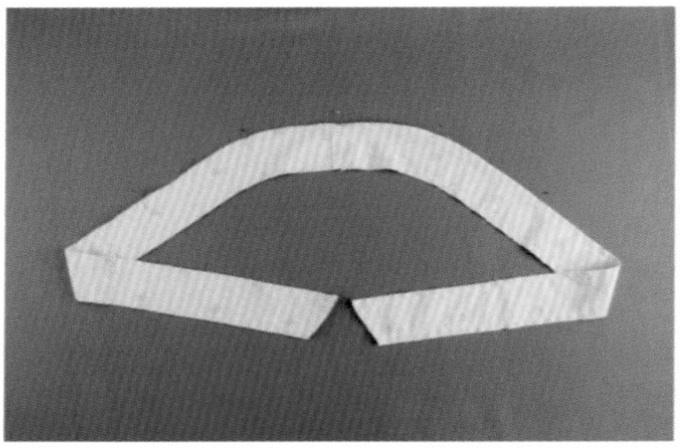

⑥兩個B點之間不車，其餘車縫。

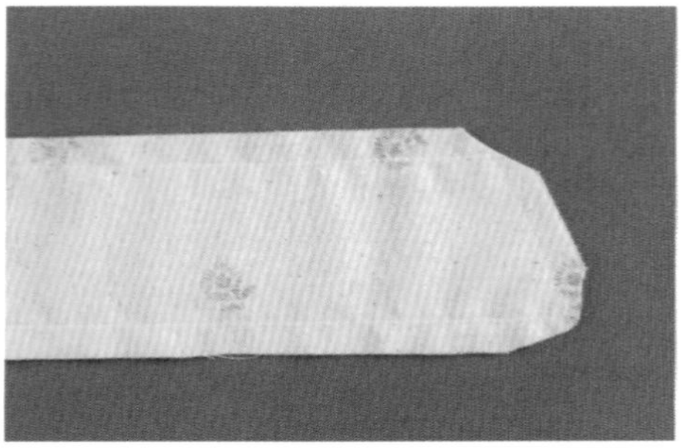

⑦綁帶兩端剪去角。

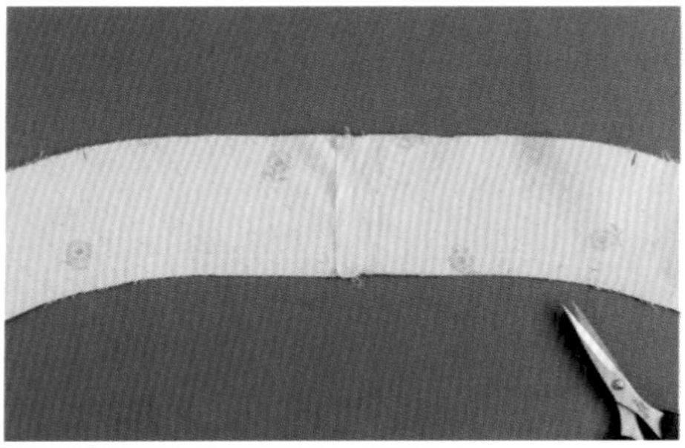

⑧弧處剪適當牙口。

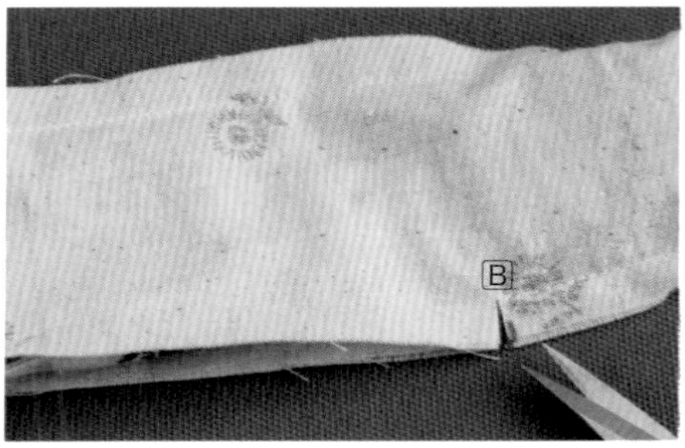

⑨兩個B點剪牙口，深度約0.8~0.9cm。

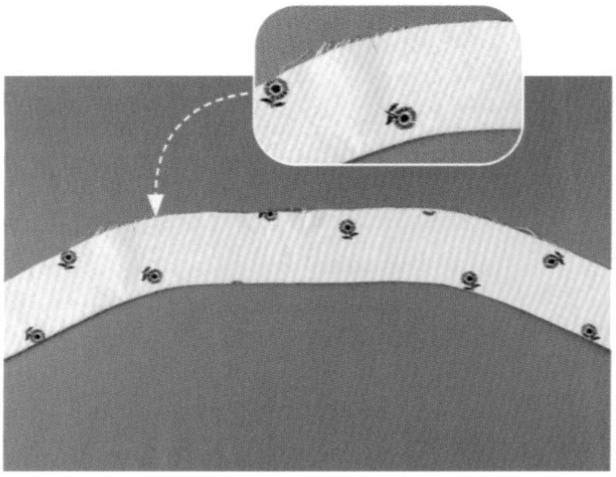

⑩翻至正面，兩B點間的布邊拉出，其餘縫份整理，並整燙。

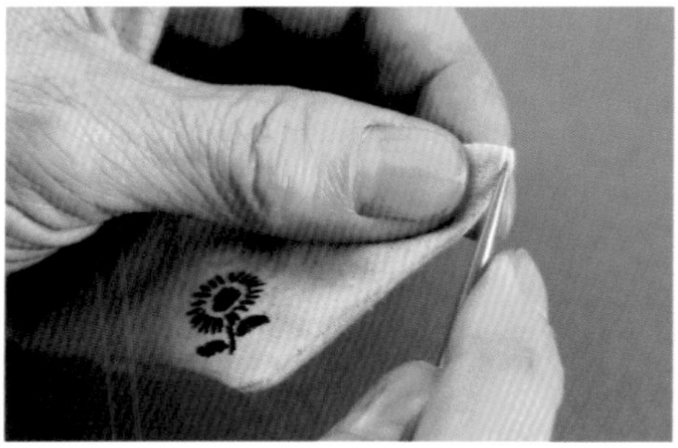

⑪端點尖端處可以用錐子挑布，將尖端整理更漂亮。

5 綁帶和上衣領口車縫

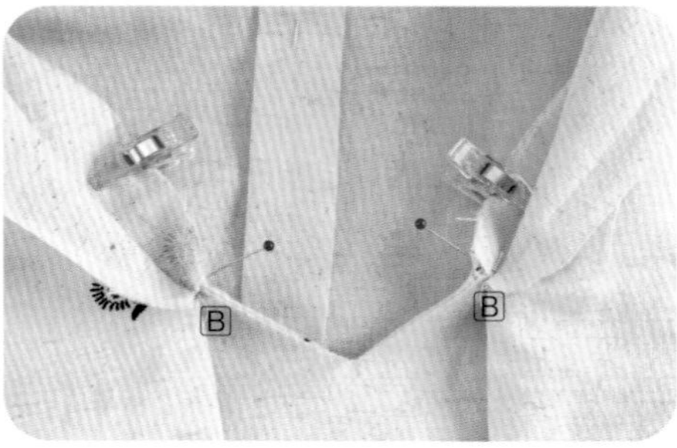

①上衣肩線縫份撥開，綁帶和上衣正面對正面，取靠近上衣的綁帶布和上衣車縫：綁帶後中和上衣後中對齊，A點和上衣肩線對齊，B點和U貼邊的合印點對齊；合印點可以用珠針固定，再用強力夾輔助。

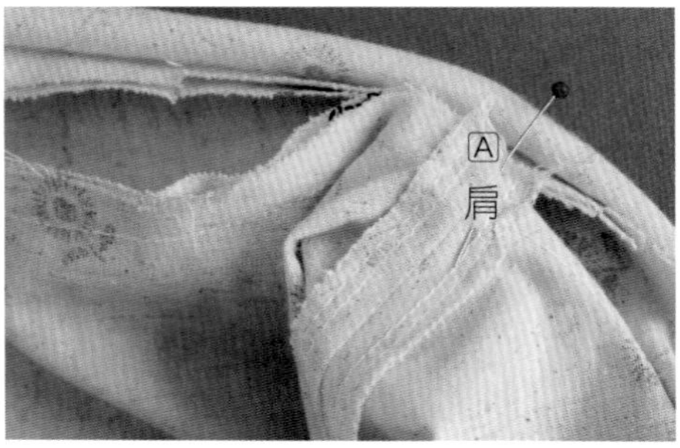

②車縫B點至另一個B點。

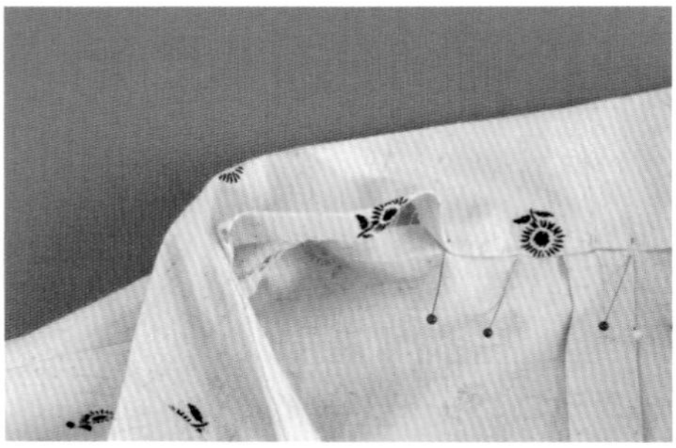

③弧處剪適當牙口，綁帶的另一側B點至B點，往裡摺1cm，整燙，再摺至超（蓋）過前一個步驟的車縫線0.1cm。

＊四摺包邊方法請參考P182。

④珠針固定。

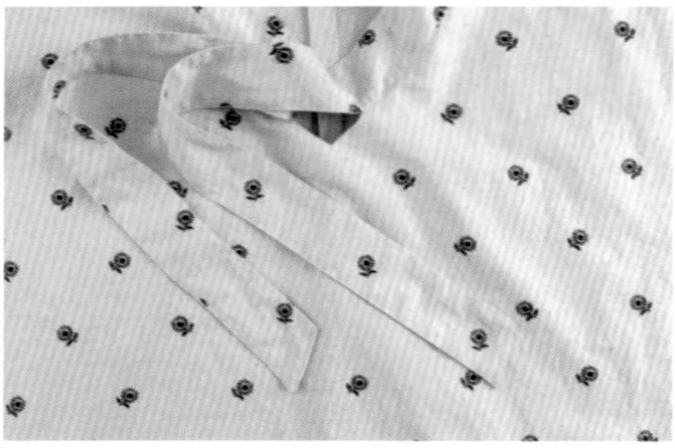

⑤在領口正面兩B點之間離車縫線0.1cm，在綁帶上車縫壓線。

⑥綁帶除兩B點之間外，其餘離邊0.1cm車縫壓線一圈。

6 脇邊車縫

①在上衣依紙型標示四個袖止點，止點之下的四邊脇邊先車布邊。

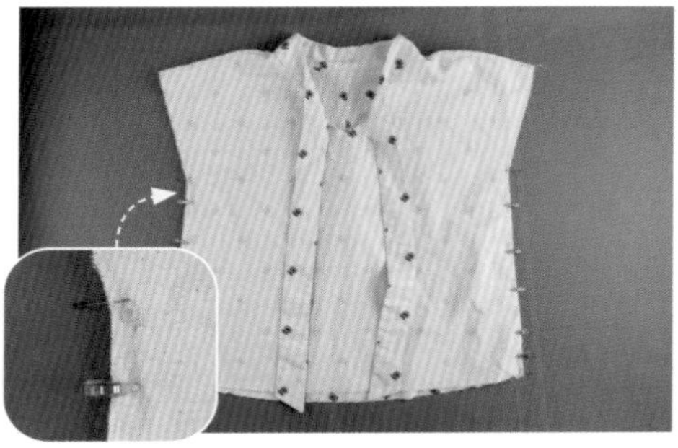

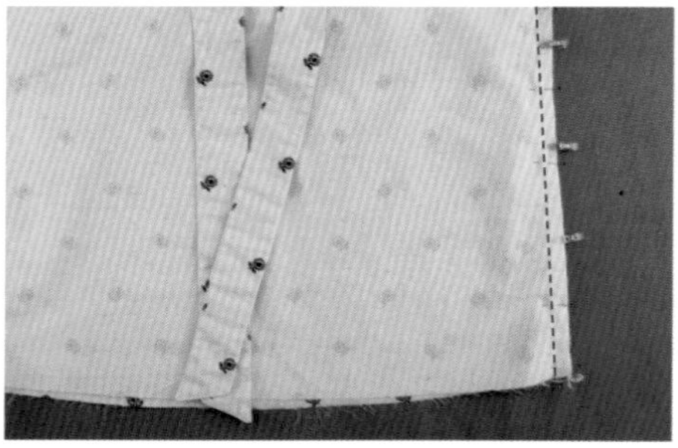

②上衣前後片正面對正面，強力夾固定前後片的脇邊，袖止點可用珠針固定。

③縫份1.5cm車縫脇邊。

7 袖口車縫

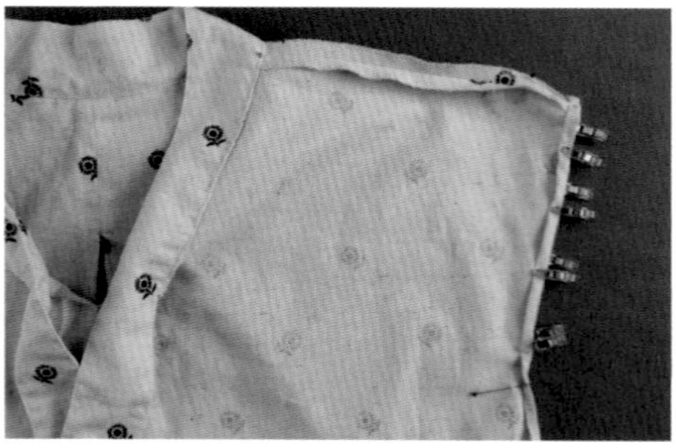

①袖口往內摺0.7cm再0.7cm，強力夾和珠針固定。

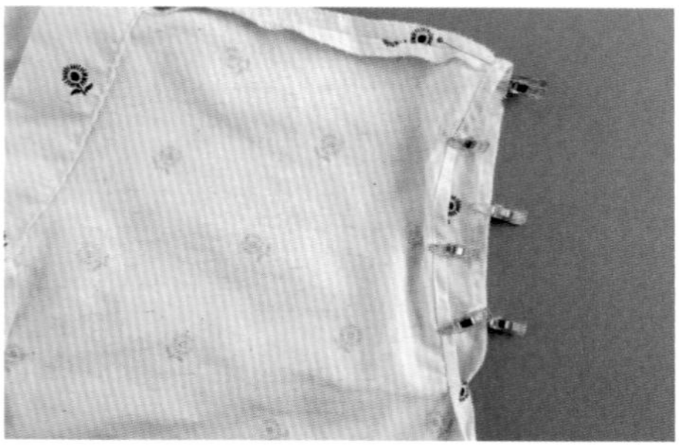

②裡面朝上，離摺邊0.1cm車縫一圈。

③正面樣。

8 衣襬車縫

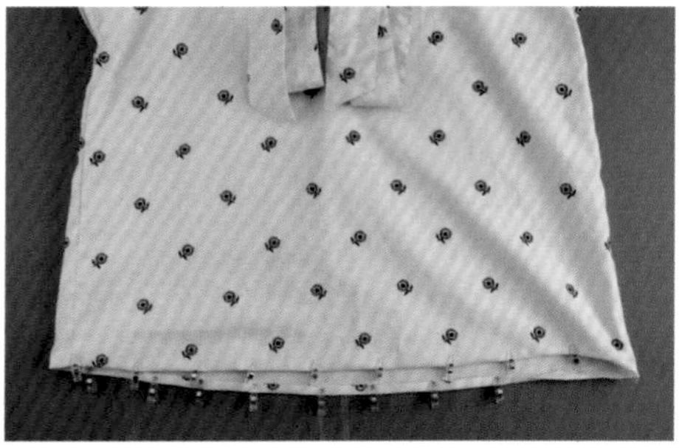

①衣襬往內摺1cm，再摺1cm一褶，強力夾固定，整燙。

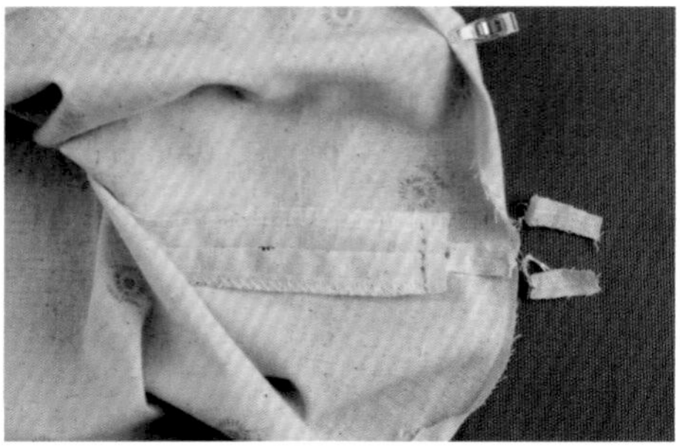

②降低衣襬角的厚度，提升衣襬的柔軟度，將脇邊的縫份剪去0.5×3cm的小布片。

＊請參考P153。

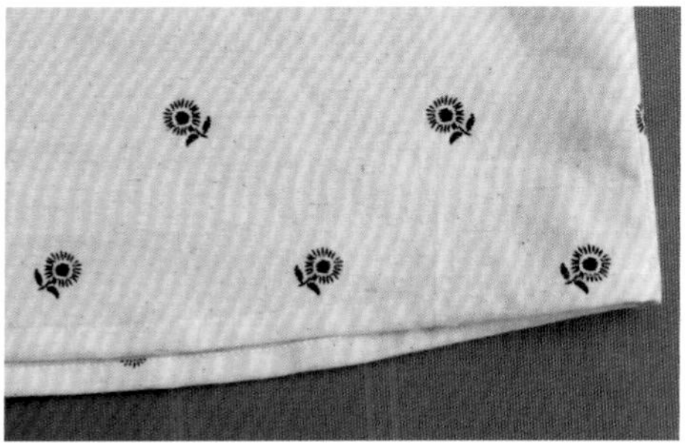

③衣服裡面朝上，離褶邊0.1cm車縫一圈。

9 U貼邊外緣千鳥縫

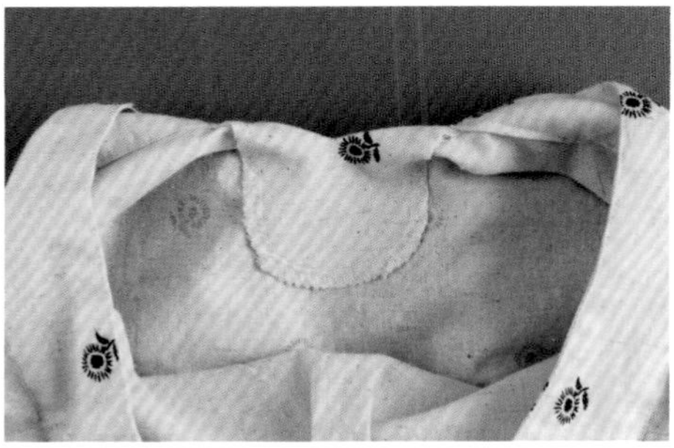

①在衣服裡面，U貼邊外緣和領口以千鳥縫針法固定。

＊千鳥縫針法請參考P158。

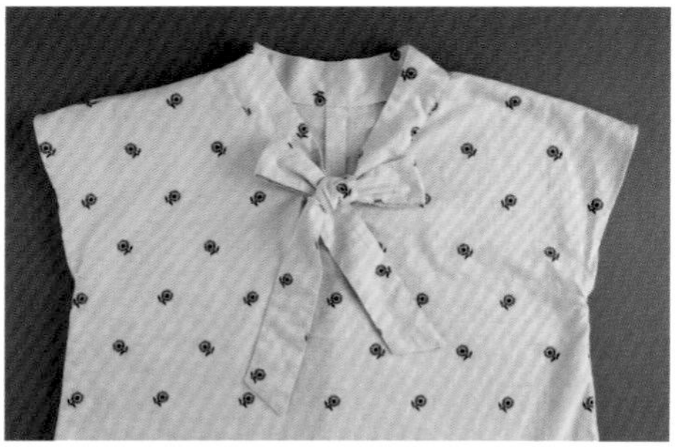

②繫上領口蝴蝶結綁帶，完成。

‧‧浪漫寬褲裙

加強褲的寬度
穿出裙般的視覺效果
有褲子的俐落與裙的優雅
側邊的大口袋更顯浪漫悠閒
亞麻材質布料是首選
越穿越舒服
是我的必備款
整理花園是我的日常

ITEM 04 浪漫寬褲裙

用布量與其他材料

用布量（150cm幅寬）	6尺（M尺寸）	
前褲頭布（已含1cm縫份，建議縫製時再裁剪）	S	45×11↕cm 一片
	M	50×11↕cm 一片
	L	53×11↕cm 一片
	XL	59.5×11↕cm 一片
後褲頭布（已含1cm縫份，建議縫製時再裁剪）	S	48×11↕cm 一片
	M	53×11↕cm 一片
	L	57×11↕cm 一片
	XL	62×11↕cm 一片
鬆緊帶（視個人需求調整）	S	3cm寬×70cm 一條
	XL	3cm寬×82cm 一條

適合布料材質
棉（亞）麻布

裁剪注意事項
裙外擴型，裙襬縫份需內縮。

本作品可隨需求調整
褲長度

作品完成尺寸

單位：cm	S	M	L	XL
腰圍	89	100	106	115
臀圍	146	146	151	151
裙長	75.5	75.5	76.5	76.5

＊腰圍沒有鬆緊帶的尺寸

裁布圖

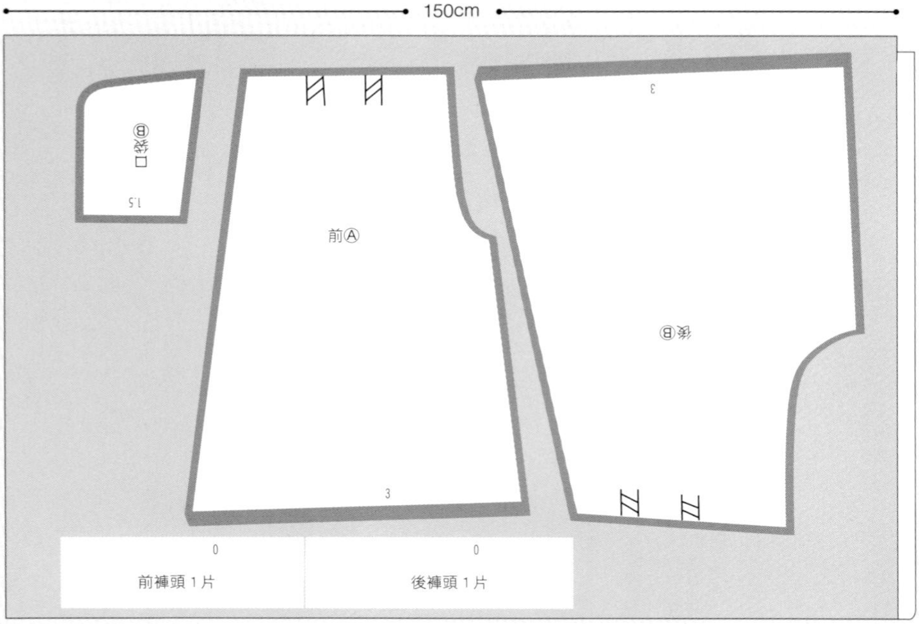

★紙型未標示裁布外加縫份處皆需外加1cm，其他用布則不外加。
★此排布方法，布無圖案方向性。

學習重點

1.外口袋弧度製作。

2.褲頭製作。

P.274・ 實物大型紙 AB 面 ・ S、M、L、XL

裁縫的順序

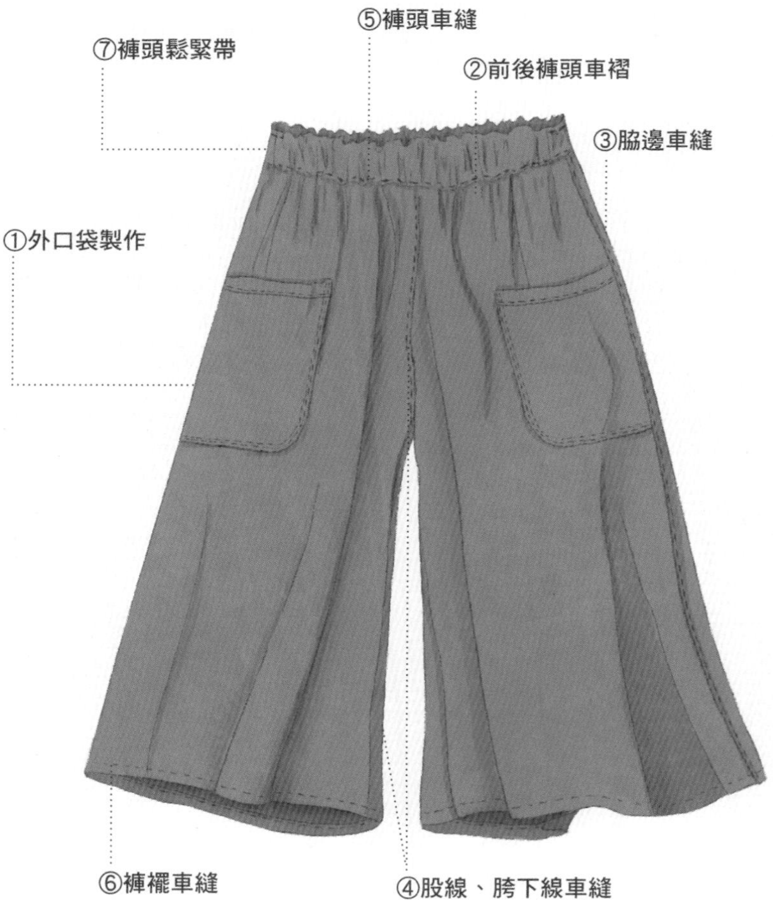

簡易改版型方法

可以從前後褲頭的褶深度或褶數調整，記得褲頭布也要跟著增減。

1 前褲外口袋製作

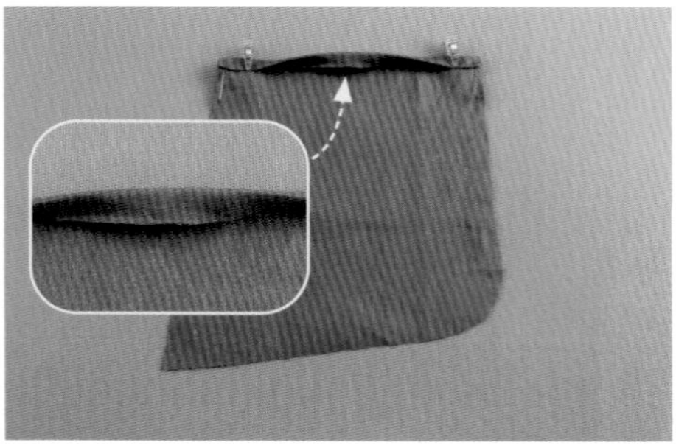

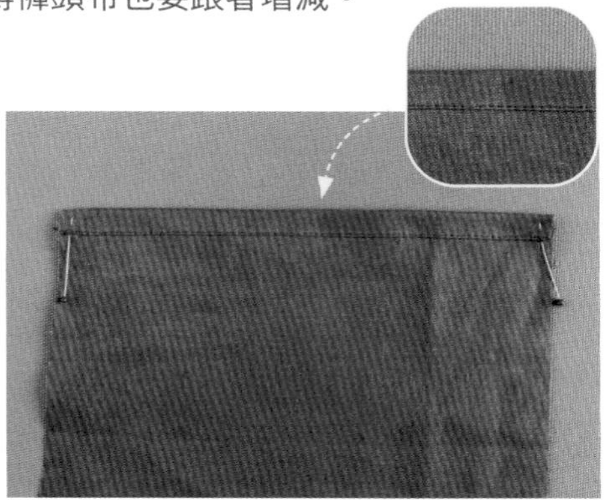

①外口袋正面朝上，袋口往正面摺0.7cm兩次，離摺邊約0.2cm車縫壓線袋口；縫製另一側的口袋前，務必兩口袋先擺成相對再縫製。

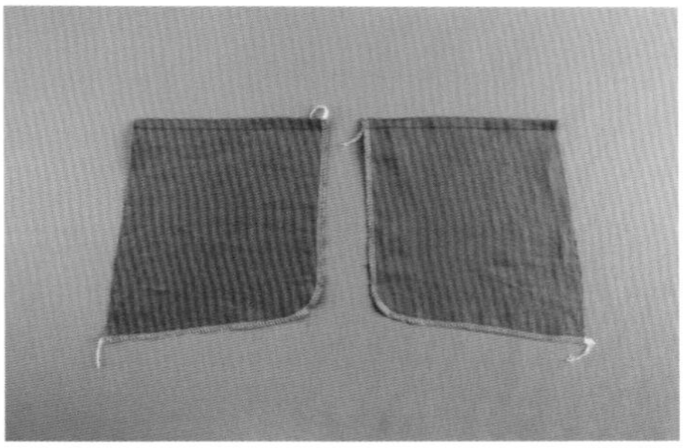

②兩口袋的L邊車布邊。

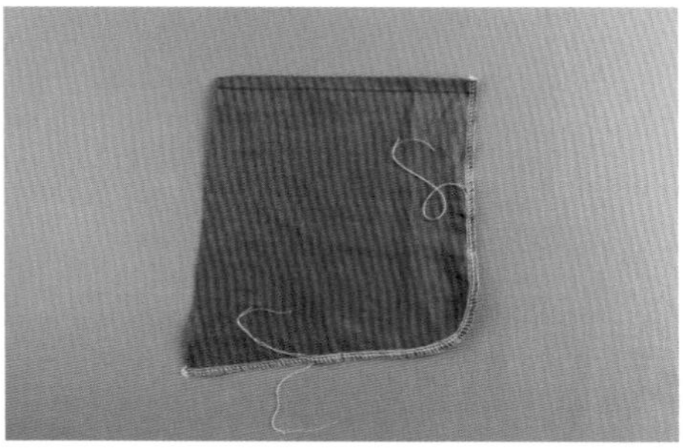

③口袋的L邊車縫拉皺褶的車線。

＊製作弧形口袋請參考P176。

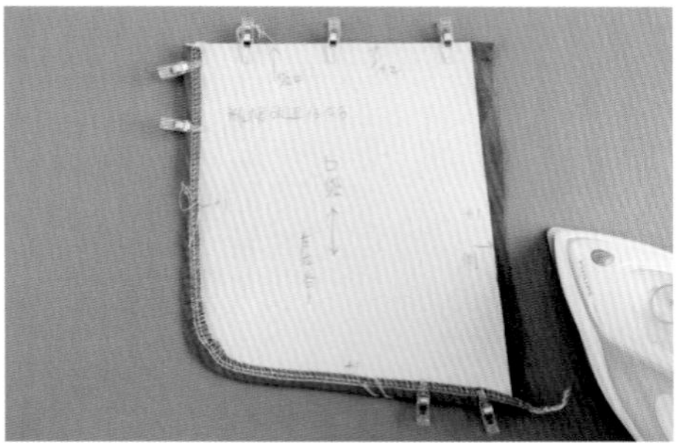

④置入口袋厚紙板紙型，用熨斗整燙出口袋形狀。

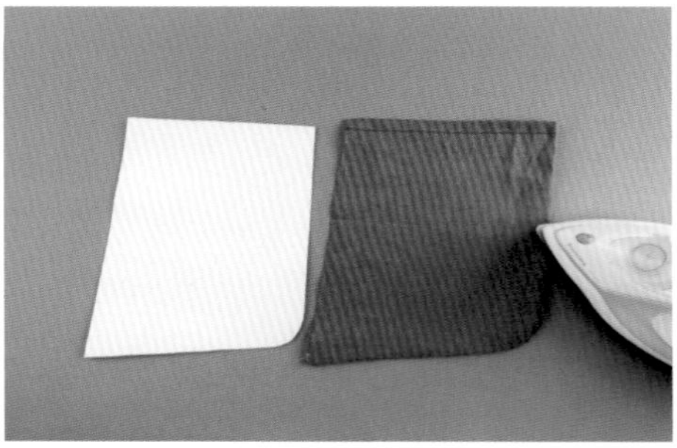

⑤取出厚紙板，再整燙一次。

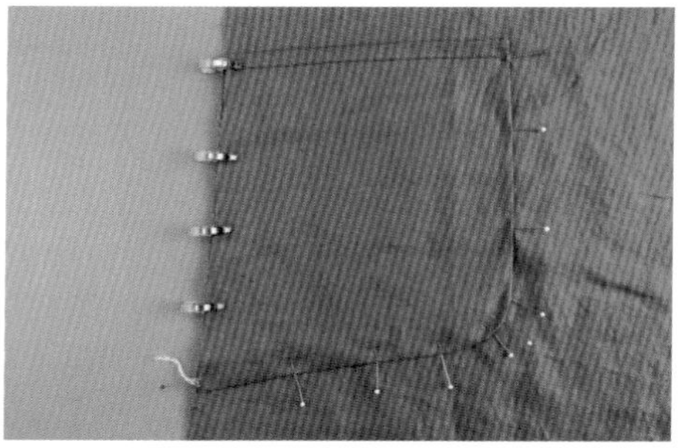

⑥取右前褲，依前褲紙型，在褲身的正面標示外口袋位置，放上口袋，以強力夾和珠針固定， 務必將兩片前褲片先擺成相對再縫製。

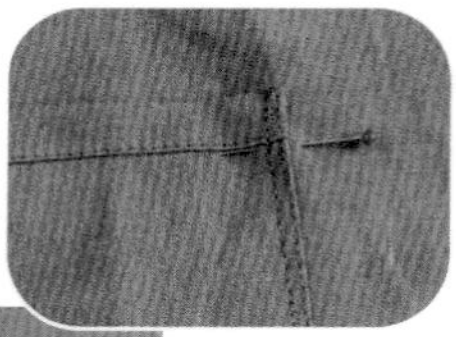

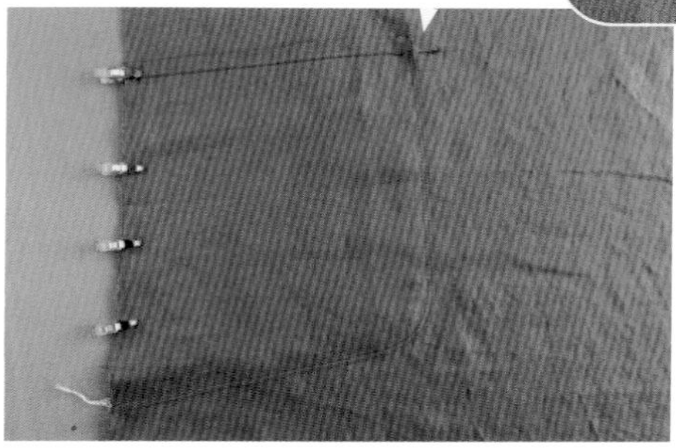

⑦車縫兩道L曲線，兩道車線距離約0.5cm（第一道離邊0.2cm）。

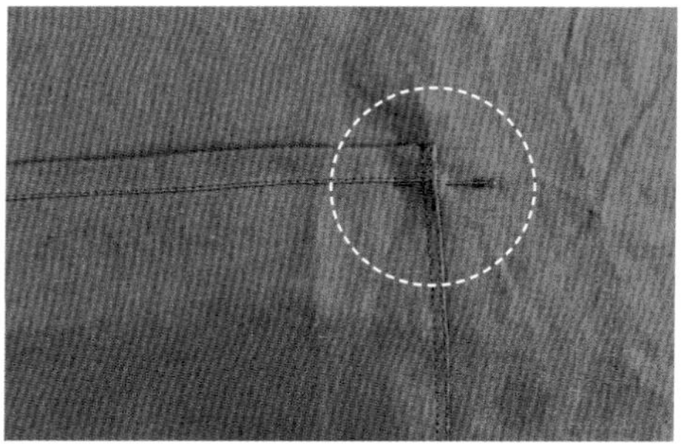

⑧袋口可車縫回針加強耐用度。

＊請參考P175。

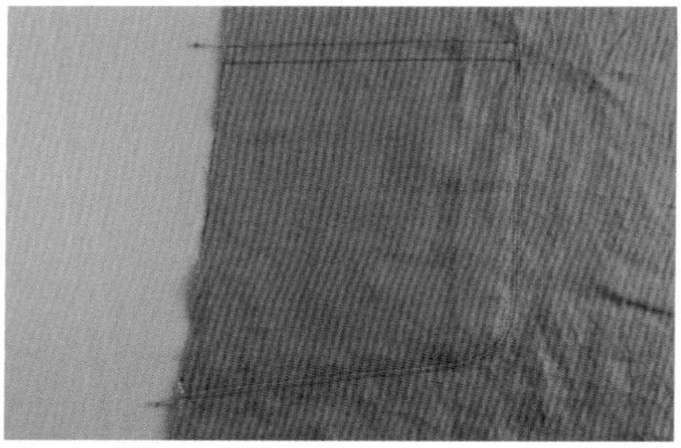

⑨脇邊縫份0.7cm車縫，固定褲身和口袋側邊。

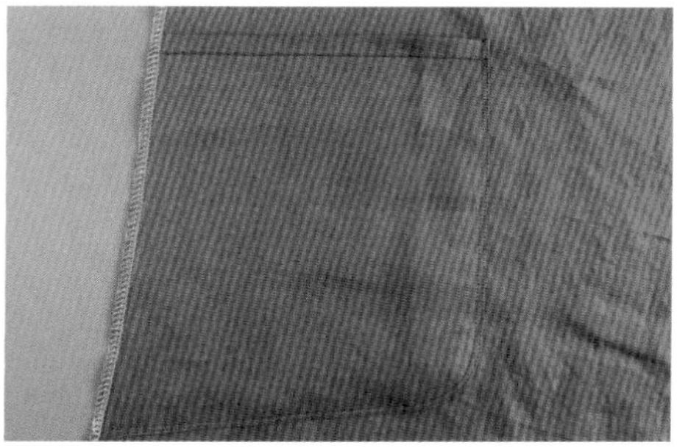

⑩前褲片脇邊車布邊，另一片前褲片也是相同方法，車縫口袋和脇邊車布邊。

2 前後褲頭車褶

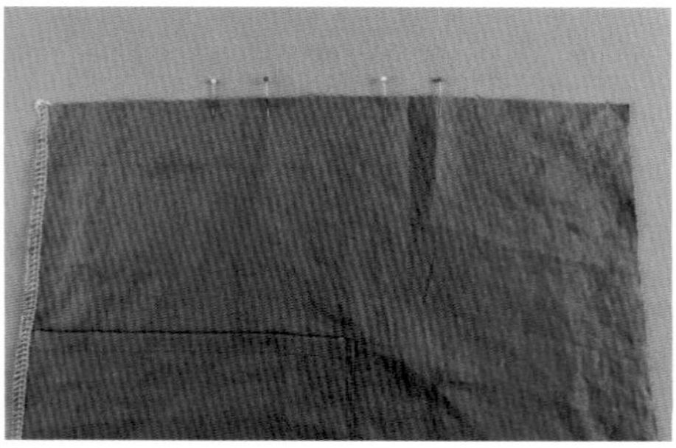

①前褲正面依紙型標示褲頭兩褶的車褶位置。

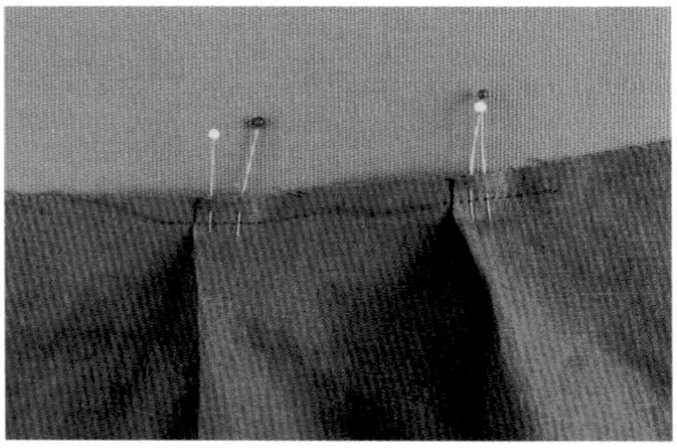

②紅珠針往黃珠針摺，摺疊時留意褲頭平整，共兩褶，縫份0.8cm車縫固定；另一前褲片也是相同方法。

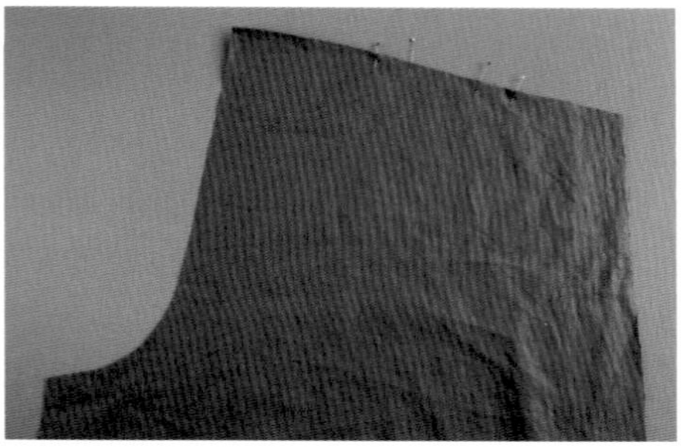

③後褲正面依紙型標示褲頭兩褶的車褶位置，記得先將兩片後褲片正面朝上擺成相對（脇邊朝外）。

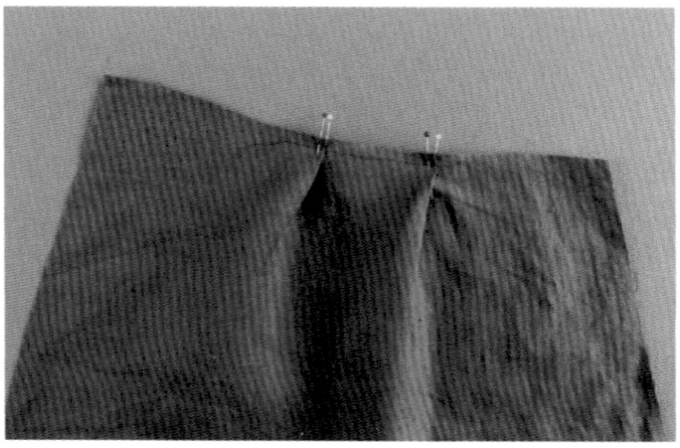

④紅珠針往黃珠針摺，褲頭摺疊留意平整，縫份0.8cm車縫固定；另一後褲片也是相同方法。

3 脇邊車縫

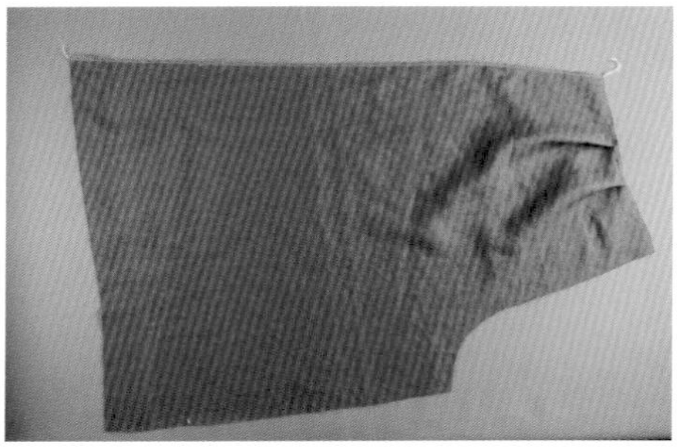

①後褲片脇邊車布邊。

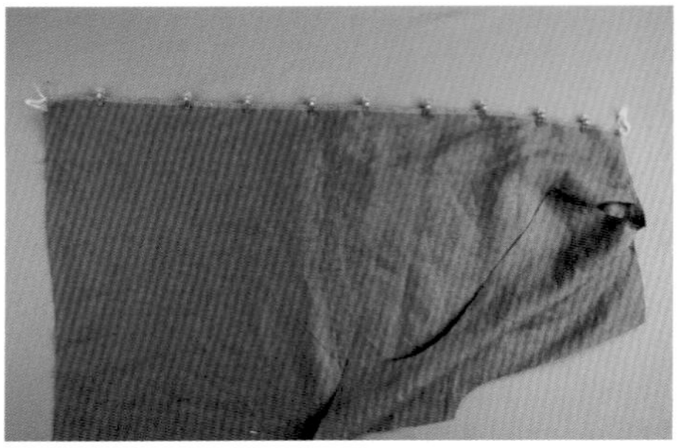

②一片前褲和一片後褲正面對正面，強力夾固定兩者脇邊。

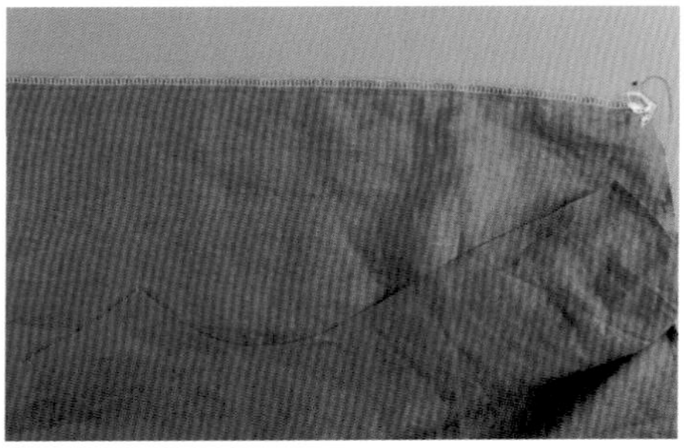

③車縫脇邊，另一組前後褲也是相同方法。

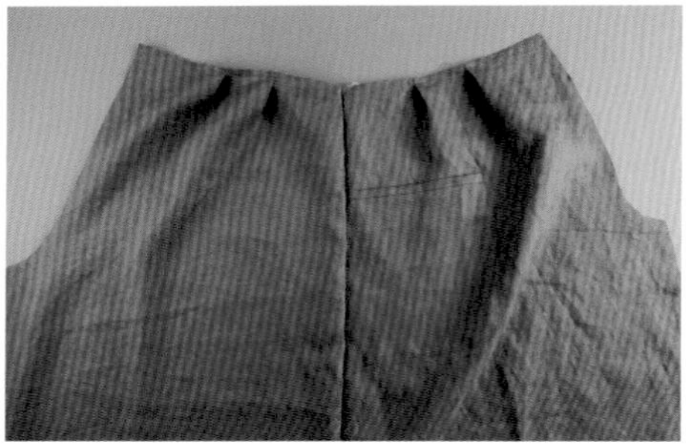

④正面朝上，前後褲身攤平，脇邊縫份倒向後褲，整燙。

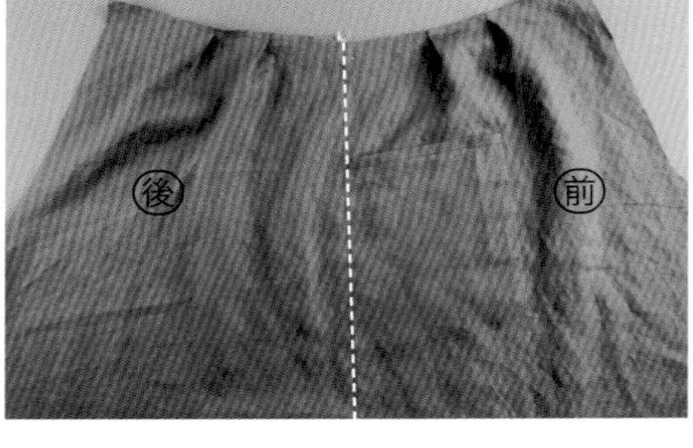

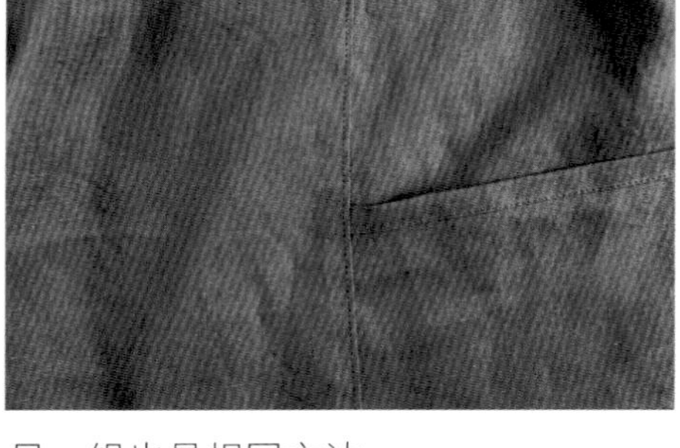

⑤在後褲正面，離脇邊車縫線0.2cm壓線，另一組也是相同方法。

4 股線・胯下線車縫

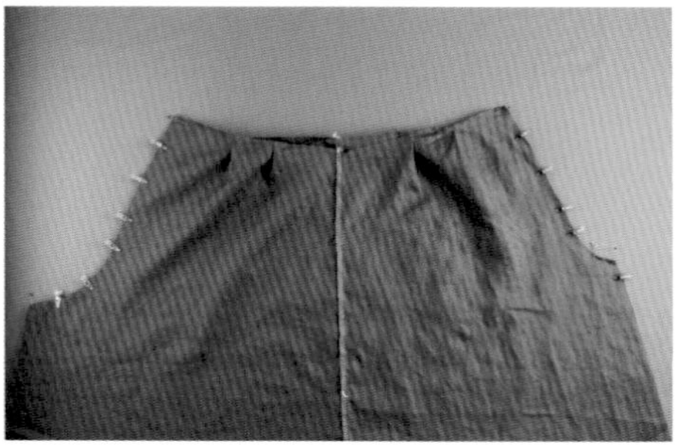

①兩組褲身攤開，正面對正面，前後股線分別用強力夾固定。

★前後股線是曲線，強力夾或珠針固定時，不要過度拉布。

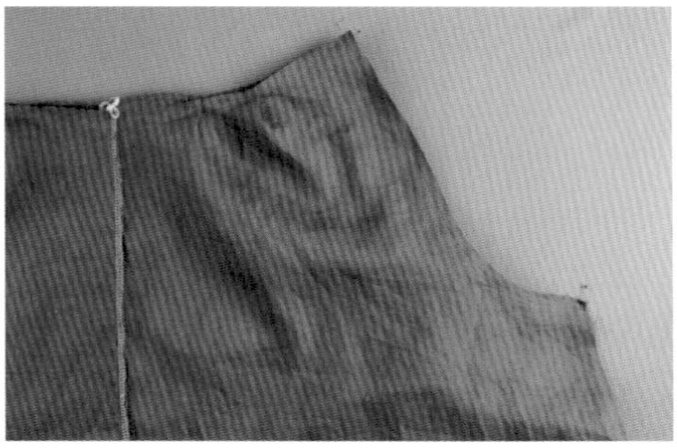

②車縫前後股線。

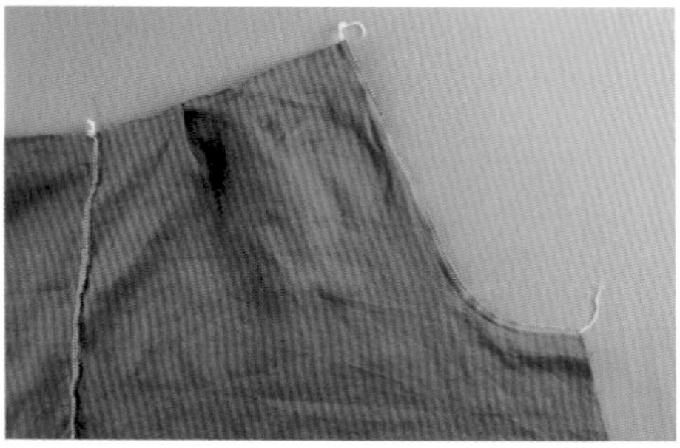

③前後股線車布邊。

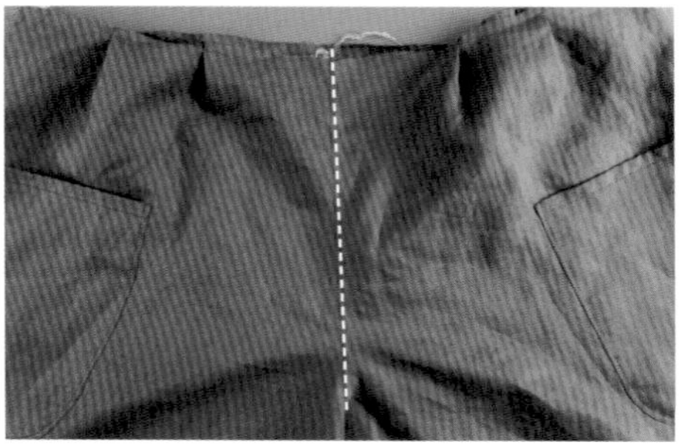

④褲身翻至正面，前股線縫份倒向左邊，離車縫線0.2cm壓線在左邊；後股線壓線也是相同方法。

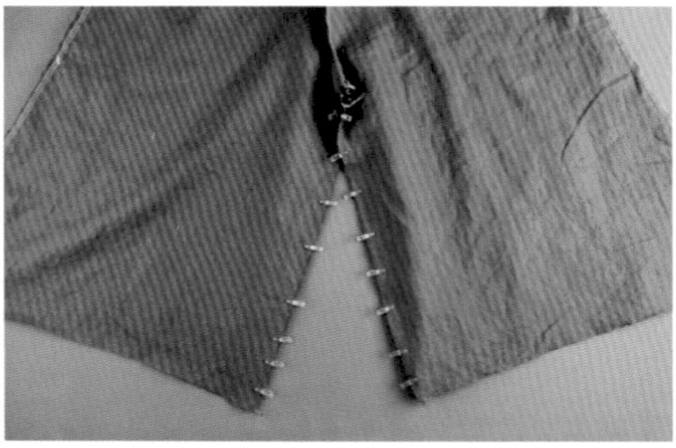

⑤褲身翻至裡面，車縫壓線後的前後股線調整至中間，強力夾固定前後褲的胯下線，前後股線的縫份錯開，車縫胯下線。

★如果縫份無法錯開，表示上一個步驟的壓線縫份倒向不對。

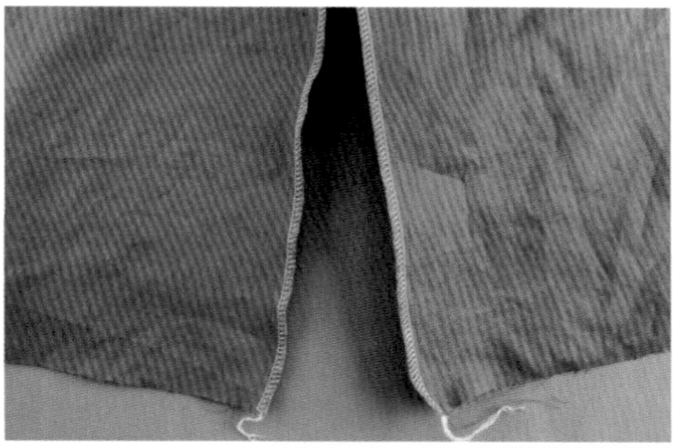

⑥車布邊。

5 褲頭車縫

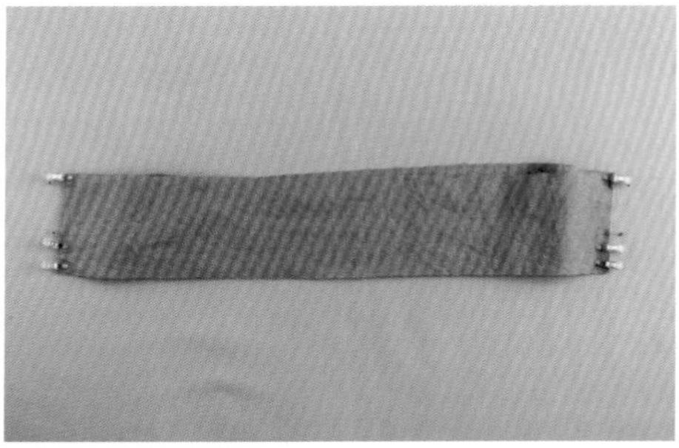

①前後褲頭布正面對正面，兩端用強力夾和珠針固定。

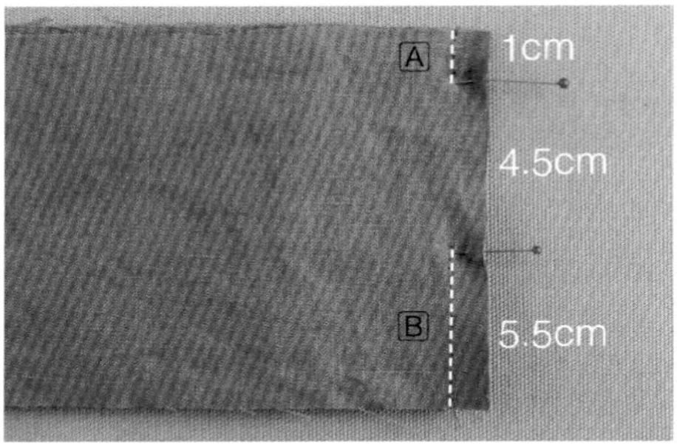

②縫份1cm車縫兩端，先車1cm（A段）後，4.5cm不車（鬆緊帶穿入口），最後車5.5cm（B段）；另一端也相同方法。

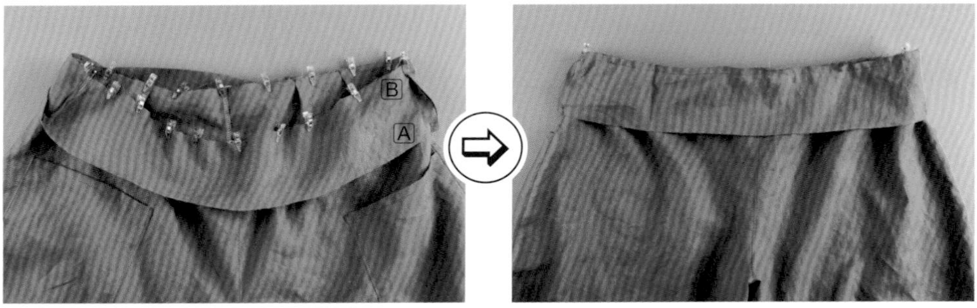

③確認褲頭布的前後，褲身正面朝上，褲頭布（B段長邊）和褲身正面對正面，褲頭布的兩端車縫線和褲脇邊車縫線對齊，兩者縫份錯開，用強力夾固定一圈，車縫一圈。

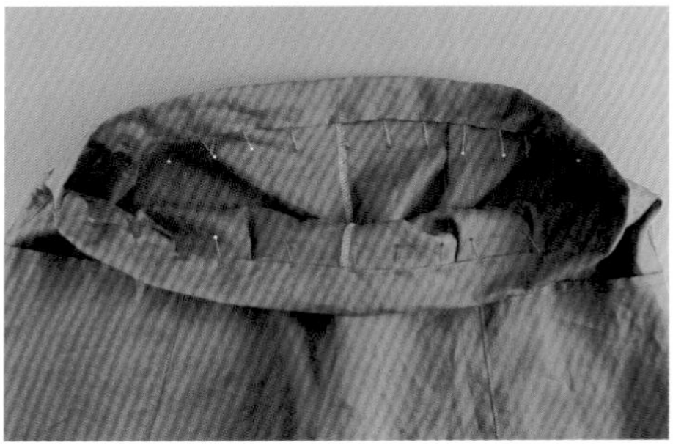

④褲頭布朝上攤開，縫份往褲頭布倒，整燙。在褲裡面，褲頭布（A段長邊）往裡摺1cm，整燙。褲頭布再往褲身裡摺入至超過（蓋過）前一步驟車縫線約0.1cm，整燙，在褲身裡面使用珠針固定褲頭布一圈。

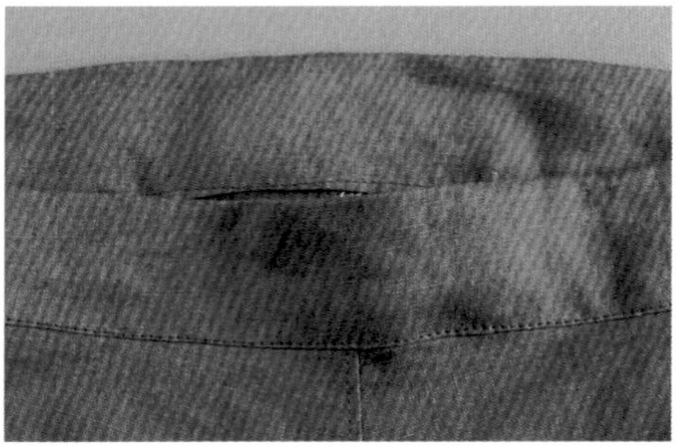

⑤褲正面朝上，離褲頭布和褲身縫合處0.1cm，在褲頭布上車縫壓線一圈。

＊分別量褲身的前後褲頭尺寸，再裁剪前後褲頭布。

＊褲頭布的四摺包邊方法請參考P182。

6 褲襬車縫

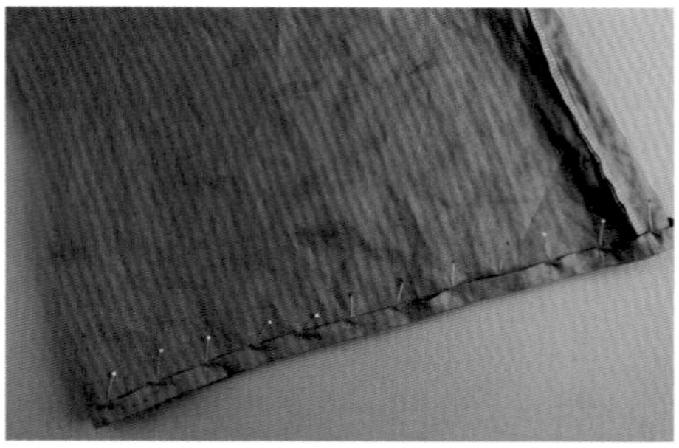

①褲襬往內摺1cm，再摺2cm一褶，兩側褲襬縫份倒向後褲，珠針固定，整燙。

②降低褲管角的厚度，可提升褲管角的柔軟度，將褲管角脇邊的縫份剪去0.5×4.5cm的小布片。

＊請參考P153。

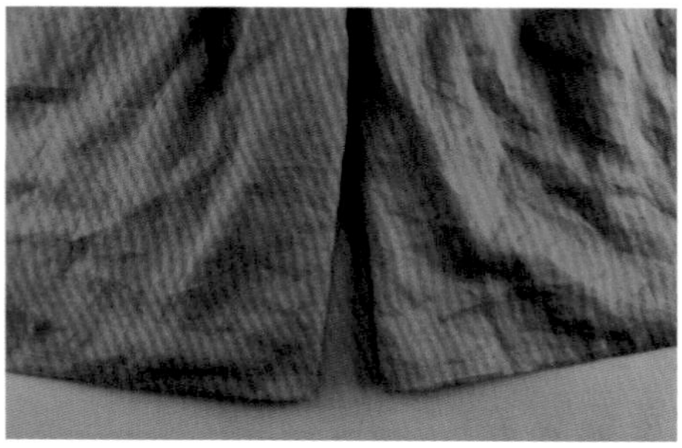

③褲裡面朝上，離褶邊0.1cm車縫一圈。

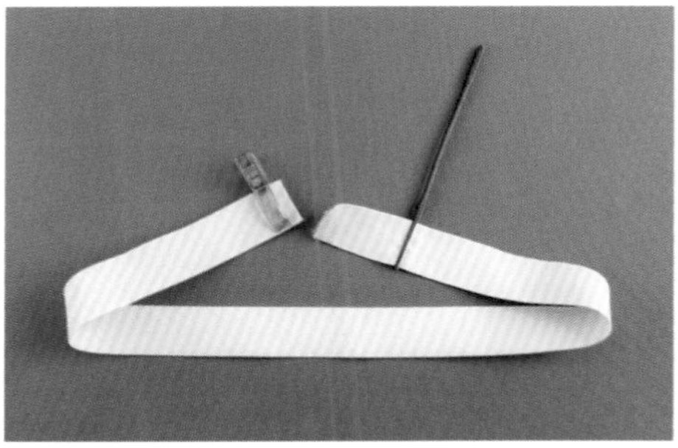

①穿繩工具套入鬆緊帶，一端夾長型強力夾，從褲頭鬆緊帶穿入口帶進鬆緊帶一圈。

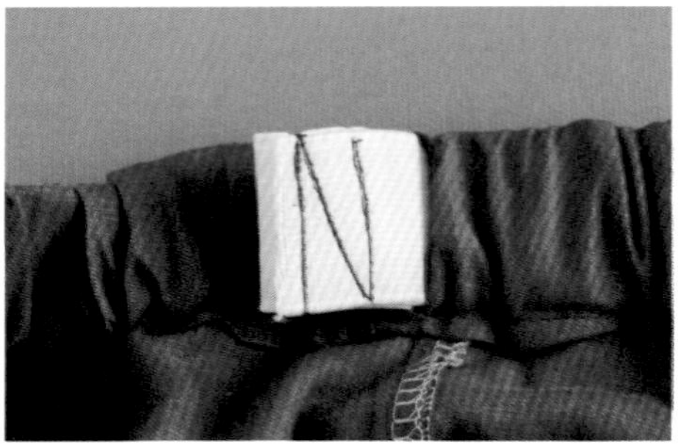

②確認鬆緊帶無翻轉，鬆緊帶頭尾重疊2cm，珠針固定，車縫N字型。

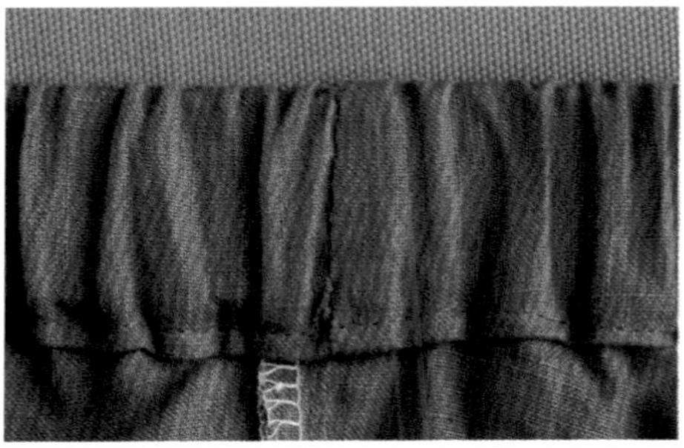

③將鬆緊帶置入穿入口內，兩個穿入口以藏針縫針法縫合。

＊藏針縫針法請參考P161。

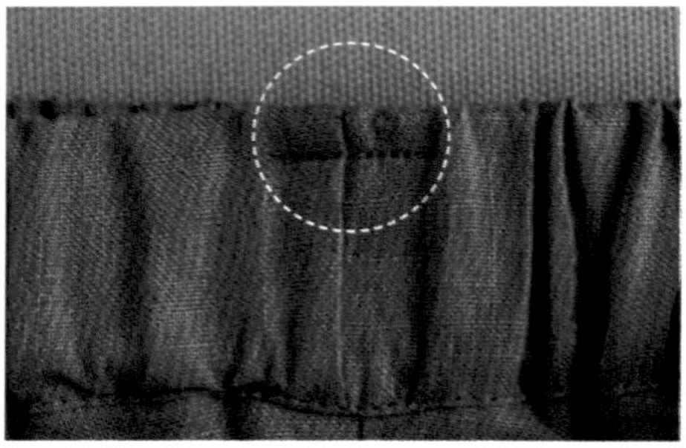

④在兩側的穿入口上緣車縫約2cm的車線，可防鬆緊帶翻轉，即完成。

＊鬆緊帶不翻轉方法請參考P226。

‥後綁結七分蓬袖方領上衣

浪漫的後綁結加上交叉的衣片
還有荷葉般的袖口
是抓住目光的重點
採買生活用品之際
也別忘了買一束花
即使是平日的家事工作
還是可以有優雅感
讓自己好心情

ITEM 05 後綁結七分蓬袖方領上衣

學習重點

1.領子車縫。
2.領口三摺包邊。
3.後領口U型開釦。
4.布環製作翻面技巧。
5.綁帶縫製。
6.袖口拉皺褶。
7.袖口四摺包邊。
8.物件縫製左右對稱的概念。

P.286・ 實物大型紙 AB 面 ・ S、M、L、XL

適合布料材質
薄棉（亞）麻布

裁剪注意事項
領子、袖子、綁帶管道和後下需要左右片概念

本作品可隨需求調整
袖口布的長度與寬度，綁帶長度。

作品完成尺寸

單位：cm	S	M	L	XL
肩寬	38	40	41	43
胸圍	100	103	110	116
後衣長	63	64	66	67

用布量與其他材料

用布量（110cm幅寬）	5.5尺（M尺寸）	
前領口斜布條（已含0.7cm縫份）	S	32×2.5 cm 一條
	M	34×2.5 cm 一條
	L	36×2.5 cm 一條
	XL	38×2.5 cm 一條
後領口斜布條（已含0.7cm縫份）	S	12.5×2.5 cm 兩條
	M	13.5×2.5 cm 兩條
	L	14.5×2.5 cm 兩條
	XL	15.5×2.5 cm 兩條
袖口布（已含1cm縫份）	S	30×10↕cm 兩片
	M	30×10↕cm 兩片
	L	33×10↕cm 兩片
	XL	33×10↕cm 兩片
綁帶（已含0.7cm縫份）	65×7.5↕cm 兩片	
釦環布片	小布片	
釦子	直徑 1cm 一個	
暗釦	直徑 1cm 一個	

裁布圖

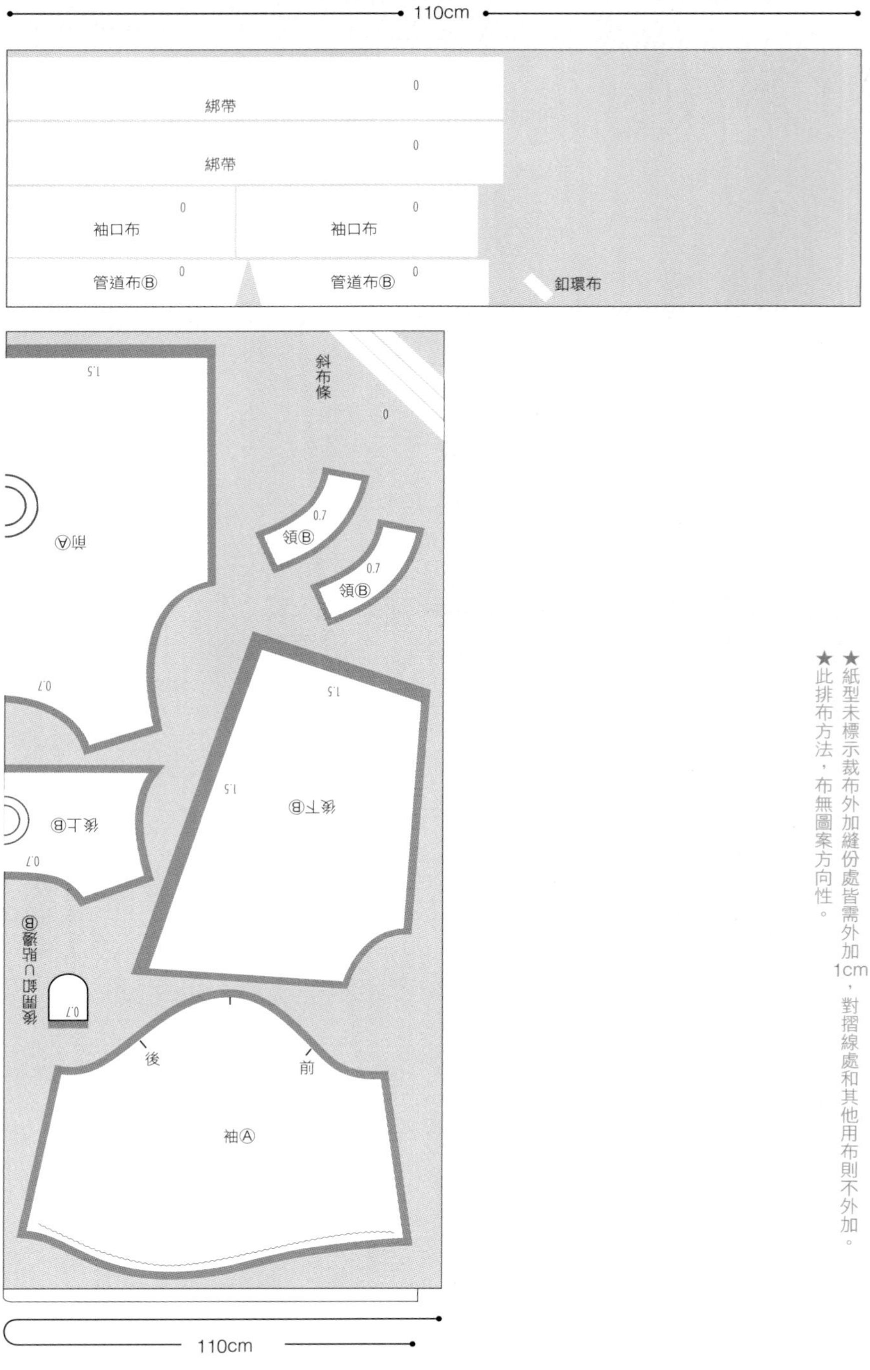

★紙型未標示裁布外加縫份處皆需外加1cm，對摺線處和其他用布則不外加。
★此排布方法，布無圖案方向性。

裁縫的順序

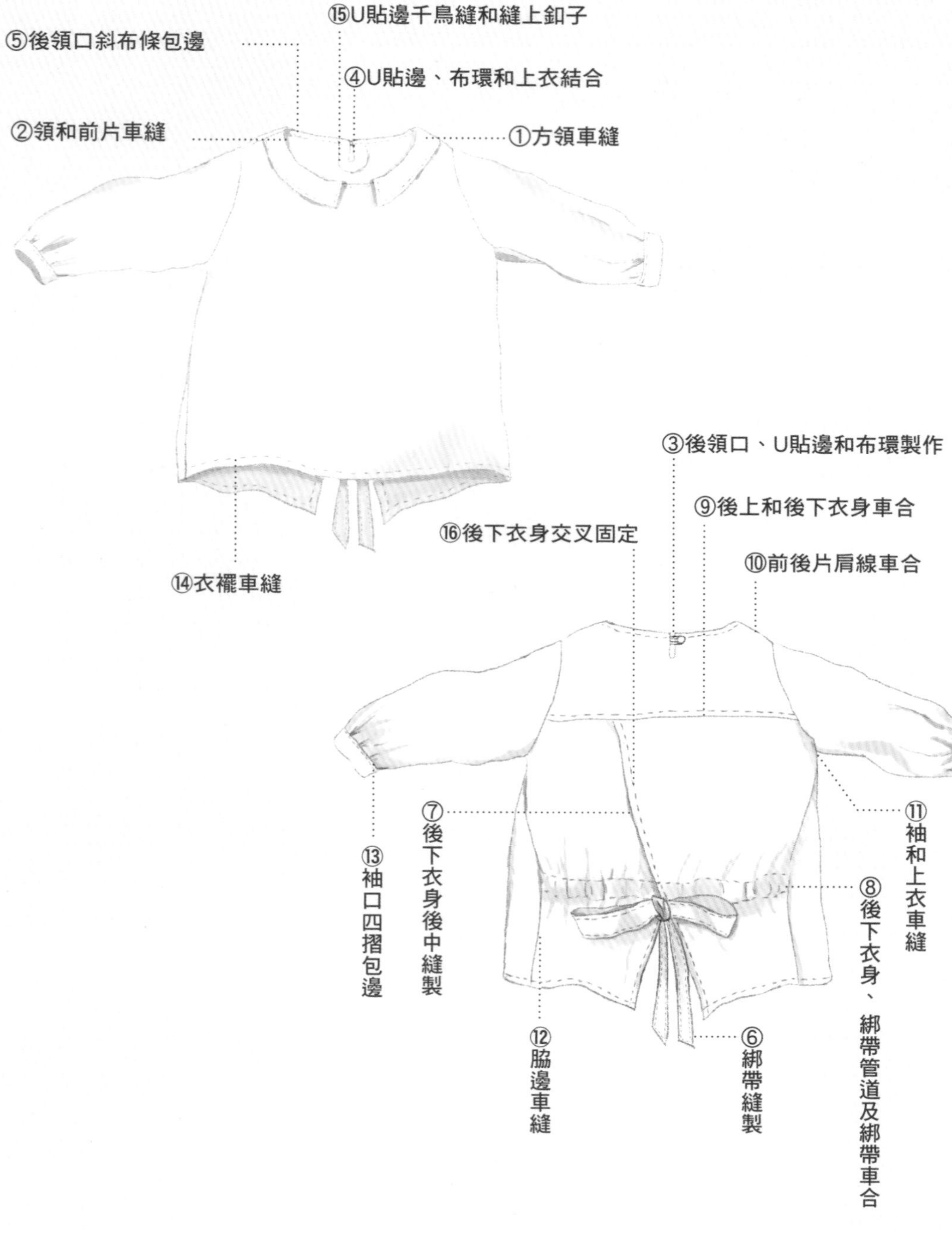
⑮U貼邊千鳥縫和縫上釦子
⑤後領口斜布條包邊
④U貼邊、布環和上衣結合
②領和前片車縫
①方領車縫
⑭衣襬車縫
③後領口、U貼邊和布環製作
⑨後上和後下衣身車合
⑯後下衣身交叉固定
⑩前後片肩線車合
⑦後下衣身後中縫製
⑬袖口四摺包邊
⑪袖和上衣車縫
⑧後下衣身、綁帶管道及綁帶車合
⑫脇邊車縫
⑥綁帶縫製

簡易改版型方法

從前片和後片上下的中心線平行外加或內減，做0.7cm以內的微幅調整，領口斜布條和領子也要隨著增減。

1 方領車縫

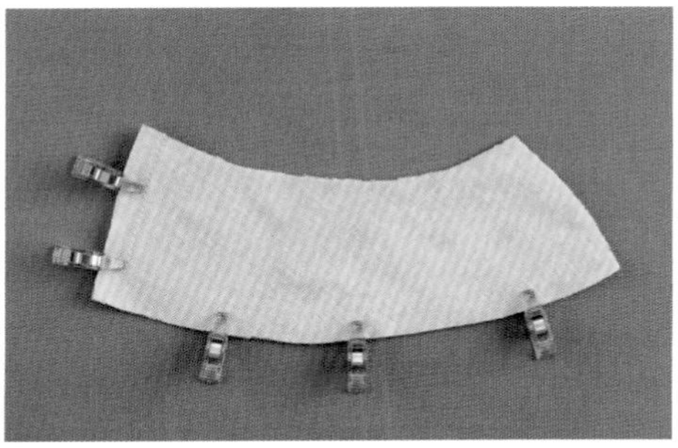

①依紙型外加指定縫份，裁剪領子用布左、右各2片，兩片領布正面對正面，強力夾固定前中及外緣並車縫，內緣及肩側不車。

★用布如果有圖案方向性，裁布時要留意左右對稱的問題。

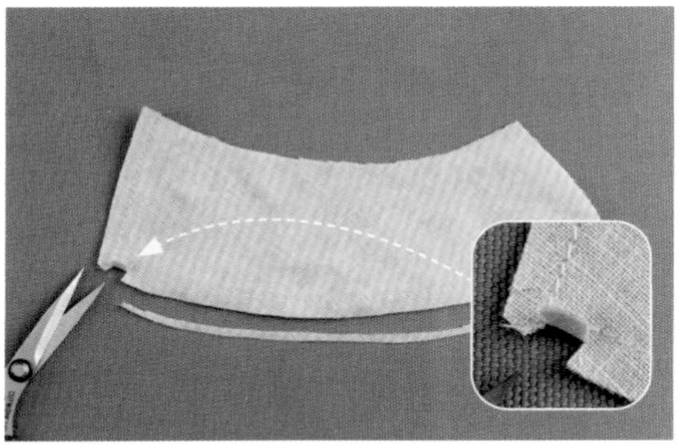

②剪去角，下緣縫份剪去0.5cm。

＊請參考P149。

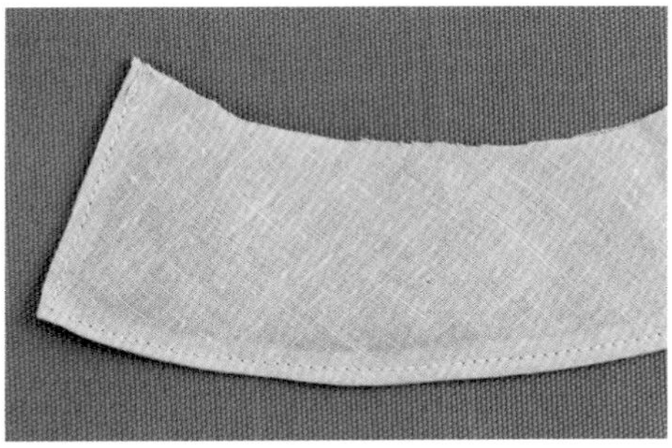

③翻至正面並整燙，離邊0.3cm車縫壓線；相同方法完成另一片領子。

2 領和前片車縫

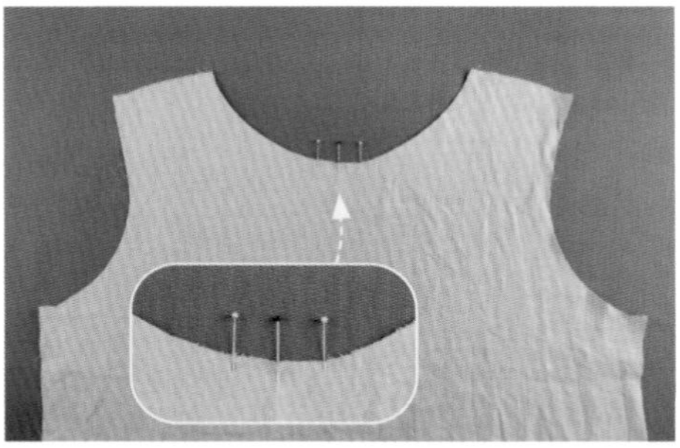

①前片正面朝上，依紙型標示出前中心線及左右領的位置。

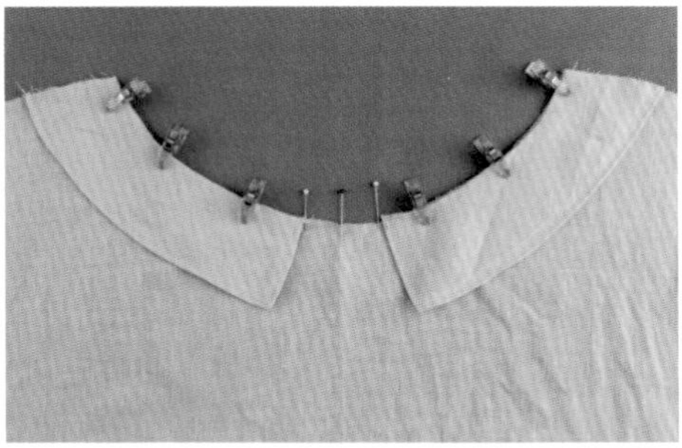

②領外側和上衣肩線貼齊（以領子順整為原則，如果領外側多出則修剪），強力夾固定領子內緣和領口處。

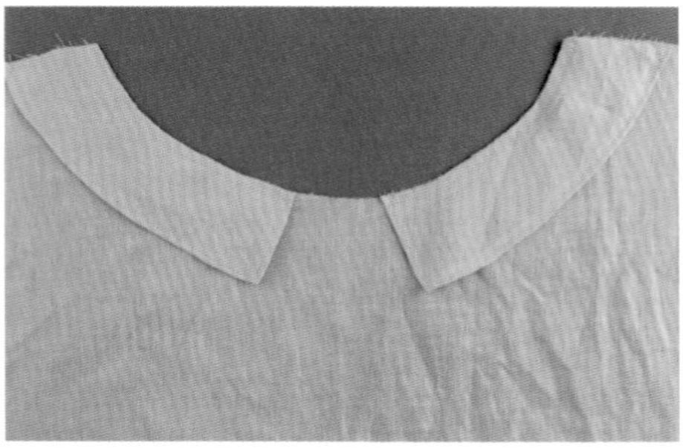

③縫份0.5cm車縫固定。

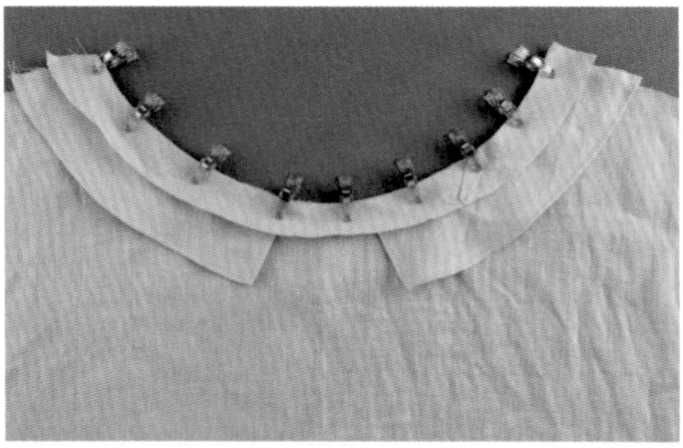

④斜布條和前片正面對正面，強力夾固定領口和斜布條。

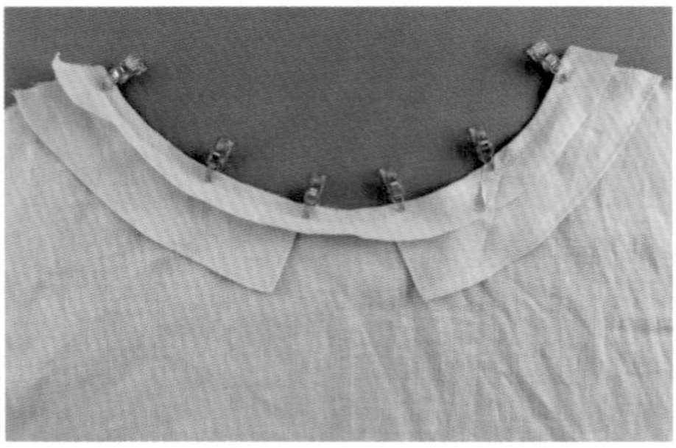

⑤縫份0.7cm車縫。

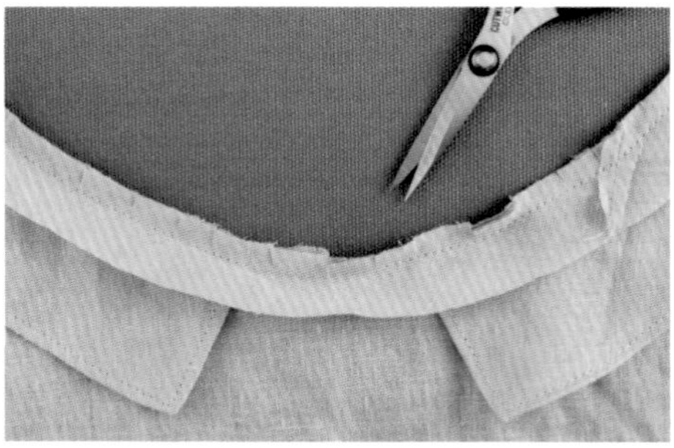

⑥弧處剪適當牙口。

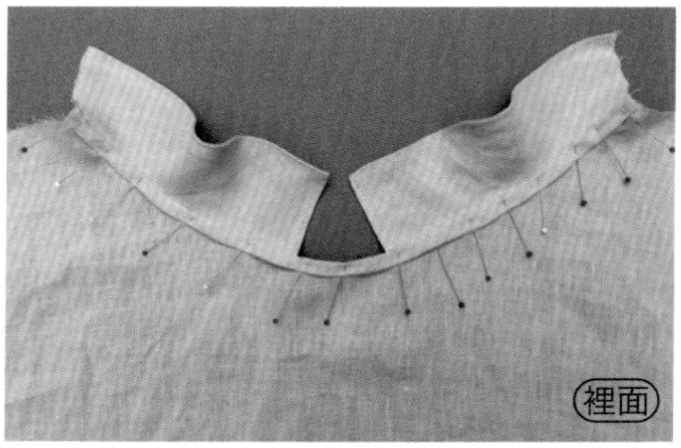

⑦裡面朝上，領子和斜布條都往上攤平，整理縫份，整燙。斜布條往下摺至前一道縫線處，然後斜布條和縫份兩者再往下摺，珠針固定，若兩端有多餘斜布條，順著肩線斜邊剪去。

＊三摺包邊方法請參考P181。

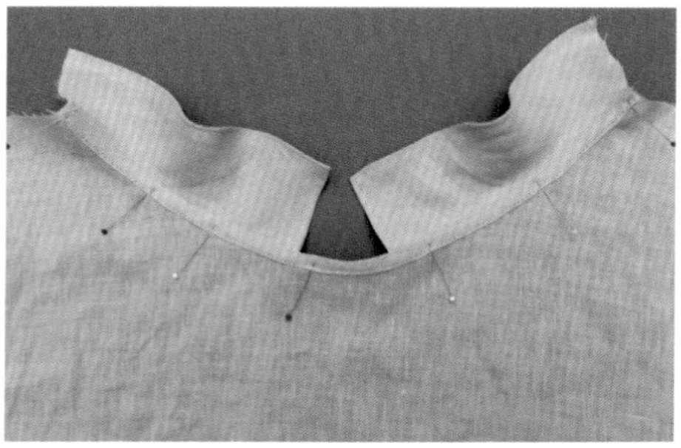

⑧裡面朝上，領子攤平，離斜布條摺邊0.1cm車縫壓線。

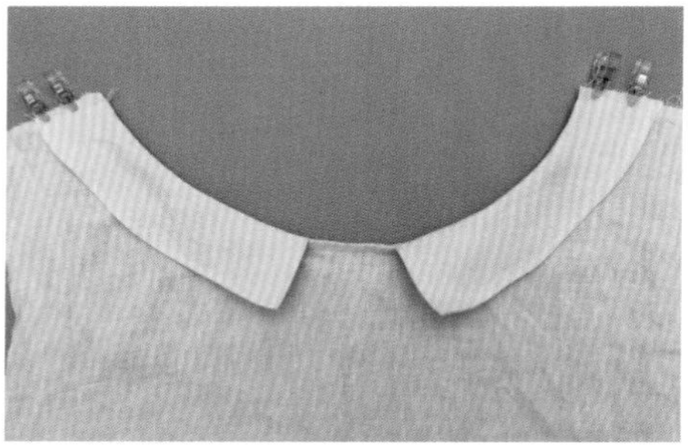

⑨上衣正面，兩邊領子肩側和前片肩線縫份0.7cm一起車縫。

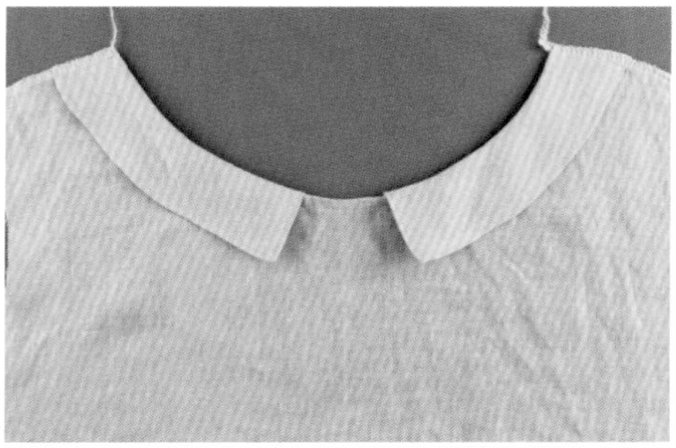

⑩前片肩線車布邊。

3 後領口U貼邊布和布環製作

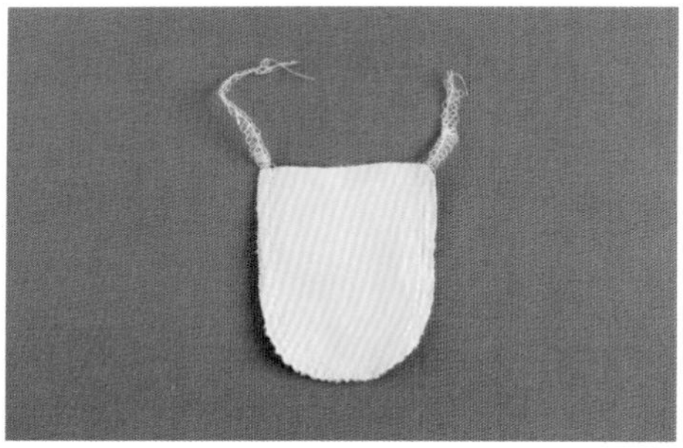

①依紙型裁剪後開釦U貼邊布，並且在布的背面燙洋裁襯。
U型車布邊，上緣不車。

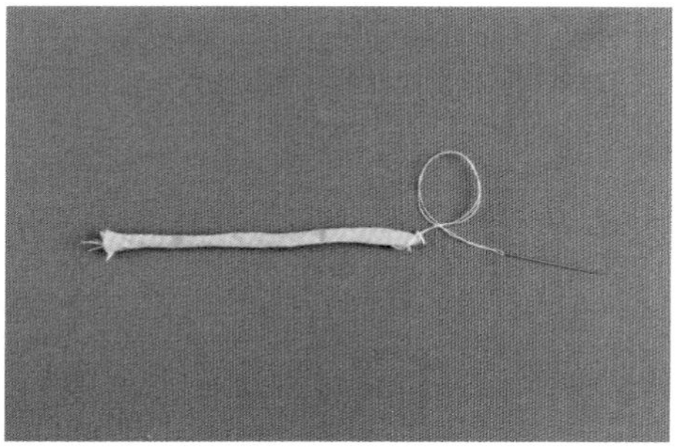

②製作布環，取中間4.5~5cm布條備用。

＊製作布環方法請參考P187。

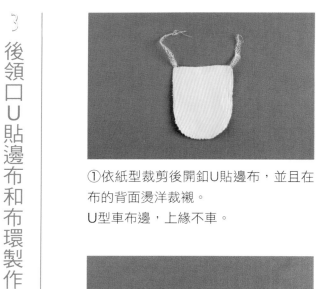

4 U貼邊布、布環和上衣結合

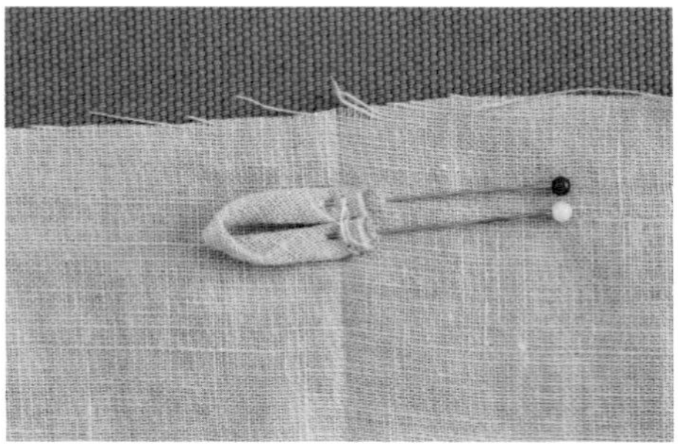

①布環對摺平放在上衣後上的正面中心，離領口1cm，端點位於後中心往右0.3cm，用珠針固定。

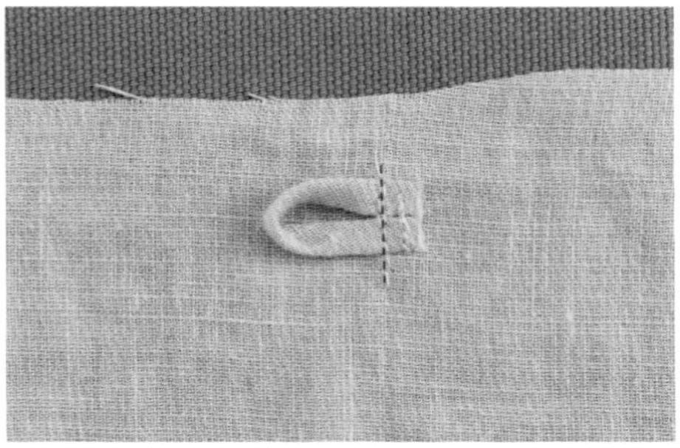

②依著後中心線車縫固定布環。

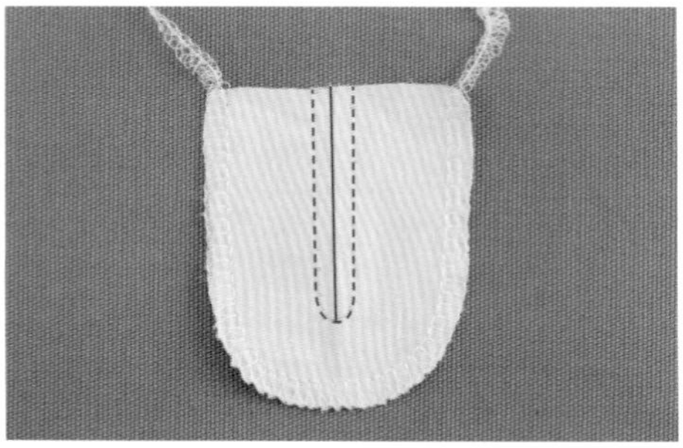

③在U貼邊布的背面畫出中心線，並且離下緣2cm，離中心兩側0.5cm畫U型記號線。

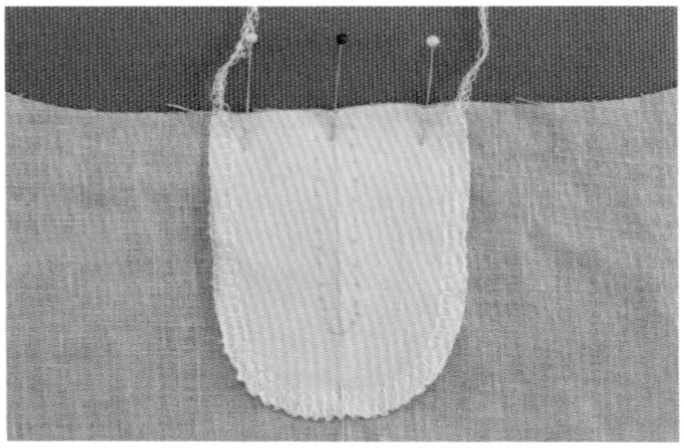

④U貼邊布和後上正面對正面，兩者中心線對齊。

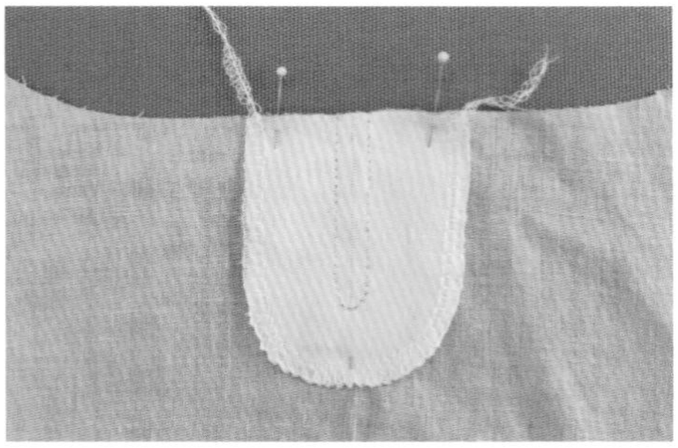

⑤依著U記號線車縫。

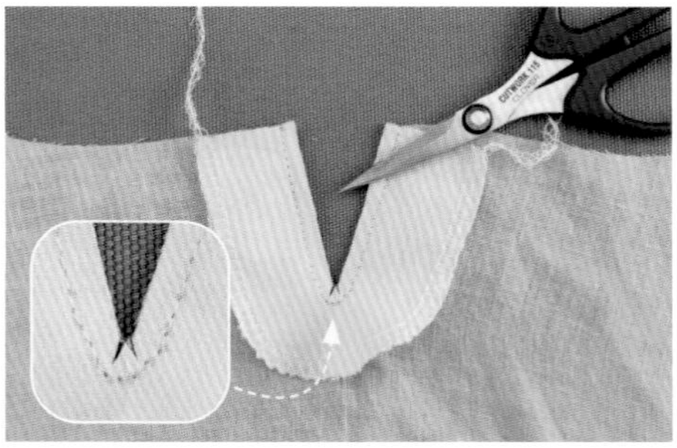

⑥沿著中心剪開至離車縫線下緣0.5cm剪Y字牙口。

5 後領口斜布條包邊

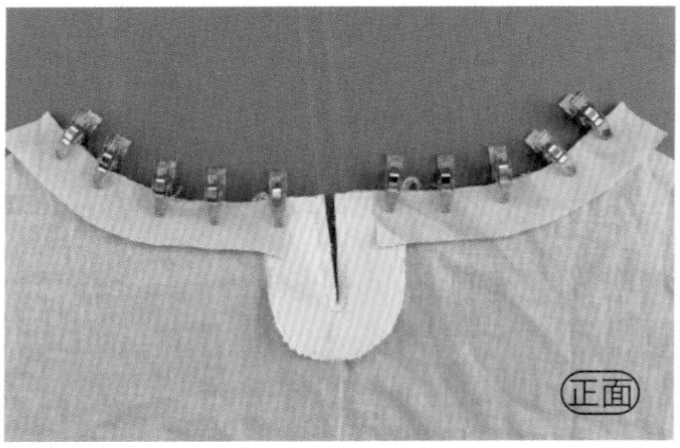

①左右後領口和兩條斜布條正面對正面，斜布條和U貼邊布重疊1~1.5cm，強力夾固定。

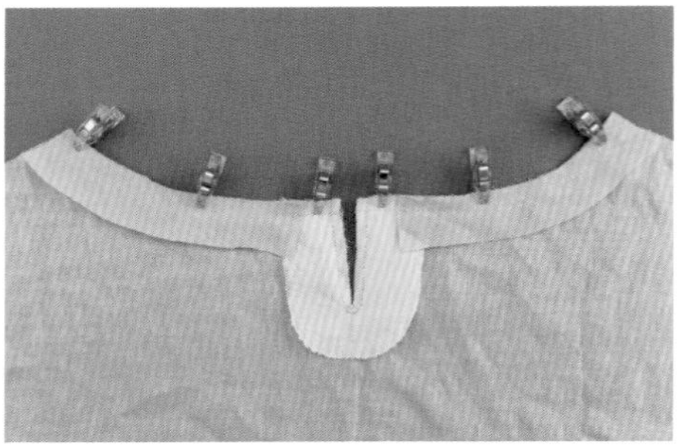

②縫份0.7cm從肩線車縫至後中心（U開口），弧處剪適當牙口。

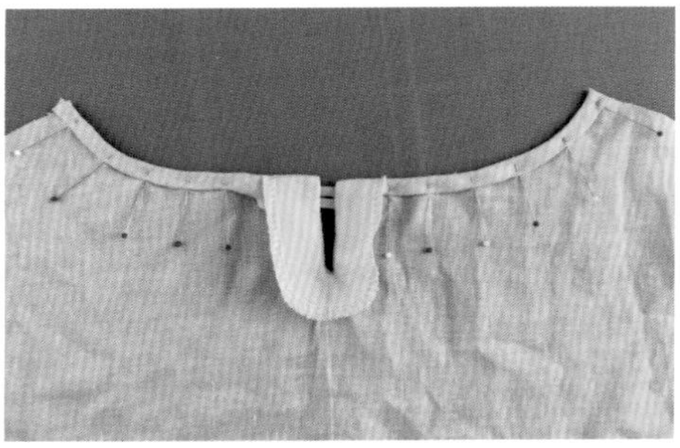

③整理縫份，整燙，後上裡面朝上，U貼邊布也翻至裡面，整燙，斜布條往裡摺至前一道縫線處，然後斜布條和縫份皆往下摺，珠針固定，若兩端有多餘斜布條順著肩線斜邊剪去。

＊三摺包邊方法請參考P181。

④U貼邊布翻至後上裡面後，斜布條會在U貼邊布的下方。

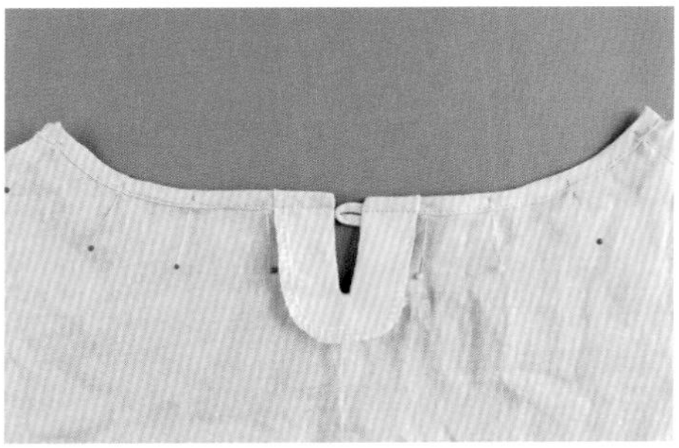

⑤後上裡面朝上，離斜布條摺邊0.1cm車縫壓線。

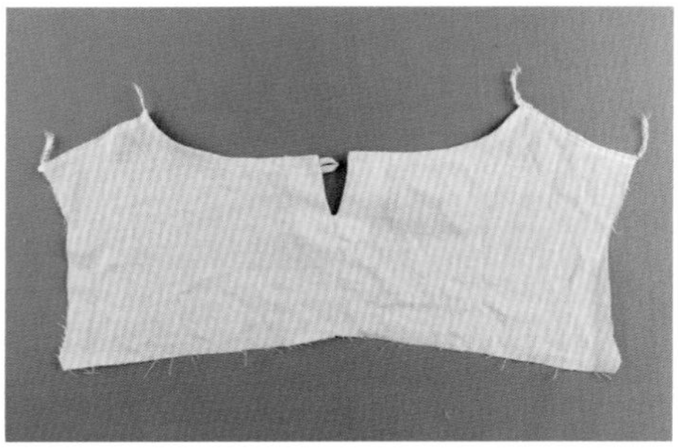

⑥後上肩線車布邊。

6 後綁帶縫製

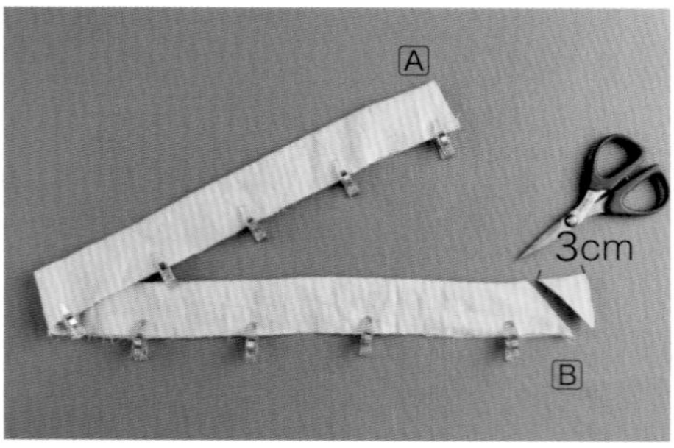

①後綁帶布短邊正面對正面對摺，一端如圖示標3cm，剪成斜角。

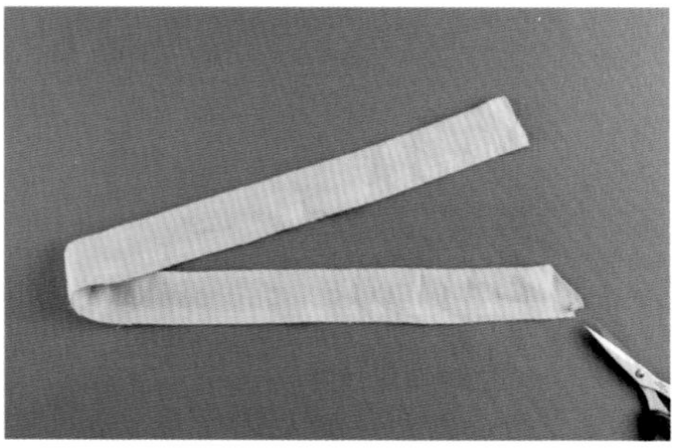

②A端不車，車縫L 型，剪去尖端角。

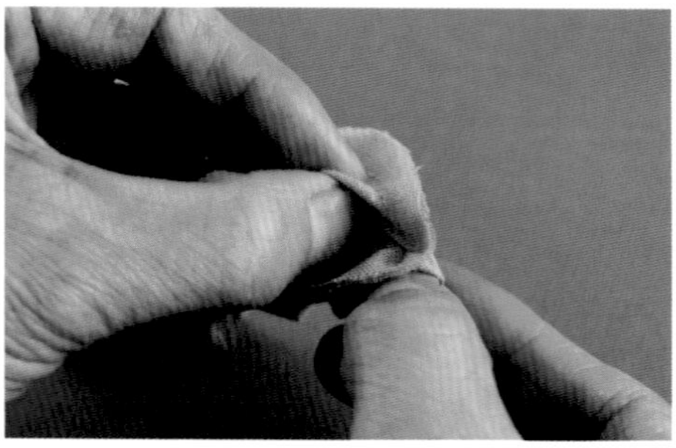

③用手將尖端角往內推一個小凹洞。

★這是好用的翻面小方法，不需要特殊工具，只要一根筷子就可以輕鬆快速地翻面！

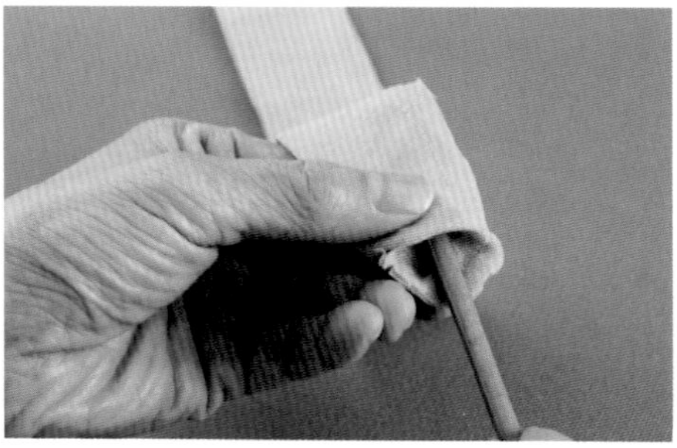

④筷子置入小凹洞。

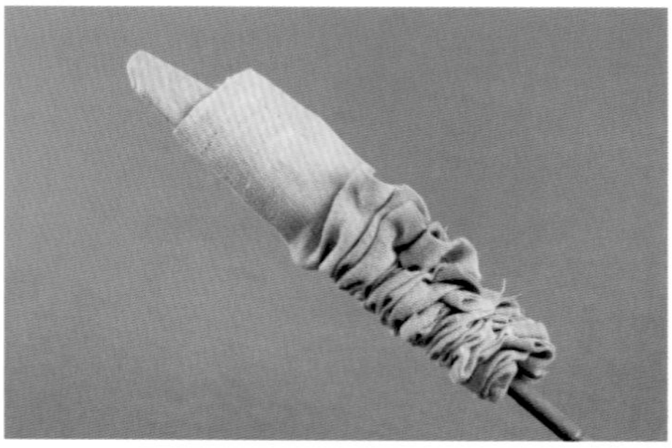

⑤右手持筷子往前推，將布推至正面，左手將未翻面的綁帶慢慢往身體方向推，這樣就可以很輕鬆將綁帶翻至正面，尖端處可用錐子整理，整燙。

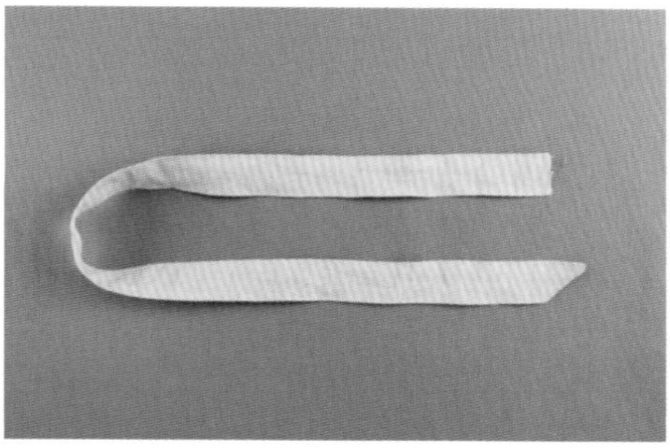

⑥綁帶離邊0.1cm車縫壓線。

7 後下衣身後中縫製

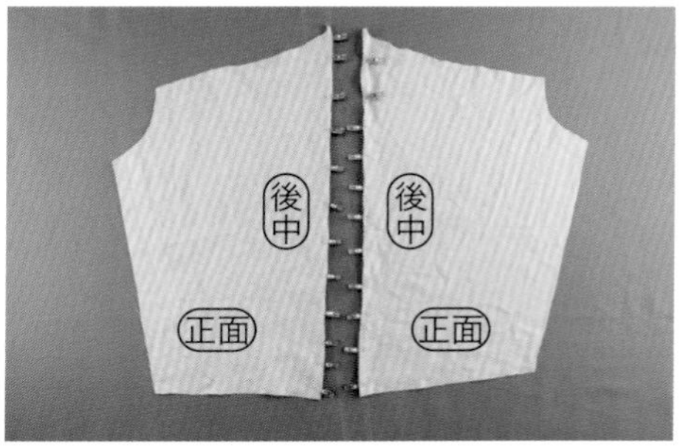

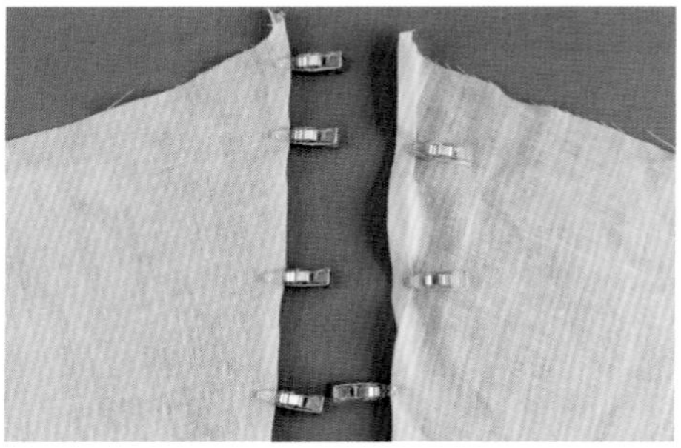

①兩片後下正面朝上，擺成相對（袖在外側），後中往背面摺0.7cm兩摺；示範作品用布為亞麻布，很容易產生上緣端點斜出的樣子。

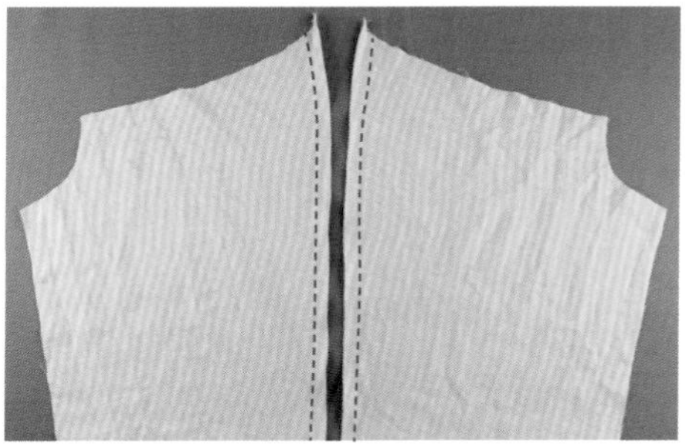

②從背面離摺邊0.1cm車縫壓線，正面樣。

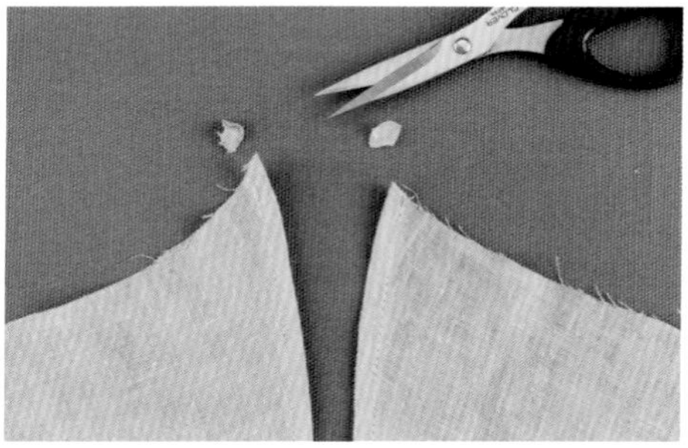

③可以將上緣端點修剪平整。

8 後下衣身、綁帶管道及綁帶車合

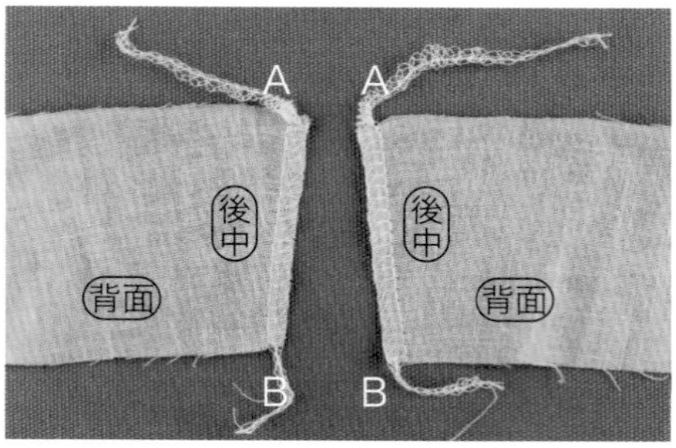

①兩片綁帶管道擺成相對（側朝外），兩後中車布邊。

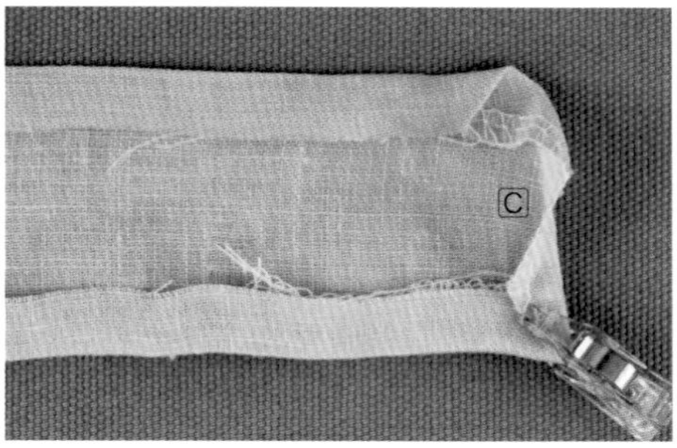

②AB兩角往內摺，再上下緣往內摺1cm，最後摺C邊。

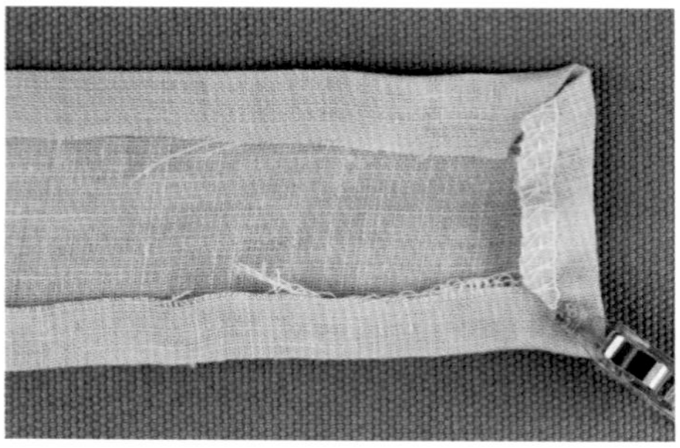

③完成樣。

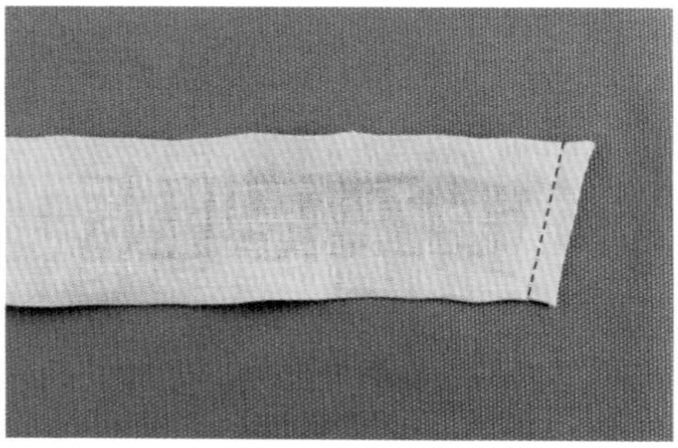

④後中縫份0.7cm，車縫壓線。

★車縫前，先和後下管道位置的斜度確認吻合。

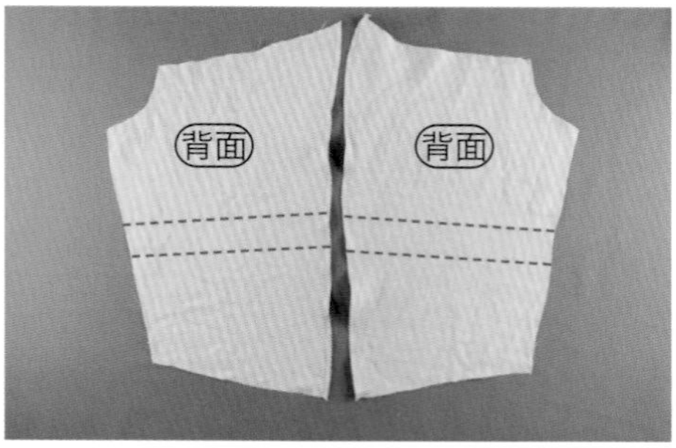

⑤後下背面朝上，依紙型在兩片後下畫出綁帶管道位置。

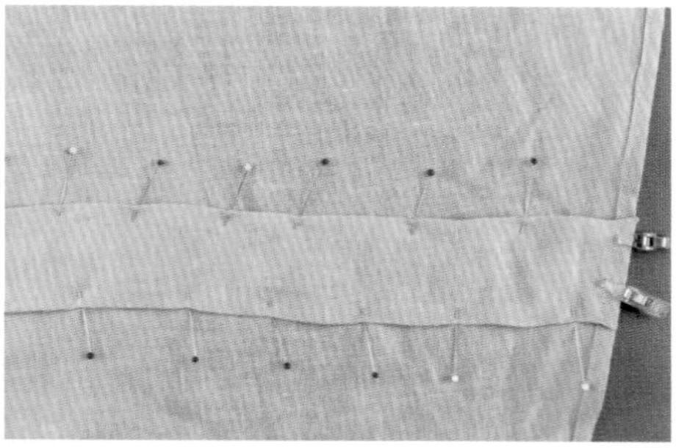

⑥管道正面朝上，後下裡面朝上，兩者背面對背面，依著管道畫線位置，珠針固定兩者，離褶邊0.1cm，管道上下緣車縫壓線。

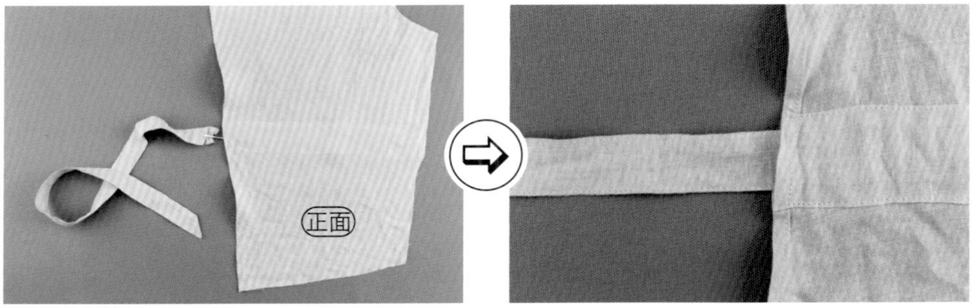

⑦使用穿繩器從後中將綁帶穿入管道。

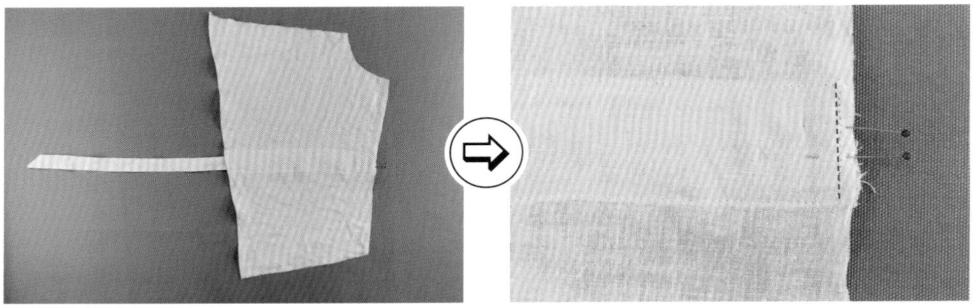

⑧側邊縫份0.7cm車縫固定綁帶。

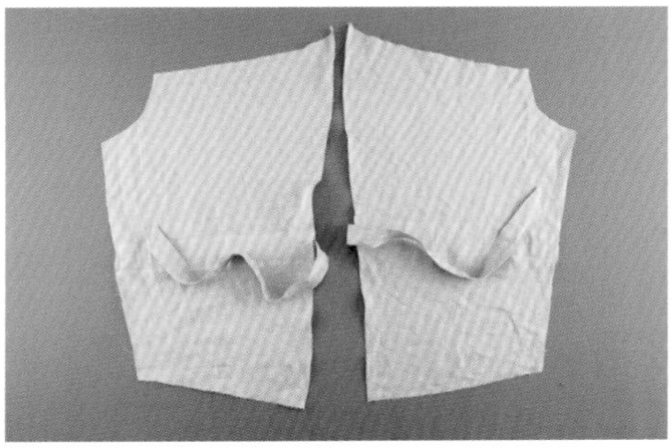

⑨另一邊後下也是相同方法完成綁帶管道。

9 後上和後下衣身車合

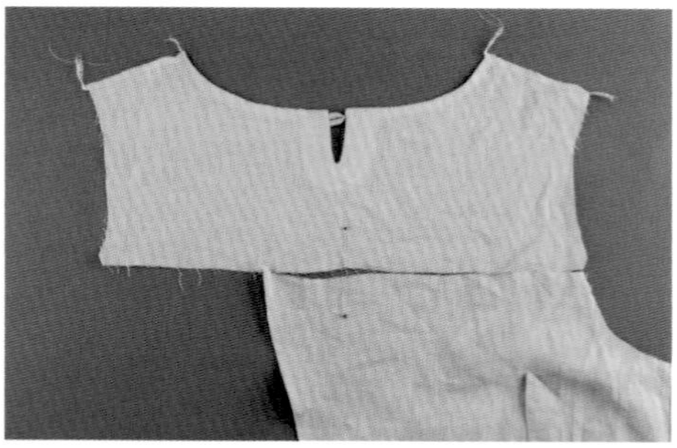

①後上下緣標示中心記號點，後下依紙型標示後中心的合印點位置。

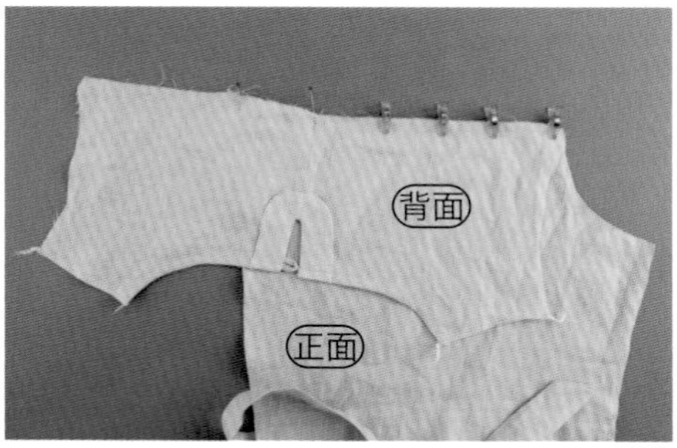

②兩者正面對正面，合印點珠針固定。

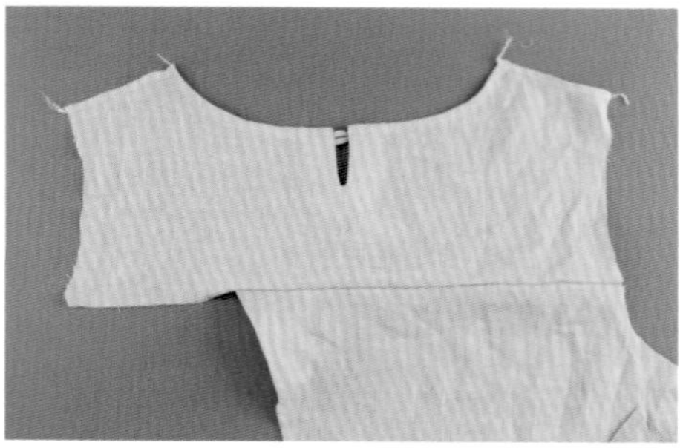

③車縫，正面樣。

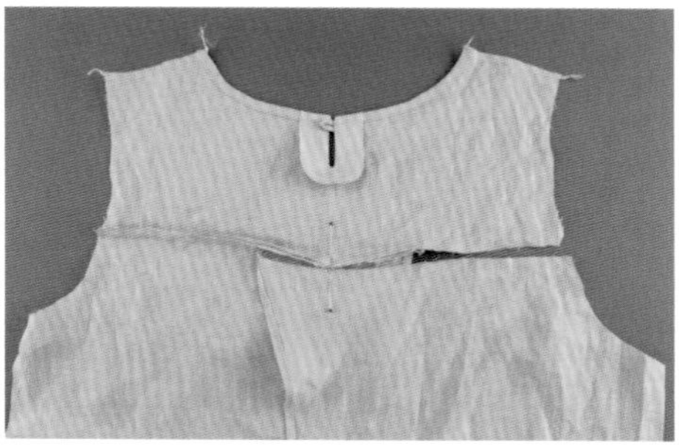

④另一片後下也是標示合印點位置。

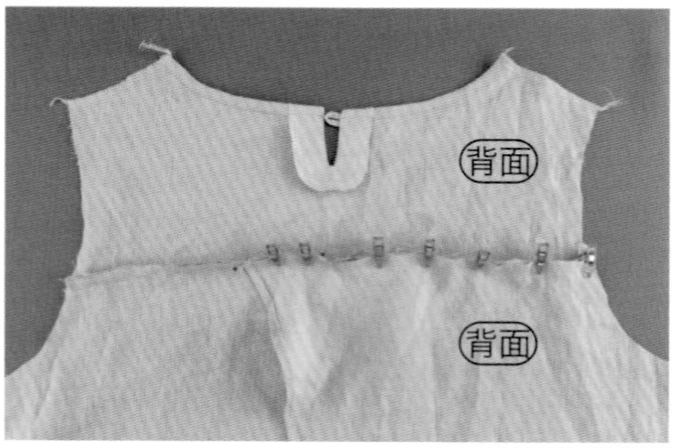

⑤正面對正面，珠針和強力夾固定。

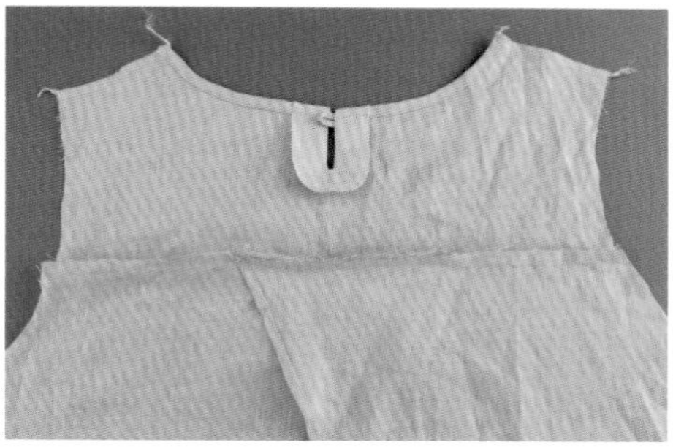

⑥車縫。

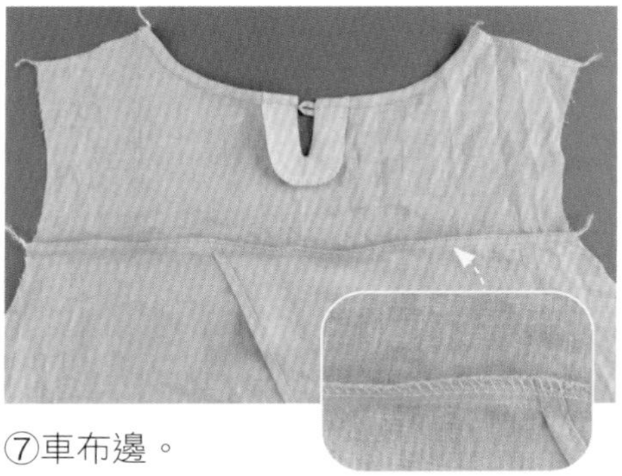

⑦車布邊。

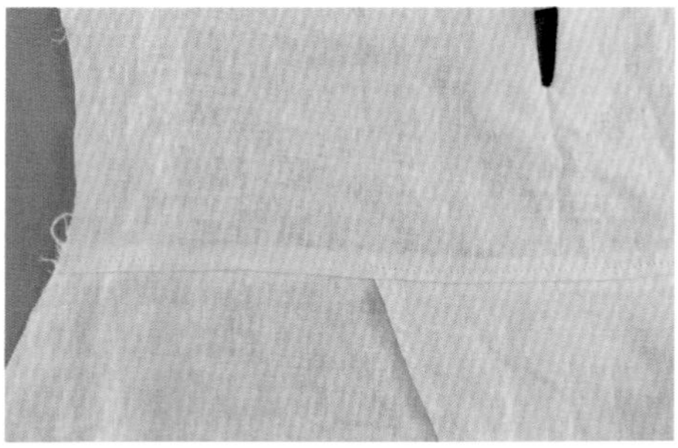

⑧縫份倒向後上，整燙；在後上正面，離車縫線0.5cm車縫壓線。

10 前後片肩線車合

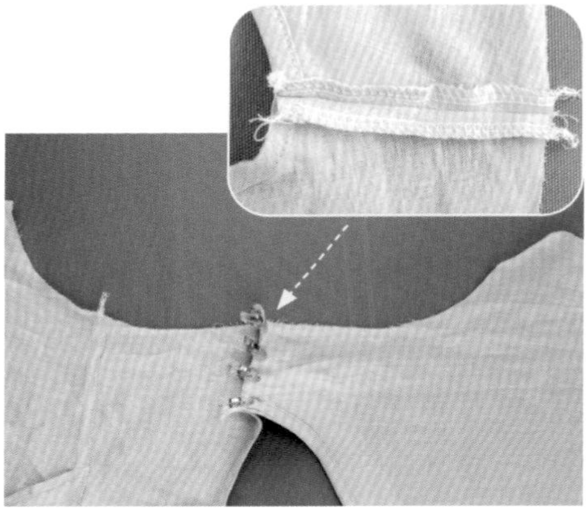

①前後片正面對正面，強力夾固定兩者肩線，車縫肩線。

②肩線縫份撥開，領口處布邊線置入縫份內。

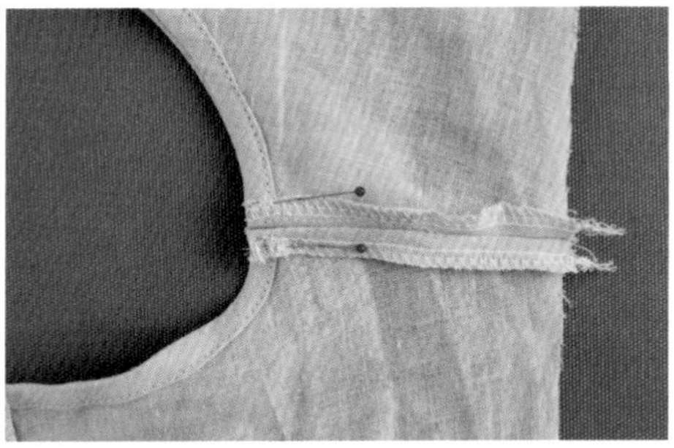

③珠針固定縫份。

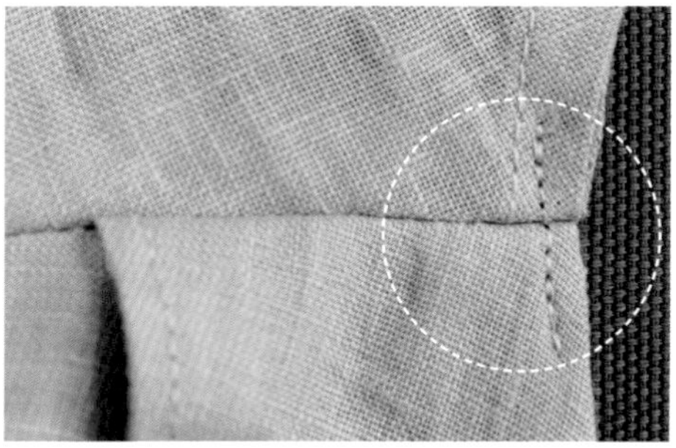

④在正面，離領邊0.3cm，在肩線縫合線左右各1cm車縫壓線一道，固定肩線縫份及布邊線。

11 袖和上衣車縫

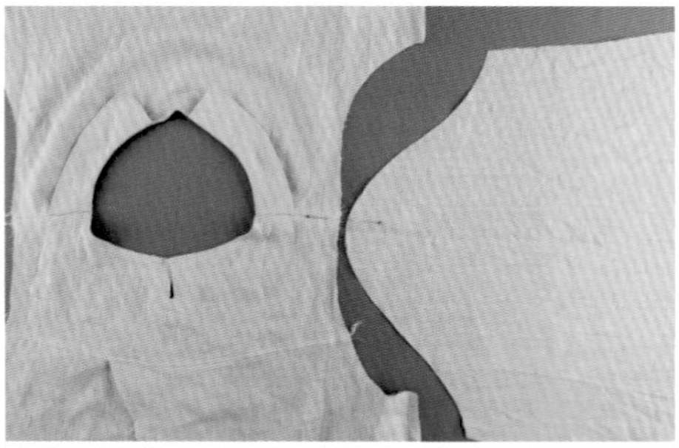

①左右袖依版型標示出袖山的位置及分辨前後袖襱。（圖中是右袖）

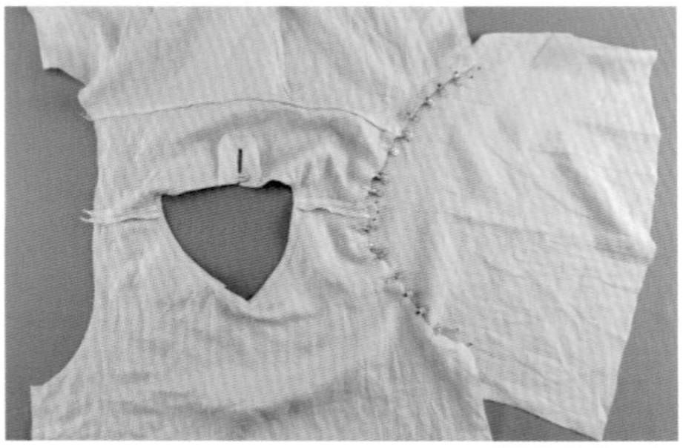

②袖子和上衣正面對正面，袖山和肩線先固定，再用強力夾固定前後，固定時因為袖襱是曲線弧度，所以要放鬆勿拉緊。

＊袖子和上衣結合可增加合印點，請參考P139。

③車縫袖襱。

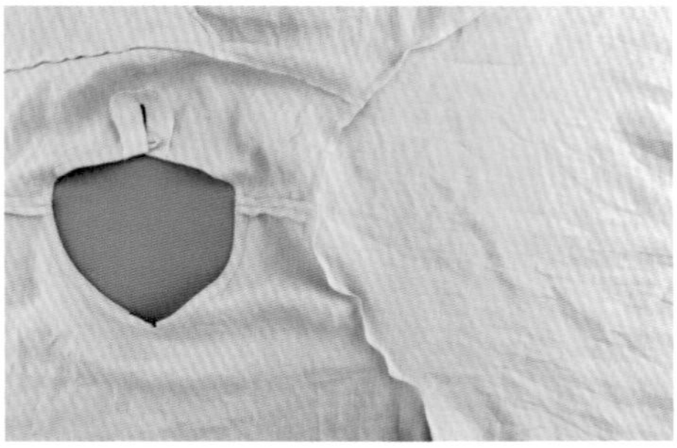

④袖襱車布邊。

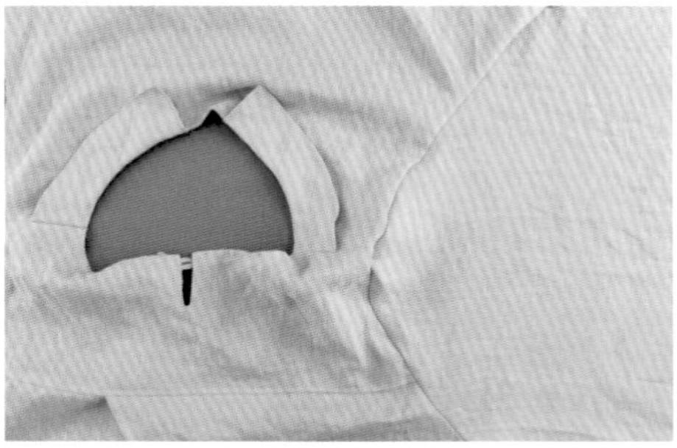

⑤正面樣。

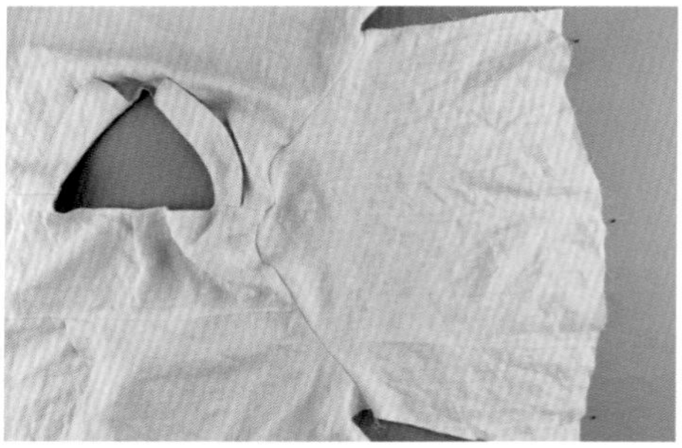

⑥袖口依紙型標示拉皺範圍及中心合印點。

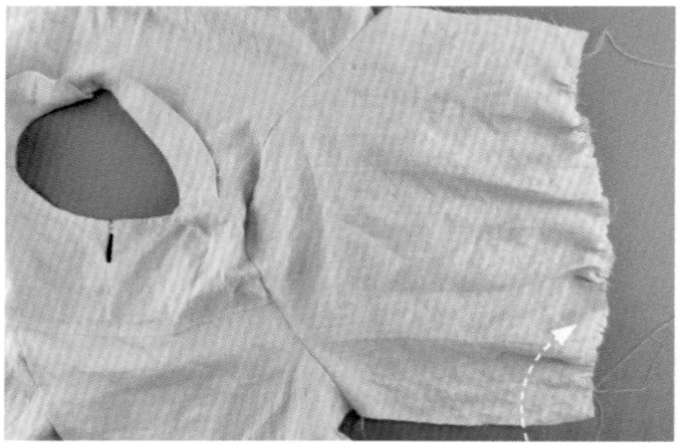

⑦袖口車拉皺車線。

＊拉皺褶方法請參考P172。

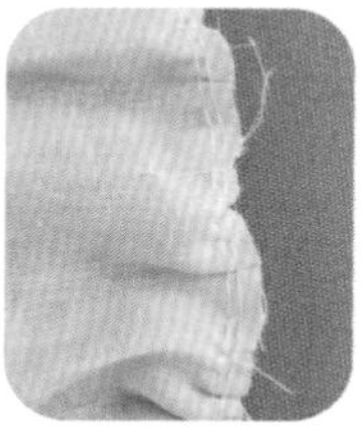

12 脇邊車縫

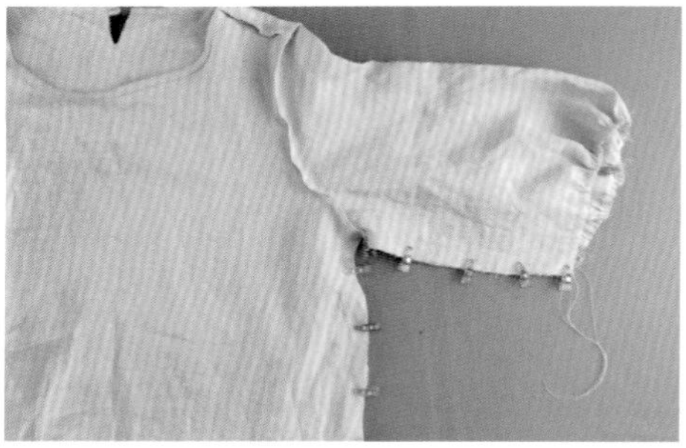

①前後片正面對正面，從袖下口至衣襬用強力夾固定，袖襱縫份倒向袖口，留意前後腋下縫線對齊。

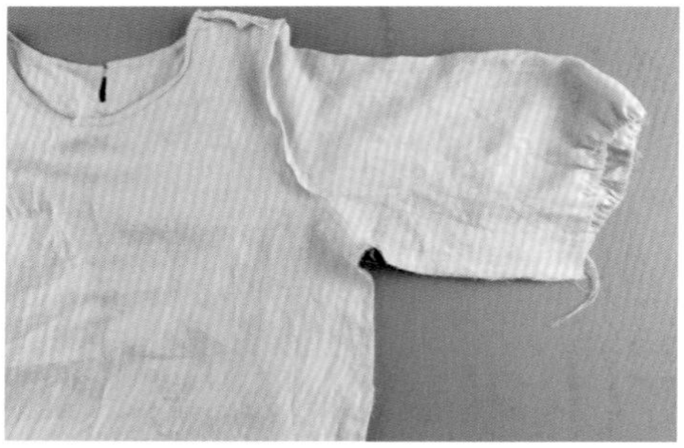

②車縫袖下至脇邊。

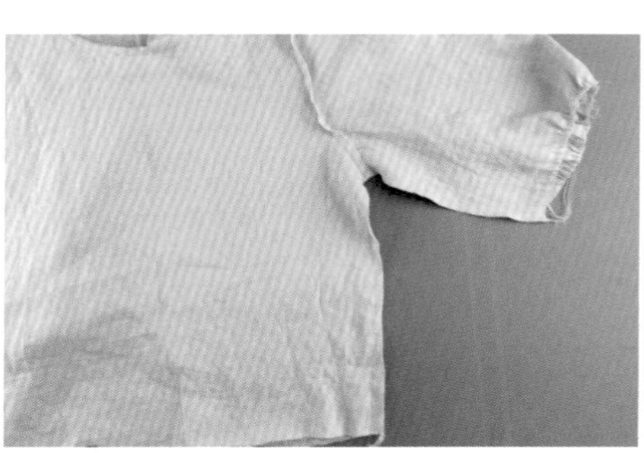

③車布邊，另一側袖下至脇邊也是相同方法。

13 袖口四摺包邊

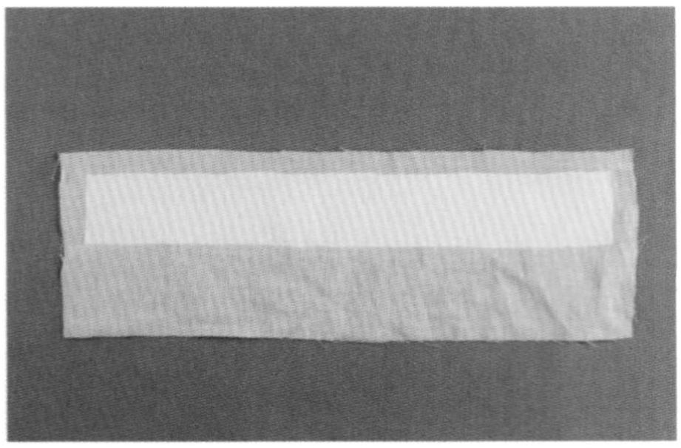

①裁剪兩片袖口布，袖口布背面的一半扣除縫份，燙上洋裁襯。

★視布的厚度以及想要完成品的感覺，是否燙襯可自行決定。

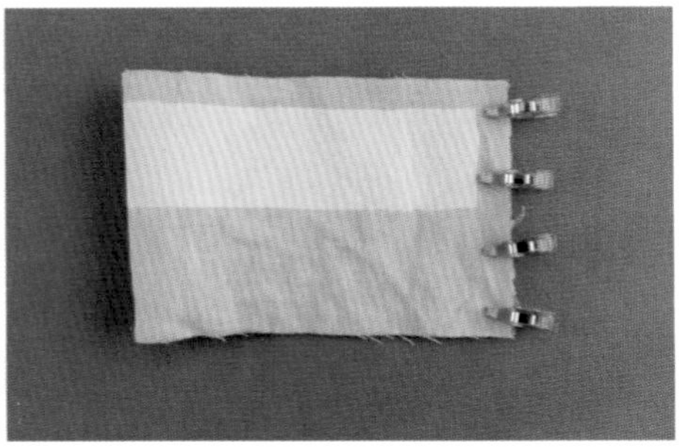

②長邊對摺，側邊強力夾固定，車縫短邊。

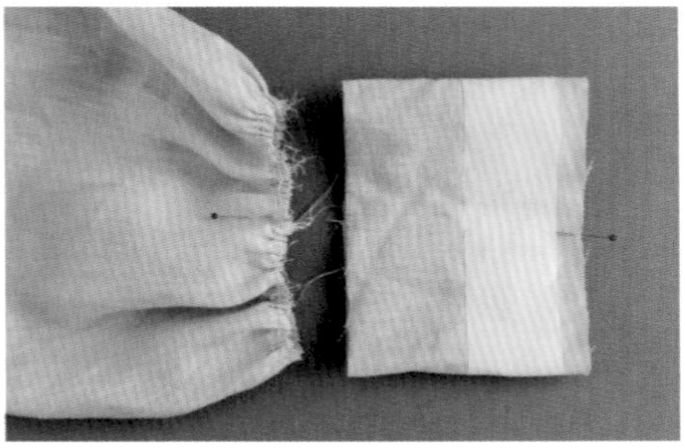

③袖口布有燙襯的長邊標示中心點。

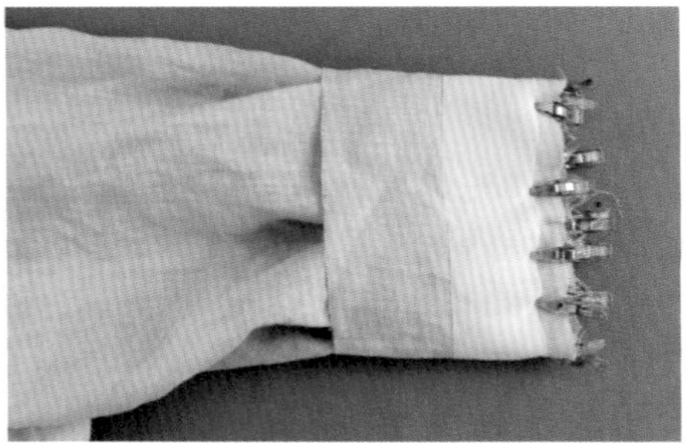

④袖口布和袖口正面對正面套入，兩者的中心點對齊，用珠針固定，袖口布的側邊縫合線和袖下縫合線對齊，拉動拉縐的車線，直到袖口和袖口布吻合，兩者吻合後，用強力夾和珠針固定。

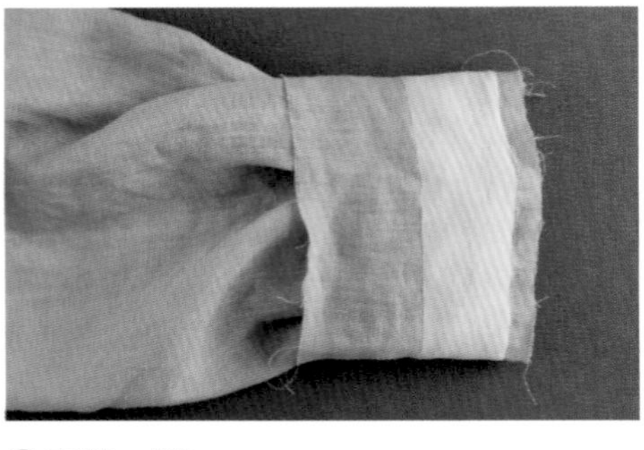

⑤車縫一圈。

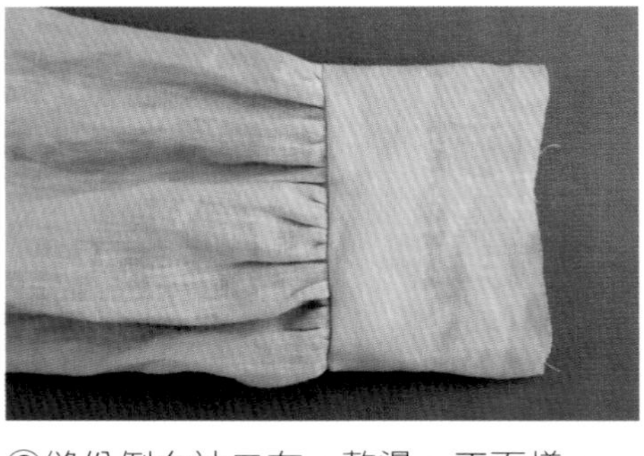

⑥縫份倒向袖口布，整燙，正面樣。

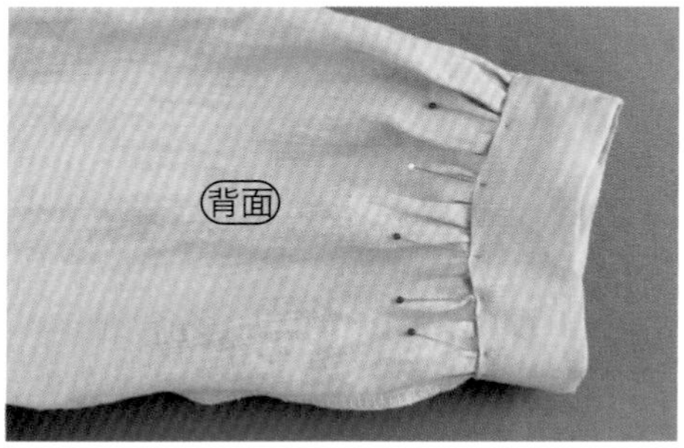

⑦袖口布往袖口方向內摺1cm，整燙，再摺至超（蓋）過前一步驟的車縫線0.1cm，整燙，最後在袖口裡面用珠針固定。

＊四摺包邊方法請參考P182。

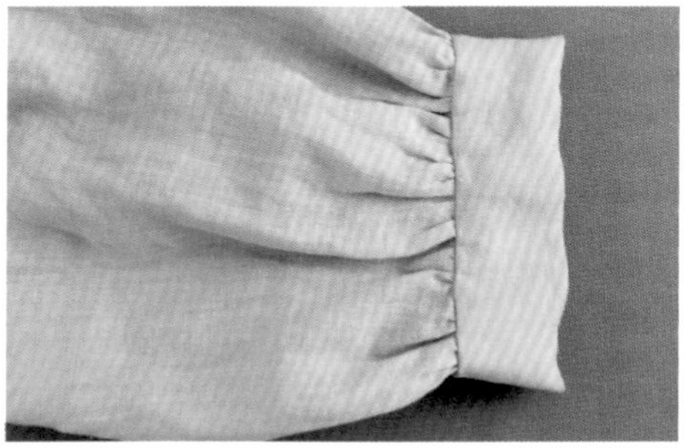

⑧正面樣。

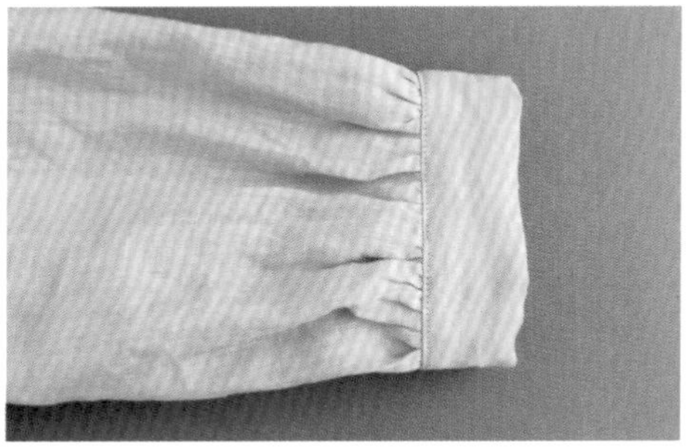

⑨在袖口布的正面，離縫合線邊0.1cm車縫壓線一圈，另一邊的袖口也是相同方法。

14 衣襬車縫

①衣襬往內摺0.7cm，再摺0.7cm一褶，脇邊縫份往後片倒，強力夾固定。

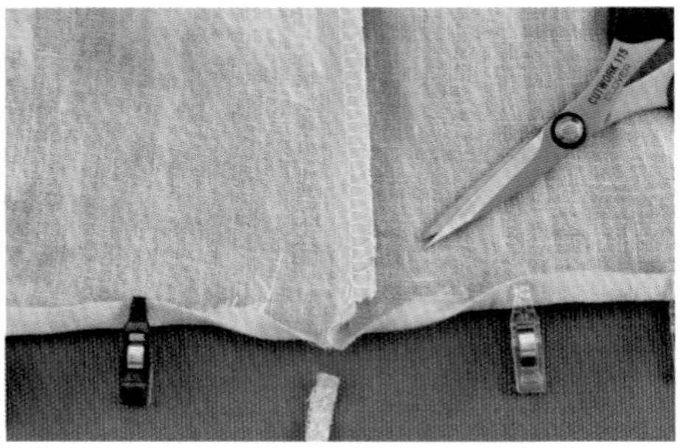

②降低衣襬角的厚度，提升衣襬的柔軟度，將脇邊的縫份剪去0.5×2cm的小布片。

＊請參考P153。

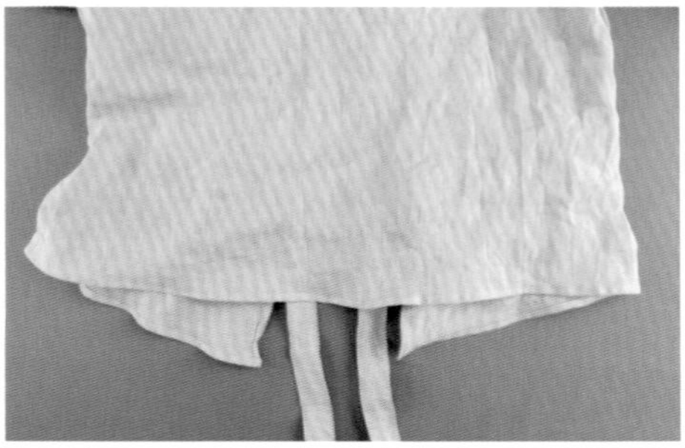

③衣服裡面朝上，離褶邊0.1cm車縫一圈。

15 U貼邊千鳥縫和縫上釦子

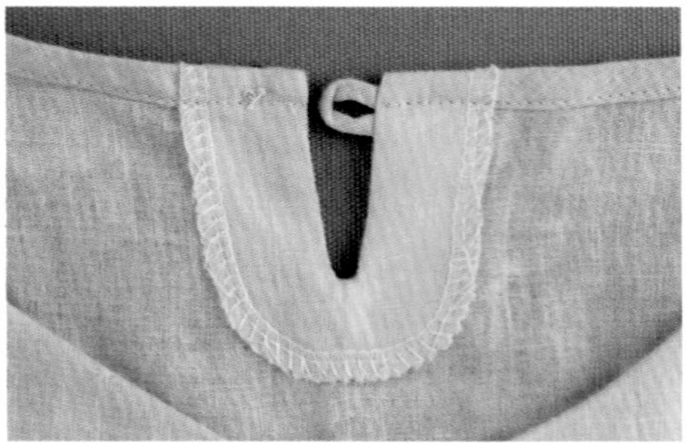

①後開釦的貼邊外緣和後上以千鳥縫針法固定。

＊千鳥縫針法請參考P158。

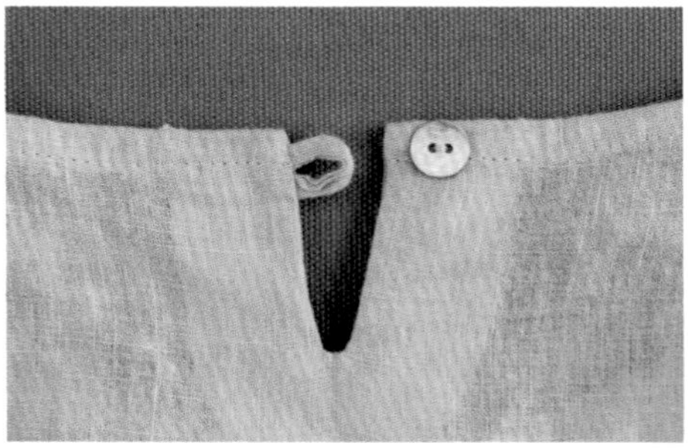

②正面縫上釦子。

16 後下衣身交叉固定

*這個步驟視個人需求，不一定要縫製，穿著時可在衣服裡搭一件內搭衣，也很浪漫。

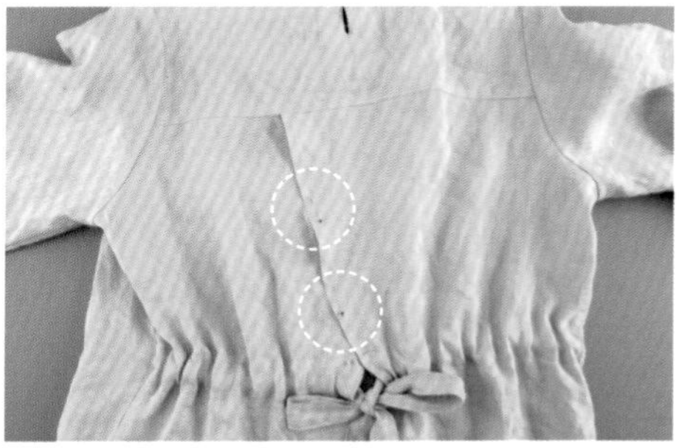

①後下交叉兩片衣身理順，大約平分三等份，在兩個等分點以珠針固定。

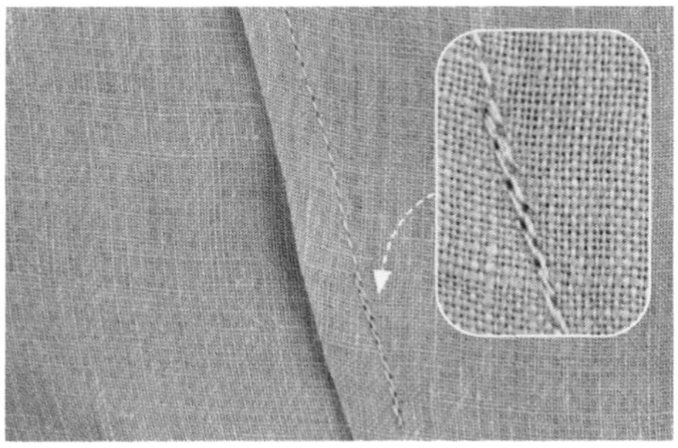

②和原來的內摺車縫線重疊車縫約1.5cm，固定兩片衣身的交叉。

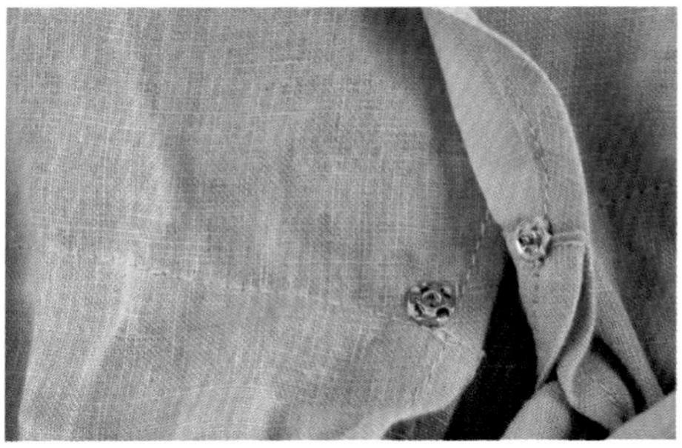

③在管道上方縫一組暗釦，完成。

變化款

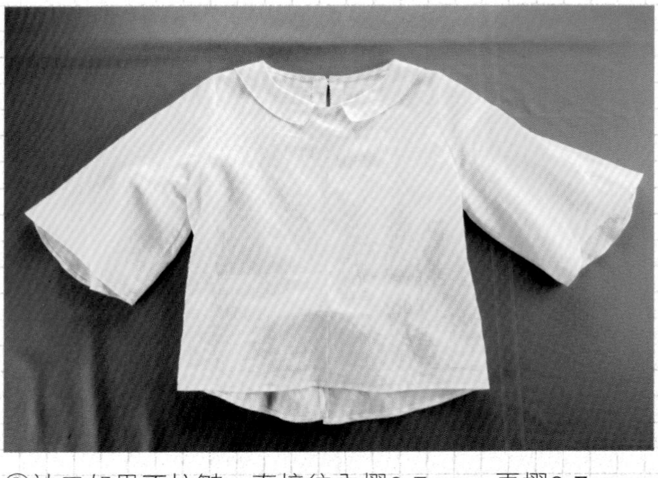

①袖口如果不拉皺，直接往內摺0.7cm，再摺0.7cm一褶，離褶邊0.1cm車縫一圈，也是一種浪漫風格。

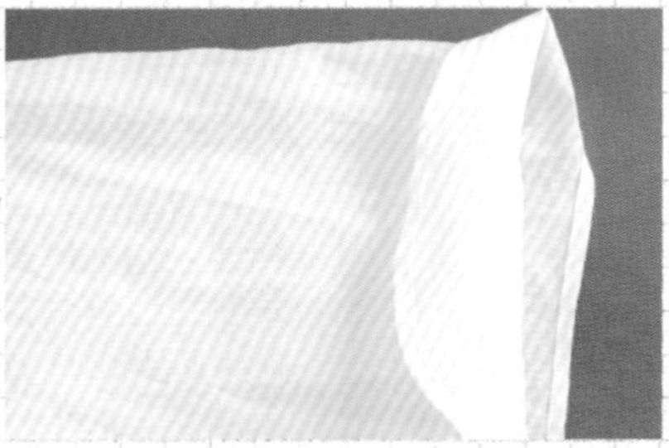

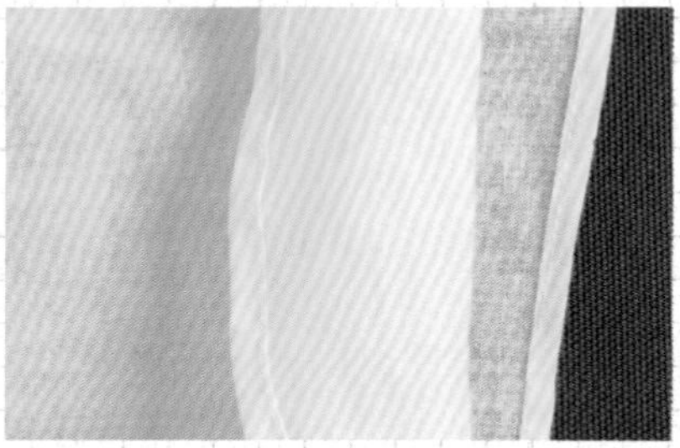

一週LOOK

後綁結七分蓬袖方領上衣（P286）

浪漫寬褲裙（P274）

優雅圍裙款背心裙（P228）

這裡都是我縫製的手作服
書中的五款
加上另兩件我很喜歡穿的上衣
同樣的版型
選擇格紋布。條紋布。花布。素色布
不同的花色來製作
就能搭配出不同風格的造型
解決了一星期的穿搭
看到這麼美的穿搭照
你也跟著動手做做吧！

隱形拉鍊A字蓬裙（P244）

領口蝴蝶結法式袖上衣（P260）
浪漫寬褲裙（P274）

隱形拉鍊A字蓬裙（P244）

領口蝴蝶結法式袖上衣（P260）
優雅圍裙款背心裙（P228）

後綁結七分蓬袖方領上衣（P286）
隱形拉鍊A字蓬裙（P244）

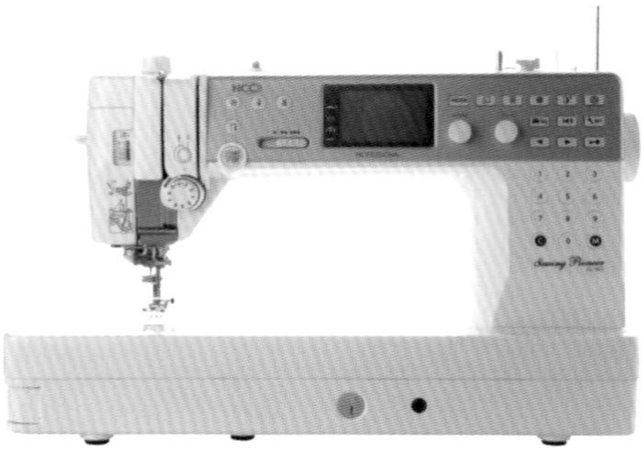

好想自己做衣服3

超圖解！量身、版型修正到縫製，手作衣完美技巧小課堂

作者　吳玉真
插畫　楊芷懿
攝影　王正毅
美術設計　瑞比特
社長　張淑貞
總編輯　許貝羚
行銷企劃　洪雅珊

國家圖書館出版品預行編目(CIP)資料

好想自己做衣服3：超圖解！量身、版型修正到縫製，手作衣完美技巧小課堂 / 吳玉真著. -- 初版. -- 臺北市：城邦文化事業股份有限公司麥浩斯出版：英屬蓋曼群島商家庭傳媒股份有限公司城邦分公司發行, 2021.10
面；　公分
ISBN 978-986-408-713-6(平裝)
1.服裝設計 2.縫紉 3.衣飾
423.2　　110009997

發行人　何飛鵬
事業群總經理　李淑霞
出版　城邦文化事業股份有限公司 麥浩斯出版
地址　104台北市民生東路二段141號8樓
電話　02-2500-7578
傳真　02-2500-1915
購書專線　0800-020-299

發行　英屬蓋曼群島商家庭傳媒股份有限公司城邦分公司
地址　104台北市民生東路二段141號2樓
電話　02-2500-0888
讀者服務電話　0800-020-299（9:30AM~12:00PM；01:30PM~05:00PM）
讀者服務傳真　02-2517-0999
讀這服務信箱　csc@cite.com.tw
劃撥帳號　19833516
戶名　英屬蓋曼群島商家庭傳媒股份有限公司城邦分公司

香港發行　城邦〈香港〉出版集團有限公司
地址　香港灣仔駱克道193號東超商業中心1樓
電話　852-2508-6231
傳真　852-2578-9337
Email　hkcite@biznetvigator.com

馬新發行　城邦〈馬新〉出版集團Cite(M) Sdn Bhd
地址　41, Jalan Radin Anum, Bandar Baru Sri Petaling,57000 Kuala Lumpur, Malaysia.
電話　603-9057-8822
傳真　603-9057-6622

製版印刷　凱林印刷事業股份有限公司
總經銷　聯合發行股份有限公司
地址　新北市新店區寶橋路235巷6弄6號2樓
電話　02-2917-8022
傳真　02-2915-6275
版次　初版二刷 2023年12月
定價　新台幣620元 / 港幣207元

Printed in Taiwan